アフター・スティーブ

3兆ドル企業を支えた不揃いの林檎たち

トリップ・ミックル
棚橋志行＝訳

How Apple Became a Trillion-Dollar
Company and Lost Its Soul

Tripp Mickle

After Steve

ハーパーコリンズ・ジャパン

After Steve
by Tripp Mickle

This edition is published by arrangement with HarperCollins Publishers LLC, New York, U.S.A.

Published by K.K. HarperCollins Japan, 2022

2019年、カリフォルニア州サンノゼでの世界開発者会議（WWDC）後、ジョニー・アイブが
発表したてのMac Proをティム・クックに紹介するというマーケティング・パフォーマンス。
Brittany Hosea-Small/AFP via Getty Images

クックと友人のリサ・ストラカ・クーパーは、ふざけていっしょに「追憶」を歌ったといわれる。クラスメイトたちがクックの「陳腐なジョーク」と呼ぶものの一例だ。
Breahna Crosslin

1978年、アラバマ州南部のロバーツデール高校時代のクックは、膨らんだ髪と勤勉な態度とスクールバンド活動で知られていた。
Breahna Crosslin

アイブはニューカッスル・ポリテクニックでインダストリアルデザインを学び、初めての電話機「オラター」をデザインした。疑問符のような形状にすることで伝統的な製品を構築し直した近未来的デバイスだ。２０１４年のヴァニティ・フェア誌のイベントで、これについて語っている。
Kimberly White/Getty Images for Vanity Fair

左からクック、スティーブ・ジョブズ、チーフマーケターのフィル・シラー。クックは1998年にアップルのワールドワイド・オペレーション担当シニアバイスプレジデントとして入社し、同社の在庫管理に大変革をもたらして収益性向上に貢献した。

David Paul Morris/Getty Images

アイブとジョブズは多くのアップル製品を共にデザインした。そのひとつ、2001年発売のｉＭａｃ Ｇ４は、パロアルトにあるジョブズ宅で裏庭の花壇を散歩したのを機に構想された。ジョブズは伝記作家ウォルター・アイザックソンに、アイブは「魂のパートナー」だと語った。

Michael O'Neill/Contour RA by Getty Images

2014年、クックは中国最大の携帯電話会社チャイナ・モバイルでiPhoneを販売する画期的な契約を同社の奚国華(シー・クオホワ)会長と結ぶため、北京に降り立った。6年の歳月をかけて実現したこの契約により、中国での売上は激増した。
Reuters/Kim Kyung-Hoon

ジョブズの死後、アイブは友人でデザイナー仲間のマーク・ニューソンと協業することが増えた。2016年のクリスマス、二人はロンドンのホテル〈クラリッジズ〉のロビーをデザインし、白樺の森に小さな常緑樹を際立たせた。
David M. Benett/Dave Benett/Getty Images for Claridge's

アイブが編成したおよそ24人のデザイナーから成るエリートチームは、2014年発表のApple Watchをはじめアップル製品のほとんどを開発した。
Leander Kahney

クックは2014年、30億ドル超でビーツ・エレクトロニクスを買収し、音楽プロデューサーのジミー・アイオヴィンを引き抜いた。アイオヴィンはアップル・ミュージックを率い、サブスクリプションサービスの売上を増大させる起爆剤となった。
Michael Kovac/WireImage

中国から輸入するiPhoneへの高関税の脅威に直面したクックは、ドナルド・トランプと個人的な関係を築き、経済的罰則を回避した。2019年にテレビ放送もされた会議中、トランプは誤ってクックを「ティム・アップル」と呼んだ。
Mike Theiler/CNP/MediaPunch

アップルはメトロポリタン美術館の企画展「Manus（人の手）×Machina（機械）：テクノロジーの時代におけるファッション」を後援した。アイブは高校時代の恋人で妻となったヘザーと、メットガラで赤絨毯を歩いた。
Neilson Barnard/Getty Images

クックとローレン・パウエル・ジョブズはメットガラで共に赤絨毯を歩いた。
Reuters/Eduardo Munoz

クックは2019年、待望のApple TV+の発表のため、オプラ・ウィンフリーやスティーブン・スピルバーグらハリウッドの名だたるスターをアップル・パークへ招いた。この定額制サービスは、アップルの軸足をiPhoneからソフトウェアやサービスへ移す戦略の最前線として、鳴り物入りで発表された。

David Paul Morris/Bloomberg via Getty Images

ジョブズの遺志を継ぎ、アップルは推定50億ドルをかけて新キャンパス、アップル・パークを建設した。その円周はエンパイアステートビルの高さに勝る。

Sam Hall/Bloomberg via Getty Images

アップル・パーク完成後、ロンドンの国立肖像画美術館は、アイブが7年をかけてフォスター＋パートナーズと設計した本社ビルで撮影したこの写真を購入した。
ANDREAS GURSKY Jonathan Ive, 2019

2017年、クックはアップルの新キャンパス内に建てたスティーブ・ジョブズ・シアターを、
10周年記念となるiPhone Xの発表イベントにからめてオープンした。
Xinhua/Alamy Live News

妻アマンダ、母マリリン、父ラスに本書を捧げる

組織とは一人の人間の影が長く伸びたものである。

——ラルフ・ウォルドー・エマソン

合理的な人は世の中に自分を合わせるが、
無分別な人は自分に世の中を合わせようとする。
それゆえ、あらゆる進歩は無分別な人間にかかっている。

——ジョージ・バーナード・ショー

After Steve　アフター・スティーブ
3兆ドル企業を支えた不揃いの林檎たち
目次

※本文中の〔 〕は訳注を示す。

著者注記

本書は、ウォール・ストリート・ジャーナル紙のために行った4年間の取材を含め、5年がかりの実地取材をもとに書き上げたノンフィクションである。２００人を超えるアップルの現役社員、元社員から話を聞き、同社のあらゆる階層の視点を取り込んだ。彼らの家族や友人、サプライヤー、競合他社、政府関係者にもインタビューした。彼らの多くは何カ月ものスパンに複数の機会を設け、何時間にもわたって話を聞かせてくれた。アップルには自社の業務について語る人々に法的な脅しをかけてきた歴史があり、ほとんどの人は情報源として名前を挙げないことが協力の条件だった。何十年かにわたるニュースや記事、書籍、裁判資料その他の出版物も参考にさせていただいた。

本書に登場する会話にはビデオや音声録音から取られたものもあれば、取り上げた出来事についてよく知る方々の記憶に基づいて再構成したものもある。状況説明に矛盾があった場合は、いちばん説得力があると思われる説明を採用した。

本書の主な登場人物　*情報は本書籍の原書刊行当時のものです

CEO＝最高経営責任者　COO＝最高執行責任者　CDO＝最高デザイン責任者　CFO＝最高財務責任者
CCO＝最高クリエイティブ責任者　SVP＝シニアバイスプレジデント　VP＝バイスプレジデント

ティム・クック	CEO（2011～現在）、 ワールドワイド・オペレーションSVP、COO（1998～2011）
ジョニー・アイブ	CDO（2015～2019）、 デザインSVP、デザイナー（1992～2015）

経営幹部

アンジェラ・アーレンツ	リテールSVP（2014～2019）
エディ・キュー	サービスSVP（2011～現在。1989年入社）
グレッグ・ジョズウィアック	ワールドワイド・マーケティングSVP（2020～現在。1986年入社）
ケイティ・コットン	ワールドワイド・コミュニケーションVP（1996～2014）
ジェフ・ウィリアムズ	COO（2015～現在。1998年入社）
ジョン・ルビンスタイン	ハードウェアエンジニアリング及びiPod部門SVP（1997～2006）
スコット・フォーストール	iOS部門SVP（2007～2012。1997年入社）
スティーブ・ダウリング	コミュニケーションVP（2015～2019。2003年入社）
ダン・リッキオ	ハードウェアエンジニアリングSVP（2012～2021。1998年入社）
ディアドレ・オブライエン	リテール＋ピープルSVP（2019～現在。1988年入社）
トニー・ファデル	iPod部門SVP（2005～2008。2001年入社）
ピーター・オッペンハイマー	SVP兼CFO（2004～2014。1996年入社）
フィル・シラー	ワールドワイド・マーケティングSVP （1997～2020。1987・1997年の2度入社）
ブルース・シーウェル	SVP兼法務顧問（2009～2017）
ボブ・マンスフィールド	ハードウェアエンジニアリングSVP （2005～2012。1999年入社。2012年以降も未来プロジェクト顧問を務める）
ルカ・マエストリ	SVP兼CFO（2014～現在。2013年入社）

インダストリアルデザイン

クリス・ストリンガー	デザイナー（1995～2017）
ジュリアン・ヘーニッヒ	デザイナー（2010～2019）
ダグ・サツガー	デザイナー（1996～2008）
ダニー・コスター	デザイナー（1994～2016）
ダニエレ・デイ・ユーリス	デザイナー（1992～2018）
ダンカン・カー	デザイナー（1999～現在）
ティム・パーシー	インダストリアルデザインスタジオマネジャー（1991～1996）
バート・アンドレ	デザイナー（1992～現在）
マーク・ニューソン	デザイナー（2014～2019）、ラヴフロム（2019～現在）
ユージン・ワン	デザイナー（1999～2021）
リコ・ゾーケンドーファー	デザイナー（2003～2019）
リチャード・ハワース	デザイナー（1996～現在）
ロバート・ブルーナー	インダストリアルデザインディレクター（1990～1996）

ソフトウェア

アラン・ダイ	ヒューマンインターフェースデザインVP（2012～現在）、 クリエイティブディレクター（2006～2012）
アンリ・ラミロー	ソフトウェアエンジニアリングVP（2009～2013。1990年入社）

イムラン・チョウドリ	デザイナー（1995 ～ 2016）
グレッグ・クリスティ	ヒューマン・インターフェースデザインVP（1996 ～ 2015）
リチャード・ウィリアムソン	デザイナー（2001 ～ 2012）

マーケティング

浅井弘樹	グローバル・マーケティングコミュニケーションVP（2010 ～ 2016、2000年入社）
ポール・ドヌーヴ	アップル・ヨーロッパ、セールス&マーケティングマネジャー（1990 ～ 1997）、スペシャルプロジェクトVP（2013 ～ 2017）
ジェイムズ・ビンセント	TBWA＼メディア・アーツ・ラボCEO・アップル担当（2006 ～ 2014） TBWA＼シャイアット＼デイ マネージングディレクター・アップル担当（2000 ～ 2006）
ダンカン・ミルナー	TBWA＼メディア・アーツ・ラボCCO（2000 ～ 2016）

アップル・ミュージック

ジミー・アイオヴィン	ビーツ・エレクトロニクス共同創業者
ドクター・ドレー	ビーツ・エレクトロニクス共同創業者
トレント・レズナー	ビーツ・エレクトロニクスCCO
ジェフ・ロビン	コンシューマーアプリケーションVP

ハードウェアエンジニアリング

ジェフ・ドーバー	シリコン、アーキテクチャ&テクノロジー シニアディレクター、エンジニア（1999 ～ 2014）
ユージン・キム	エンジニア（2001 ～現在。2008年よりVP）

オペレーション

トニー・ブレビンズ	調達VP（2000 ～現在）
ニック・フォーレンザ	マニュファクチャリングデザインVP（2002 ～ 2020）

サービス

ザック・ヴァン・アンバーグ	ワールドワイド映像責任者（2017 ～現在）
ジェイミー・エーリクト	ワールドワイド映像責任者（2017 ～現在）
ピーター・スターン	クラウドサービスVP（2016 ～現在）

取締役会

アル・ゴア（2003 ～現在）
ジェームズ・ベル（2015 ～現在）
スーザン・ワグナー（2014 ～現在）
ボブ・アイガー（2011 ～ 2019）
ミッキー・ドレクスラー（1999 ～ 2015）

その他

アンドリュー・ボルトン	メトロポリタン美術館服飾研究所 主任キュレーター
カール・ラガーフェルド	デザイナー
アナ・ウィンター	US版ヴォーグ誌編集長
マーティン・ダービシャー	タンジェリン共同創業者兼CEO
クライブ・グリニヤー	タンジェリン共同創業者
ジム・ドートン	タンジェリンのデザイナー。ジョニー・アイブの同級生
スティーブ・ジョブズ	アップル共同創業者、CEO（～ 2011）
ローレン・パウエル・ジョブズ	スティーブ・ジョブズの妻
ドナルド&ジェラルディン・クック	ティム・クックの両親
マイク&パメラ・アイブ	ジョニー・アイブの両親

プロローグ

Prologue

芸術家《アーティスト》は米カリフォルニア州サンノゼの劇場で薄暗い廊下にたたずみ、出番を待っていた。自分の語る内容はわかっていたし、何が求められているかも理解していた。注目を受けていることは知りながらも、その顔は無表情のままだ。

これは2019年6月の初旬で、ジョニー・アイブが出席を求められたのは、アップルの世界開発者会議（WWDC）後に行われる新製品発表会だった。秘密主義の同社は儀式的なパフォーマンスの場で新しい製品を発表する。新製品はすべてアイブがデザインに携わったものだ。ゆったりしたリネンのパンツに、Tシャツ、手織りのカーディガン。リッチカジュアルな服装に身を包んだ52歳の彼に、これ以上証明すべきことはない。混じりけのないシンプルな線を愛する彼のデザイン観は、すでに世界を塗り替えたと言っても過言ではなかった。それでも自分の作品に決して満足することなく、Apple Watchの幅が1ミリ厚いとか、iPhoneのパーツが交わる箇所のわずかなずれなど、ほかの人には見えない不完全さに気がつく。機械の中に抒情的《じょじょうてき》な美しさを見ていた。花の曲線や熱帯の海の色に着想を得た。模倣はオリジナルへの称賛ではなく怠慢な盗用だ。

彼がチームに加われば、メンバーはどんな問題も解決でき、どんな躍進もできるような気になった。
しかし、彼はいま、新商品Ｍａｃ Ｐｒｏが載ったオーク材のテーブルを前に、照明の下で端役の俳優のように自分の出番を待っていた。この製品のことは細かなところまで知り尽くしている。デザインチームが海の岩礁に生命を吹き込む深海サンゴの穴について議論していたスタジオにも、彼はいた。そのときの議論から、空気や熱を吸排する穴を重ねたアルミ製フレームが生み出された。結果、世界でも類を見ない外観のコンピュータが誕生した。

アイブは自分が仕掛けた最新のマジックを前に、退屈そうな顔で立っていた。

そのとき、劇場の入口からざわめきが起こった。アップルの最高経営責任者（ＣＥＯ）ティム・クックがＣＢＳイブニングニュースの新司会者ノラ・オドネルと並んで会場に足を踏み入れたのだ。ジャーナリストやカメラマンが一歩下がって、ブームマイクやカメラで彼の一挙手一投足をとらえていく。58歳のクックの体は引き締まって筋肉質だ。夜明け前の運動と、グリルチキンや温野菜中心の食生活を長年続けてきたおかげだ。世界最大の上場企業のトップに10年近く君臨し、驚異的な成長を牽引《けんいん》して時価総額を1兆ドルにまで引き上げた［2022年1月に3兆ドルを超える］。世界最大の称賛を受けるＣＥＯになるよりも〈デニーズ〉の店長になる確率のほうがはるかに高いアラバマ州の小さな町で生まれ育ち、企業経営の頂点を極めるまでには驚くべき道のりがあった。

クックは多くの点でアイブと真逆だった。会社の生産・調達畑から出世の階段を上ってきた。彼の天与の才は新製品を生み出すことにあったのではない。あるサプライヤーから厳しく搾取したかと思えば、別のサプライヤーには一都市規模の工場を建設して、より多くのユニットを大量に生産するよう説得し、利幅を最大化する方法を無数に考案してきた。在庫を「悪」と見なしていた。部下をたじろがせる辛辣な質問を投げて冷や汗や脂汗をかかせる術《すべ》を心得ていた。かつてスプレッドシートの魔術師と呼ばれた彼はアメリカ大統領、中国国家主席と巧みに関係を結ぶなど、政治家としても急速に頭角を現してきた。彼の口から発せられるひと言で世界の株式市場が暴落することもある。

クックに敬意を表してカメラのシャッターが次々押され、耳障りな音をたてた。アイブがこの騒ぎに足を踏み入れ、クックに挨拶した。二人はコンピュータのほうを向き、周到に準備されたシーンでそれぞれの役を演じた。

アイブはその新商品を、CEOに初めて見せるかのように披露した。クックはすべてがマーケティング用の儀式であることを知らないかのように、心からの好奇心を装った。そのわざとらしさに会場から笑いが起こる。

アイブがこの瞬間の気まずさにたまりかね、照明の下にもう少しだけ残って台詞《せりふ》を言いおえたところでその場を離れると、カメラはクックを拡大した。アイブが群衆の間をすり抜け、横の扉から抜け出して姿を消したことに、ほとんど誰も気づいていなかった。

それだけでなく、アイブはこの何年か、世間の注目をすり抜けていた。もはやアップルは彼の美しい創造物ではなくなっていた。彼はショーの主役でもなかった。もうカメラは彼を追わず、ニュースキャスターがデザインについて詩的に語ってほしいと求めることもなくなった。世間は関税や移民やプライバシーの問題をアップルがどうするつもりか知りたがっていた。クックを求めていた。アップルの創造精神は、事業の仕組《マシン》みに取って代わられたのだ。

1

ワン・モア・シング

One More Thing

カリフォルニア州パロアルトに立つ2階建ての大邸宅の外で、ジョニー・アイブは気を引き締めた。２０１１年10月4日火曜日の早朝、いつもは日射《ひざ》しが降りそそいでいるシリコンバレーの平地が嵐の到来を受けて、どんよりと雲に覆われていた。本来なら、いまごろはアップル本社のあるクパティーノに着いていただろう。この日、アップルはそこで、アイブがデザインした新ｉＰｈｏｎｅを披露する特別イベントを催すことになっていた。だが、彼は上司であり友人であり魂のパートナーであるスティーブ・ジョブズを訪ねるために、このイベントを欠席した。

病院と化した一軒家にアイブは足を踏み入れた。膵臓《すいぞう》がんで病床に伏せっているジョブズの周囲を、医師と看護師がせわしなく動いていた。彼の寝室と化した書斎にはテレビが置かれ、アップルの新製品発表会を配信するビデオストリームが流されていた。アップルを長年支えてきたショーマンのための個人試写会といった趣で。

ジョブズ家訪問はアイブの心に重くのしかかっていた。病気療養に入った年初から、ジョブズはアイブをはじめアップルのデザイン、ソフトウェア、ハードウェア、マーケティングの責任者をこの家に招いてきた。部屋に入ると、ジョブズの体重が落ち、動きが減っていることから時の経過が感じられた。顔色が悪くなり、脚は硬直した枝のように痩せ細っている。いまの彼は家族写真と処方薬の瓶、紙の束、監視モニター、機械に囲まれたまま、ベッドを離れることはめったにない。それでも働くことをやめようとはしなかった。

「私にとってアップルは仕事ではない」ジョブズはよく言っていた。「人生の一部だ。この仕事が好きなんだ」

この日、ジョブズの部屋へ向かったアイブは、時を凍結させる写真家ハロルド・エジャートンの手になる写真の前を通りかかった。スペースブルーを背景に固定された赤い林檎《りんご》を、銃弾が貫いた瞬間をとらえたものだ。

25キロほど離れたインフィニット・ループ1番地に立つアップル本社では、ティム・クックの車がアスファルトの駐車場に入ってきた。オフホワイトの建物6つに囲まれた約13万平方メートルの広大な本社《キャンパス》は、州間高速280号線を出たところに立つ〈ビージェイズ・レストラン&ブリューハウス〉の裏手にあった。アメリカ全土に店を展開するレストランチェーンで、年間260億ドル近い利益を生み出す企業体にしては控えめなたたずまいだ。

この日はクックの職業人生でもっとも大事な火曜日だったかもしれない。2カ月前、彼はジョブズの指名を受けて最高執行責任者（COO）からCEOに昇格していた。突然の昇格に世界はあっと驚いた。アップルとジョブズは彼の病の重さを隠していて、社員も投資家もメディアも健康状態をうかがい知る機会がなかったからだ。ジョブズは長年右腕を務めた人物に権力を譲ったときも、自分は引き続き製品開発と企業戦略に携わり、会社はクックに牽引してもらうと、社員と投資家に確約した。後方支援業務《バックオフィス》のトップが新製品発表イベントの前面へ押し出されたのは、そういうわけだった。

　あと何時間かすると、クック初の基調講演を聞くためにジャーナリストと特別ゲストが３００人くらいキャンパスへやってくる。この手のイベントはサンフランシスコの大ホールやコンベンションセンターで行われるのが通例だが、今回はキャンパスの裏手にあるタウンホールと呼ばれる小ホールで開かれることになった。アップルのイベント制作担当者は意図的に、本社そばの小さな会場を選んだ。ジョブズは究極のショーマンだった。クックは違う。アップルの共同創業者はプレゼンの場を製品発表劇場に変え、注意深くこしらえた物語に聴衆を巻き込み、新しいデバイスの目的を簡潔に説明し、潜在的な顧客を興奮させ、販売を促進した。ｉＰｈｏｎｅは電話と音楽プレーヤーとインターネット通信機器の３つが一体となったものと大々的に宣伝した。元々スリムだったＭａｃＢｏｏｋ Ａｉｒは、まるで帽子から飛び出す銀色のウサギのように、オフィスの茶封筒から滑り出すほど薄くなった。そして、ｉＰｏｄで大事なのは曲の再生ではなく、音楽を発見して楽しむ方法を変えた点にあると、世界中に熱弁をふるった。クックは聴衆の前に立つより、供給網《サプライチェーン》の物流を評価するほうが気楽なタイプだ。これまでのイベントで登壇したときは、コンピュータの販売台数や新規開店した店舗数を説明する副次的な役回りだった。しかし、アップルの指揮官が病に倒れ、控え俳優《アンダースタディ》が主役になるときが来た。

　タウンホールでの開催がクックのデビューのリスクを軽減してくれた。オフブロードウェイと同じで、悪評を書き立てるジャーナリストや評論家の席は少ない。またキャンパス内にあるため、クックは1週間ずっと自分のオフィスから歩いて会場へ行き、リハーサルを重ねることができた。舞台に立ったときにあがらずにすむよう、何時間もかけて台本を読み込んだ。この会場の大きさならカメラもスタッフも少なく、騒音も少ない。慣れ親しんだ環境のおかげで、台詞を届けるといういちばん大事な使命に集中できた。

この日発売されるスマートフォン［iPhone 4S］にスタッフは「フォー《4》・スティーブ《S》」というニックネームをつけた。

この30年で、ジョブズはレオナルド・ダ・ヴィンチやトーマス・エジソンに比肩する独創的ビジョンの持ち主として地位を確立してきた。彼はカリフォルニア州ロスアルトスにある平屋建ての実家ガレージで、友人であり独学エンジニアであったスティーブ・ウォズニアックとともに、最初期の大衆向けコンピュータを開発した。キーボードと動力供給装置を備え、カラー表示ができる灰色の箱だ。１９７７年、二人の会社はアップル・コンピュータ社として正式に法人化されたが、社名はジョブズが好きだったビートルズとそのレコード会社、アップル・レコードにちなんでつけられた。厚かましいくらい強引なジョブズのセールス方法は、売り込みばかりで中身がないとの批判を浴びることもあったが、株式公開した80年にアップルⅡコンピュータは1億１７００万ドルの年間売り上げを記録し、商業的に初めて成功したパーソナルコンピュータのひとつとなった。ジョブズとウォズニアックはガレージから始まった大成功物語で、シリコンバレーの神話にその名を刻んだ。

ジョブズはデザインの審美眼を備えた優秀なマーケターで、84年にキーボードではなくマウスで操作する大衆向けコンピュータ、マッキントッシュ（Ｍａｃ）を発表し、パーソナルコンピュータの分野を再定義した。ジョブズは「テクノロジーを民主化し、コンピュータメーカー最大手のＩＢＭを駆逐するマシン」という表現でこの商品を売り込んだ。広告代理店シャイアット／デイと協力し、ジョージ・オーウェルの小説を下敷きに「１９８４年」と銘打ったスーパーボウル用のＣＭを制作した。ＩＢＭを象徴する「ビッグ・ブラザー」が映し出されている巨大なスクリーンに、駆け込んできた女性アスリートがマッキントッシュとアップルに見立てた大きなハンマーを投げつけた。ジョブズはその1週間後、クパティーノの薄暗いホールでコンピュータの電源を入れ、「こんにちは、私はマッキントッシュです。あのかばんから出られていい気分」としゃべらせて、聴衆を魅了した。

ところが、85年の販売不振を機に取締役会はジョブズを放逐し、飲料大手ペプシコの元幹部ジョン・スカリーをトップに起用した。スカリーはアップルの売り上げを新たな高みへ押し上げたが、それはマイクロソフトのウィンドウズが登場してアップルの市場占有率《マーケットシェア》を徐々に蝕《むしば》みはじめるまでのことだった。ラップトップ市場への参入の遅れや社内の内紛により、スカリーもまた退任を余儀なくされた。彼の後任で93年入社のマイケル・スピンドラーは市場にアップルのコンピュータをあふれさせたが、この戦略は同社の苦境を深めただけだった。アップルは2年間で20億ドル近い損失を出し、96年に倒産の危機に瀕《ひん》したところで、ジョブズが追放後に立ち上げたデスクトップコンピュータ会社ＮｅＸＴを買収した。

こうしてジョブズはアップルに帰還を果たし、ここから歴史上まれに見る事業復活劇が始まった。彼は製品ラインアップを整理してＮｅＸＴのオペレーティングシステム（ＯＳ）を基盤にし、より高速で現代的なＯＳ Ｘを生み出し、陣頭指揮を執って半透明キャンディカラーのデスクトップｉＭａｃを開発し、アップルの売り上げを回復させた。２００1年に発売されたｉＰｏｄはその後、1曲99セントの音楽数十万曲を人々のポケットに届け、アップルの業態をコンピュータメーカーから家電業者へ押し広げた。07年にはタッチパネル方式を採用したｉＰｈｏｎｅがコミュニケーションのあり方を変え、これは歴史上もっとも売れた製品のひとつとなった。その流れを継ぐ10年発売のｉＰａｄはタブレット端末の概念を塗り替えた。こうした一連の製品の成功でジョブズはカルト的崇拝を集める英雄《ヒーロー》となった。

熱烈なアップルファンはカルト信者のように熱狂し、同社を擁護した。手首にアップルのロゴや宣伝文句のタトゥーを入れる人までいた。ＣＥＯジョブズは救世主のように崇《あが》め奉られ、黒いタートルネックに、リーバイス５０１のジーンズ、ニューバランスのスニーカーというカジュアルな服装が、聖職者のようなたたずまいを際立たせた。彼は現実を歪曲《わいきょく》できた。自分の着想の妨げになる「工学や製造の限界」を受け入れず、不可能と思われることでも実現は可能であるとデザイナーとエンジニアを説きつけた。その説得力から、この男なら死をも克服できると信じる人たちもいた。

ジョブズはこの日のイベントに先立つリハーサルに出てこなかったが、アップル首脳陣はタウンホールへやってきたとき、彼は来るのではないかとまだ思っていた。

スタッフがホール前列の通路側に彼の席を確保し、黄褐色の椅子の背に「予約済み」と白抜きで記した黒い布を掛けた。隣の席に座ったアップルの法務顧問ブルース・シーウェルは、ジョブズがこの席に着く可能性は低いとわかっていた。この数日でジョブズの体調は悪化していたからだ。それでも、以前からみんなを驚かせてきた人物だし、側近の顧問でさえ、イベント開始までにこの空席が埋まることをあきらめてはいなかった。

薄暗い照明の中、アップルの白いロゴが入った暗いスクリーンの向こうから、ティム・クックが会場の前方へ滑り込んできた。何人かが恭《うやうや》しく拍手をすると、彼は薄い唇に小さな笑みを浮かべた。ジョブズのさりげなくお洒落《しゃれ》なイッセイ ミヤケのタートルネックに少しひねりを利かせ、彼はブルックス ブラザーズに身を包んでいた。黒いブロードのボタンダウンシャツを着て、プレゼン用のリモコンを手の中で回しながら、観客の前へゆっくり歩み出る。

「おはようございます」彼は言った。「私がCEOに就任して初めての製品発表会です。ご存じでしたか？」

彼は作り笑いを浮かべ、このとぼけたユーモアが会場の緊張をほぐしてくれることを願った。会場から張り詰めた感じの笑い声が漏れる。受けはしなかったが、クックはかまわず進めた。「私はアップルを愛しています」彼は言った。「14年近くここで働けたことを人生の特権と思っていて、この新しい役割にわくわくしています」

声に自信を深め、アップルの成長著しい小売業に話を移した。中国に驚くべき店舗を2店オープンしたところです、と彼は言った。上海店には最初の週末、10万人の客が訪れた。ロサンゼルスのアップル旗艦店がオープンしたときは、この数字を達成するまで1カ月かかったのに。クックは折れ線グラフと円グラフで表されたMac、iPod、iPhone、iPadの業績ハイライトへ話を移した。「今朝はうれしいニュースをお伝えします。おかげさまで販売台数が2億5000万を突破しました。今日、私たちは次のステージに進みます！」

ここでクックはジョブズの別の補佐役たちにステージを譲った。ソフトウェアチームの責任者スコット・フォーストールが新しいメッセージ機能を細かく説明し、サービスチームの責任者エディ・キューがiCloudのデモンストレーションを行い、マーケティングチームの責任者フィル・シラーはバッテリー駆動時間が長くなりカメラの性能も向上したが見た目には変わりのないiPhone 4Sを公開した。フォーストールがアップルの新しい仮想アシスタント、Siriの実演を行ったところで、イベントは最高潮に達した。ボタンを押して音声でSiriに質問すると、天気情報を教えてくれ、株価を表示し、近くにあるギリシャ料理店を並べてくれた。

「信じられないでしょう？」ステージに戻ったクックが問いかけた。「こんな驚異的なハードとソフトとサービスを作り、それらを集約してこのような強烈かつ総合的な体験を実現できたのはアップルだけです」

彼の熱意も、冷淡なテック系記者たちを味方に引き込むことはできなかった。会場のジャーナリストやテックアナリストは心を動かされていなかった。あるアナリストはウォール・ストリート・ジャーナル紙に、このプレゼンは「つまらなかった」と語った。アップルがｉＰｈｏｎｅの画面を４インチに変更せず、３・５インチにこだわった点に失望を表明したアナリストもいた。アップルファンもツイッターで不平をつぶやいた。投資家が株を売り、アップルの株価は５パーセント下落。市場価値にして数十億ドルが消し飛んだ。興行は大失敗に終わった。

クックらアップル首脳に世間の反応を処理している時間はなかった。イベントが終わったとき、ジョブズの妻ローレンからクック、フィル・シラー、エディ・キュー、ワールドワイド・コミュニケーション（広報）担当バイスプレジデント（副社長）のケイティ・コットンらジョブズの側近たちに、家へ来てほしいというメールが届いたからだ。集まったとき、彼らは恐怖におののいていた。ジョブズはこのイベントが気に入らず、自分たちを叱責したいのか？　それとも病状が悪化したのか？

車で15分ほどのジョブズ宅へ、彼らは急行した――ジョブズの怒りが待ち構えていることを期待しながら。健康上の悪化でイベントに出られなかったという言葉を失う絶望より、怒っているジョブズの姿を想像するほうが気が楽だ。

彼らがチューダー朝様式のジョブズ宅に着いたとき、ジョブズはジョニー・アイブと二人きりの時間を過ごして、すでにその場を離れたあとだった。ジョブズの妻ローレンが経営幹部たちに、ジョブズは容体が思わしくなく、一人ひとりと話したいと言っていると伝えた。叱りつけようというのではない。別れを告げたかったのだ。

翌日、２０１１年10月5日の午後、インフィニット・ループに通知が行き渡った。アップル社員のｉＰｈｏｎｅに「アップルの共同創業者スティーブン・Ｐ・ジョブズ死去、享年56」という緊急メールが表示された。創業者が陣頭指揮を執る企業の社員たちが、長年ＣＥＯを務めた創業者の死を創業者自身が創造して社員が命を吹き込んだ革命的製品で知ったのは、歴史上初めてのことだった。

ソフトウェアエンジニア二十数人が集まって製品計画についての会議中、管理職のアンリ・ラミローのｉＰｈｏｎｅにこの通知が届いた。彼が会議を中断して知らせを伝えると、プログラマーたちもスマートフォンを取り出し、誰もが信じたくなかった事実を確認した。彼らは無言で部屋を出ていった。

アイブは25キロほど離れたジョブズ宅の庭に座っていた。その日、10月の空には靄《もや》がかかっていて、靴がきつく感じられた。クックが彼に合流し、二人はしばらくいっしょに座っていた。アイブは頭が真っ白なままジョブズの最期の言葉を思い起こしていた――「いっしょに話ができなくなるのは寂しい」

半島のずっと北では、イベント終了直後に出張に出た法務顧問のブルース・シーウェルが、サンフランシスコ国際空港に着陸したての機内で固まっていた。周囲の人々の携帯電話が鳴りはじめ、ハッと息をのむ声が続いた。近くで誰かがささやいた。「見たか？」シーウェルはまだ携帯電話の電源を入れていなかったが、ボスが亡くなったのだとわかった。まわりの人たちにはジョブズとの個人的なつながりこそなかったが、手に持ったアップル製品で彼とのつながりを感じていた。いま彼らは、シーウェルがフライト中に考えていた疑問と格闘していた——ジョブズが亡くなったら、アップルと世界はどうなるのだろう？

ニューヨーク・タイムズとウォール・ストリート・ジャーナルのフロントページはジョブズの訃報で埋め尽くされた。サンフランシスコ半島の果樹園をイノベーションの世界的拠点に変えた人物、と記事は伝えていた。ハードウェアのエンジニアでもソフトウェアのプログラマーでもなかったが、アップル製品のたどり着くべき目標を定め、有能な人材を集め、チームを駆り立て、当初多くの人が不可能と考えていたことを実現させた。カリスマ的指導力とあえて大きなリスクを取る姿勢でそのすべてを可能にし、ときに辛辣な振る舞いを見せてもなお人々の信奉を集めた。「アップルは先見性と創造性にあふれる天才を喪《うしな》い、世界は驚異的な偉人を喪いました」クックは社員に宛てた手紙で述べた。「彼が心底愛していた仕事の継続に全力を尽くすことで、私たちは追悼の意を捧《ささ》げましょう」彼は社員一同に、アップルは今後も変わらないと請け合った。

ジョブズはこの先に待ち受ける落とし穴を予見していた。ウォルト・ディズニー・カンパニーが共同創業者の死後、不振をかこっている状況を、彼は憂慮していた。ポラロイドが共同創業者エドウィン・ランドを会社から追放したあと、ジョブズは同社首脳陣に苦言を呈している。ウォークマンを生み出したマーケティングの名手、盛田昭夫《もりたあきお》の指揮を失ったソニーの迷走にも危機感を抱いていた。かつて偉大だった企業が市場を独占したあと、イノベーションの速度が鈍り、モノづくりの姿勢がおろそかになって衰退するのはよくあることだと、ジョブズは考えていた。挙げ句、それらの企業は営業部門に責任を持たせ、何を売るかでなく、どれだけ売るかを優先させた。インテルやヒューレット・パッカードは違った。「彼らは儲《もう》けるだけでなく、長続きする会社を創り上げた。アップルもそうあってほしい」と、ジョブズは伝記作家のウォルター・アイザックソンに語っている（とはいえ2015年には、75年続いたヒューレット・パッカードが社を分割した。2020年時点でインテルは、よりコンパクトで強力なシリコンチップを製造する競合他社に後れを取りはじめていた）。

ジョブズと同じく、ウォルト・ディズニーも展望《ビジョン》と野心と運で帝国を築いた。ミズーリ州の農場で育ち、漫画家を夢見ていたウォルトは、1923年にハリウッドへ移り住み、兄のロイとディズニー・ブラザーズ・カートゥーン・スタジオを設立した。ディズニーはストーリーテリングに力を入れ、初のヒットキャラクター、オズワルド・ザ・ラッキー・ラビットを生み出した。オズワルドの権利は配給会社ユニバーサル・ピクチャーズに渡す契約になっていたため、ディズニーはこのウサギをミッキーマウスという耳の大きなキャラクターに作り替えた。ディズニーが映像に声や音をつける新機軸を打ち出したことで、このキャラクターは世界を席巻《せっけん》した。ウォルトはアニメーターを雇って、グーフィーやドナルドダックといった新しいキャラクターを開発し、『白雪姫』で長編映画にも進出した。

ジョブズがアップルを構築したのとよく似た形で、ウォルトはディズニーを構築した。フラットな組織で、スタッフに肩書はなく、全員がファーストネームで呼び合った。「会社にとって重要な人材ならすぐにそれとわかる」と、ウォルトは言っていた。

アップルの理念も同じだ。ジョブズの生前、同社に経営幹部レベルの肩書は3つしかなかった。CEO（最高経営責任者）と、COO（最高執行責任者）と、CFO（最高財務責任者）だ。それ以外に7人のシニアバイスプレジデント（上級副社長）が経営陣に名を連ねた。90人ほどのバイスプレジデントが製品の開発とマネジメントを担う。その下にシニアディレクター（上級部長）とディレクター（部長）がいる。書類上はＣＦＯが全員を統括することになっていた。ジョブズがアップルのもっとも優秀な社員と直接意思疎通を図ることで、彼が軽蔑して見向きもしなかったお役所的官僚主義は社の構造から排除された。

ウォルト・ディズニーは自分を通してすべてが流れる会社を構築することで、同じような形式張らない自由な空気を醸成した。１９６６年に彼が肺がんで亡くなったあと、同社の生産高は横ばいになり、社員は自分たちで創造的躍進を遂げるのではなく、「ウォルトならどうするだろう？」と問うようになった。80年代、ディズニーの映画市場占有率は4パーセントに落ち込んだ。84年にマイケル・アイズナーがＣＥＯに就任してヒット作を連ねるまで、興行的にも財務的にも回復を見なかった。

ポラロイドの例もジョブズの頭にこびりついて離れなかった。彼は創業者のエドウィン・ランドをアメリカでもっとも偉大な発明家の一人と考えていた。ビジョンや意欲やセールス技能など、のちにジョブズと結びつけられる特徴の多くをランドも備えていた。ジョブズに先駆けて、科学技術《テクノロジー》と幅広い教養《リベラルアーツ》を兼備する企業という概念を提唱した。彼はサングラスなどの製品にまぶしさを抑える偏光フィルムを塗布する方式を開発して、ポラロイド社を立ち上げた。その後、インスタント写真を生み出す方式を発明した。１９４８年に最初のインスタントカメラを世に出してからコダックが76年に同様の製品を開発するまで、ポラロイドは世界に冠たる傑出したカメラメーカーだった。ランドは次に家庭用インスタントムービーカメラを発明したが、これの失敗によって会社から追放された。彼の離脱後、ポラロイドは新しい製品を出すのではなく既存製品の改良を進めた。ジョブズは83年ごろにポラロイド社を訪問した際、その方針は的外れだと同社の経営陣を強く非難したとされている。

ソニーはジョブズがもっともよく知る会社だった。80年代に、彼は日本の本社を訪ね、共同創業者の盛田昭夫と会った。盛田ともう一人の共同創業者である井深大《いぶかまさる》はジョブズと同じく、製品についての決断を直感に頼っていた。ウォークマンは国際線で飛ぶときに携行できる音楽プレーヤーが欲しいという井深の要望から生まれた。盛田が初期の試作品をテストし、その４カ月後、「人はなぜ歩くようになったのか」というキャッチフレーズを載せた巧みな印刷広告で製品を市場に送り出した。これが爆発的な人気を博し、ソニーは次の10年で80機種を開発した。盛田の指揮下でレコード会社や映画会社を買収したが、これは音楽プレーヤーとテレビで聴ける曲や観《み》られる映画を統御することが利益につながるという考えからだった。盛田は94年に会長職を退いた。同社はスターマーケターの一人をＣＥＯに据え、この後継者は創業者の直感で動く企業ではなく、伝統的な大企業的振る舞いを目指した。しかし同社の電子機器事業は低迷し、次のヒット商品を生み出すことができなかった。

独創性にあふれる創業者に率いられた偉大な３社は、創業者を失った時点で同じ会社ではなくなった。

ジョブズはアップルに、ディズニーとポラロイドとソニーがたどった運命に立ち向かってほしかった。彼は２００８年、アップル大学創設のため、イェール大学経営大学院の学部長だったジョエル・ポドルニーを採用した。入社したての人たちに、アップルの何が同業他社と違うのかを教え込むカリキュラムが欲しかったからだ。採用面接の過程でポドルニーから、いくつの授業を提供し、どれくらいの数の教員を配置すればいいのかと問われたとき、ジョブズは苦笑した。「その答えがわかっていたら、あなたのような人を雇う必要はありませんよ」と彼は言った。ポドルニーは「アップルにおける意思伝達法」といった授業で、製品とプレゼンテーションの明快さとシンプルさを重視したカリキュラムを粘り強く作成した。また、マイクロソフト・ウィンドウズとの互換性を持つiPodとiTunesを作るなど、アップルが下した重要な決断を取り上げるケーススタディもあった。

だが、アップルが成功するには、ジョブズの思考法を体系化するだけでは足りなかった。ジョブズはハーバードビジネススクールの組織行動学の概念にこだわりがなかった。彼が構築した会社はヒトデのように活動した。マーケティング、デザイン、エンジニアリング、サプライチェーン管理の卓越性にフォーカスした複数の脚が伸びていて、その中心にジョブズが座った。望むなら脚の先まで這《は》い出ていき、みずから関与して、各チームにしかるべき指示を出す。

ジョブズは生前、アップルのヒトデの脚がばらばらになってはならないと訴えていた。経営陣の一人ひとりに個別に声をかけ、この先何年かアップルのために力を尽くすという約束を取りつけた。「ティムにはきみが必要だ」と、ジョブズはみんなに言った。経営陣に残留特別報酬を付与するよう取締役会を説得し、彼の死後数日で開かれた緊急取締役会で承認された。経営幹部はそれぞれ、半分が2013年、もう半分が2016年に使えるようになる譲渡制限付き株式報酬を15万株受け取った。当時の価値で1人当たり6000万ドルほど。これがシーウェル、フォーストール、シラー、財務責任者のピーター・オッペンハイマー、ハードウェア責任者のボブ・マンスフィールド、サプライチェーン責任者のジェフ・ウィリアムズの6人に付与された。試験的に経営陣に加わったばかりのキューはこれより少額だった。アイブも6000万ドル以上を受け取ったと見られたが、彼は会社役員に分類されない雇用方式に移行していたため報酬の公開義務を免れた。最大額を割り当てられたクックは100万株（3億7500万ドル相当）を手にしている。ウォール街の目から見て格が上がっただけではない。シリコンバレーの神格化された企業創業者にしか与えられないような富を手にしたことで、彼は抜きんでた存在となった。

ジョブズが亡くなった翌朝、クックはインフィニット・ループ1番地の4階にある役員室に経営陣を集めた。端から2番目のジョブズの椅子は空席だ。いつものようにクックがその右に、シラーが左に座った。二人はしばらく、自分たちの間を空席にしておいた——ジョブズがいつもそこにいることを思い出させる、視覚装置として。

クックが音頭を取り、全員でジョブズとの思い出を語り合った。彼らの多くにとってジョブズを亡くしたのは親を喪ったに等しかった。10年以上にわたり、経営陣が下した事業上の決定のほとんどはジョブズの承認を受けていた。みんなでジョブズのエピソードや個人的な思い出を語り合った。クックはこの一団に、ジョブズが創った社の精神《ハート》と魂《ソウル》を守りたいと確言し、すぐ変更するつもりはないことをほのめかした。彼らが思い出を語るあいだ、そこには、ジョブズに示すことができる最大の敬意は会社を存続させることだけでなく、「すごい製品」を生み出してテクノロジーの最前線に立ちつづけることだという共通の意識があった。

2週間後、本社内の芝生の中庭にアップルの社員数千人が集まり、生前のジョブズを偲《しの》ぶ追悼式が執り行われた。世界各地の従業員が式典のライブストリーム映像を視聴できるよう、アップルの直営店は休業して喪に服した。野外広告掲示板《ビルボード》大のジョブズのモノクロ肖像画に挟まれる形でクックが壇上に立つと、式場に大きなどよめきが起こった。クックはジョブズのことを、先見の明の持ち主で、社会の規範には従わない、独創的な、最高のＣＥＯであり、史上最高のイノベーターだったと称《たた》えた。ジョブズとの個人的なエピソードは語らなかった。ジョブズはクックに会社を託したが、長年自分の下でCOOを務めてきた男を謎の人物と考えていた。この二人のそばで働いていた人々の目に、二人をつなぐものはアップルへの献身と映っていた。クックの冷静な言葉は二人のビジネスライクな結びつきを反映していた。

「私はスティーブを知っている。スティーブならアップルにかかったこの雲が晴れること、彼が愛してやまなかった仕事に私たちの焦点が戻ることを望んだでしょう」とクックは語った。彼は胸に手を当て、ジョブズが社のアイデンティティの中心に据えていた理念を並べ立てた——事業で偉大な仕事を成し遂げるのは個人ではなくチームであるという信念、「これで充分」という仕事を拒否して絶えず「とてつもなくすばらしい」成果を出すという社員の責務、創り出す製品がすべて美しいものであるという誓約。

「彼は最期の日までアップルのことを考えていました」クックは語った。「私とみなさんに向けた最後の助言は、彼ならどうするだろうという質問を絶対に投げないこと、でした。『ひたすら正しいことを行え』と、彼は言ったのです」

　クックの地位はジョブズに導かれたものだ。ジョブズと最後に話したのはクックで、亡きCEOはクックを指導者に選んだのだと、スタッフは改めて認識した。クックのスピーチは、社の未来は過去とつながっているが、それに縛られることはないという警告でもあった。ジョブズがいなくなった以上、社のアイデンティティは変わらざるを得ない。

　アイブはクックに続いて演台へ向かい、黒いTシャツの襟元にサングラスをたくし込んだ。メモを取り出し、ジョブズの追悼に集まった人たちを見つめた。人前で話すのが苦手なアイブにとっては身のすくむような光景だ。

アイブを見上げている群衆は、自分たちが立っている中庭の端でアイブとジョブズがランチをともにしているところをよく見かけていた。ジョブズがアイブをCEOの自身に次ぐ最重要人物と考えていたことを、彼らは知っていた。ジョブズがオフィスにいないときは、近くのデザインスタジオにいることが多かった。そこでは20人ほどのインダストリアルデザイナーから成るアイブのチームが新製品の構想を練っていた――アップルの事業を再燃させ、社内の誰より大きな権限をアイブに与える製品の構想を。アイブはこの数日、ジョブズとの仕事上の深い関係と長年の友情を表現する適切な言葉を見つけるのに苦労していた。

「スティーブはよく私に言った。『おい、ジョニー、こんなばかげたアイデアがあるんだ』と。本当にばかげていたこともあったけどね」

観衆がどっと笑った。

「ときには本当にひどいアイデアもあった」と、彼は続けた。そこでいちど言葉を切った。左手首にはめた銀色の腕時計が日射しを受けてきらりと輝く。「しかし、ときには部屋のみんなに息をのませ、全員が完全に黙り込んでしまうようなアイデアもあった。大胆で、奇想天外で、壮大なアイデアが。かと思うと、地味で単純でありながら、繊細さと細部《ディテール》の深遠さを感じさせるアイデアもあった」

ジョブズは創造のプロセスに敬意を払い、アイデアは壊れやすく、飛び立つ前に押しつぶされやすいことを理解していた。そうアイブが説明すると、観衆は心をわしづかみにされて静まり返った。二人でよくいっしょに旅行をしたが、ジョブズはホテルにチェックインしたあと荷物を開けたためしがないくらい要求が高かった、とアイブは語った。チェックインをすませたアイブがベッドに座って、ジョブズの電話を待っていると、電話がかかってきて、「おい、ジョニー、このホテルは最低だ。出るぞ！」と言うのだ。

観衆はどっと笑い、また静かになってアイブの話にじっと耳を傾けた。彼はジョブズとともに新しい創造物を開発し、多くの人が不可能だと言ったことを何カ月もかけて実現した経緯を語った。「彼はたえず問いかけていた。これでいいのか？　これで正しいのか？　そして、あれだけの成功を収め、数々の成果を上げたにもかかわらず、最終的な成功を確信することは決してなかった」

アイブはメモを持ち上げ、アップルはジョブズを偲ぶ特別公演を用意していると告げた。「さあ、どうかいっしょに、私たちの友人、コールドプレイを温かくお出迎えください」彼が演台を去り、近くの白いテントの下に設置された自分の席へ歩きはじめるのと入れ替えに、ｉＰｏｄのＣＭに起用されたイギリスの人気ロックバンドが彼らの最初のヒット曲〈イエロー〉の演奏を開始した。

リードボーカルのクリス・マーティンがマイクに向かって物悲しい声を張り上げるあいだ、アイブと経営陣は胸中に渦巻く悲しみや不安を隠し、無表情でその様子を見守っていた。彼らの職業人生でいちばん重要な人物がいなくなった。ジョブズなしでアップルはどうすれば前進できるのか？

その答えはおおむね、クックとアイブの肩にかかっていた。

2

芸術家《アーティスト》

The Artist

スタッフはそこを「至聖所」、つまり聖域の中の聖域と呼んでいた。インフィニット・ループの2号棟にあるデザインスタジオは、本社内《キャンパス》でもっとも畏敬される空間だった。未来の製品が生まれ、過去の製品が再考される場所だ。色付きの窓と鍵のかかったドアがジョニー・アイブとそのチームを詮索好きな人間から守っていた。ガラス張りのブースに受付があり、アシスタントが来訪者を念入りにチェックした。その向こうにはデザイナー20人と模型製作者が数人、そして塗料、金属、プラスチックなどの素材を鑑定する専門家も数人いた。入場は厳しく管理され、バッジで入れるようになるのはアップル最高の栄誉のひとつと考えられていた。

スティーブ・ジョブズ亡きあと、アップルの大司祭ジョニー・アイブはずんぐりした体形にさらに重みを加えるかのような鈍い足取りで受付を通過するようになった。まだら模様に剃《そ》り上げた頭髪と2日分の髭《ひげ》に、遠くを見るような目。かつてアイブはおだやかな微笑《ほほえ》みと、ほかの人が入ってこようとしたらドアを開けてあげようとする紳士ぶりで知られていた。だが、いまは悲しみを経て憂鬱な気分に陥っていた。

スタジオは幽霊屋敷のように感じられた。ジョブズはこの10年、毎日のようにスタジオを訪れ、デザインチームが取り組んでいる仕事を見ては改善策を提案していった。CEOの身でありながら、敬意を持ってこの空間に接していた。デザインチームが作品を隠すために使っていた黒いシートは決して勝手に剝《は》がさず、デザイナーが剝がしてくれるのを待った。ジョブズがデザインチームの美的感覚や、曲線を決め特別な色を想像し素材を選ぶときの徹底したこだわりぶりに払ってきた敬意が、「デザイン」をアップルの階層の頂点へ押し上げたのだ。ジョブズはデザイナーの目の持ち主だった。かつて彼は発売を予定していたiPhoneの試作機の前を通りかかり、「このクソはなんだ！」と吠《ほ》えたことがある。製造過程でほんのわずか曲線と光沢を変えただけだったが、彼はひと目でその違いを見抜き、嫌悪感を抱いたのだ。そして修正を要求した。つまり、彼がいなくなったことで、チームは彼らの仕事に燃料をくべるフィードバックを失ったのだ。

ジョブズの不在を痛感してか、アイブは多くの日々、スタジオの端の淡い色をしたオーク材の大きなテーブルを前に背を丸め、数少ない女性デザイナーの一人と静かに語り合っていた。同僚たちにはそれが終わりのない心理療法に見えた。アイブが悲しみの荒野をさまよっているかのように。

ジョニー・アイブは父親のようになりたいと思いながら育った。

ジョナサン・ポール・アイブは1967年、英ロンドン郊外で生まれた。マイケル・ジョン・アイブとパメラ・メアリー・ウォルフォードの夫妻がこの世に送り出した2人の子のひとりだ。両親ともチューダー朝様式のテラスハウスが立ち並ぶチングフォードという町で育ち、50人ほどの信徒で構成されるスワードストーン福音教会を通じて知り合った。教会への献身をともにし、どちらも教師になった。友人から明るく知的と言われた母パメラは神学を教え、のちに療法士《セラピスト》となった。勤勉な生涯学習者として知られた父マイク（マイケル）は高校の教師になり、デザインと技術を教えていた。

マイクがその分野に興味を持ったのは、彼を取り巻く地域社会がきっかけだった。チングフォードはひと続きの青い貯水池を見晴らす森に覆われた丘の上にあり、貯水池の水が近くの製造工場、銅の加工工場、発電所で冷却に使われていた。この貯水池群の向こうには、大都市ロンドンのビル群がチングフォードのあるエセックス州まで広がっていた。この地域に住む多くの人は地元の工場で働くエンジニアだ。ジョニー・アイブの祖父もその一人で、近くの王立小銃工場で工作機械の設備づくりに携わっていた。

マイクは十代で木工や金属加工に取り組みはじめ、その後、職人技や工学技術の指導者を養成するショーディッチ・トレーニング・カレッジに通った。そこで古いものと新しいものを融合し、古くからある銀細工を専門とするいっぽうで、現代機械のエンジニアリングにも興味を持った。

卒業後はイースト・ロンドンの学校で16歳から19歳の少年たちに工芸、デザイン、工学を教えはじめた。金属の切断法やアルミの鋳造法を教え、ジョイントのある椅子など自身の作品を紹介して生徒たちを刺激した。銀製のコーヒーポットも作った。息子をよく作業場へ連れてきて、生徒たちの仕事ぶりを見せていた。ジョニー・アイブが4歳くらいのとき、父親は地元キリスト教徒団と協力してホバークラフトを製作した。アフリカのチャド湖で、医療物資を対岸に運搬するために使われるものだ。彼とエンジニアのティム・ロングリーはこのプロジェクトのリーダーを3年間務めた。設計を決め、生徒を指導しながら機械を組み立てた。

ジョニー・アイブは幼いころ、よく父のあとをついて静かに機械のまわりを歩き、アルミの鋳造法やファイバーグラスの彫刻法、プロペラからスピンナーを鋳造する方法を説明している父親の声に耳を澄ましていた。やがてアイブは静かに立ったまま、生徒たちが木をいじったりリベットを取り付けたりしているところを観察するようになった。土曜の朝、テレビアニメにかじりついている子どものように夢中で見ていると、生徒たちは口にした。

それからおよそ50年後、ジョニー・アイブはそのホバークラフトが「衝撃的なくらい明快に作られていた」ことを覚えていると語った。

その後の何年かでラジオや目覚まし時計などいろいろなものを分解し、それがなぜ機能するのか解明の手がかりを求めて部品の分析を始めた息子に、父マイクは励ましの言葉をかけた。マイクはミドルセックス工科大学《ポリテクニック》という近所の大学に職を得て、設計の先生たちの指導に当たっていて、クリスマスにそこのワークショップで父から一日中指導を受けられるというのが、アイブお気に入りの贈り物だった。アイブはゴーカートから家具、ツリーハウスまで、思いつくものをなんでも作ることができたが、それにはひとつ条件があった。作る前にまず、自分の手で設計図を描かなければならないことだ。製作前のスケッチによって、製品にどれだけの注意が払われているかをアイブは実感した。

アイブは大きくなると、週末、父と車であちこちへ出かけるようになった。全国の店を訪れ、商品棚を吟味した。二人並んでトースターなどを手に取り、どう作られたかを話し合う。「なぜネジではなくリベットを使ったの？」とアイブが訊《き》く。教師たちと設計に携わった長年の経験から父親が導き出した答えに、息子はじっと耳を傾けた。父の教師仲間たちは土曜日にそんな退屈な過ごし方をしているのかと言ったが、父親と息子の関わり方には感心した。それが子どもの将来を左右する重要な要素であることを、彼らは知っていたからだ。

1979年、父マイクは勅任視学官としてイギリス教育省の一員となった。これは設計の監督を行う国家的な役職で、南部全域の指導に当たり、国のデザイン教育課程の近代化に責任を担う。家族でチングフォードからスタッフォードへ引っ越し、アイブは一夜にして住み慣れたロンドン郊外から北へ2時間の田園地帯へ、暮らしの場を移すことになった。両親は白い縁取りの窓が付いた赤煉瓦《れんが》のランチハウスが立ち並ぶ新開発地区、ブロックトンに家を買った。その村には郵便局とゴルフ場があったが、パブはなかった。近隣にキャノックチェイスという地区があった。松の木や樺《かば》の木の森に挟まれてなだらかな草地が広がり、狼男《おおかみおとこ》が徘徊《はいかい》するという伝説があった。

アイブは近くのウォルトン高校に入学し、在校生1500人にたちまち感銘を与えた。がっしりした体格で、独立心が強く、繊細な彼は、十代の若者にはめずらしいくらい成熟し、自信に満ちていた。教師とも対等に話し、フェミニズムや人種差別反対など、そのときどきの問題にも先進的な関心を寄せていた。芸術とデザインという得意分野は居心地が良く、伝統的な学問が比較的苦手な点はさして気にならなかった。多くの同級生が自分は何者で何をしたいのかという問題に取り組んでいたのに対し、彼はデザインを学べる専門学校へ行くつもりでいた。「試験ではCだろうけど、それで充分」と、彼は同級生のロブ・チャットフィールドに語っている。

それでも、彼にはすさまじい決意と完璧主義的衝動があった。学校のラグビーチームでも活動し、体格を活《い》かしてスクラムで押した。ある日の試合中、鼻を蹴られて顔を血が流れ落ちた。彼は何も言わずに血をぬぐい、スクラムに飛び戻った。呼吸は荒く、顔は悔しさに赤らんでいた。彼が怪我《けが》をしたのではないか、あるいはやり返して誰かを怪我させるのではないかと心配した体育教師が、彼を退場させてから試合を再開した。また別のとき、彼は発表会のために自分のドラムセットを持ってきた。ピンク・フロイドのファンだった彼は、同級生が足踏みで拍子を取るなか堂々とロックの古典的名曲を演奏した。大好評だったが、彼はがっかりした表情で自分の席へ戻った。彼には厳格な基準があり、途中で一拍取りそこねたことがわかっていたからだ。

学校に彼を怖がる生徒はいなかったが、逆らおうとする者もほとんどいなかった。体育の授業で生徒が何チームかに分かれてサッカーをしていたとき、オタクを自認するロブ・チャットフィールドに、いじめっ子の一人がゴールキーパーになれと要求した。チャットフィールドは拒んだ。いじめっ子はしつこかった。「ゴールに入れ」

「いやだ」と、チャットフィールドは言った。

「入れ」といじめっ子が言う。

アイブは前へ進み出て、いじめっ子の名前を呼んだ。振り向いたいじめっ子を彼がにらみつけると、いじめっ子は思い直した。様子を見ていたチャットフィールドがアイブの介入に敬服したのは、自分が注目されるためではなく、それが正しいことだと思ってそうしたからだ。

4年生になるころ、アイブは黒い服を着て、肩近くまである黒髪を頭の上で逆立てはじめた。アートフォルダーを小脇に抱え、決まったガールフレンドがいた。ヘザー・ペッグは父親の同僚だった勅任視学官の娘で、勉強熱心だった。アイブはかならずしも人気者ではなかったが、下級生たちは彼を学校一カッコいい生徒の一人だと思っていた。彼は自信に満ちていた。ウォルトン高校のジョンソンという地理教師は、学校中央の「泉」と呼ばれる大きな広場で授業をした。そこにはほかの教室とつながる通路があり、授業中にほかの生徒が通りかかることもあった。そんな生徒をジョンソン先生はよく、授業のじゃまをするなと叱り飛ばした。アイブが80年代の人気ミュージシャンのような格好で、腕に画集を抱えてそこを通りかかったとき、ジョンソン先生は顔を上げて微笑んだ。そして「元気か、ジョニー？」と大声で呼びかけた。いちばん厳しい先生ですらアイブの流儀と自信に一目置いているのだと、クラスのみんなが感じた。

アイブはロックスターのような外見をしていたが、学校から一歩出た彼は聖歌隊員のような雰囲気を漂わせていた。多くのイギリス人が宗教を捨てていた時代、アイブ家はワイルドウッド・クリスチャン・フェローシップという地元の福音派教会に通っていた。日曜日の朝、信徒たちはスタッフォードの端にある、45平方メートルほどの平屋建て煉瓦造りの建物に集まる。この教会では、イエス・キリストの弟子であれという教えに重きを置いていた。アイブは自分の信仰を真摯に受け止めている、熱心なキリスト教徒、というのが友人たちの受け止め方だった。彼とヘザーは同じ教会に通い、チングフォードの福音派教会で出会ったアイブの両親と同じように後日結婚する。


アイブが十代のころのアートフォルダーには、青いインクでスケッチを描いた茶色い包装紙が数多く挟まれていた。時計やステンドグラスの窓、ゴシック建築、そして生涯にわたり夢中になった製品の絵がたくさんあった——細かなところまで克明に描かれた薄型電話機だ。

その洗練された絵に、ウォルトン高校のデザイン教師デイヴ・ホワイティングは疑念を抱いた。

「あまりにすばらしかったので、自分で描いているとは思えなかったんです」と彼は語っている。父親に手伝ってもらっているにちがいないと思ったホワイティングは、アイブの作品について同僚の美術教師に意見を求めた結果、彼が自分で描いた作品だという確信を得た——「優秀な職人」の手になる作品であると。

アイブが十代のとき、父親は田園地方の中心部にあるラフバラー大学で、デザイン教師を対象に開かれる夏期集中講座に息子の席を確保した。デイビッド・ジョーンズという講師がスケッチを教えていた。工学的思考の持ち主であるアイブの父親とは異なり、ジョーンズはグラフィックデザイナー的感性の持ち主で、ペンと紙は想像を形にする道具、つまりデザイナーが世に送り出すものの可能性を呼び覚ます道具であると語った。大人が子どもにアルファベットを教えるときのように、彼は白いイーゼルにスケッチしてみせ、自分をまねることで教師たちにスケッチ技術を伸ばすよう言った。この講座でアイブは父親から教わったのと別の職業を知ることになった。それまで父の同僚たちは、アイブはスタジオアート〔実技中心の美術専攻〕の学位取得を目指すのではないかと思っていたが、やがて、自分の芸術的感性はデザインにこそ活かせるとアイブ本人が考えていることが、明らかになった。

　ウォルトン高校へ戻ったとき、夏の講座で磨いてきた技能が、高校の最終プロジェクトになるオーバーヘッドプロジェクターの設計に力を発揮した。彼は学校によくある巨大なプロジェクターを設計し直したかった。持ち運びができないという欠点があったからだ。車輪付きの台車で教室間を運ぶのではなく、先生たちがブリーフケースに収めて持ち歩けるようなものを思い描いた。

　完成したプロジェクターを父マイクが職場に持ち込んで同僚たちに見せた。彼は同僚のオフィスで60センチ四方の黒い箱を机に置き、デモンストレーションのために同僚を何人か呼び集めて、満面の笑みを浮かべた。「これを見てくれ」とマイクは言った。ライムグリーンの縁取りが付いた黒い箱の留め金を外し、上蓋《うわぶた》をゆるめる。プロジェクターが静かに姿を現し、油圧装置がかすかなため息を漏らした。マイクはプロジェクターのアームを持ち上げ、拡大鏡とライトがフレネルレンズから壁に像を投影する仕組みを実演した。17歳の息子の仕事に同僚たちが驚嘆しているのを見て、マイクはにっこりした。「あんなのは初めて見た」マイクの同僚ラルフ・タベラーが振り返る。「その動きと働きを見ていると、なんとも言えず楽しくなった」

アイブが高校卒業間近の１９８３年、ラフバラー大学で開かれた会議《カンファレンス》にイギリス各地からデザイン教師が集まった。マイクはこのイベントの企画に一役買い、ゲスト講演者としてフィリップ・グレイを招いた。ロンドンの第一線のデザインファーム、ロバーツ・ウィーバー・グループの経営者だ。グレイが会議場に着くと、イギリス各地のデザイン科学生が描画した作品が飾られている階段式教室の玄関でマイクが出迎えた。クレヨンやフェルトペンやペンのスケッチを見渡すうち、グレイの目はある歯ブラシの絵に釘付《くぎづ》けになった。人間工学に基づく詳細な柄が描かれていた。

「すばらしい才能だ」と、彼は言った。

「私の息子が描いたものです」と、マイクは言った。

この出来事から間もなく、アイブは父マイクといっしょにロンドンへ赴き、ノッティングヒルのキャリッジハウス［馬車収容用の離れを住居に改築したもの］に挟まれた煉瓦道に立つ、ロバーツ・ウィーバー・グループのオフィスでグレイに会った。大学受験の出願手続きが始まっていたが、アイブはどの大学に行こうか迷っていた。グレイからいい助言が得られることをマイクは願っていた。

オフィスに近いイタリア料理店に移動してパスタのランチに舌鼓を打ちながらグレイが薦めたのは、ニューカッスル・ポリテクニック［現ノーザンブリア大学］という最高峰のデザイン専門校を擁する大学だった。25人の定員に２５０人が応募する、競争率の高い学校だ。アイブの才能を見抜いたグレイは、在学中ロバーツ・ウィーバーでインターンとして働き、卒業後はフルタイムで働くことを条件に、年間１５００ポンドの私費奨学金の提供を申し出た。アイブの才能を物語る異例の手回しだった。

翌年、アイブはニューカッスルに入学した。イングランド北東部の農地までは、なだらかな緑地を電車で4時間半ほど。石炭が豊富で北海から冷水を得られる北部工業地帯はかつてこの国の製造業をリードしていたが、アイブが列車に乗ってニューカッスルを流れるタイン川を渡ったころには、近くの炭鉱は閉鎖されはじめていた。この街が生み出した蒸気機関車は電鉄に取って代わられ、かつての輝きを失っていた。

ニューカッスル・ポリテクニックのデザインスクールは、１９６０年代に建てられたスクワイアーズ棟と呼ばれる長方形の建物の３階にあった。茶色煉瓦の正面《ファサード》は薄汚れていた。アイブは毎日その狭い階段を上って、薄暗い廊下へ出た。隣接する４つのスタジオは学生が卒業するまで彼らを進級させていく組み立てラインのようだった。アイブが最初に入った左側のひとつ目のスタジオには製図台が30くらいあり、マーカーペンやファイバーボードの化学的な甘ったるいにおいがした。空気には不安が満ちていた――想像力の欠如に対する不安、締め切りへの不安、そして完成品に同級生が行う批評への不安。

ニューカッスルでアイブの友人になったジム・ドートンは「競争は熾烈《しれつ》だった」と語る。「いい結果を出したかったし、まわりの人がすばらしい仕事をしていると、もっと頑張らなくてはと思った」

恋人ヘザーと遠距離恋愛を続け、忠実なキリスト教徒でありつづけたアイブは、近隣のパブでストレスを発散したり、〈ビッグマーケット〉のナイトクラブで遊んだり、回転ダンスフロアがあるタイン川の船、タキシード・プリンセスに乗ったりしているクリエイティブな仲間の中で一頭地を抜いていた。

アイブのスケッチ技術はたちまち仲間に感銘を与えた。ペールブルー、柔らかなイエロー、薄茶色といった淡色ペンでスケッチし、それを黒の細ペンではっきりさせてから、擦筆《さっぴつ》で影や深みを加える。１年目は描画力をこれでもかとばかりに試された。生活に余裕がない彼は毎週スタッフォードのヘザーに送る手紙とスケッチにかかる費用がかさんだため、封筒に切手を描くことにした。エリザベス女王の肖像を完璧に描いて封筒を投函《とうかん》した。ヘザーから返信が届いたとき、郵政公社を欺くことができたのだと知った。

「うまくいったよ」彼は友人のショーン・ブレアにそう言って、にやりとした。

これに勇気を得て、アイブは節約努力をゲームに変えた。毎週切手を描いていたが、だんだんリアルでなくなっていき、最後には漫画のような女王まで描いていた。


ニューカッスルは従来のカリキュラムだけでなく職業訓練プログラムも提供していた。学生は時間の半分以上をデザイン基礎の習得と製品づくりに費やし、素材、工業的プロセス、人間工学、電子工学、生産管理を学んだ。芸術とプロダクトデザインを融合させたドイツのバウハウスのムーブメントをはじめとするデザイン理論に加え、美術や建築の歴史も学んだ。

この講座の数々でアイブのセンスは研ぎ澄まされた。1980年代にはこの時代の嗜好《しこう》を反映した奇抜な色や不ぞろいな形、空想的なデザインなど、過激なポストモダンデザインがあふれていた。ボブ・ディランの不条理な歌から名を取ったイタリアのデザイン集団メンフィスは20世紀中葉のミニマリズムを捨て、遊園地《ファンハウス》的な賑《にぎ》やかなデザインの家具を好んだ。三角形の黒い脚と半円形の緑の脚が向き合って支えている黄色い机がその一例だ。ニューヨークのソニー・タワーからロサンゼルスのフォックス・プラザまでが当時の装飾を取り入れていた。しかしアイブは、形と色が混在したこういうデザインに違和感を覚えた。彼はニューヨークのシーグラム・ビルのように均整が取れた、バウハウスを彷彿《ほうふつ》とさせる直線的なスタイルが好みだった。そして、ドイツ人デザイナー、ディーター・ラムスの機能主義的感性の信奉者になった。時代を超えるデザインで大切なのはただひとつ、「より少なく、しかしより良く」という哲学の下、ラムスは無駄をそぎ落としたラジオやヘアドライヤーで小型電気器具メーカー、ブラウンの名を世に知らしめた。アイブはイタリア人デザイナー、エットレ・ソットサスの鮮やかな色彩と球状の装飾を礼讃していたが、同級生によれば、彼はアイン・ランドの小説『水源』の主人公ハワード・ロークのような厳格な信念の持ち主で、ごてごてした様式を求める同級生に寛容ではなかった。ある友人が細かなところまで凝った製品模型を作ったとき、アイブは「誠実さに欠ける」と一蹴した。友情は破綻し、それは自分の作品がアイブのデザイン哲学を侮辱したからではないかと、その同級生は一生悩みつづけることになった。

　アイブは製品づくりにあたって、ディテールを見る目だけでなく売り込みの感性も兼備していた。1年生のときの課題でアイロンを作ることになったとき、アイブは先がとがっておらず、ヘリコプターのコクピットのような形の水槽を備えた模型を作った。底から切り離されて上向きに傾いたハンドルがアグレッシブな印象を与えていた。白一色の製品にディテールと濁った紫色の記章でアクセントをつけた。当時、自動車会社のルノーはある車を「路上で強靭《きょうじん》」と宣伝していた。そこからアイブは同級生の批評に対し、自分のアイロンに「布上で強靭」というキャッチフレーズをつけた。

　教授や仲間たちの目を釘付けにしたこのアイロンで、アイブの地位は確立された。だが、彼は自作の多くをひどい出来だと思っていた。「構想面《コンセプト》に不満があり、やりたかったことをやれなかった」と、数年後に振り返っている。このときの不完全燃焼感はその後のキャリアで彼に付きまとい、詐欺師症候群《インポスター》、つまり人の評価ほど自分は有能ではないと感じ、本物でないのがばれるのではないかという不安に取り憑《つ》かれた。

　1987年、アイブはロバーツ・ウィーバーとの約束を果たし、その年の一部をノッティングヒルの同社でインターンとして過ごした。この近隣がヒュー・グラントとジュリア・ロバーツ主演の映画で名所になるのはまだ先のことだが、数ブロック先にはペンタグラム社があり、デザイナーの拠点になりつつあった。アイブはロフト付きのオフィスで正社員のスタッフとともに製図板を渡された。とがった髪のアイブはすぐ同僚の目に留まった。「歯ブラシのようだった」と、生涯の友となる先輩デザイナー、クライブ・グリニヤーは言う。

アイブは早い時期から創業者バリー・ウィーバーのオフィスを訪れては、飾られている日本製の電卓、ホッチキス、ペンなどに見とれていた。父親と店を訪ねたときのように、製造方法について質問攻めにした。その好奇心と感性に感心したウィーバーは日本のゼブラ社から依頼のあった財布の開発にアイブを起用した。縫製も含めた製造法を正確に提示しないと、ゼブラが独自の製品を作ることになると、ウィーバーはアイブに言い渡した。アイブは仕事場に戻り、厚手の白いボール紙を切っては折り、作りたい財布の正確な模型づくりに着手した。革の厚みを出すために紙を重ね、エンボス加工で質感を出す。縁の縫い目をペンで点描していく。その洗練された仕事ぶりに同僚たちは感心し、彼をインターンではなく仲間として見るようになった。

仕事以外の時間、アイブは年上のグリニヤーを質問攻めにした。グリニヤーが自室の机にピン留めしているスケッチが気になって仕方がなかった。コンピュータの筐体《きょうたい》の通気口が斜めになっていたのだ。カリフォルニアで働いているときに描いたものだと聞かされたとき、アイブは大きく目を見開いた。

「カリフォルニアってどんなところ？」とアイブは訊いた。

「こっちとは違う」とグリニヤーは言った。イギリスではデザイナーが作ったコンセプトをクライアントがはねつけることが多々あった。サンフランシスコでは、デザイナーのアイデアに資金が出されるし、思いどおりのものを作れるという。アイブには「当時のホットな場所」に思えたのだろうと、グリニヤーは数年後に振り返っている。「彼は心底驚き、カリフォルニアの流儀を根掘り葉掘り訊いてきた。つまり、あそこにはデザインが飛び立てる環境があったわけです」

アイブが魅せられたサンフランシスコはロバーツ・ウィーバーでの現実と対照的だった。デザインで常識の境界を打ち破りたいという彼の衝動は、ときにクライアントに不快感を与え、拒否されたり変更を求められたりした。そのせいで心苦しさを覚えたし、悩ましくもあった。新しい削岩機を求める電動工具メーカーのために、アイブは芸術的な菱形《ひしがた》の持ち手が付いた未来的な小型ドリルをスケッチした。栗色《くりいろ》の色彩設計には、ヘルメットをかぶったガタイのいい男が持つところを想像できないかわいさがあった。エレガントすぎるとクライアントは一蹴した。「彼は野心的なアイデアを持っていて、物を美しく描くんだ」とウィーバーは言う。「形は見えるが、どうやって作ったのかわからない」

大学に戻ると、アイブはデザインに取りかかる前にまず、この製品はどうあるべきかを明確にする作業に注力した。当時、国民保健サービス（NHS）が提供していた子ども用補聴器は、襟に着ける無線受信機とつながっているピンク色の大きなイヤホンタイプだった。小学校を訪れ、聴覚障害の子たちから話を聞くと、補聴器の見かけのせいで恥ずかしい思いをしているという。人々がどこへでも持ち歩いていたソニーのウォークマンのような、現代的でクールなデザインにしたい。デザインを改良すれば音がよく聞こえるようになるうえ、人との違いがもたらすストレスを軽減できると、彼は友人たちに訴えた。学校で集中力が増し、成績が上がり、親の心配も和らぐはずだ。彼がデザインした白い長方形の製品はベルトクリップとヘッドホンが付いた受信機が特徴で、生徒は教師がマイクに語りかけた言葉を聞くことができた。

コンピュータはニューカッスルのデザイン教育課程の中核にあったわけではないが、アイブは卒業前にマッキントッシュに出合っていた。勅任視学官を続けていた父親はアップル製コンピュータのファンになり、コンピュータの購入をいろいろな学校に勧めていた。流通量の多いＢＢＣＭｉｃｒｏというコンピュータより、デザインを学ぶ学生には使い勝手が良かったからだ。アイブにはすぐその理由がわかった。ポイント＆クリック式のマウスを使うマッキントッシュは、彼が知っているどのコンピュータより直感的だった。このコンピュータとの縁を感じた彼は製造会社を調べてみた。アップルが打ち出したＣＭ「１９８４年」の反骨精神に惚《ほ》れ込み、その精神をマッキントッシュに見た。「作った人たちの値打ちが私にはわかった」アイブは何年かしてニューヨーカー誌にそう語っている。

ニューカッスルの学生が卒業するには、身近なものを題材にコンセプトの再構築に取り組む必要があった。学校はこれを「青空《ブルースカイ》プロジェクト」と呼んでいた。現在の生産能力にとらわれない未来的な製品をイメージするよううながす名称だ。

アイブはクレジットカードの増加に興味を引かれ、安価なプラスチック素材と、スワイプひとつで人々が使う金額との乖離《かいり》に思いをめぐらしていた。また、加盟店は購入した商品を瞬時に追跡できるのに、カードの利用者は明細書の郵送を待たなくてはならない点にも疑問を感じていた。そこで彼は小石くらいの小さな丸いメダルを人々が持ち歩き、会計時にミニコンピュータの上に置いて支払いをするような世界を想像した。つややかな黒いメダルがポケットサイズの電卓のような装置に働きかけ、取引情報が表示される。「彼はそこに物の価値と、時計職人の繊細さを持ち込んだわけです」と、ニューカッスルのジョン・エリオット教授は語っている。何十年かしてアップルがアップル・ペイという非接触型決済システムを発表したとき、エリオットはアイブの「青空プロジェクト」を思い出した。「彼は20年先を行っていたんです」

年末に学生たちが集まって最終課題を展示したとき、アイブのプレゼンは際立っていた。全員がスクワイアーズ棟で約２４０×１２０センチの木製ボードに自分の作品を並べ、教授たちがそれを精査して最終的な成績をつける。同級生が写真と情報でボードの上から下まで埋め尽くしていたのに対し、アイブのボードの特徴は何もない空間の多さだった。ボードのひとつにマガジンラックを固定し、そこにプロジェクトについてのペーパーと黒い決済用メダルを入れた。残りふたつのボードには自分の作品の写真を配置した。部屋の中でもっとも控えめなプレゼンだった。そこには「より少なければ、より豊かに」という彼の哲学が反映されていた。外部評価者のラッセル・マロイはそのボードの前に立ったとき、どうしたものか迷った。彼はエリオットら、ほかの教授たちに助言を求めた。「何点までならつけられますか？」と質問した。最高点は通常70点。つまりAだ。もっと上の点数をつけていいかと訊いてきた人は初めてだった。教授たちは顔を寄せ合ったあと、いちばんふさわしいと思った点数をつけてほしいと伝えた。マロイは90点をつけた。

「本気ですか？」審査委員長が訊いた。

「こういうものには初めてお目にかかった」マロイは言った。「彼はこの点数にふさわしい」

アイブは王立芸術協会主催のデザインコンペでも審査員たちに同様の、強烈な印象を与えた。18世紀に設立されたこの団体は１９２４年から工業デザインのコンペを催し、学生たちに旅行資金や助成金を提供していた。アイブは電話機のコンペに応募した。彼は以前から、電話を手で握って顔の横へ持ってくることを不自然と感じていた。電話を使うために必要なふたつ、つまり「口」と「耳」に断絶が生じるからだ。彼はマイクのように手に持って話しかける歯ブラシ大のスリムな受話器が付いた、コミカルな角張ったデバイスを構想した。受話器は疑問符のような形だった。これの実現に向け、アイブは形と角度が微妙に異なる何百もの発泡スチロール模型を作り、アパートメントを埋め尽くした。最終的に出来上がったのは、ダイヤル用のラベンダー色のボタンが付いた白いプラスチック製のものだった。彼はこれを「演説機《オラター》」と名づけた。「内心、自画自賛していた」と、彼はこのネーミングについて数十年後に語っている。500ポンドの旅行資金を獲得したこの作品にほかの生徒たちは驚愕《きょうがく》した。「誰も見たことがないものだった」と、ニューカッスルの1年先輩クレイグ・マウンジーが語っている。

しかし、アイブはこれを失敗作と考えていた。使っている人を写真に撮るため、ある事務所に持ち込んだところ、見た目が独特すぎて持ちにくそうだった。彼はその後の何年かでこの欠点と格闘する。見た目が斬新なだけではダメなのだ。使う人がその製品に共感してくれなくては。製品がどのように機能するか、本質的に理解してもらえなくてはならない。そうでないと使ってもらえない。

旅行資金を手にしたアイブは1989年の夏、カリフォルニア行きの飛行機に乗った。シリコンバレーは、世界を変えはじめているコンピュータなどの製品にデザイナーが大きな発言力を持つ場所として、このときも彼の心に大きく存在していた。太陽がどこまでも続くと言われるその土地では、広大な果樹園だった場所がチップメーカーや新興企業《スタートアップ》、ベンチャーキャピタルの集まる48キロほどのテクノロジー・パークと化していた。この地域の名前の由来である半導体部品、シリコンウェハーはパーソナルコンピュータ時代を生み出し、23歳のスティーブ・ジョブズを億万長者にした。自分も同じことができるかもしれないと可能性に魅せられた若いエンジニア、デザイナー、起業家が「次の新しいもの」を求めて世界中から集まってきた。

アイブも好奇心に駆られた巡礼者の一人だった。友人のクライブ・グリニヤーが語るカリフォルニアの話を何年も聞かされてきた彼は、自分の思ったとおりの場所なのか確かめたかった。ルナー・デザインをはじめ、いくつかのデザイン事務所に面接の段取りをつけた。近くにあるサンノゼ州立大学の工業デザイン科を卒業したロバート・ブルーナーが共同設立したルナーは、このところアップルから新しいコンピュータの仕事を受注していて、サーファー的なリラックスした雰囲気の新興デザインファームという評判が広まりつつあった。

同社の玄関ドアをアイブが開けると、『特捜刑事マイアミ・バイス』を彷彿させるエレクトリックブルーとピンクで塗り分けられたロビーが現れた。階下のインド料理店からタンドリーチキンの香りが漂っていた。アイブは自作を詰め込んだケースを近くのテーブルへ持っていき、それを開いて未来型コードレス電話をブルーナーに見せた。アイブがオラターの蓋を持ち上げると、内部コンポーネントを取り外しできる模型がひと続き現れた。部品の仕組みや組み立て方を聞いて、ブルーナーは目を丸くした。大学を卒業したばかりだというのに、アイブは携帯電話の外観から製造まで、この電話のことをすべて説明できた。

話を聞くうち、ブルーナーは自問しはじめた。どうしたらこの子を雇えるだろう？　この時点で社員の新規募集はしていなかったが、話が終わりかけたところで、彼はアイブへの関心を伝えようとした。「このまま連絡を取り合って、きみの行く末を見守りたい」

カリフォルニアに魅せられていたアイブはブルーナーが向けてくれた関心に感激した。彼は帰国後、イギリス王立芸術協会にレポートを提出した。「たちまちサンフランシスコに心を奪われ、いつかまた訪れたいと切に願っています」と、彼は書いている。ブルーナーの協力もあり、時を経てその願いはかなえられる。

アイブはロンドンのロバーツ・ウィーバーに戻ったが、それはつかのまのことだった。１９９０

年、イギリス銀行危機のあおりを受けた同社は財政破綻で倒産した。アイブはニューカッスル時代に学資援助と引き換えに結んだ契約から解放され、友人のグリニヤーがマーティン・ダービシャーというもう一人のデザイナーと立ち上げたデザイン事務所に入った。創業者の二人はこの会社をタンジェリンと命名した。

当時はストリップクラブやゲイパブがひしめく怪しげな界隈《かいわい》だったイースト・ロンドンのショーディッチ地区、ホクストン・スクエアのすぐそばに、彼らは事務所を構えた。脱工業化時代の屋根裏部屋は天井が高く、床には粗い木材が使われていた。不景気で、仕事も少なかったので、デザイン雑誌に広告を打ち、実力をアピールするためにコンセプトを考案した。アイブはトイレ・バス用品メーカー、イデアル・スタンダードのプロジェクトに着手した。同社は「デザイン評議会」の展示会でニューカッスル時代にアイブが考案した補聴器を見て、彼に興味を持っていた。アイブは自宅アパートメントに発泡スチロールで作ったバスルームの洗面台模型を並べた。ある日、友人のジム・ドートンが訪ねていくと、アイブは床から発泡スチロールの白い粒々を懸命に掃除機で吸い取っていた。彼はドートンを見やり、自分の顔に掃除機のホースを当て、鼻に付いたスチロールくずを吸い取ってにやりとした。

タンジェリン入社後、アイブは恋人のヘザーといっしょにロンドン南東部のブラックヒースのアパートメントへ引っ越した。新居のペンキ塗りと飾りつけのため何日か休みを取った。翌週の月曜日、出社した彼は少し落ち込んだ様子で、窓をひとつ塗っただけで終わったと告白した。満足できるまで何度も何度も塗り直していたからだ。

「完璧でなければ気がすまなかったんですよ」ダービシャーが語る。「ディテールへのこだわりという点では、執着心がすごかった」

アイブは高給取りではなかったが、アパートメントに置くレガ社のレコードプレーヤーには出費を惜しまず、家具よりも先に購入した。彼は生涯にわたり芸術的デザインに優れた製品をコレクションするようになるが、自分のこだわりを出し惜しみしない姿勢の一端がここに垣間《かいま》見える。

アイブとグリニヤーはイデアル・スタンダードのプロジェクトのため、アイブのサマセットの実家にこもった。二人で洗面台のシンクやトイレの模型をガレージでいくつも作りながら、アイブは水の重要性を哲学的に友に語った。水の動きについて書かれた海洋生物学の本を読みあさり、古代ギリシャの陶器からインスピレーションを得た。その結果生み出された半楕円《はんだえん》形の洗面台は、壁から斜めに突き出す形で立つ円柱に載っていた。慈善団体コミックリリーフが主催する「赤鼻の日《レッド・ノーズ・デー》」というチャリティイベントがあり、イデアル・スタンダードのＣＥＯがイベント中ずっと赤いピエロの鼻を着けているシュールな状況で、二人は同社にプレゼンをした。終わったとき、ピエロの鼻をしたＣＥＯは心配を口にした。このシンクは製造コストがかかりすぎるし、わが社のこれまでの地味なデザインから過激なくらい逸脱している。

「あの重いシンクが落ちてきて、子どもが押しつぶされたらどうするんだ？」と、彼は言った。

このシンクは却下された。アイブは意気消沈してロンドンへの帰途に就いた。いやでもデザイナーとしての自分の限界と向き合わねばならなかった。常識に挑戦する情熱とプロジェクトに投入する深い研究は、クライアントを満足させるための妥協を許さなかった。クライアントを喜ばせることで成長できるタンジェリンのような会社では、それが仕事を困難にする。会社とクライアントを取り持つ仕事は自分に向いていないかもしれない、と彼は気がついた。「デザインという業務には自分を寄せ付けないところがある」と、後日アイブは語っている。

後押しを必要としていたアイブに、古い知人から手が差し伸べられた。1989年に、アップルが社内にインダストリアルデザインチームを作るため、ルナー・デザインのブルーナーを雇っていた。当時のアップルは、デスクトップからポータブルコンピュータ、携帯情報端末へと製品のラインアップを広げている最中だった。クリーム色がかかった灰色に縦と横のギザギザラインという従来のデザインはマッキントッシュを成功に導いたあと、古臭くなっていた。ブルーナーは新しいデバイスの機動性を反映した、もっとダイナミックな外観が欲しかった。なんとしても新しいアイデアを見つけたい。彼はアイブのことを思い出し、アップルの4つの製品――タブレット型の個人用携帯情報端末、モバイルキーボード、デスクトップコンピュータ2種――のデザインプロジェクトに参加しないかとタンジェリンに持ちかけた。

このプロジェクト――暗号名「ジャガーノート」――にアイブは怖じ気《おけ》づいた。あこがれのアップルのデザイン。そこに携わるチャンスを初めて与えられたのだ。スタジオでは、タブレット型端末をまかされた彼が発泡スチロールのキーボード模型でタイプを試みる姿が見られた。その結果生まれたデザインには、製図板のような角度をつけた画面があった。

模型が仕上がると、アップルに送るために箱詰めした。まず緩衝材に包んだ模型を入れ、模型に対応するスケッチを重ね入れた。その上に、タンジェリンのオレンジ色のロゴをプリントした特製のTシャツを白い薄紙でくるみ、会社のロゴをあしらったステッカーで貼り合わせた。この気遣いは、ピーナツを詰め込むときと同じように、箱にただ模型を詰め込むのがふつうだったデザイン事務所の同僚たちを驚かせた。「作り手のこだわり」と同じくらい「パッケージへのこだわり」が重要だと考えていたアイブは、アップルに送る箱をひとつの「体験」に変えた。

この箱にブルーナーは大きな感銘を受けた。彼はタンジェリンの3人をクパティーノへ招いた。

プレゼン終了後、彼はアイブを脇へ呼んだ。拡大途上のアップルデザインチームをさらに拡充するつもりでいた彼は、アイブのアップルへの関心も感知した。「ドアはいつでも開かれている」彼は言った。「考えてみてくれないか」

この求愛を見たダービシャーとグリニヤーは気がついた。ジャガーノート・プロジェクトは単にポータブルデバイスをいくつかデザインするだけの話ではなかった。起業したての小さな事務所が世界的企業からこういう機会を得られたのは、たまたまではなかったのだ。ブルーナーはうちのメンバーを雇いたがっている。3人が帰ってきて、アイブがホクストン・スクエアの事務所に入るや、グリニヤーは言った。「彼らはきみを手に入れたわけか？」

アイブはにやりとしただけで、何も言わなかった。

「受けろ！」と、グリニヤーは言った。

アイブは葛藤していた。あこがれの会社で仕事をする大きなチャンスだとわかってはいた。顧客を喜ばせる重荷から解放され、収入が増え、カリフォルニアに居を移せる。しかしイギリスを離れて、両親、特に自分の職業人生に重要な役割を果たした父親から離れて、遠い外国で家庭を築くことには不安があった。

何週間も未決の日々が続いた。ほかにも心配事がいろいろあったし、自分にアップルの仕事が務まるのかと悩んだ。まだ25歳。大学卒業からわずか数年で、彼のデザインの多くはまだ製品化されていなかった。優れたデザインで知られるこの会社で通用するのか？

暖かなある日、アイブは大学時代の友人スティーブ・ベイリーと散歩中、テムズ川へ流れ込む支流を見下ろすベンチに腰を下ろした。故郷と呼ぶ街が目の前に広がっていた。この街を後にするのはつらい。アップルでの新しい役割にふさわしい準備ができているか、自信がないと、彼はベイリーに打ち明けた。アップルのデザインの遺産に怖じ気づいていた。同社のマッキントッシュは人とコンピュータの関わり方を一新し、競合他社のどの製品より手に取りやすく見えた。同僚たちの目から見ればアイブは多くを成し遂げていたが、彼はその称賛を信じきれず、自分の作品の多くにまだ欠点も見えていた。「彼は心底おびえていた」と、ベイリーは言う。アップルでデザイナーとしての欠点があらわになるのではないか。アイブは自分の前途が不安でならなかった。

3

業務執行人《オペレーター》

The Operator

スタッフはそこを「神の居城《ヴァルハラ》」と呼んでいた。インフィニット・ループ1号棟の最上階にある重役フロアはアップル商業帝国の中心だった。毎週月曜日に役員10人がこの翼棟《ウイング》の重役用会議室に集まり、4時間にわたり経営について論じ合う。この週例会議は巨大ハイテク企業のヒエラルキーを反映していた。新店舗の展開から新しい製品カテゴリーの調査まで、小さな集団が事業の詳細すべてを評価する。

スティーブ・ジョブズの死後、アップルの商業王ティム・クックは月曜日の会議を一人で仕切らなければならない状況に順応した。ジョブズから新CEOに抜擢《ばってき》されたときは、前任者の助言をもらえるものと思っていた。しかしその指導は受けられず、気がつけば、喪失の悲しみの中でリーダーシップを執らなければならない複雑な状況を、自力で乗り切っていた。

クックは人目に触れたがらないことで有名だったが、良き指導者《メンター》の死後、彼が何を感じているかは、行動を見れば見当がついた。彼はジョブズのオフィスに引っ越すどころか、墓場のようにそこを封印した。ジョブズの机は書類が散らばったままで、ホワイトボードにもジョブズの娘が描いた絵がそのまま残っていた。ドアを押し開け、中に入って前任者の存在を感じる日もあった。この物思いの時間を、彼は墓参りに喩《たと》えている。

月曜日の会議では、生前のジョブズと同じような雰囲気づくりを目指した。経営幹部たちがぞろぞろ入ってきて、ジョブズがよくアイデアを書き出していたホワイトボードの前の大きな会議用テーブルを、暗黙の了解になっている配置で囲んだ。彼らがハードウェア、ソフトウェアなどそれぞれ担当分野について最新状況を報告するあいだ、物憂げにしている人たちもいた。直感を頼りに即断したジョブズに対し、クックは動きがゆるやかで、分析を好んだ。ジョブズのように、もっと大きなｉＰｈｏｎｅを作れと要求するのではなく、いろいろなサイズを試して変更のメリットを判断しようと提案した。決断力に欠けると不満を漏らすメンバーもいた。情報を集めてから指示を出す方式を受け入れるメンバーもいた。

最初の数カ月、ある会議でクックは同僚たちが議論を続けるあいだに立ち上がり、無言で部屋を出ていった。ドアが閉まると部屋は静かになり、みんながクックの帰りを待った。クックは廊下を進んで自分のオフィスに戻り、机の前に座った。しびれを切らして経営陣の一人が彼のオフィスを訪ねると、ＣＥＯは物思いにふけっていた。

クックは顔を上げた。「もう終わったのか？」と彼は尋ねた。

「お戻りをお待ちしています」と、経営幹部は言った。

ティム・クックは父親とは違う人生を歩みたいと思いながら育った。

ティモシー・ドナルド・クックは１９６０年、ドナルド・ドージャー・クックとジェラルディン・メジャーズ夫妻がもうけた３人の息子の次男として、米アラバマ州モービルに生まれた。両親は幹の太いオークの木と高くそびえる松の木の田園風景が広がるアラバマ州南部で育ち、二人の出身地は50キロほど離れていた。父親のミドルネームは彼が学校に通った町ドージャーにちなんだものだ。ドージャーはフライパンの持ち手のような形をしたフロリダ州の北、アラバマ州の州都モンゴメリーの南に位置していた。火口地帯《ティンダーベルト》の呼び名で知られる地域の、人口数百人の田舎町だ。家族は１００年以上前にノースカロライナ州とサウスカロライナ州から南下してきて、アンドリュー・ジャクソン将軍が先住民族マスコギー・クリーク族の国を打ち破ったあと、入植者に明け渡されたこの地へたどり着いた。父親は農産物の販売と乳牛運搬車の運転で家計を支えていた。ドージャーから外へ出る道路の一本は北西へ延び、ジェラルディンが育ったアラバマ州ジョージアナに続いていた。

　父ドナルドは田舎育ちに誇りを持ち、何を話すときも南部田舎風の発音を響かせた。彼はのちに、うちの次男は「決して何事もあきらめない。意欲的なやり手だ」と、よく自慢した。息子たちには謙虚さを教え、富の見せびらかしを軽蔑する姿勢を叩《たた》き込んだ。アップルの経営トップになったクックからトラックを贈られたとき、ドナルドはたびたび不満を口にした。「なぜ息子があのトラックをよこしたのか、見当がつかない」と、彼はコーヒーを飲みながら友人たちに語った。自慢していると思われたくなかったからだ。

　クックの父は重労働で培われた労働倫理の持ち主だった。高校卒業後、モービルのアラバマ・ドライ・ドック・アンド・シップビルディング社に就職し、その後、朝鮮戦争で徴兵された。陸軍の補給係として、兵員や軍需品や食糧を前線へ運ぶ貨物トラックに部品を供給した。在庫管理の仕事を楽しみ、「軍隊でいちばんいい仕事」と考えていた。韓国で1年半過ごしたあとメキシコ湾岸へ戻り、造船所で働いて生計を立てた。ジェラルディンと結婚し、３人の男の子をもうけた。一家はモービル湾を渡り、クックの祖父ケイニーが暮らす隣のフロリダ州ペンサコーラへ移り住んだ。末っ子のジェラルドが学齢期を迎えるまで、そこで暮らした。１９７０年、深南部では人種差別廃止運動が加速していた。差別撤廃を推し進めるための強制バス通学に抵抗していたペンサコーラの町が裁判官から学校統合を命じられ、緊張が高まった。市内の学校で白人と黒人の間に衝突が起き、なかには南部連合のイメージが引き起こした衝突もあった。下位中産階級に属するクック家は、ジェラルディンの双子の姉が住むアラバマ州ボールドウィン郡に引っ越した。同郡ロバーツデールの町を選んだのは、幼稚園児ら12年生までがひとつのキャンパスを使っていて、3人の息子がいっしょに通えたからだと、ドナルドは語っている。

　ロバーツデールは小さな農業共同体で、トウモロコシや綿花、ジャガイモなどの作物を栽培する広大な平野に2車線道路が縦横に交差していた。オークの森と高くそびえる松の木が、ひとつの農場が終わって別の農場が始まるしるしだ。野原では乳牛が草を食《は》んでいた。町を通る鉄道が収穫物を北のモンゴメリー方面へ運んでいく。何もない平坦《へいたん》な土地に平屋のランチハウスが建てられていった。住民のほとんどは白人だ。彼らはこの町を、コメディドラマ『メイベリー１１０番』に出てくる架空の舞台、ノースカロライナ州メイベリーになぞらえた。２３００人の住民の大半は周辺の農場や家族経営の小さな店で、あるいは、下着とパジャマとブラを製造するヴァニティ・フェアという繊維工場で働いていた。子どもたちは近所を自由に歩き回り、住民は地元の食料雑貨店で買い物をし、日曜日の教会が終わるとクリスピー・フライドチキンで有名な地元のレストラン〈ジョニー・メイ〉に駆けつける。学校は青年信徒会での短いお祈りから始まり、高校のアメリカンフットボールの試合や、湾岸シュリンプ祭が季節の到来を告げた。

　クック夫妻は小さな町ではめずらしく、ほとんど知られざる存在だった。ドナルドとジェラルディンは学校の保護者会には出たが、ＰＴＡには参加しなかった。教会にもときどき顔を出したが、目立った活動はしていなかった。友好的ではあったが、園芸愛好家の集まりや裏庭でのバーベキュー、ディナーパーティを取り上げる地元紙の社会欄とは無縁の暮らしを送っていた。おおむね自分たちの殻に閉じこもっていた。息子たちにもその習慣が伝わった。

少年時代のクックは、早起きして車で1時間近いモービルの造船所へ通う父ドナルドの背中を見て育った。ドナルドは2等ヘルパーとして溶接工や熟練工の仕事場を掃除したり、彼らの道具を運んだりして日々を送っていた。モービル湾に面した湿度の高い土地で、何千トンもの船が保全のため支持ブロックの上に吊《つ》り上げられているあいだ、骨折り仕事に精を出した。給料は1時間5ドルほど。文句は言わなかったが、父親が楽しそうでないことにクックは気づいていた。家族を養うために働いていたのだ。父親が喜びと無縁のつらい時間をドックで送っていたことはクックの頭を離れず、彼は好きな仕事を見つけられる未来を夢見ていた。

クックは両親から、勤勉であることの重要性を叩き込まれた。初めて仕事をしたのは10歳のときだ。その後の何年かでモービルからプレス・レジスター紙を配達し、〈テイスティ・フリーズ〉でバーガーをひっくり返し、地元の薬局〈リー・ドラッグストア〉では床のモップがけや棚卸しやレジ打ちと、「なんでも屋」的に働いた。この薬局で彼は、のちの人生を決定づける自発性や商才を発揮した。さまざまな銘柄が置かれた煙草《たばこ》売り場を人気に基づいて整理し直し、売り上げアップに貢献した。

クックは学校にも同様の規律を持ち込んだ。窓が白く縁取られた煉瓦造りの平屋建て校舎で、農民や工場労働者や港湾労働者の子たちに交じって勉強した。宿題を忘れたり問題を起こしたりすることもなく、家と教室、職場を往復した。しかし、わが身のことはあまり深刻に考えていなかった。教師たちは彼をゴールデンレトリバーに喩えた――にこにこして、笑い声をあげ、同級生と冗談を言い合うお気楽な子だ。頭の良さと知性はトップクラスだったが、クラス討論のときは内気で無口になりがちだった。そんな彼に先生たちは参加をうながし、「ティム、きみはどう思う?」と問いかけた。

「どんな子か、よくわからない類いの子だった」同校の校内バンドの顧問、エディ・ペイジは語っている。化学教師のケン・ブレットは「おだやかな話し方をして、接しやすく、宿題をしっかりしてくる」知的な生徒、と表現した。何年か、彼は同級生から「いちばん勉強ができる子」と言われていた。

中学時代、最初の大きな目標を設定した。オーバーン大学に行きたい。

大卒の学位を持たない両親の息子にとっては野心的な夢だった。彼の選択はアメリカンフットボールが盛んなアラバマ州の文化にも影響を受けていた。医師や弁護士を生み出すことで知られるアラバマ大学と、農業従事者やエンジニア、アメフトの大学最高栄誉であるハイズマン賞の受賞者を生み出すことで知られるオーバーン大学が毎年対抗戦を行い、そこへの関心が人々の心に根づいていた。ロバーツデールの町はアラバマ大の深紅と白より、オーバーン大の青とオレンジがひいきで、クックの周囲は後者のファンばかりだった。

クックがオーバーン大とアラバマ大の試合［アイアン・ボウルの名称で知られる］を初めてテレビで観戦したのは１９７１年のことだ。オーバーン・タイガースは31対7で敗れた。生涯忘れられない翌年のリベンジ劇までクックは落胆を引きずっていた。72年、アラバマ州バーミングハムのリージョン・フィールドでその試合は行われた。オーバーン大はアラバマ大に0対16とリードされ、残り時間は10分だった。オーバーン大はまずフィールドゴールを決めた［3点］あと、ディフェンスがアラバマ大の突進を止め、続くパントをブロックし、逆にパントを返して25ヤードのタッチダウン［6点］に成功した。エクストラポイントのフィールドゴール［1点］も決めて10対16。その数分後、またしてもパントをブロックして蹴り返し、タッチダウンを奪ってエクストラポイントも決め、17対16の大逆転勝利を収めた。あまりのあり得ない結果に、州全体がこの試合を記憶している。１年も経《た》たないうちにクックは、「何がなんでも」オーバーン大学に行きたいと母親に言っていた。

　クック一家が引っ越してきたとき、ロバーツデールは人種的に分裂していた。暗に「サンダウン・タウン」と呼ばれていた。人種に基づく規制で黒人が日没後に出歩くことが禁じられている南部の町を指す言葉だ。隣町のロックスリーやシルバーヒルでも、闇が下りれば黒人は家に退却した。１９６９年にはこういう地域の黒人生徒を、学校がバスでロバーツデールへ運ぶようになった。一部住民が人種差別撤廃に反対していたためだ。黒人生徒の家族が郵便受けを開けたらパイプ爆弾が入っていたこともあった。

　家族が町へ引っ越してから、クックは人種間の緊張に直面した。6年生か7年生のとき、彼が真新しい10段変速の自転車で帰宅しようとしていたところ、地元の黒人一家の芝生に植え込まれた十字架が燃えていて、その前に白いフードをかぶった男たちが立っていた。ギョッとして自転車を止め、耳を澄ますと、男たちは人種差別の言葉を吐いていた。そしてガラスが割れる音がした。

「やめろ！」とクックは叫んだ。一人が彼のほうを向き、フードを持ち上げた。クックの通う教会ではないが、地元の教会の助祭だった。彼は愕然とし、自転車を漕《こ》いでその場を離れた。

　このクー・クラックス・クラン（ＫＫＫ）のイメージは何十年もクックの脳裏を離れなかった。

アップルのCEOに就いたあと、彼は言葉少なにそのエピソードを語った。「自宅からさほど遠くないところで十字架が燃えていたのを鮮明に覚えています」彼は言った。「あれで私の人生は変わった」このスピーチ後、アップルのスタッフはニューヨーク・タイムズに掲載されるクックの紹介記事のため、助祭と自転車にまつわる詳細の確認に協力した。その記事を読んでロバーツデールの多くの住民が激怒した。かつての同級生や、隣人、友人が、クックは卓越した地位を利用して故郷を否定的に語ったと腹を立てた。彼らの不満を増幅させたのは、ニューヨーク・タイムズ紙が報じたような事件は起こっていないという集団的確信だった。

この記事を機に、クックは故郷の町の悪者になった。かつての同級生や隣人たちはこの記事が正しいか、何年も議論した。元教師の一人はクックが何十年か前にそのような話をしていたと記憶していたが、それに反論する人たちもいた。当時のロバーツデールに黒人の自宅所有者はおらず、町からいちばん近い黒人の自宅はクックの家から何キロも離れたところにあったと、彼らは指摘した。クックがその若さで10段変速の自転車を持っていたなんて記憶にない、と言う人もいた。高校時代にクックと親しかったリサ・ストラカ・クーパーは、なぜほかの教会の助祭だとわかったのか、十字架が燃やされていた話を両親にしたのかどうか、クックにメールで問い合わせた。「それが本当なら、あなたは詳細を付け加える必要がある。誰の庭だったのか、いまでもあなたはそこの人たちと連絡を取り合っているのか」と彼女は書いた。

「『私が嘘《うそ》をついていたとしたら、その動機はなんだったのか？』と、彼は書いてよこしました」と、クーパーは振り返る。ロバーツデールの人たちはあなたの話を信じていない、と彼女は返した。以来、昔なじみの二人はあまり口をきいていない。

高校に進んだクックはひょろりとした体つきで、襟の広いボタンダウンシャツにベルボトムのジーンズという、いかにも1970年代らしい服装を好んだ。キノコ形にふんわり広がった髪が耳の上まで押し寄せていた。1年生でトロンボーンを始め、学校のバンドに居場所を見つけた。習いはじめるのが遅かったため、中学生部員のところで演奏し、苦労してみんなに追いついた。楽器に息を強く吹き込みすぎて、「ブワーン！」と教室に大きな音を響かせてしまうこともあった。顧問のペイジ先生はやれやれとばかりに首を振り、「ティム、80ポンドも圧力をかけてどうするんだ」とたしなめた。

学校ではほとんどの時間をバンド仲間と過ごしていたが、スポーツ選手や演劇部員とも交流があった。しかし、同級生たちがたむろしてビールを飲んでいた週末のテニスコートへは、めったに足を運ばなかった。校外で彼と遊んだ記憶のある同級生は、皆無に近い。「ティムは不思議な子だった。ちょっと変わっていたよ」1年後輩のジョニー・リトルが語っている。「いっしょに出かける相手は、たいてい女の子だった」

クックはいちばん親しかった友人にクーパーを挙げている。彼女はのちに結婚するロバーツデールの卒業生と付き合っていたので、クックは学内行事でエスコート役を務めた。二人ともバーブラ・ストライサンドとロバート・レッドフォード共演の映画『追憶』が好きで、そのヒット曲を感傷的な歌詞に乗せて歌った。

クックは課外活動の時間の多くを学校年鑑の制作につぎ込んだ。営業責任者になり、どこへ行くにもノートを持ち歩いた。授業中にノートを開き、〈テイスティ・フリーズ〉〈キャンベルズ・レストラン〉〈イーストサイド・フローリスト〉といった地元の店が並ぶリストを確かめた。これまでにどこが年鑑に広告を出してくれ、どれだけ払ってくれたかを追跡した。

年鑑の作業を始める正午ごろ、クックは広告の取りつけと広告料の回収状況を担当顧問のバーバラ・デイビス先生に報告した。４分の１ページ広告や２分の１ページ広告を出す約束を取りつけた店や会社に、小切手を催促する計画を練った。代数と三角法を教えていたデイビス先生は、例年、営業責任者が支払い期限ぎりぎりまで待って回収に奔走する様子を見慣れていた。しかし、彼女が受け持った中でクックが初めて、支払い期日までに料金を回収してのけた。その粘り強さと責任感の強さが、彼にこの仕事を割り当てた理由でもあった。３年間の数学の授業で彼はいちども宿題を忘れたことがなく、成績もトップクラスだった。「とても手回しが良く、頼りになる生徒でした」と、数十年後に彼女は回想している。

それでもオーバーン大学を目指すクックは、３年生になると進学準備に不安を覚えるようになった。アメフトのコーチでもあった化学の教師は授業の初めに短い講義をしたあとは生徒に自由時間を与え、トランプや読書や社交に使わせた。勉強量が足りないのではないかと心配したクックと、やはり頑張り屋の同級生テレサ・プロチャスカは、学校の進路指導カウンセラーに相談した。

「心配いらない」カウンセラーは言った。「大丈夫だよ」

プロチャスカは卒業式で卒業生総代を務め、クックは次席卒業生として開会の辞を述べることになって、カウンセラーの正しさを証明した。

１９７０年代のアラバマ州南部では、バイブル・ベルトと呼ばれるキリスト教篤信地帯の例に漏れず、同性愛は罪と考えられていた。旧約聖書は同性どうしの恋愛関係を禁じていると解釈する人が多かった。倒錯と見なす人もいれば、「異常」と考える人もいた。ロバーツデールという小さな農業共同体では、同性愛を容認しないという考え方が根づき、誰かが同性愛者《ゲイ》であるなどとは想像さえしなくなっていた。自分たちとはかけ離れた概念であり、住民のほとんどが白人キリスト教徒の町にはいるはずのない、異質な存在だった。

その雰囲気がクックに孤立感をもたらした。しかし、自分がみんなと違うことを自覚しながらも、その感覚を友人に話すことはなかった。親しい友人にも自分の願いや夢を打ち明けはしなかった。神や罪や救済について議論していたであろう、学内の「キリストを求める学生会」の催しにも参加しなかった。女の子に夢中だとかいう話も、ガールフレンドの話もしなかった。社交的な催しにもあまり行かなかった。親しい友人にも、自分はゲイかもしれないとは話さなかった。代わりに、友人たちの日常の関心事よりいい成績を収めてオーバーン大学に入ることを優先している完璧主義者、というオーラを作り出した。将来の目標に集中している変わり者だと、友人たちは解釈した。

ふだんは目に見えない同性愛嫌悪がときに表面化することもある環境下で、クックが作り上げたイメージは彼を守ってくれた。ロバーツデール高校に、独身で、女性的な感じのする一人の男性教師がいた。ある日、その教師が生徒たちと話をしていると、学校職員が生徒を一人連れて通りかかった。職員は「妙なやつ《クィア》とは話をしないほうがいい」と、その教師を指して言った。近くに立っていた英語教師のフェイ・ファリスが、すぐさま職員の狭量をとがめた。生徒たちはその男性教師のことが大好きだったので、ファリスの介入に感謝した。それでも、このエピソードは当時の偏狭な考え方を物語っている。

クックが高校を卒業したとき、母親は、息子は隣町フォーリーの女の子と付き合っていると〈リー・ドラッグストア〉の同僚に話している。彼のセクシュアリティは人生に大きな影を落とした。

１９７７年、クックは念願だったオーバーン大学の合格通知を受け取った。同大は１８５９年、東アラバマ男子大学として開校し、アラバマ農業機械大となり、アラバマ工科大学を経て、本拠の町の名からオーバーン大学と改称した。オーバーンは湾岸の海風から遠く離れた州中央平野部に位置し、一年の大半は蒸し暑い。

クックはロバーツデールの卒業生8人と、キャンパスから通りを隔てたニールハウスという集合住宅に何部屋か借りた。小さな部屋には机とシングルベッドとキッチンが付いていて、部分間仕切りがあった。そばのキャンパスにはオークの木の葉が生い茂り、モクレンの花が咲き乱れ、2階建て煉瓦造りの建物が何棟か並んでいた。学生生活はアメフトを中心に回った。土曜日になるとオレンジと青のユニフォームを着た学生の群れが「ウォー・イーグル！」と、鬨《とき》の声をあげながらスタジアムへ流れ込んでいく。外には金網で囲われた大きな鳥小屋がそびえ立ち、キックオフ前にフィールドへ舞い降りる鷲《わし》が1羽飼われていた。オーバーン大がなかなか勝てないシーズンも、クックは第26セクションにある自分の席で試合当日の華やぎを楽しんでいた。

自宅から遠く離れたおかげで、クックは自分を作り直すことができた。飲酒が学生生活に大事な部分を占めていた時代、高校時代にはテニスコートで友人たちとビールを酌み交わすことがめったになかった彼も、オーバーンのバーへ足を運ぶようになった。ファンネル・フィーバーというビール飲み競争があり、ビール税の2セント増税に反対する学生たちの抗議運動もあった。「当時はとにかくパーティ、パーティ、パーティだったね」と、クックは何年かのちに振り返っている。

クックは学生自治会の映画委員会に加わり、『大アマゾンの半魚人』や『アメリカン・グラフィティ』といった映画を上映した。入口で学生証を確認し、照明が薄暗くなる前に上映作品名を告げ、反抗的な学生から野次を飛ばされたり物を投げられたりしても、彼は堂々としていた。その体験から学んだのは、人前で話すときは「簡潔を旨とすべし」だった。

アパートメントの部屋で大好きなローリング・ストーンズの曲〈ビースト・オブ・バーデン〉を繰り返し流したものだから、ついにはルームメイトがビニール盤レコードをつかんでフリスビーのようにバルコニーから投げ捨てた。

クックのアイデンティティはオーバーン大学で形成された。学校の信条が心に響いた。同大の初代アメフトコーチ、ジョージ・ピートリーは1943年にこう書いている。「ここは現実的な世界であり、自分の培ったものにしか頼れないと、私は信じている。したがって、働くこと――懸命に働くことには価値がある。賢く働くための知識を与え、私の心と手を鍛えて上手に働かせてくれるから、教育には価値がある。正直で誠実な姿勢には価値がある。それなくして仲間から尊敬や信頼を勝ち取ることはできないからだ」

クックには猛勉強が必要だった。ロバーツデールでは簡単にいい成績を収められたが、オーバーン大の生産工学・システム工学部に入ってからは、なかなかそうはいかなかった。この学部は現実的な選択で、エンジニアになりたいという願いと、リッチモンドのレイノルズ・アルミニウム社で学期の境目に働いて200ドルの学費を賄える体験学習プログラムの存在が決め手となった。生産工学は、製造業が生産性を向上させる方法を模索していた20世紀の初頭から発展した学問だ。科学をあまり重視せず、代わりに数学を用いて、より効率的な工場ラインの構築や病院の救急救命室の能率化など、複雑なプロセスの改善方法を見つけることに重きを置く点で、ほかの工学とは違っていた。同級生の多くと同様、クックも数学と人間の交差が楽しかった。このプログラムで「あらゆることを考え、あらゆることを疑う」ことを学んだ。同級生たちの話によると、「なぜこのやり方でやってきたのか」を常に問えと教わったという。「そういうものだから」というありがちな答えは受け入れられず、過去の慣習ではどこが重要だったかを分析し、いまはどこを改善すべきかを突き止めるためにさらなる問いを行いなさいと、この学校は教えてくれた。この技術はクックの人生を大きく変えた。事業上の意思決定を分析し、最善の結果を選択する土台は、この技術によって作られたのだ。

クラスは大人数で、クックはそこに埋没していた。彼のことはほとんど知らなかったと、同級生たちは言う。「誰より賢いわけでも、誰より有能なわけでもない」巻き毛の静かな男、というのが彼にまつわる記憶だ。サイード・マグスードルーの統計学の授業で、クックは3列目か4列目のいちばん端の椅子に座ってノートを取り、質問をすることも議論に加わることもなかった。授業が始まってもほかの生徒と交わることはほとんどなく、空き時間にマグスードルーの研究室を訪ねることもなかったが、授業はいちども休まず、試験では常に好成績を収めた。複雑な素材を切り分けて問題の核心にすばやく到達する彼の能力を、教授たちは称賛している。

1982年、クックは全米の生産工学専攻の優等生協会、アルファ・パイ・ミュー入りを果たした。工学部学生諮問委員会の代表にもなった。委員会である報告をしたところ、出席していたIBMの採用担当者が会の終了後に近づいてきて、ビッグブルー〔IBMの愛称〕に来ないかと声をかけた。アンダーセン・コンサルティングやゼネラル・エレクトリック（GE）も就職先の候補に入っていたが、クックはIBMに決めた。

この決断はそれまで考えもしなかったコンピュータの世界に彼を引き入れ、「実りある人生には準備と運が必要」という信念を形成するきっかけとなった。オーバーン大学の2010年卒業式で祝辞を述べたとき、彼は自分がIBMの採用担当者と出会った日のように、チャンスがめぐってきたときのために準備を整えておくよう卒業生に呼びかけた。「チャンスが訪れるタイミングはコントロールできないが、準備に努めることはできるのです」

クックがＩＢＭに入社したのはパーソナルコンピュータ時代の幕が開いたころだった。のちに上司となるスティーブ・ジョブズがスティーブ・ウォズニアックとともに、カリフォルニアのガレージから生み出したコンピュータを普及させていた。その広範な需要を見たテクノロジー分野の世界的企業ＩＢＭは、企業や大学で使われていた大型コンピュータから一般家庭で使われるコンピュータへ、事業分野を広げようと考えた。

ＩＢＭの管理職、フィリップ・エストリッジとウィリアム・ロウの二人は上層部から指令を受け、アップルⅡの対抗馬として、購入者がソフトウェアとディスクドライブを選んで自分好みに構成できる製品の開発を主導した。その結果生まれたＰＣは大変な人気で、80年にはまったく売れなかった部門が、クックが入社した82年には10億ドル近い売り上げを記録していた。あまりの売れ行きに、タイム誌が従来の「マン・オブ・ザ・イヤー」のタイトルを使わず、このコンピュータを「マシン・オブ・ザ・イヤー」に選出したほどだ。

ＩＢＭはクックにうってつけの職場だった。何十年も続いてきたビッグブルー帝国は構造とヒエラルキーと隠語に満ちた官僚的巨大企業だった。その成功の歴史から、世界一経営が順調な企業という評価も獲得していた。経営幹部は糊《のり》のきいた白いボタンダウンのシャツを着て、優秀な若手社員のことを「ハイポテンシャル」を縮めた「ハイポ」と呼んだ。順応・同調を旨とする同社の文化は万人向きではなかった。特に、アップルを「無情なコンピュータ帝国ＩＢＭ」に挑戦する革命的存在と位置づけた、スティーブ・ジョブズにとっては。

クックは革命児ではなかった。大学を卒業したての彼は、父親と兄が働いていた造船所と別世界の仕事を見つけられて喜んでいる田舎町出身の若者だった。ＩＢＭは彼を生産技術者として、ノースカロライナ州ローリーで急成長中の事業所へ送り込んだ。コンピュータとプリンターの製造をオートメーション化するライン設計に取り組む必要があり、彼はその最前線に立たされた。ベルトコンベアの上に静止し、キーボードのキーをひとつひとつ拾い上げて所定の位置に配置するIBM7535など新しい産業用ロボットが開発中だった。しかし、オートメーション化はかならずしも成功していなかった。試行錯誤の結果、部品間のスペースが狭いため、ロボットより人間を使ったほうが費用対効果が高いとわかったからだ。それでもクックはすぐ頭角を現し、管理能力の高さを見込まれて「ハイポ」リスト25人のひとりに名を連ねた。

クックは資材管理で名を上げた。IBMはPCの組み立て拠点をフロリダからノースカロライナへ移していたところで、生産の成否は彼の仕事で決まった。彼が責任を担ったのは、PC製造部品の確保だ。材料がなければ生産ラインは止まる。材料が多すぎると過剰な在庫を抱えてコストがかかる。クックはジャスト・イン・タイムの発注を行い、手持ちの資材の数と1日の生産台数が一致するようにした。アジアとの競争激化を回避し、世界一低コストのコンピュータメーカーになるための方策を探す過程で、IBMは70年代、日本からこの方式を取り入れた。クックはIBMから、信頼できる低コストのサプライヤーを見つけることの重要性を学んだ。IBMはPC事業を構築するため、数十年にわたる自社製部品へのこだわりを捨て、小規模のサプライヤーから低価格で部品を調達した。そうすることで、PC事業でアップルを急追しつつコストを最小限に抑えられるようになった。サプライヤーの管理と在庫の最小化がクックの強みだったが、彼の認知度を高めたのは精力的な働きぶりと労働倫理だった。

クリスマスから新年にかけて、彼は自発的にPC製造業務を引き受けた。おかげで上司たちは家族と過ごすことができ、クックは年末の業績目標達成に欠かせない製品の出荷をまかされるようになった。上司たちはクックを信頼できるリーダーと認識しはじめ、近くのデューク大学フュークア経営大学院の夜間コースで彼がＭＢＡを取得するための学費提供を上層部に進言した。金融、戦略、マーケティングの講座を受けたことでサプライチェーンの仕事の範囲外だった事業領域への理解が広がった。マーケティングではジョブズの有名な「１９８４年」の広告を研究した。ＩＢＭへの忠誠心は強かったが、この広告には惚れ込んだ。

１９８７年9月5日、クックは窮地に立たされた。秋の土曜日、南部では大学フットボールのファンがバーボンとビールを片手に試合を観戦する日だ。ダーラムではデューク大学がコルゲート大学を迎え撃ち、全米5位のオーバーン大学は本拠地で全米屈指の強豪テキサス大学を相手に開幕戦を行った。オーバーン大は4年前の全米タイトル争いでテキサス大に敗れていたが、31対9で勝利し雪辱を果たした。その日、クックはダーラムを車で運転中、警察と口論になった。詳しい記録は残っていないが、現場にいた警官によれば、クックは小さな事故を起こし、息にアルコール臭が混じっていた。ダーラム警察は無謀運転と飲酒運転で出頭命令書を書き渡した。

その後、彼は小さいほうの無謀運転の罪状を認めた。アメリカでは飲酒運転撲滅運動が始まったばかりで、特にノースカロライナ州の裁判官は寛大だったから、罪が軽減されることもよくあった。それでも、人種による不公平への反対を声高に訴えていたロバーツデール出身の責任感の強い青年にとって、これは他人を傷つけかねない過ちを犯した初めてのケースだった。

クックが思いがけない困難に直面したのは、その直後だ。多発性硬化症（ＭＳ）の診断を下されたのだ。脳と脊髄が麻痺《まひ》する恐れのある病気だ。のちに誤診と判明するが、この健康問題をきっかけに彼はＭＳの研究資金を調達するなどの活動を始め、健康に気をつけるようにもなった。

そのころ、彼は自問していた。自分の人生の目的はなんだろう？
「人生の目的は仕事を愛することではない。そう気がつきはじめました」20年後、彼はオックスフォード大学の学生たちを前に語った。「広い意味で人の役に立つことが人生の目的であり、その結果として自分の仕事を好きになるのだと。自分はそのような立場にはまだないと、私は気づきはじめたのです」

クックはデューク大学をクラスの上位10パーセントの成績で卒業したあともＩＢＭに在籍しつづけた。４年後の１９９２年、製造部門の上司がとつぜんＩＢＭを去った。クリスマス前、同社初の低価格パソコン、ＰＳ／ＶａｌｕｅＰｏｉｎｔの出荷準備をしていた矢先のことだ。四半期決算はこの製品にかかっていた。

クックはまだ31歳で、クリスマス休暇までに25万台の生産をまかされていた。重圧のなか、クックは見事にやり遂げた。ＩＢＭは必要な台数を出荷し、休暇中に数字を稼いだ。その後、同社はクックを北米担当部長に昇格させ、アメリカ、メキシコ、カナダ、ラテンアメリカの製造・流通管理をまかせた。この昇進で彼の知名度は上がり、インテリジェント・エレクトロニクスというＰＣ卸売業の上場企業が彼に目をつけた。フィラデルフィアを拠点とするこの会社は収益性を改善できる生産管理《オペレーション》の専門家が是が非でも欲しかった。ＩＢＭの元上司から、聡明《そうめい》で責任感が強く物怖じしない人物との推薦があり、クックに触手を伸ばしたのだ。

創業者のリチャード・サンフォードにとっては願ってもない特性だった。コンピュータ卸売業のマージンは約3パーセントと薄く、同社の利益の約半分は、一部の内部関係者が眉をひそめる会計慣行からもたらされていた。ＩＢＭ、アップルなどの企業に対し、パンフレットや広告に使った金額以上のマーケティング費用を請求していたのだ。94年、この実務が証券取引委員会の調査や集団訴訟に火をつけた。株価は25パーセント下落。この訴訟は後日同社が責任を認めないまま和解したため、社内に混乱の種をまき、元財務部長のトーマス・コフィーが「戦場の状況」と喩えたほどだった。

クックはこの惨状には目をつぶった。インテリジェント・エレクトロニクスはＩＢＭの仕事に行き詰まりを感じていた彼に、そこから抜け出す道を開いた。ＩＢＭの業態は新ＣＥＯルイス・ガースナーの下、コンピュータ製造からサービス販売へと移行しはじめていた。経営幹部は製造部門でなく営業部門とマーケティング部門から出世の階段を上っていった。インテリジェント・エレクトロニクスの申し入れは、重要性が低下した業務から抜け出して、上場企業の役員になるチャンスだった。取締役会の直属で、自分のチームを構築できるという。報酬総額は30万ドルプラス株式。ともあれ、経営難に陥り修正を必要としている会社が目の前にある。だから、デンバーを拠点にするこの仕事を引き受けた。同時期に入社したトーマス・コフィーとともに行き詰まった事業を立て直すべく、コストの削減方法を検討した。

インテリジェント・エレクトロニクスには必要以上の倉庫があり、顧客からの注文に対応するソフトウェアシステムがそれぞれに違っていた。競合他社の買収で急成長したが、事業をうまく統合できていなかった。当時の顧客からは、シスコのネットワーク機器とＩＢＭのコンピュータを一括納品してほしいとの要望もあったが、機器がデンバーの４つの倉庫に分散していることもよくあった。自社の倉庫間をトラックで運搬しているのは時間と費用の無駄だとクックは気がついた。会社の在庫をひとまとめにしてコストを減らし、配送パートナーのフェデックスの近くに引っ越して、フルフィルメント、つまり受注から流通、入金管理までを迅速化したい。１年目で５つの倉庫を閉鎖して雇用を300人削減し、古い倉庫の代わりに、フェデックスの主要空港ターミナルに隣接する約4万6000平方メートルの倉庫をテネシー州メンフィスに建設した。このサプライチェーン全体の見直しで同社はコスト削減に成功し、経営の圧迫が軽減された。

利益率は改善されたが、利益総額はまだ減っていた。1996年、クックとコフィーは経営再建に向けた役員会用プレゼン資料を作成した。資本調達して受注用ソフトを一新するか、会社を売りに出すか。コンサルティング会社のマッキンゼーに評価してもらったところ、やはり「投資か売却しかない」との結論に至った。取締役会は事業の売却を決断した。競合他社のイングラム・マイクロが、コフィーとクックが考えていたより低い値段を提示した。交渉は長引き、イングラム・マイクロが売却価格の上乗せに応じようとしなかったため、コフィーはいらだちを募らせたが、クックは冷静だった。辛抱強く上乗せを求めた。最終的に数百万ドルの上乗せに成功し、7800万ドルで取引が成立した。「ティムがいなかったら、あの取引はまとまらなかったでしょう」とコフィーは語っている。

販売プロセスの展開中、コンピュータ会社コンパックがクックとの面談を予定に組み入れた。自社の組み立て工程の全面的な見直しに、インテリジェント・エレクトロニクスの力を借りられるか検討するためだった。コンパックの製造部門を統括するグレッグ・ペッチは顧客の仕様に合わせてメモリを追加したりハードディスクを変えたりする再販業者の慣行に幕を引きたかった。コンパック自身で顧客の望みどおりのコンピュータを作りたい。クックはすぐさま理解した。インテリジェント・エレクトロニクスが倉庫の統合によって実現したのと同様に、彼らも効率的な生産方法を導入したがっているのだ。ペッチはほかの再販業者を10社訪ねたが、自分の願いをなかなか理解してもらえなかったので、クックの聡明さに感心した。面談後すぐクックに電話をかけ、「コンパックに来ないか」と打診した。そして、コンパックには家族的な文化があると請け合った。「きみにぴったりだと思うよ」

インテリジェント・エレクトロニクスでの役目を終えかけていたクックに、この申し出は渡りに船だった。コンパックの売上高は91年の30億ドルから、彼が移籍する97年には３４０億ドル近くまで急増していた。彼はそこで在庫管理をまかされた。ずっと取り組んできた類いの仕事だ。

クックの入社時、コンパックは部品の在庫問題に悩まされていた。倉庫と製造工場の空間比率は2対1。注文の増加に対応するには在庫管理の方法を改善し、必要な床面積を小さくしなければならない。クックは製造シフトが始まる1時間前に納品されるよう予定を組み、需要に見合った仕入れに努めた。これなら12時間シフトの前の各1時間、1日2時間しか在庫を抱えずにすむ。コンパックのキャッシュフローは改善し、コストも削減された。さらにありがたいことに、倉庫のスペースが解放されたおかげで製造ラインを増やして、より多くのコンピュータを生産できるようになった。クックの介在で同社は大きな倹約に成功した。

１９９８年の初め、ペッチにヘッドハンターから電話がかかってきた。アップルに興味はないかという。スティーブ・ジョブズが復帰したばかりの時期で、オペレーション（生産管理）チームのトップが社を辞していた。サプライチェーンに問題を抱え、状況を好転させられる人材をぜひとも迎え入れたいという。ペッチは断った。「世界一のコンピュータ会社を辞めてアップルに行く理由がどこにあるんですか？」と、彼はスカウトに言った。

ペッチに断られたアップルのスカウトはクックに触手を伸ばした。彼も誘いを断った。すでにインテリジェント・エレクトロニクスを経営難から救い、世界最大のコンピュータメーカーで楽しい仕事に就いていた。それを捨ててまで、倒産の危機に瀕している会社に移る必要がどこにある？だが、アップルのスカウトは粘り強かった。せめて、スティーブ・ジョブズに会ってもらえないか？

　クックはしばらく黙って考えた。スティーブ・ジョブズに会う？　パーソナルコンピュータの生みの親に？　断る理由はない。

　クックは同意した。土曜日にパロアルトで会うことになり、彼はカリフォルニアへ飛んだ。簡易キッチンと会議室があるだけの小さなオフィスで、ジョブズはアップル復活の戦略を語りはじめた。彼はほかのコンピュータメーカーとは別の方向へ進もうとしていた。コンパック、ＩＢＭ、デルの３社は法人客の獲得に血道を上げていた。ジョブズは家庭用コンピュータを必要とする一般消費者に焦点を当てたかった。革新的なデザインで平均的アメリカ人の顧客を獲得し、虹色に輝くコンピュータを開発したいという野望を胸に秘めていた。クックは心を奪われた。アップル移籍の長所と短所を鉛筆で書き出してみたところ、同社を選択すべき要素は皆無に近かったが、ジョブズの話を聞くうち、思いがけない気持ちが沸き上がってきた——やりたい。

「ここに貢献できるんだ、ジョブズと仕事ができるなんて生涯の誉れじゃないか、と思った」何年後かにクックは振り返っている。「やろう！　進め！……西部へ行け、若者よ！〔米新聞編集者ホレス・グリーリーの有名な一節〕西部へ行け！　そう胸の中でつぶやいた」

　ロマンティシズムに衝き動かされた彼だが、やるべき交渉はしっかりやった。仕事を引き受ける前に、コンパックではあきらめていた給与とオプションの支払いを確約してほしいと要求した。総額１００万ドル以上。この時点でアップルが経営幹部に提示している金額をはるかに超えていた。

この要求を聞いてジョブズは怒りを爆発させた。「アップルにそんなことはできない！」クックを見つけてきた採用担当者リック・ディバインに彼は怒鳴った。「何を考えているんだ？　数学を理解しているのか？」

ディバインはジョブズが言いおわるのを待った。

「スティーブ、あなたにとっての現実とは、アップルを偉大な会社へと再興することでしょうが」彼は言った。「ティムにとっての現実とは、アップルを偉大な会社に再興したいがすでに偉大な会社にいる、というものです。それに、彼はあなたほど裕福じゃない」

電話にしばらく沈黙が下りた。

「まかせる」とジョブズは言った。

何週間かしてクックはペッチのオフィスを訪れ、話があると切り出した。若き側近が何を考えているのか、ペッチはすぐに悟った。

「悪い知らせですが――」とクックは言った。

「アップルに行くのか？」ペッチは訊いた。

「はい」クックは言った。「そう考えています」

いつも陽気な上司から生気が抜けていった。後刻、ペッチはクックをオフィスに呼び戻した。自分は1年後にコンパックの経営トップを退くつもりだ。その後任に就いてほしい。いっしょに働いたのはわずか8カ月だが、ペッチはコンパック株を持っていたので株価を上げたかった。株主目線から、クックを引き留めれば株価上昇は確実と見たのだ。

「残ってくれるなら、引退の時期を早めてもいい」とペッチは言った。

クックは首を横に振った。「約束してきたんです。約束は破れません」

4

必要な男

Keep Him

朝には、州間高速２８０号線をクパティーノへ疾走してくるジョニー・アイブの黄色いサーブ・コンバーチブルを見ることができた。１９９２年、アイブはアップル本社までの70キロ強を通勤するためにこの車を買った。クリスタル・スプリングス貯水池の上の、緑の丘に立ち込める霧を見るのが好きだった。暖かな週末には幌《ほろ》を下ろしてサンフランシスコを走り、降りそそぐ日射しの強さに感嘆した。

ヘザーと二人、市内のカストロ地区にある2ＬＤＫの家に引っ越した。いくつもの公園に挟まれた活気あふれる低地だ。サンフランシスコはまだテクノロジー産業にのみ込まれていなかった。このころもカウンターカルチャーが根づいたボヘミアンと金融業者の街だったが、ジャック・ケルアックとビート族は、ヘイト通りのヒッピーやカストロ地区のゲイを公表する人たちに取って代わられていた。ミッション地区には民芸品と落書き《グラフィティ》が融合した活力あふれるアートシーンがあり、埃《ほこり》っぽいソーマ地区の倉庫で催されるレイブはアメリカのエレクトロニック・ダンスミュージックシーンの最前線だった。

アイブは週に70時間から80時間、仕事に打ち込んだ。ツンツンにとがらせていた髪を角刈りに変え、あつらえの粋なツイードのスーツに身を包んで、大きなブーツを履いた。表面的には控えめで気品があって繊細な「上流イギリス人」のペルソナをまとっていたが、その下にはイメージどおりの製品を作りたい完璧主義者の意欲と野心と決意が隠れていた。

アップルのデザインチームはインフィニット・ループ1番地の本社《キャンパス》から1ブロック離れた、コンクリート造りの低層オフィスビルで仕事をしていた。アイブは小さいながらも人が増えてきたチームの9人目だった。入社初日、曲線を描く青い玄関をくぐった先にはロフト式の空間が広がっていた。壁がなく、高さ7・5メートルの天井がむき出しになっている。共同作業ができるよう伝統的なキュービクルをオープン形式で配置し、模型を作る巨大な機械がひとつ置かれていた。自在に変化が可能な空間は、訪問者に芸術家のアトリエを連想させた。

アイブは同社のニュートンの第2世代に着手した。85年にスティーブ・ジョブズをアップルから追いやったCEOジョン・スカリーは同機の第1世代を、「初のハンドヘルド・コンピュータ」「ファクスやEメールを送受信でき、予定を確認でき、メモを取ることができるデジタル個人秘書」と銘打った。アップルはその開発に1億ドルを投じていた。第1世代はディスプレイを覆う蓋が特徴で、長時間使うときは下側にクリップで留められた。このデバイスはよそよそしい感じで、親しみが感じられない、とアイブは思った。「ユーザーに理解できるメタファーがなかった」と、当時の彼は語っている。クリスマス前、このニュートンを改良する構想をスケッチしていたとき、あるアイデアがひらめいた。速記者が使うはぎ取り式のメモ帳のようにしたらどうか？　彼は蓋を後ろ側へ回して固定できるダブル・ヒンジを設計した。リング綴《と》じのメモ帳がペンを固定できるように、折りたたんだときタッチペンをスロットに収納できた。

このニュートン・メッセージパッドはアイブに数々のデザイン賞をもたらしたが、製品自体は見事にポシャった。特性の手書き文字認識技術が『ザ・シンプソンズ』でジョークのネタになるくらいお粗末だったからだ。高くついた失敗だった。92年、アップルの利益は急増したが、翌年にはコンパックとIBMが3割の値下げでパーソナルコンピュータの価格競争に火をつけたため、落下の憂き目に遭う。CEOジョン・スカリーは辞任。取締役会はセールスに執念を燃やすドイツ人マイケル・スピンドラーを後任に据え、彼はアップルの焦点をコンピュータの外観からプロセッサーの速度へシフトしようとした。あらゆることを戦争に喩え、競合他社を打ち負かすことに目標を振り向けた。

ジョブズのいないアップルはアイブが想像していたデザインの中心地ではなく、経営危機に瀕した企業になっていた。スピンドラーは減少する売り上げを好転させるため、2、3のコンピュータから40超のバリエーションへ製品ラインを拡大し、コスト削減の圧力を強めた。アイブたちが製品開発にかけられる時間は半減した。選り抜きのデザインチームが灰色の箱を生産する組み立てラインと化すありさまで、上司のロバート・ブルーナーが製品計画をめぐってエンジニアや経営幹部と角《つの》を突き合わせた。

アップルの創業20周年を記念して、デザイナーは特別版マッキントッシュを作る機会を得た。同僚と顧客にデザインの重要性を理解してもらおうと、ブルーナーはステレオとビデオプレーヤーを搭載した薄型コンピュータを提唱した。そして、その指揮をアイブにまかせた。アイブはニューカッスルの補聴器に導入したスピーカーと同じ深いこだわりを持ってデザイン過程に取り組み、以下のような疑問を発した。これ以前にこういうものを作ったことがあるのは誰か？　彼らが使った素材から自分たちは何を学ぶことができる？　それがもっといいものを作るヒントにならないか？

「これこそがジョニーだ。あのとんでもなく深い思考こそが」当時のスタジオマネジャー、ティム・パーシーが語っている。「仕事の天才だった」

この抜擢でアイブは、アップルのありふれたコンピュータに取り組んでいる同僚より格上の扱いになった。多少の嫉妬は生まれたが、同僚と密な関係を維持することでそれを克服した。イギリス系イタリア人デザイナー、ダニエレ・デイ・ユーリスとは相乗りで通勤した。デイ・ユーリスは、イギリスのブリストルでイタリア料理店を経営する実家仕込みの上質なカプチーノの淹《い》れ方をみんなに手ほどきするなど、チームの中心的人物だった。同僚たちの目に、アイブとデイ・ユーリスの固い絆《きずな》は一見、自然に思われたが、そこには打算も感じられた。アイブはデイ・ユーリスが仲間から受けている尊敬を認識し、二人が仕事ぶりや人柄を認めた人材を引き抜いてチーム拡大に着手した。徐々にアイブはグループのリーダーに浮上し、勤勉さと天与の才で周囲の称賛を獲得した。プロジェクトでは、自分の意見を言う前にみんなの考えに耳を傾けることで信頼を勝ち取った。しばらくしてブルーナーは28歳の彼をスタジオマネジャーに昇格させた。

アイブは彼らしい細部へのこだわりでプロジェクトを完成させた。その結果生まれたコンピュータはプラスチックの筐体を浮かび上がらせるダイカスト製法の金属台座が特徴だった。電源コードはクリップで挟み込み、本体の背面に固定した。キーボードのベースは手のひらサイズの黒い高級レザーが特徴だ。液晶ディスプレイの両脇には灰色の上質な布に包まれたＢＯＳＥのスピーカー。洗練されたディテールを積み重ねた結果、価格は９０００ドル。１万１０００台しか売れなかった。

プロジェクトは苦労の連続だった。ブルーナーは際限のない会議に疲れ、コンサルタント業に戻りたくなってアップルを辞めた。彼は社を去る前、上司だったハードウェアチームのハワード・リーに掛け合い、アイブのデザインディレクター昇格を働きかけた。リーは後任候補を国内に限らず探したかったが、ブルーナーに「チームを失うことになる」と警告された。アップルは外部人材を採用できる状況になかった。スピンドラーの下、経営はさらに悪化した。需要を読み誤り、発火を起こしたポータブルコンピュータの回収を余儀なくされ、暴走するコストを抑えるために社員の16パーセントを解雇した。挙げ句、CEOは解任され、取締役のギル・アメリオが後任に就いた。

アイブが昇格したとき、アップルは四面楚歌《そか》の状況だった。金融アナリストが倒産を予想しはじめ、報道機関はサン・マイクロシステムズの買収対象になったと報じた。次から次へと「苦境に立たされたコンピュータメーカー」と書き立てられた。否定的な見出しにアイブはいらだった。「アップルは華やかな経歴を持つ会社です」と彼はデザイン・ウィーク誌に語った。「——何十億ドルか失ったこともあるが、何十億ドルか稼いだこともある。それが消えてなくなるなんて、ばかげた考えだ」

人前で見せる威勢の良さには個人的ないらだちが隠れていた。スタジオで何カ月もかけてデザインしたコンピュータが、製造資金がないと言われて没になることもあった。辞めてイギリスに帰ることも考えたが、その可能性も不安に満ちていた。「私みたいな経歴で、まだ29歳だったら、あなたはどうします？」彼はイギリスの記者に問いかけた。「ロイヤル・カレッジ・オブ・アートで修士号を取るでしょうか」

1997年7月のある日、アイブは会社の諸問題を話し合う全員参加の会議で「タウンホール」と呼ばれる本社内小ホールの後ろのほうに座った。CFOのフレッド・アンダーソンがCEOに就任することになった。CEOの交代はこの4年で4回目だ。会社をアメリカの象徴に育てた共同創業者ジョブズを追い出して12年、アップルは彼が退社後に立ち上げたNeXTを買収した。ジョブズと手を携えてNeXTをアップルに統合する、とアンダーソンは語った。ジョブズの復帰は社員を不安にさせた。パーソナルコンピュータのパイオニアとしての彼に対する称賛も、横柄で大人げなく口さがないという長年の評判に打ち消された。落胆したスタッフの前へ足を踏み出したジョブズは彼らの懸念を実証した。

「この会社はどうしてしまったんだ?」彼は問いかけた。「製品は最悪! なんの色気もない!」

この批判はトラブルを予感させた。アイブもこの何年かアップル製品は味気ないと言ってきたが、新しいボスはそれどころか、アップルのほとんどの人、すべてのものを侮辱したのだ。ニュートンを廃止し、NeXTの幹部を指導的立場に据えるつもりでいた。無味乾燥なコンピュータ群の裏にいたデザインチームを残す理由がどこにあるだろう?

その疑念はあったが、アイブはデザインチームを結束させようとした。このチームには国際的な才能が結集していた。イギリス人(ダニエレ・デイ・ユーリス、リチャード・ハワース、ダンカン・カー)、ニュージーランド人(ダニー・コスター)、オーストラリア人(クリス・ストリンガー)、アメリカ人(ダグ・サツガー、バート・アンドレ)。ジョブズは世界的に有名なデザイナーを雇って彼らを解雇するつもりでいるという噂《うわさ》に、みな、気もそぞろだった。士気を高めようと、アイブはメンバー一人ひとりとランチを設定した。シンシナティ出身のデザイナー、サツガーを連れてイタリア料理店へ行った。

「スティーブが復帰してチームがどうなるかはよくわからない」とアイブは言った。

サツガーは失職の不安を口にした。「まとめて首を切られたら、どうする?」

「チームが離れ離れにならないよう努力する」と、アイブは言った。彼はチーム全員で新しいデザイン事務所を立ち上げる計画も温めていたが、ジョブズの計画がはっきりするまでは誰も辞めさせたくなかった。

予想どおり、ジョブズは世界的デザイナーを雇う方向へ動いた。ＩＢＭのＴｈｉｎｋＰａｄを開発したリチャード・サッパーや、フェラーリやマセラティの仕事をしていたイタリアのカーデザイナー、ジョルジェット・ジウジアーロに声をかけた。さらに、かつてのパートナーで初代マッキントッシュを手がけたフロッグデザインのハルトムット・エスリンガーにも会った。エスリンガーはジョブズに、アイブには才能があると言った。「あの男は残しておいたほうがいい」と、エスリンガーは勧めた。「必要なのはヒット商品ひとつだ」

ジョブズがスタジオを訪問する前、アイブは辞職を覚悟していた。チームは部屋を整頓して、ジョブズに見てもらう作品をいくつか置いた。その中にはデイ・ユーリスが手がけた薄型コンピュータ（暗号名「マリリン」）や、ピーナツの殻のような形をした「ウォール街」というラップトップコンピュータもあった。ジョブズがドアを勢いよく通り抜けてきて、大きな声を出しながら部屋を動き回った。おだやかで寡黙なアイブが彼を迎えて模型を見せていく。その場にいたデザイナーは仕事にいそしむふりをしながら、様子を見ていた。アイブはジョブズの質問にうまく答えているようだ。どうやらジョブズは作品を気に入ったらしい。

「よっぽど立ち回りが下手だったんだな」ジョブズは称賛と叱責半々で言った。

部屋のデザイナーたちから安堵《あんど》の息が漏れた。スタジオはいい仕事をしていたのに、彼らの製品が店の棚までたどり着いていないのは、提案したものを作るよう経営陣を説得するのが下手だったということだ。ジョブズは経営陣をまぬけ集団と思っていたので、アイブがうまく説得できなかった点はとがめず、彼のデザインの考え方に注目した。チームが実験している形や素材の話をアイブから聞き、どんなことが可能か議論するうち、ジョブズはどんどん熱を帯びてきた。

「波長が合ったんです」アイブは何年かあとに振り返っている。「自分がなぜこの会社に惹《ひ》かれたのか、そこではっと気がつきました」

アップル再生に向けた仕事はすぐに始まった。インターネットへの接続に特化したネットワーク・コンピュータが「次の波」だと、ジョブズは断言した。フロッピーディスクのドライブを省き、ソフトウェアと情報をウェブから取得してもらう一体型デスクトップで時代の先端を行く。それがジョブズの願いだった。彼はそのデザインをアイブに託した。

社の将来が危ぶまれるなか、アイブはチームをまとめてプロジェクトに取り組んだ。それまではデザインする製品が多すぎ、メンバーがばらばらで仕事をしていたが、数は少なくてもより良いコンピュータを作ろうと、ジョブズは製品の大半を廃止した。デザイナーたちはスタジオのテーブルを囲んでアイデアを出し合った。スケッチ用にルーズリーフと色鉛筆とペンが並べられた。「楽しいコンピュータを作れ」というジョブズの激励に基づき、アイブが質問を投げた。このコンピュータをどう感じてもらいたいのか？　人の心のどの部分を占めればいいのか？　見た目に斬新でありながら近寄りがたさを感じないものをどう作ればいいか？　やがて、テレビアニメ『宇宙家族ジェットソン』のように未来的で、かつ親しみやすい必要がある、という考えに集約されてきた。会議で話し合うあいだに、サツガーが同時代のテレビを連想させる卵形コンピュータを、クリス・ストリンガーは色とりどりのキャンディが出てくる販売機をスケッチした。チームで最近、半透明のプラスチックを使ったラップトップを作ったばかりだ。その素材を使えばモニターが宙に浮かんでいるように見える。そのアイデアをアイブは気に入った。彼とダニー・コスターがデザインの指揮を執った。卵形と色と半透明というアイデアを組み合わせた模型を作り、ジョブズに提示した。

アイブはこのコンセプトに大きな期待を寄せていたが、ジョブズは12の模型を却下した。アイブは粘り強く、別のモデルを指差して細かく説明した。「机の上にいま届いたばかり、あるいは、いまにも飛び出してどこかへ行ってしまいそう、そんな感覚です」と、彼はジョブズに言った。おもちゃの説明をするようなこの言葉がCEOの心に残った。その後に行われた評価で洗練の度を高めた模型を見て、ジョブズは気に入り、キャンパス内を持ち歩いて社員に見せはじめた。ヒット商品になる可能性を感じたのだ。

　方向性が定まったところで、デザインチームは素材と色の選定に注力した。シェルには色持ちがよくプラスチックの中でも強度の高いポリカーボネートを選んだ。オレンジ色、紫色、そしてサーフィンをするデザイナーがスタジオに持ち込んだシーグラスをイメージした青緑色の3色で模型を作った。最後の青緑色にはプロジェクトリーダーのコスターお気に入りのサーフスポット、シドニーのボンダイビーチの鮮やかな青い海をイメージして「ボンダイ・ブルー」と名づけた。コンピュータの内部が見えるので、部品もしかるべき配置にした。

　ジョブズはコストを度外視している。それがわかってアイブは勇気を得た。デザインチームが開発したプラスチック製シェルには「丈夫で半透明」であることが求められ、特別な工程が必要になった。1台当たり60ドル、標準的なコンピュータの筐体の3倍かかったが、ジョブズは首を縦に振った。またアイブは取っ手《ハンドル》も付けたいと主張した。コンピュータを持ち上げるためではなく、親しみやすくするためだ。人が触れずにいられないものにしたい。ジョブズはすぐ理解してくれた。「そいつはクールだ!」と。製造費がさらにかさみ、エンジニアから反対の声が上がったが、ジョブズが押し切った。これが新しい進め方だ——最初にデザインありき。

1998年5月初旬、新製品iMacの発表を間近に控えて、ジョブズはクパティーノにあるデ・アンザ・カレッジのフリント・センター舞台芸術劇場へ駆け込んだ。しっかり予行演習をしてからイベント本番で世界に披露したい。2400人収容の巨大な劇場はアップルのキャンパスから3キロほどのところにあり、ジョブズにとっては聖地だった。15年くらい前、コンピュータの使い方を根底から変えたマッキントッシュを、この劇場で発表したのだ。あのときと同じような変革をもたらすデバイスなのだから同じ場所で発表したいと、ジョブズが強く主張した。

ジョブズはステージに向かって歩きだした。小さなテーブルにiMacが置かれていた。完成品を見るのは初めてだ。自分のイメージどおりか確かめたい。ステージに近づいたところで彼は固まった。CDを入れるスロットの代わりにトレイを開くボタンがあった。合意したデザインと違う。「なんだこれは！」彼は怒鳴った。ハードウェアチームの責任者ジョン・ルビンスタインを罵倒し、ルビンスタインは、ジョブズが望むものはここにはないと説明した。あまりの剣幕《けんまく》に壇上の彼を見ていた人たちは、イベントが中止になったり製品の発売が延期されたりするのではないかと冷や冷やした。

アイブが楽屋で見つけたとき、ジョブズはまだ激していた。「スティーブ、あなたの頭にあるのは次のiMacです」アイブはスロットが付いた次期製品の計画を落ち着いて説明した。「いま改良中です。でも、この機種は出荷するしかありません」

ジョブズはひとつ息を吸って吐いた。顔から怒りが消えていった。「わかった」彼は言った。「了解だ」

CEOはアイブの肩に腕を回していっしょに歩きだした。ジョブズの下で長年エグゼクティブ・プロデューサーを務めたウェイン・グッドリッチはその様子を見ていた。彼は後日、アイブは激しやすいＣＥＯを魔法のように落ち着かせる術を心得ていた、と語っている。「あれ以来、ジョニーが同じ部屋にいるとスティーブは心おだやかだった」

満員の会場でコンピュータを披露する段になったとき、ジョブズが灰色の箱形コンピュータの画像をひと続きクリックしてみせたあとでステージ中央のテーブルの上の布をはぎ取ると、ｉＭａｃが現れた。「まるで別の星から来たみたいだ。きっと良い星だ。良いデザイナーがいる星にちがいない」と、彼は自慢げに語った。


新しいコンピュータの需要は桁外れだった。ｉＭａｃは世界中で15秒に1台売れていた。年末までに80万台売れ、アメリカで最多、アップル史上最速で売れたコンピュータになった。それほどのセンセーションを巻き起こせる製品だと初めから信じていたアイブは、その瞬間を目撃したいと思った。

発売当日、彼の自宅近くのコンピュータ販売店は真夜中に開店した。このマシンをいち早く買おうと店の外には老若男女70人が並んでいて、その中にアイブもいた。彼が見ていると、人々はｉＭａｃに触れたり撫《な》でたりし、動物のぬいぐるみによく使われる「かわいい」といった形容詞を口にしていた。まさしく意図したとおりの、「触って喜ぶ」マシンだ。

ｉＭａｃの成功はほとんどがアイブの功績だった。無名に近いこのデザイナーを新聞と雑誌は大々的に取り上げた。ＡＰ通信は「人当たりがよく親しみやすいが、最先端を行く、才能豊かなデザイナー」と評し、ニューヨークのデイリー・ニューズ紙は「コンピュータ界のジョルジオ・アルマーニ」と表現した。アイブは母国イギリスでデザイン・ミュージアムの第1回デザイナー・オブ・ザ・イヤー賞を受賞し、2万５０００ポンドを獲得した。

顧客が欠点を発見してくれた。アイブはホッケーのパックのような形状のマウスを推したのだが、そのコードがからまりやすく、平たいため使っているうちに手がつったりした。しかし、このミスがあっても売れ行きが鈍ることはなかった。

ジョブズは色を増やすことにした。カラーデザインを指揮したサツガーは色鮮やかな皿から透明な魔法瓶まで、何十ものプラスチック製品を買い込んできた。それをテーブルに並べ、ジョブズに見てもらった。ジョブズはギョッとした。「物が多すぎる」と言い、サツガーに向かって、「お前は最低だ」と言い足した。それから3週間、サツガーは食品用着色剤などの染料を使い、アンバーエールのような茜《あかね》色やイチジクの葉のような色を含め、大急ぎで15の模型を作った。ジョブズに見せるために並べると、そこへジョブズが来て、気に入らない色を脇へやった。黄色のには「小便みたいだ」と言った。ブドウ色、ライム色、ミカン色を残し、ピンク色の追加を求めた。ライフセーバーみたいで面白いと思ったからだ。

アイブは驚嘆した。並の会社なら決定に何カ月もかかるところを、ジョブズは30分でやってのけた。

ｉＭａｃの成功で会社のイメージと経営状況の両方が一変した。１９９７年の広告キャンペーンのスローガンのように「人と違うことを考える《シンク・ディファレント》（Think Different）」会社であることをアピールするだけでなく、ほかのコンピュータには見かけないキャンディカラーの製品を提供した。これで3年間、利益を上げられた。ジョブズが復帰した年に失った10億ドルを補って余りある。「崖っ縁の会社」は一転、上昇気流に乗った。

このデスクトップ製品への取り組みでアイブとジョブズの絆は固まった。エスリンガーが言ったように、ジョブズに必要なのはたった一発のヒット商品で、それをアイブがもたらしたのだ。アイブが高くつくデザインを提案して闘わなければならなかったとき、ジョブズはエンジニアたちによるコストの懸念を無視して、アイブを支援するとはっきり意思表示した。アップルの製品ラインを絞り込もうとするジョブズの動きが、デザインチームにスポットライトを当てた。ジョブズが戻ってくる前、デザインチームは各々が別のコンピュータ開発に取り組まねばならず、色やスタイルや素材さえ異なる場合も多かった。ｉＭａｃを開発するために行った共同作業プロセスがその後の雛形《ひながた》となり、アイブは製品ごとに主任デザイナーこそ指名したが、開発自体にはチーム一丸で当たった。

「スティーブが帰ってくる前は、オフィスの全員が〝自分のデザインが最高〟と信じていた」サツガーが言う。「それがパッと消えてなくなった。胸襟を開いた対話だけが残った」

２００１年の前半、ジョブズはデザインスタジオをインフィニット・ループ1番地へ移し、アイブと過ごす時間を増やした。アップルはデザイナーの要望に応じて設備を用意した。エスプレッソマシンからはコーヒーの芳醇な香りが立ち込め、スピーカーからは甘美なエレクトロニック・ミュージックが流れた。詮索の目を避けるため、中庭に面する窓は暗くした。デザイナーは各プロジェクトについて議論して回り、腰の高さのテーブルに身を乗り出してスケッチした。納期に追われたエンジニアがいらだちを募らせがちな会社で、デザインチームの空間は武道場のようだった——静かで、集中でき、目的意識に満ちていた。

ジョブズとアイブはデザインの感性が重なり合うことに気がついた。アイブが共感するディーター・ラムスの「より少なく、しかしより良く」の哲学は、80年代アップルのパンフレットにジョブズが掲げた「洗練を突き詰めると簡潔になる」そのものだった。ミニマリズムを良しとする二人の直感は日々の暮らしにまで波及しているようで、アイブはモップのようだった黒髪を短く刈り、ジョブズはイッセイミヤケの黒いタートルネックを常時着用していた。製品に使われている素材を分解して、どのように作られているのかを徹底的に知ろうとするところも同じだ。共通する厳しい目が暗黙のうちに競争心をあおったのだと、同僚たちは言う。最高の製品の妨げになるような小さな欠点を、それぞれが見つけては相手を上回ろうとした、という意味だ。

ジョブズはクリエイティブ・パートナーを見つけることに長《た》けていた。ジョブズがスティーブ・ウォズニアックと手を携えたことでアップルは生まれた。このあと数年のアイブとの関係はアップルにおける「ジョブズ第2章」の中核を成す。ジョブズの好きなバンドリーダーたち、つまり斜に構えたジョン・レノンと感傷的なポール・マッカートニーの関係にも似て、二人はバランスを取り合った。口達者で歯に衣《きぬ》着せず高圧的なジョブズに対し、アイブは物静かで着実で辛抱強かった。ジョブズは自分の好き嫌いをずばずば口にすることで、アイブの仕事の方向性を誘導することができた。アイブはジョブズが憤激したとき落ち着かせたり、アイデアをまとめて再考をうながしたりできた。

二人の関係の重要性にかんがみ、ジョブズはアイブをほかの側近と別扱いした。他人に対し高飛車に出たり面目をつぶしたりしがちなジョブズも、アイデアははかなく繊細なものと考えるアイブを意図的に傷つけることは絶対にしなかった。権限を与え、製品開発の中心的役割を担わせた。「製品のほとんどは、ジョニーと自分で考えてからほかの人たちを連れてきて、『おい、これどう思う?』と訊いた」ジョブズは彼の伝記作家ウォルター・アイザックソンに語っている。「彼（アイブ）はどの製品のことも、全体像だけでなく、きわめて細かな部分まで把握している。アップルは製品あっての会社であることもわかっている。一介のデザイナーじゃない」

ジョブズの下でアイブの完璧主義は強化された。２００２年、アップル首脳陣はラップトップコンピュータの筐体をチタン製から、より汎用性の高いアルミ製に変更することで合意した。筐体の生産は日本のメーカーに依頼し、アイブはデザインを担当したバート・アンドレと、工場でデザインを形にするエンジニアのニック・フォーレンザをともない、評価のため東京へ赴いた。会合の場には東京最古の高級ホテルのひとつ〈ホテルオークラ〉を手配した。

その当日、アップルと日本メーカーの代表は金色のロビーを通り抜け、すねの高さのテーブルを通り過ぎて個室へ向かった。日本人の経営幹部がマニラ封筒からアルミ筐体を何枚か取り出してアイブに見せた。サテンシルバーに磨き上げられたパーツが天井からの人工光を反射してきらめく。アイブは筐体の上で静止し、持ち上げて光にかざした。自分の設計との小さなずれを目がとらえ、パニックで手が震えた。とつぜん立ち上がり、憤然とその場を離れた。

欠陥があったのかと心配になったフォーレンザが赤い油性マーカーを手に取ってアイブに渡した。

「間違っているところに丸をつけてくれ」彼は言った。「直してもらう」

アイブはアルミシートを頭上に掲げて照明の下で回転させ、光に反射させたところで、見えたほんのわずかな疵《きず》をフォーレンザに示した。これを消したい。何が問題かをフォーレンザが相手に説明し、２週間後、再点検に戻ってきたときにはその疵は消えていた。

製品ラインの拡大にともない、アップルのサプライチェーンに対する審査の目は厳しくなった。ＳＡＲＳが発生した２００３年、同社はアルミ素材を使った初のデスクトップ、ＰｏｗｅｒＭａｃ Ｇ５の製造準備に入っていた。タワー型コンピュータの高さと幅は紙の買い物袋くらい。フロントパネルとリアパネルに挟まれたなめらかなアルミの側面には、柑橘《かんきつ》類の皮むき器を思わせる小さな穴が開けられていた。

アイブはこのコンピュータが組み立てラインから出てくるところに立ち会いたいと考え、ＳＡＲＳが収束したところでオペレーションチームのメンバーと香港へ飛んだ。その後、深圳《しんせん》へ向かい、工場の寮に40日間寝泊まりして製造現場を歩いた。組み立てラインに厳しい目をそそいだ。組み立て工程中に同僚をつかまえ、部品を雑に扱っている工員を指差すこともよくあった。

「あいつにはうちの製品に触らせるな」と、彼はよく言った。「あの側面の触り方を見ろ！」

ＰｏｗｅｒＭａｃの生産中、アイブは製造を中断させた。プラスチック製の通気口が吹き付け塗装されたみたいに見えると判断したからだ。塗料は粗悪なパーツを隠す不純な方法だと彼は考えていたため、できるかぎり使わないようにしていた。通気口があるのは背面だが、工場と連携して金属めっきの工程を開発し、部品にニッケル仕上げをほどこした。時間と費用はかかったが、彼は妥協を許さなかった。

ある日、アイブはフォーレンザのそばへ来て、１枚の紙を渡した。そこにはコンピュータのディスプレイに接続されたヒンジ付きのL字形スタンドが黒いインクでスケッチされていた。「これ、作れるかな？」フォーレンザは信じられない思いでその図面を見た。自分が目の前のデスクトップを仕上げることにしゃかりきになっているあいだに、アイブは未来の製品を思い描いていたのだ。二人はスケッチのようにアルミを曲げる難しさについて議論し、方法を調べることになった。

数日後、アイブとフォーレンザが帰国のために香港の空港へ向かうと、そこは感染症流行の影響でまだ閑散としていた。二人はラウンジの空《す》いているバーに陣取り、コーヒーを注文した。アイブはカプチーノを飲みながらステンレスのカウンターバーを見つめ、「カウンターの継ぎ目は全部見える」とつぶやいた。

フォーレンザはアイブの視線の先を追った。長さ10メートルほどのなめらかな銀色の金属にしか見えなかった。険しい表情を浮かべたアイブを見て、この男にはX線透視能力があるにちがいない、と思った。

その後の1年でフォーレンザとそのチームはシカゴへ赴き、自動車部品メーカーと協力してアイブのL字形スタンドを作る機械処理工程の設計に取り組んだ。製造には難所がふたつあった。アルミは厚くなると色が黒ずむ。曲げるとオレンジの皮のようにしわが寄る。アイブはこのふたつの欠点を最小限に抑えたかった。フォーレンザのチームは部品メーカーの助けを借りてアルミ粒子を分析し、ホウ素が黒ずみの原因と突き止め、粒子の調整で黒ずみを抑えられることがわかって、アイブの期待に応えることができた。サプライチェーンの奥深くへ踏み込んで多くを学んだと語るフォーレンザを見て、アイブは微笑んだ。「こういう管理はこれまでしていなかった」彼は言った。「作り方がわかっているからこそ、見え方を管理できる」

管理はアイブの精神《エトス》の一部になった。彼はスケッチや模型だけでなく、素材にまで影響を及ぼすようになった。フォーレンザを味方に引き入れ、このオペレーション幹部をデザインスタジオの延長線上に置いた。アイブは「エンクロージャーズ（囲い）」というフォーレンザのチーム名が嫌いだった。ある日、フォーレンザとスタジオにいたとき、アイブは赤ペンを手にホワイトボードへ向かい、十数個の候補を走り書きして、最後に「マニュファクチャリング（製造）デザイン」という言葉に下線を引いた。彼がいちばん緊密に仕事をするインダストリアル（工業）デザインチームとプロダクト（製品）デザインチームに合わせた名称だった。その結果、このあと何年かアップル製品を形作る「デザインのトライアングル」ができた。インダストリアルデザイナーは製品の外観を明確にし、プロダクトデザイナーは構成部品をどう機能させるか決定する。そしてマニュファクチャリングデザイナーは、そのすべてをどう結集させるかを監督する。プロダクトデザインはハードウェアチームに指示を仰ぎ、マニュファクチャリングデザインはオペレーションチームに指示を仰ぐが、両グループの長は機会を見つけてデザインスタジオと緊密に連携する。両者はアイブと時間の多くを過ごし、アイブはデザインスタジオを業務の最前線に置くよう、静かに会社を改革していった。この集団は時の経過とともに、自分たちは職人でアイブの延長線にいるという考えを叩き込まれていった。

3つのデザインチームが力を合わせれば、製品の品質が上がり、欠陥の数が減り、生産が増える。アップル社員みんなが幸せになる——特に、製品の需要が膨らんだときは。

ジョブズはアップル復帰後、携帯音楽プレーヤーの開発を迫った。MP3の新興市場が次世代のウォークマンを生み出す夢に火をつけた。東芝の半導体部門が1000曲入る小型ディスクドライブを開発したとハードウェアチームの責任者ジョン・ルビンスタインが知ったとき、このプロジェクトは飛び立った。東芝が作る全ディスクの権利を買い取るよう彼は働きかけた。プロジェクトの指揮を執る責任者として、ジョブズはジェネラル・マジックで携帯情報端末に取り組んでいたトニー・ファデルを雇った。ルビンスタインとファデルが構成部品を集めるあいだに、アップルのマーケティングチームの責任者フィル・シラーが曲をスクロールするホイールのアイデアを提供した。バング&オルフセンの電話からヒントを得たものだ。彼らはその材料をアイブに渡し、デザインの一体化を託した。

アイブにデザインの構想が浮かんだのは、サンフランシスコとクパティーノを往復する日々の通勤中だった。構成部品の塊にどう美観を与えるか、沈思黙考するうち、ぴかぴかに磨き上げた鋼鉄の背面を持つ、純白のＭＰ３プレーヤーが心の目に浮かんだ。何千曲もの楽曲にアーティストが込めた思いを金属部分の重みが感じさせるいっぽうで、白い操作パネルとヘッドホンはソニーの黒いウォークマンと鮮やかな黄色の後継機のちょうど中間のようなイメージで、大胆でありながらさりげない仕上がりになる。

このデザインは社内の抵抗に遭った。同僚たちはステンレススチール製ケースと成形されたボディに疑問を投げ、アップルのロゴを前面ではなく背面に刻むというアイブの構想にも異論が出た。ヘッドホンに一般的な黒ではなく白を選んだことにも疑問の声が上がった。異なる意見があったにもかかわらず、ジョブズはアイブとデザインチームの提案を支持した。

このデバイスは形から色まで、アイブがニューカッスル時代にウォークマンをモチーフにして作った補聴器の延長線上にあった。アップルはすでにコンピュータに白を使っていた。スタジオが白を好んだのは、特に大量生産の場合には色が人を遠ざけるきらいがあると、デザイナーたちが信じていたからだ。白は真新しい感じだし、明るく、抵抗が少ない。万人にアピールするために多種多様な色を作る必要を排し、ひとつのモデルですむ。このｉＰｏｄには新しい白色を使いたい、とアイブは思った。色の素材を担当するサッガーは同僚たちの力を借りて、「ムーングレー」と呼ばれる彩度の高い白色を創り出した。

２００１年10月にアップルがｉＰｏｄを発表したあと、広告代理店のＴＢＷＡ／メディア・アーツ・ラボは、およそ50のポータブルＭＰ３プレーヤーがひしめく市場でこの白いケースはきわめてユニークな特徴になると考えた。ジェイムズ・ビンセントというイギリス人が、さまざまな色を背景に白いヘッドホンを着けた黒い人影を踊らせてはどうかと提案した。03年にデビューしたこのスポットＣＭはオーストラリアのロックバンド、ジェットの〈アー・ユー・ゴナ・ビー・マイ・ガール〉などの曲に乗せて展開された。この広告と、99セントで楽曲を提供するデジタルストア、ｉＴｕｎｅｓの登場が相まって、ｉＰｏｄは爆発的に売れた。アップルは03年に１００万台だった販売台数を05年には２５５０万台に伸ばした。ｉＰｏｄは窮地に立たされていたコンピュータ会社を巨大家電メーカーへ変貌させ、年間収益を68パーセント増の１４０億ドルに押し上げた。

　大勝利を収めたにもかかわらず、アイブは失望していた。彼のデザインチームはｉＭａｃのときほど製品開発の中核を担っていなかったからだ。アップル製品のコンセプトにもっと大きな発言力を持ちたい。この当時、アイブはルビンスタインの監督下にあり、ジョブズとの関係は点線で結ばれていた。特定のデザインに見せる彼のこだわりは、コンピュータの研磨の仕方から特殊なネジまで、細かなところで衝突を引き起こした。チップからファームウェア、デザインまで製品のさまざまな側面をまとめ上げるルビンスタインは、コストがかかりすぎるとしてアイブのアイデアを拒むこともあった。アイブはいらだった。対立を嫌い、デザインの妥協を潔しとしない彼は、ルビンスタインを迂回《うかい》して直接ジョブズに働きかけた。同僚たちは彼らを「ジョブズの気を引く競争をしている2人の子ども」に喩えた。ジョブズの助言者たちはアイブに権限を与えないよう説いた。結局、ルビンスタインはアップルを去り、ライバル会社、パームのＣＥＯに就いた。その後ジョブズはアップルの体制を簡素化し、アイブはジョブズの直属となって、ＣＥＯに次ぐ権力者の座を確保した。「彼に指示したり干渉したりできる人間はいない」ジョブズは伝記作家のアイザックソンに語っている。「私がそうしたからね」

　アイブとルビンスタインの衝突は、アイブの内政への意欲の表れだった。同僚の中にはアイブのことを、アップル首脳部でいちばん政治的に抜け目のない人物と考える人たちもいた。本社内では、アップルのデザインチームのトップになってから何年も経つのに、同僚のためにドアを開けたり押さえたりする英国紳士という評判を得ていた。寛大な気性で、同僚の家族旅行先に花やシャンパンを届けるなどして慕われた。こういう思いやりや鷹揚《おうよう》さも相まって、彼のデザインを実現するために働こうとする忠誠心が社内全域で高まった。

しかし、彼には厳しい面もあった。同僚とのやり取りが気に入らないとアップルから追い出そうとした。デザインチーム内ではたがいの尊重と協力を要求した。わがままを許さず、控えめな人たちも含めてすべての人の声が聞こえるようにしたかった。デザイナーたちによれば、半透明のラップトップをデザインしてｉＭａｃに影響を与えたスウェーデン人デザイナーのトーマス・マイヤーホッファーは、会議で主張を押し通して同僚の仕事を否定したため、アイブの不興を買った。結局、マイヤーホッファーはアップルを辞して自分の会社を立ち上げることになる。彼の才能を高く評価していたメンバーは残るよう説得したが、彼がいないほうがアイブとそのチームは気持ちよく仕事ができた。

アイブが新しい色彩専門家を連れてくると、大きな役割を果たしていたサツガーもこの集団から締め出された。採用の際は、15人ほどで構成されるチームのそれぞれが候補者を面接し、議論したうえで決定することになっていた。あるときサツガーは、候補者との面接を準備していて予定の変更を告げられた。アイブが面接担当メンバーを集め、サツガーに最初の質問を投げた。

「どう思った？」アイブはその候補者について尋ねた。

「私は面接していない」と、サツガーは言った。

「どうして？」

サツガーはとまどいながら予定変更の連絡を受けたと説明したが、もちろんアイブはそうとわかっていたはずだ。このあとサツガーはすぐアップルを辞めた。アイブは自分が解雇したと周囲に話している。何年かして当時を振り返ったサツガーは、アイブが意図的に予定を変更し、信用を落とすために彼に最初の質問を投げたのだと考えていた。

「英国紳士であることは道具になり得る」デザインチームのナンバーツーでありながらアイブに追い出されたイギリス人のティム・パーシーが語っている。「英国紳士には信じられないくらい簡単に扉が開かれる。でもそれは当人の個性や実力じゃない。英国紳士であること自体が道具なんだ。イギリスの古典を読んでみればわかる。魅力的な顔で乗り込んでくるが、その正体は国を奪っていく海賊だ」

アイブが新たに獲得した影響力はアップルを作り替えていった。ｉＰｏｄのときがそうだったように、たいていのメーカーではエンジニアリング部門が製品を定義し、デザイン部門がそれをパッケージする。だが、ジョブズがアイブの地位を引き上げたため、アップルではデザインスタジオが製品開発をリードし、その要求を満たすためにエンジニアが働く形になった。デザイナーが製品の見かけを決め、その機能にも大きな発言力を持った。デザインチームは自分たちの権限を、「神々を失望させるな」というひと言に集約するようになった。

アイブはデザインチームの働く環境を慎重に整備し、人の出入りを厳重に管理することで、デザインスタジオの地位を確固たるものにした。会議中も職場は静かであってほしい。デザイン的にも機能的にも混じりけのない純粋な製品づくりに集中したい。エンジニアやオペレーション担当者が議論に敬意を払わなかったり、大声で話したり、コストの話を持ち出したりすると、その後、彼らのバッジではスタジオに入れなくなった。入室権が音もなく取り消されていた。

この暗黙の審判が「向こうから話しかけられないかぎり、ジョニーには話しかけるな」という教訓に燃料をくべた。

アイブは秩序を保つため、同僚に圧力をかけた。オペレーションチームのあるスタッフが、提案されたデザインは製造が難しいと指摘したときには、あとで上司が脇へ呼ばれ、あのスタッフはデザインプロセスのじゃまをしたと責められた。スタジオに来る人はデザイナーの願いを理解し、それを実現する方法を見つけてほしい――コストや製造上の限界を口にして障壁を築くのではなく。「脚が長くてペダルに届くからといって、バスを運転させていいものではない」と、彼はよく口にした。

ディテールへのこだわりは製品の開発にも及んだ。コストを重視するサプライヤーが安い再生プラスチックを使ったら、アイブはひと目で見抜いた。未加工の原料を使えというアップルの要求に反している、と。高品質のコンピュータを継続して提供するには、当然、高価なプラスチックが欠かせない。アイブの眼力ゆえに、オペレーションチームはサプライヤーにかならず彼の要求を満たすよう念を押した。映画『シックス・センス』を引き合いに、オペレーションメンバーは冗談まじりに、アイブには「死者が見えるのさ」と言った。

デザイナーはほかの社員より役得が多かった。彼らは仕事の現場から離れたカリフォルニアのワイナリーの5つ星リゾートで静養した。アジアでは、オペレーションチームやエンジニアリングチームが3つ星や4つ星の伝統的なホテルに泊まるのに対し、デザインチームは豪華ホテルに宿泊した。香港でアイブが選んだのはコロニアル調の5つ星ホテル〈ペニンシュラ〉で、弦楽四重奏の演奏を聴きながらアフタヌーンティーを楽しむことができた。アップルは彼らを気ままにさせた。

オタク系のエンジニアが多い社内で、デザインチームは美術学校のような洗練を体現していた。

Tシャツに、スウェットパーカー、デザイナーズジーンズというカジュアルな服装。高級車を乗り回し、アイブのアストンマーティンDB9に至っては25万ドルした。彼らは趣味に執着した。デイ・ユーリスは年がら年じゅう世界最高のコーヒーを探し求め、サーフィンに熱を上げるジュリアン・ヘーニッヒは自前のサーフボードを作り、ユージン・ワンはレコードレーベル、パブリック・リリースを立ち上げて、ユーグの芸名でクラブのDJも務めた。

ロックスターのような暮らしぶりだった。新製品発表会が終わるとリムジンにボランジェのシャンパンを積み込み、ディナーを愉《たの》しんで深夜まで飲み明かす。サンフランシスコのダウンタウンで職人芸のカクテルを出すオーセンティックバー〈レッドウッド・ルーム〉の常連になり、ときにはロサンゼルスまで足を延ばしてアップルの広告代理店とパーティを開いたりした。催眠剤からコカインまで、弾丸形のケースにさまざまなドラッグを仕込んでいるデザイナーもいた。すべて、芸術と発明に情熱をそそぐ「ルネッサンスの男」集団の、「仕事も遊びも手抜きなし」という文化の一環だった。

新しいアイデアを探求するエンジニアにとって、デザインチームの権力は安息の港のようだった。ブライアン・フッピというエンジニアがマウスなしでコンピュータを操作する方法を開発しようと考えたとき、どうしたら実現できるかをデザイナーのダンカン・カーに相談した。アイブはそのアイデアを気に入った。彼の賛同を得たカーとバス・オーディン、イムラン・チョウドリ、グレッグ・クリスティらソフトウェアチームのエンジニアたちが研究開発プロジェクトを立ち上げ、指先で触れるだけでデバイスを操作できる方法を見つけようとした。彼らはやがて、コンピュータを操作するタッチパッドを作っているデラウェア州の会社を発見した。そのパッドをひとつ購入し、M ａｃのイメージ画像をプロジェクターでテーブルに映して、指による画面操作はどんな感じか確かめては改良していった。地図を拡大したり、ファイルをドラッグしたり、画像を回転させたりするコードを書いた。カーからその技術が伝えられたとき、デザインチームは度肝を抜かれた。

　内輪で開かれた実演会にやってきたジョブズは、あまり気が向かないようだった。彼はこのアイデアを却下した。不格好だし、サイズがまだ大きめのテーブルくらいあって現実的でない気がした。だがアイブはあきらめず、数年前にｉＭａｃの構想を伝えたときのように、巧みにこのアイデアを売り込んだ。「デジタルカメラの背面を思い浮かべてください」彼は言った。「なぜあれには小さな画面と各種ボタンが必要なのか？　なぜそこがフルスクリーンであってはいけないのか？」

　ジョブズは乗り気になり、彼らが「マルチタッチ」と名づけた技術はｉＰｈｏｎｅの土台になった。アップルでは数年前から電話づくりへの関心が高まっていた。首脳部は現存の携帯電話を不格好で扱いにくいと考えていた。また、競合他社がＭＰ３プレーヤーと携帯電話を一体化したデバイスを作ったらｉＰｏｄが無用になるのではないかという懸念もあった。その運命を避けるため、ジョブズは「プロジェクト・パープル」を立ち上げた。

　２００５年ごろから07年にかけて、エンジニアとデザイナーは身を粉にして新しいデバイスの開発に取り組んだ。アイブは携帯電話のタッチ画面をインフィニティプールのように、音楽や地図、インターネットなどより広い世界へ人をいざなう、光り輝く窓のようなものとして思い描いていた。デザインチームはいくつかの構想に取り組んだあと、ソニーのミニマリズムに触発されたスタイルに落ち着いた。つや消しの黒《マットブラック》のフェイスとつや消しアルミニウムのフレームが広大な画面を包み込む。ファデル率いるハードウェアチームがそこに構成部品で命を吹き込み、ソフトウェアチームのトップ、スコット・フォーストールが革新的ソフトの開発を指揮した。

２００６年12月19日、アイブとフォーレンザは2年にわたる激務で疲れきった体を引きずって、中国・深圳へやってきた。工場内の薄暗い会議室に入ると、テーブルにｉＰｈｏｎｅの初号機が１００台並んでいた。そこからいちばん出来のいい30台を選び、新製品発表会でお披露目《ひろめ》することになっていた。40人ほどの工場従業員を前に、二人は彼らの仕事を検査した。

「言うことなしだ」アイブは体を折ってフォーレンザにささやいた。「この中のどれでも出荷できる」不具合がないのは初期モデルのほんの一部という状況に彼らは慣れていたが、目の前の製品は量産型電子機器の金字塔、キヤノン製カメラに匹敵する品質に見えた。このメーカーなら美術館に展示される手づくり作品並みの精度で何百万台もの携帯電話を作れる、という自信をアイブは得た。彼はフォーレンザの肩をつかみ、「これでどんなものでも作れるぞ」とささやいた。

１カ月後、ジョブズはサンフランシスコの複合施設モスコーニ・センターで新製品ｉＰｈｏｎｅを発表し、「ｉＰｏｄと電話とインターネットに接続できるコンピュータが一体化したもの」と喧《けん》伝《でん》した。公の場で、彼がｉＰｈｏｎｅで初めて電話をかけた相手は、もっとも親しい協力者だった。ジョブズは手に持ったｉＰｈｏｎｅでアイブの電話番号を押し、「ジョニーに電話したければ、彼の電話番号を押すだけでいい」と言った。

「やあ、スティーブ」アイブが聴衆の中から折り畳み式携帯電話で応答した。

「やあ、ジョニー、元気か？」ジョブズが満面に笑みをたたえて言った。

「元気だよ。そっちは？」

「2年半ぶりだ、こんなにわくわくしているのは。ｉＰｈｏｎｅで電話をかけた初めての人間になったんだ」と、ジョブズは言った。

この通話はアレクサンダー・グラハム・ベルがトーマス・ワトソンと電話でつながった１００年以上前の瞬間になぞらえられた。アップルは発売後1年でｉＰｈｏｎｅを１１００万台売った。ｉＰｏｄデビュー時の10倍以上だ。

ジョブズとアイブはｉＰｈｏｎｅの販売台数より、同機が文化的センセーションを巻き起こした点に誇りを感じていた。この何年か、二人は成功を測る尺度について議論し、成功は株価や販売数で決まるものではないという見解で一致していた。その評価基準でいけば、ライバルのマイクロソフトはいったん成功してもいずれ低迷する。我々はそうはならず、自分たちの主観的評価を最終目標にする。自分たちがデザインして作ったものに誇りを持てるかどうかだ。

ｉＰｈｏｎｅは達成可能な目標の頂点と思われた。しかし、売り上げが伸びたところでアイブはアップル退社を検討した。2004年に双子の男の子が生まれた。40歳のアイブは15年続いた週80時間労働で疲弊していた。両親のそばで過ごす時間を増やそうと考え、実家近くのサマセットに大きな池がついた寝室10室の家を３００万ドルで買い、父親にその改修をまかせた。長年の友人クライブ・グリニヤーに、もう疲れた、引退して友人のデザイナー、マーク・ニューソンと高性能の贅《ぜい》沢《たく》品を作ろうかと思っている、と話している。しかし、ｉＰｈｏｎｅの人気とジョブズの病気ですべてが変わった。

２００９年5月、ジョニー・アイブはスティーブ・ジョブズを迎えるため、サンノゼ空港にやってきた。がんを患っていたＣＥＯが肝臓移植を終えてメンフィスから帰ってきたのだ。アイブとＣＯＯのティム・クックが出迎え、ジョブズの妻ローレン・パウエルが祝杯を挙げるためスパークリング・アップルサイダーのボトルの栓を抜いた。しかし、いいことばかりではなかった。

アイブは心中いらだっていた。このころ彼は、アップルの成長にともなう開発サイクルの短縮に頭を悩ませていた。特に、年間５４００万台売れるｉＰｏｄが悩ましかった。新しい刺激的な方法で画面を変えるアイデアを思いついたが、それは締め切りが過ぎたあとだった。創造のひらめきが２週間遅かったがために、１年待たなければならなくなったと、彼は同僚に嘆いた。ジョブズが病気になってから、新聞各紙はアップルの将来に疑問を投げはじめた。アップルを生み出し、のちに復活させたのはこの共同創業者だからだ。彼がいなくなって会社はいちど衰退した。過去が未来への序章なら、アップルの命運は尽きたも同然だ。

ジョブズは自分が集めたチームに仕事をまかせたが、手柄はほとんど自分のものにした。スタッフがインタビューに応じること、アップルの創造プロセスについて語ることを許さなかった。この戦略は製品の機密性を保持し、最高の人材を他者に引き抜かれる可能性を低くした。すべての製品は共同作業ではなく個人の天才のなせる業、という認識を世間に植え付けもした。ジョブズがｉＰｈｏｎｅで初めてアイブに電話をかけるというあの演出は、アイブの貢献度を充分に伝えるものではなかった。空港からジョブズ宅へ向かう途中、アイブは思いを吐露した。

「私は心底、傷ついている」ジョブズの伝記作家アイザックソンによれば、彼はそう言った（アイブは広報を通じてこの箇所に異議を唱えている）。アップルのイノベーションはジョブズから生まれているという受け止め方がアイブは不満だった。社の成功には、アイブをはじめ多くの人が決定的な役割を果たしているというのが真実だった。

ジョブズとアイブはもうひとつの主要な製品でコンビを組んだ。いろいろな意味で、ｉＰａｄはもっとも負担が少なく、もっとも見返りの大きな製品だった。アップルにはｉＰｈｏｎｅの開発以前からタブレット端末の構想があり、ジョブズは移植手術前にその構想を復活させていた。ｉＰｈｏｎｅはタブレット端末のデザインに活かされ、同じソフトウェアが使われた。最大の問題は「どの大きさにすべきか」だった。

アイブはまず、角を丸めたさまざまな大きさの模型を20個作って評価を開始した。それらをスタジオに並べてジョブズを審査《レビュー》に招いた。二人で模型の見かけと感触をひとつひとつ評価していった。結果、９×７インチのディスプレイを持つ長方形で、法律用箋《リーガルパッド》のように平らに置けるものに落ち着いた。しかし実際に使ってみて、これでは厳しいとジョブズは思った。アイブにはその理由がわかった。このデバイスにはｉＭａｃら過去の作品を親しみやすくした、丸みを帯びたエッジがなかった。彼はそこにわずかに丸みをつけ、下に指を滑らせてテーブルから持ち上げられるようにした。

２０１０年１月、ジョブズはサンフランシスコのイエルバ・ブエナ芸術センターでｉＰａｄを発表した。彼は安楽椅子にもたれたまま、インターネットをスクロールしたり電子書籍を読んだりすることがどんなに簡単か実演してみせた。製品はたちまちヒットし、１年余りで２５００万台売れた。

ｉＰａｄの発売後、ジョブズの健康状態が悪化した。翌２０１１年、ジョブズが出社できなくなると、アイブは定期的に彼の自宅を訪ねるようになった。二人はｉＰｈｏｎｅに関する現在進行中の仕事や、アップルの新本社《キャンパス》建設計画、ジョブズが家族と乗り回すために造らせているヨットについて話し合った。

２０１１年10月5日にジョブズが亡くなったあと、同僚たちは心配になった。ジョブズ亡きいま、アイブはどうなるのか？　有能な編集者が有能な作家の物語を強化するように、ジョブズがスタジオに持ち込む意見と評価がアイブの仕事を研ぎ澄ませていくところを、彼らは何年も見てきたからだ。大丈夫だと、アイブは周囲に請け合った。気持ちを奮い立たせるからと。それでも、長年の後ろ盾を失ったスタジオはどんよりとして、拠り所を失った感じがした。「みんなが自信をなくしていた」と、あるデザイナーは語っている。

アイブはアンドリュー・ザッカーマンという有名写真家を雇い、白を背景にアップルのヒット商品の拡大写真を満載した『Designed by Apple in California』という写真集プロジェクトに取り組んだ。自分の過去の作品に目を通し、亡きクリエイティブ・パートナーと協働した歳月の思い出に浸った。

ジョブズの追悼式から2カ月、アイブはデザイン界への多大な貢献を認められ、ナイト爵位を授けられた。彼を推薦したのはインダストリアルデザインの支援を目的とする非営利団体デザインカウンシルだ。この栄誉でアイブは大英帝国の名誉ナイト勲章KBEを受章し、サー・ジョナサン・アイブとなった。

5月下旬のある晴れた日、ロンドンのバッキンガム宮殿で行われた式典に、アイブはパウダーブルーのネクタイを締め、黒い燕尾《えんび》服姿で出席した。「イギリス人は堅苦しくていけない」とアイブに小言を言ったことのあるジョブズが見たら、この式典の物々しさを揶揄《やゆ》しただろうが、教師の息子でありイギリス人デザイナーであるアイブにとって、この式典には大きな意味があった。この評価は生涯の仕事の正当性を立証するもので、階級制のイギリスでこの表彰は正式な肩書に匹敵する。スティーブン・スピルバーグやビル・ゲイツらアメリカの有名人も同様の勲章を受章しているが、イギリス人のアイブには格別の栄誉だった。

アイブは妻と双子の息子を連れて宮殿舞踏室に入り、金色の木造玉座が2つ並んだ小さな舞台の前に座った。王室の役人からすぐ前へ呼び出された。バッハの〈2つのヴァイオリンのための協奏曲ニ短調〉が流れるなか、彼は頭《こうべ》を垂れてゆっくり玉座のほうへ足を踏み出した。エリザベス女王の娘アン王女の前で微笑をたたえてお辞儀をし、ひざまずくと、王女は祖父のジョージ6世が所有していた剣で彼の左右の肩を叩いた。

後刻、アイブは燕尾服を脱いでネクタイを外し、ロンドン・ウエストエンドの中心にある高級レストラン〈アイビー〉で開かれる祝賀会へ向かった。デザインカウンシルがステンドグラスの窓がついた個室を借りてくれ、俳優のスティーブン・フライやデュランデュランのボーカルのサイモン・ル・ボン、強い影響力を持つデザイナーのポール・スミスとテレンス・コンランら、アイブの友人が数多く集まった。妹のアリソンと両親も駆けつけた。

シャンパンと前菜を楽しむ出席者たちとアイブは笑顔で交流した。彼の叙勲を支持したゴードン・ブラウン元首相が乾杯の音頭を取るために立ち上がると、部屋は静かになった。注目されるのは好きだが、スポットライトを浴びるのは苦手だ。アイブは息子の肩に左手を置き、ブラウンがクパティーノのデザインスタジオを訪れチームの仕事ぶりを視察した思い出を語ると、恥ずかしそうに微笑んだ。

父マイクは笑顔で見守った。彼は長い年月で無数のモノを作った。ホバークラフトに高級家具。昔の車を修復した。結婚指輪を作り、学校のカリキュラムや模造ティーポットを作った。しかし、この日この部屋で披露されたのは、彼がもっとも高く評価する製品だった。アイブこそが自分の生み出した最高傑作だと、彼は友人たちに語った。

5

強固な決意

Intense Determination

夜明け前の交通量が少ない国道101号線に、低層オフィスビルやショッピングセンターが投げる薄暗い影を疾走するホンダ・アコードの姿があった。アップルはティム・クックに40万ドルの基本給と契約金50万ドルを支払っていたが、彼は自分の乗る車にこだわりがなかった。スポーツジムとオフィスを往復し、一日の終わりにパロアルトのアパートメントへ帰らせてくれる四輪車でしかない。

テキサスから居を移した1998年、パロアルトに借りたのは50平方メートルのアパートメントで、経営幹部より大学生にふさわしい部屋だった。狭い居住空間と建物の立地は、ほとんどの時間を職場で過ごしている現実を反映していた。インフィニット・ループ1番地のアップル本社《キャンパス》から車でわずか20分。上品で落ち着いた感じのパロアルト郊外に、50キロほど北のサンフランシスコのような活気は見られない。並木の大通りユニバーシティ・アベニューの周囲にはスタンフォード大学や新興企業のオフィスがあり、レストランやコーヒーショップは最新のドットコム企業やベンチャーキャピタルへの投資話でにぎわっていた。クックはロバーツデールにいたころと変わらず、自転車で街を走り回るのが好きだった。

　アップルに来て間もないころ、彼はオペレーション会議を招集した。サプライチェーンにまつわる惨状の詳細をすべて知りたかった。アップルはその前年、資金繰りの泥沼から脱出しようともがいていた。ジョブズが復帰する97年以前は、売れ残ったコンピュータがあちこちに積み上がっていた。工場があるのはカリフォルニアとアイルランドとシンガポール。コンピュータ部品が余り、19日分の在庫を抱えていた。CFOフレッド・アンダーソンは在庫削減を目的とした「キャニオン横断」と呼ばれるプログラムでバランスシートの問題を解決しようとしてきた。ジョブズの帰還後に退社する人間が続出してがらんどうになったオペレーションチームがプログラムの進捗状況を詳述する席で、クックは次から次へと質問を浴びせた。「なぜそうなんだ？　いまのはどういう意味だ？」

「大人の男たちが泣いていました」クックの着任当時、オペレーションチームの責任者を代行していたジョー・オサリバンが言う。「呆《あき》れるくらい細かなところまで、彼は立ち入ってきたんです」

　この会議はクックがこれからどのように指揮を執っていくかを方向づけた。彼は職場の雰囲気が一変するくらいスタッフを鞭《むち》打って正確な調査を行わせた。徹底的に、詳細に、神経がすり切れるくらい、間違いを許さなかった。部下から提供されるあらゆる情報を吸収して記憶し、誰もの予想を上回るスピードで事業の状況を把握していった。オサリバンはジョブズから、4カ月かけてクックに業務の状況を教え込むよう求められていたが、クックは4、5日で把握してのけた。質問に次ぐ質問で、問題をくるんでいる皮を剝がしていく。沈黙が下りた。彼のソクラテス式問答法は緊迫した空気を生み、スタッフは居心地悪そうだった。

「ジョー、今日は何台生産した？」とクックが訊く。

「1万台です」とオサリバンが答える。

「イールドは？」と、クックが尋ねる。出荷前の品質保証検査に合格した割合のことだ。

「98パーセント」

クックはその数字に感心せず、さらに突っ込んだ質問をぶつけた。「では、その2パーセントが失敗した理由は？」

オサリバンはクックをまじまじと見て、心の中で「知るかよ！」と悪態をついた。

オペレーションチームは生産のあらゆる側面を洗い出し、クックの想像が及ぶあらゆる質問への答えを準備するようになった。特定部品の性能、組み立てラインそれぞれの生産実績まで徹底的に調べ上げた。上司の詳細への執念を受けて、全員が「クックのように」なった、とオサリバンは語っている。


クックは在庫を「根本的に悪」と見なしていた。棚のコンピュータとその部品は野菜と同じだ。長く放置すれば腐ってしまい、ごみに出さなければならない。ジョブズが復帰してからアップルのオペレーションチームは在庫の日数を3分の1に減らした。クックはもっと減らしたかった。98年、彼はシンガポールのオフィスを訪れ、どうすればさらに改善できるかを検討した。現地のマネジメントチームは彼の到着に備えていた。彼の好きなマウンテンデューを空輸し、1日14時間働く彼のために会議室にバナナとエナジーバーを用意し、食事は昼も夜も蒸し鶏《どり》と野菜の組み合わせが多いため、その材料も買いそろえた。会議テーブルに着いたクックは椅子を前後に揺らしながら、事業の概況を説明する製造部門のスタッフの話に耳を傾けていた。チームはクックの揺れを明るい材料と受け止めた。無表情で物静かな上司に慣れていくうち、椅子を揺らすのは満足の表れとわかってきたからだ。揺れが止まったときは、問題を発見し、その欠陥を暴くための質問を投げようとしている。

この日、会議の出席者は在庫回転率（一定期間に在庫がどれくらい入れ替わったかを示す数値）の概要をまとめてきた。回転率が高いほど、部品廃棄コストを削減できる。回転率は年間8回から25回以上に増え、デルに次ぐ業界2位だった。

スタッフが説明を終えたところで椅子の揺れが止まった。クックは無言で彼らを見つめた。「どうすれば100回になる？」

「そう来ると思いました」卓越性を求めるクックの飽くなき探究心を予測していたオサリバンが言った。「もう少しでたどり着きます」

オサリバンはさらなる改良計画を仔細《しさい》に説明した。終わったとき、彼は得意満面だったが、クックは特別の努力を褒《ほ》め称えるどころか、彼をじっと見た。

「どうすれば1000回にできる？」と、クックは訊いた。

いくらなんでもそれは無理とばかりに、プレゼンターの何人かが笑ったが、クックは冷ややかに彼らを見つめた。彼は本気だった。

「1000回？」オサリバンは信じられない思いだった。「1日3回ですよ」

口を開く者はいない。スタッフは信じられないという表情でクックを見た。彼の設定した指標が彼らの目標になった。

それから数年で、アップルは注文に応じてコンピュータを製造するようになり、帳簿上の在庫をほとんど抱えなくなった。オペレーションチームは例の目標を達成するため、工場の床の真ん中に黄色い線を引いた。線の片側の構成部品は新しいコンピュータを組み立てるために線の向こうへ移されるまで、サプライヤーの帳簿に残る。これでアップルのコストは削減された。一般的な会計原則では、在庫が自社倉庫にあっても部品が組み立てラインに乗るまでは存在しないことになる。当時としては画期的な概念だったが、その後これは業界標準となった。

クックが来たとき、アップルは再生の初期段階にあった。入社から5カ月、キャンディカラーのｉＭａｃが出荷された。生産中に予定の遅れが出て、それを取り戻すには設備の追加が必要だった。あるオペレーション幹部が1台100万円くらいする生産工具を7台追加してはどうかと提案したが、オサリバンは3台の追加で追いつけると考えた。生産数を1日7000台から1万台へ引き上げるにはそれで充分だ。クックは彼の考えを却下した。「私たちは可能なかぎり早く、可能なかぎりたくさん出荷する」と彼は言った。クックが許可した14個の工具で生産能力は2倍になり、ｉＭａｃ発売後の需要急増に対応できた。クックは倹約を旨としながらも、必要ならギャンブルや出費も辞さないことを明らかにした。

クックの入社から半年、彼の仕事ぶりに勇気づけられたジョブズは本社でオサリバンに歩み寄った。「きみはどう思う?」

「わかりません」と、オサリバンは言った。

「どういうことだ、わからないとは?」

「この世に魔法はありませんから」

ジョブズのカリスマ性に支えられて繁栄してきた会社で、クックはたちまち、ＣＥＯに箔《はく》をつける人材であることを証明した。ストイックで、控えめで、めったに感情を表さない。数字にこだわり、スプレッドシートをむさぼり読む。夜明け前にジムへ行き、夜遅くまで働いた。ランス・アームストロング［自転車ロードレースの選手］の「負けるのは嫌いだ。受けつけられない」という言葉をモットーにチームをまとめた。規律ある取り組みに結果がついてきた。１年目に在庫回転期間を１カ月から６日に減らし、次の年は２日に減らし、この節約分がアップルの収益に上乗せされた。

「情け容赦ないボランチのよう」と、オサリバンはこの新しいボスをサッカーに喩えた。マンチェスター・ユナイテッドのディフェンスを支えて数々のタイトルを獲得した伝説のディフェンシブ・ミッドフィールダー、ロイ・キーンになぞらえたのだ。「ゴールを決めてナイトクラブで写真を撮られるセンターフォワードじゃない」オサリバンは言った。「やれることを全部やって家に帰っていく不言実行の男だ」

在庫管理に成功したところで、クックは製造業務の改革に着手した。２０００年、彼は自社工場を閉鎖して委託業者に生産をゆだねはじめた。アップルは何年か前からこの方式を採用していたのだが、クックはこれを一気に推し進めた。コンパック時代、彼は鴻海《ホンハイ》科技集団（フォックスコン・テクノロジー・グループ）の創業者、郭台銘《クオタイミン》（テリー・ゴウ）と知り合った。１９７４年、母親から借りた２５００ドルを元手に、テレビのチャンネルを変えるプラスチック製のつまみを作る工場を台北に設立したあと、80年代にパーソナルコンピュータの製造へ進出した。土地と労働力が安い中国に工場を建て、業界に変革をもたらした。デル、コンパックらと生産契約を結び、従業員が３万人、売上高は30億ドルに膨らんだ。郭は１日16時間働くことで知られ、顧客の仕様書に合わせた期日どおりの納品を課した。生産問題にみずから介入して解決に当たる。要求の厳しい陣頭指揮方式は、アップルに同じ手法を導入していたクックの心に響いた。

２００２年、彼は次に発売する主力製品の納入業者に鴻海を抜擢した。アップルは半球形の土台を持つ現行のｉＭａｃをフラットパネルタイプに変更する予定だった。アップルの要請を受けて鴻海は1日１５００台を製造するサプライチェーンを構築したが、ジョブズはこのコンピュータの目標市場を高所得のプロから一般消費者へ移すことにした。鴻海の生産能力を10倍に拡大してもらい、しかもそれを迅速に行う必要があった。アップルの四半期決算はこの新製品の成功にかかっていたからだ。クックはこの拡大を監督するため、アップルのトップエンジニアを何人か連れて中国へ飛んだ。感謝祭とクリスマスのあいだずっと中国に滞在し、組み立てラインから出てくる製品の問題を特定すべく現地工場とともに取り組み、必要なときは郭に問題を報告した。ストレスに満ちた環境だったが、クックは終始冷静で、ＩＢＭやインテリジェント・エレクトロニクスで難題に取り組んだときと同じような落ち着きを見せていた。感情に流されず状況の変化に対応して問題を打開していく、彼の状況管理法の真骨頂と言えよう。12月の終わりまでに、アップルはコンピュータを中国から飛行機で出荷し、それを9～12月の四半期売り上げとして計上して、ウォール街が予想する売上高を達成してのけた。

クックはコンピュータ構成部品のサプライヤーに対するアプローチを一変させた。仕入れ担当者は「両者の関係が円滑にいくにはウイン・ウインの関係が必要」という原則を守ってきた。クックは異なる手法を提唱した。容赦なく、妥協を許さない、というものだ。交渉の場では価格や納期などについて、悪びれることなく、あくまでアップルに有利な立場を主張した。一歩も譲らない。その代わり、アップルの優先順位は低いが相手が欲しがるものを見極めて、そこで譲歩した。話の場でしばしば沈黙を守り、サプライヤーの居心地を悪くさせることもあった。長い時間ひと言も発せず、それから前に身を乗り出し、「私はこうしたい」と言う。そこで初めて口を開くことも多かったため、その場の全員が彼の発言に聞き入る。サプライヤーはこの戦術を軍事心理学の技法になぞらえた。2000年代の半ばにチップ納入業者との契約がまとまりかけたとき、クックが電話をかけて、考え直すと告げた。「そっちの対応はかなり不当だ。この先、交渉はないと思ってくれ」

それきり何日も音沙汰がなく、相手は取引に失敗したのかと心配になった。「彼が期待しているのは、土壇場で大きな譲歩を勝ち取ることだった」最終的に契約を成立させた納入業者は振り返った。「賢人たちは『信念を貫け』と言うだろう。昔ながらの交渉術だったよ」

クックの倹約精神は私生活にも及んでいた。40万ドルを超える年収に加えて株式報酬も得ているのに、アップルに来てから何年かはパロアルトに借りた狭いアパートメント住まいを続けていた。あるのは台所用具一式に、皿と茶碗《ちゃわん》とコップが1個ずつ、と同僚たちは冗談めかして言った。シロアリが出たという噂も流れた。見かねたジョブズとハードウェアチーム責任者のジョン・ルビンスタインがこのアパートメントに立ち寄った。

「おい、家を買えよ」と、ルビンスタインが言った。

パロアルトに居を移してから10年近く、ついにクックは197万ドルを投じて広さ214平方メートルの質素な家を購入した。そこから1・5キロほど離れた場所に、ジョブズは2倍以上の広さがある大邸宅を構えていた。

劇的な事例に事欠かない会社にあって、オペレーションチームのドラマの欠如は際立っていた。クックは政治的な駆け引きを容認せず、みんなが協力し合うことを期待した。四半期末には、どこが目標に届かなかったかの検証会議を開いた。補佐役の十数人が失敗と思われることを付箋に書いてホワイトボードに貼りつけた。iMacの販売台数を10万台と見込んでいたのに、3000台足りなかったといった単純な問題点もあった。付箋をグループ分けし、順位をつけて、議論した。こういう会議で「説明責任を果たす」文化が育まれた。同僚を不幸な目に遭わせたい人間はいない。「懺悔室《ざんげ》のようだったね」と、オサリバンは振り返っている。

この過程は優秀な人材の見極めにも役立った。クックがＩＢＭから呼び寄せたジェフ・ウィリアムズが彼のチームのナンバーツーになった。ノースカロライナ州ローリー育ちのウィリアムズは上司に劣らずストイックで、ノースカロライナ大学で機械工学の学位を、デューク大学でＭＢＡを取得していた。３番手のディアドレ・オブライエンはミシガン州立大学で業務管理学の学位を、サンノゼ州立大学でＭＢＡを取得した才媛で、彼女が需要予測の監督を務めた。タフツ大学で経済学と機械工学を専攻したサビ・カーンは製造上の大きな問題が発生したときに目覚ましい働きをした。「こいつはひどい」あるときクックが言った。「誰かが中国に行かないと」それから少し経って、オフィスにいるカーンを見て、「どうしてまだここにいるんだ？」と尋ねた。カーンは立ち上がってサンフランシスコ国際空港まで車を飛ばし、着替えもせずに中国へ飛んだ。

クックの厳しい節制姿勢は不安を生んだ。スタッフがクックにプレゼンする前に、プレゼンターが関連する問題を深く理解しているか、中間管理職が審査して確かめた。クックの時間を無駄にすることを彼らは恐れていた。彼は誰かの準備が充分でないと感じると、我慢できなくなり、議題のページをめくって「次」と言うこともあった。涙ながらに退出する人たちもいた。

結果、おおよそクックの思惑どおりのチームができた。徹底した労働倫理を備えたエンジニアとＭＢＡ取得者たちの集まりだった。それでもなお、クックは社の他分野からの多様な視点を求めた。人事部に欠員が出たとき、暫定的にその職務をカバーしていた女性が、早く誰かを面接するようクックに勧めた。自分は右脳的で感情的な人間だと思っていた彼女は、左脳的で分析的なクックと仕事をするのは難しいと思ったからだ。ところがクックは、彼女にそのポジションに応募するよう強く勧めた。

「私は考え方の異なる人と仕事をしたいんだ」と、彼は言った。

クックの仕事への熱意はボスをも悩ませた。ジョブズはもっと社交的な生活を送れと口を酸っぱくして言った。家庭を持つことで人間的な豊かさを実感した体験に基づく助言だった。ときどきジョブズはクックを自宅での夕食に招待し、妻のローレンや、クックに会わせたいと思った客たちを同席させた。母親のジェラルディンから電話がかかってきたことまであった。ジョブズが彼女に電話をかけ、クックのことを相談していたのだ。「彼は家族の大切さが身に染みていて、私にも家族を持ってほしいと思ったんだ」後日クックはそう振り返っている。

クックは仕事を通じてジョブズと強固な関係を築いていたが、ジョニー・アイブとの距離は遠かった。オペレーションとデザインの部門間特有の緊張感から、二人が反目し合うこともあった。クックの義務は可能なかぎり製品をたくさん作り、不良品として廃棄される数を極力減らしてコストを抑えることだ。いっぽうアイブのチームは、組み立てラインから出てくる製品が自分たちのスケッチや模型に近いか精査した。アイブが不備を見つけたときは、生産を揺るがしかねない。時間もコストもかかる。

しかし、運営の卓越性を求めるクックの姿勢と、アイブの優れたデザインへのこだわり、驚異的な製品を作るために必要なコストを惜しまないジョブズの姿勢が相まって、アップルのサプライチェーンは作り直されていった。

成功をもたらすこの組み合わせの転換点になったのは、ｉＰｏｄだ。２００2年から05年にかけて、ｉＰｏｄの販売台数は年50万台から２２５０万台に膨らんだ。のちにアップルのベストセラー製品となるｉＰｏｄ ｎａｎｏの開発中、アイブはその彩り豊かなアルミ製筐体の加工方法を改善するよう、工場に求めた。金属加工では、鋳造後にまず研磨をするのが一般的だったが、アイブはこの工程が品質低下を招いていると考えていた。彼の要望を実現するため、鴻海はアップルのオペレーションチームと手を携えた。ノウハウを学んだ鴻海はその後、新しい加工技術をほかの消費財メーカーに売り込むことができた。

中国のサプライヤーはアップルとの協働を熱望した。アップルの高い要求と発注数が、部品メーカーとしての事業構築に役立ったからだ。クックのオペレーションチームは彼らの要望につけ込み、市場のどこより低い価格を要求した。サプライヤーはアップルのエンジニアから最先端の製造技術を学び、そこで得た技能を、プロダクトデザインでアップルに追いつこうと必死のほかの家電メーカーに売り込むことができるため、厳しい条件でも受け入れることが多かった。こうしてアップルの中国依存と中国のアップル依存は深まっていった。

この当時、クックに割かれる記事は多くなかった。彼がすることは退屈だったからだ。アップルの魅力はその創造的努力にあった。ｉＰｏｄ ｎａｎｏの背面の曲線美、白いイヤホンを着けた黒いシルエットが踊る印象的なＣＭ、ジーニアスバーと呼ばれる修理受付カウンターのオーク材のテーブル。ｉＰｏｄがどのように組み立てられ、箱詰めされ、店頭に届けられるのか、増大するアップルファンは気に留めていなかった。売り上げを集計したり、会社のオンラインストアを立ち上げたりしているのが誰かは気にしていなかった。だが、シリコンバレーの会社はクックのこういう仕事ぶりに目をつけていた。

２００５年、ヒューレット・パッカードが新しいＣＥＯを探しはじめたとき、スカウトリストのいちばん上にクックの名があった。アップルの混乱を収拾したことから、競合他社の間で業界トップの執行責任者という評価が定まっていた。ジョブズの顧問たちはクックの流出を恐れた。クックをＣＯＯに昇格させ、経営幹部が他社の社外取締役を兼任することへの規制をゆるめるようと、彼らはジョブズに進言した。だが、簡単な話ではない。アップルで最高の肩書《チーフ》を持つのは、財務《ファイナンス》を除けばジョブズだけで、映像制作会社ピクサーの会長を兼務するジョブズ以外に他社の取締役を務める者もいなかった。ジョブズは補佐役たちへの権限付与に消極的だった。前回アップルの人間にチーフの肩書を与えたのは、１９８３年にジョン・スカリーをＣＥＯに任命したときだったが、スカリーは一転、ジョブズが起こした会社から彼を追い出した。２００５年の時点でクックは製造と販売の指揮を5年間執っていて、04年にジョブズが膵臓がんのため仕事を休んだときは、ＣＥＯ代理を務めた。助言者たちはジョブズに、「あの男を失うわけにはいかない。彼はほかの誰にもまねできないことをした。サプライチェーンを再編成したんだ」と説得した。この圧力は功を奏した。05年秋、ジョブズは日本へ向かう飛行機の中でクックに顔を向け、「きみをＣＯＯにすることにした」と伝えた。

　この昇進でクックはアップルのバックオフィスにおける地位を固めると同時に、ナイキの取締役就任を果たした。クックが製造と販売と物流をしっかり管理してくれたおかげで、ジョブズは会社の創造的中核であるデザインとエンジニアリングとマーケティングに集中できた。ジョブズ率いる熱いデザインチームがアップルの次の変革をもたらす製品ｉＰｈｏｎｅを開発し、クック率いる冷徹なオペレーションチームが鴻海の工場で複雑な製品を生み出す、という陰陽の関係が形成された。片方が需要を生み出し、もう片方が需要を満たす。片方は魔法と発明で成功を収め、もう片方は方式《メソッド》とプロセスで支配する。

クックの昇進は大成功の時期と重なった。iPodの最重要部品はフラッシュメモリだった。ジョブズは色彩豊かな軽量アルミカバーを使った近日発売のnanoモデルに需要急増を期待していた。それに対応できるだけのメモリを確保すべく、クックのチームに大手メモリメーカーとの交渉をゆだねた。最終的に彼らは12億5000万ドルの前払いと引き換えにインテルやサムスンなどと複数年契約を結んだ。クックの右腕ジェフ・ウィリアムズが交渉の指揮を執った。ジョブズの予測どおり、アップルは競合他社を蹴散らして市場を独占し、需要急増にも対応してのけた。

アイブのデザインチームがラップトップコンピュータの新たな製造方法を思いついたときも、クックのチームが同様の成果を上げた。このデザインには、筐体をアルミの塊から機械で削り出す必要があった。高級車や時計メーカーで使われていた技術で、コンピュータの製造には前例がなかったが、成功すれば製品の厚みを3割減らせる。複雑な工程にはレーザーで穴を開けるだけでなく、独特な13の加工段階を踏む必要があった。野心的でコストのかさむ試みだ。

コストの観点から、たいていの企業はこういう手の込んだ作業に手をつけないが、ジョブズはそのような現実的不安には目もくれなかった。より軽量でなめらかなラップトップを作る可能性をそこに見いだしたからだ。ジョブズとアイブの夢の実現はクックに託された。

安価で充分な数を作るため、管理運営チームは日本のメーカーと、今後3年間そこが製造した機械をすべて購入する契約を結んだ。CNC工作機械と呼ばれるコンピュータ制御機械は1台100万ドルした。アップルの1万台購入は、ひとつの顧客からの大量注文に慣れていない製造業界を騒然とさせた。

このデザインと製造の大きな飛躍が、ジョブズが封筒から取り出してみせたほど薄い、重さ1・25キロのＭａｃＢｏｏｋ Ａｉｒに道を開いた。これは先行するｉＰｈｏｎｅの製造工程にも採用された。それ以上に重要なのは、コンピュータ業界とエレクトロニクス業界を変容させたことかもしれない。他社もすぐにアップルをまねて、ミニマルなノートＰＣを作ろうとした。

ｉＰｈｏｎｅでクックの経営手腕はさらに試された。２００７年1月にジョブズがステージでお披露目した時点で、そのサンプルの画面にはプラスチックが使われていた。ジョブズがポケットに入れると、鍵で表面に傷がついた。発売日を6カ月後に控えて、画面の素材をプラスチックからガラスに変える必要があると彼は判断した。ガラス製では落としたときの耐久性に欠けるのではないかと、クックらは心配した。画面割れで交換を求める人がアップルストアに殺到するのではないか？　クックの右腕ジェフ・ウィリアムズは、いまより丈夫なガラスを作る技術の実現には3、4年かかるとまで言った。

「いやいや、ダメだ」ジョブズは言った。「6月の出荷時にはガラスでないと」

「でも、いまあるガラスは全部テストしたし、落とすと１００パーセント割れるんです」と、ウィリアムズは言った。

「どうやるかはともかく、6月に出荷するときはガラスだ」と、ジョブズは言い渡した。

その後、ジョブズはガラスメーカー、コーニングのＣＥＯに電話をかけ、お前たちのガラスは最低だと言った。ＣＥＯのウェンデル・ウィークスはクパティーノに出向いてジョブズと会い、ガラス保護用の圧縮層がある「ゴリラ・ガラス」という効果未証明の製品があると伝えた。クックとウィリアムズはコーニングと協力し、歴史的ベストセラー製品の需要を満たせるだけのガラスを半年で生産するため、ケンタッキー州の工場をその仕事に振り向けた。

クックが不可能を可能にするたび、会社の運勢は上がった。彼の目に見えない仕事がアップルの秘密兵器になった。

２００９年、ジョブズはがんの再発でまた療養に入り、アップルの指揮をクックにゆだねた。前回同様クックは社の好調を維持したが、ジョブズの健康状態が目に見えて悪化していたため、ウォール街や報道関係者から5年前より多くの質問を受けた。ジョブズが療養に入った直後、クックはウォール街アナリストとの決算報告会で、自分版の「アップルの信条」を述べて批判に反論した。「私たちはすごい製品を作るためにこの地球にいると信じているし、それが変わることはありません」彼は言った。「たえずイノベーションに注力しています。複雑なものでなく、シンプルなものこそすばらしいと信じています。我々の製品を支える主要な技術を自社で所有・管理する必要があり、大きな貢献ができる市場にのみ関与するつもりです。何千ものプロジェクトを却下することで、自社にとって本当に大切で有意義な、数少ないプロジェクトに集中できるのです。社内グループの深い協力と相互交流を大事にすることで、他社にはできない形でイノベーションを実現しています。率直に言って、私たちは卓越したもの以外は良しとしないのです」

「クック・ドクトリン」と名づけられたこの言葉には、ジョブズの意思伝達法と同じような、人の心を鼓舞する明快さがあった。これはまた、アップルに来てからの10年で彼が同社独自の文化を深く理解したことの表れでもあった。これでジョブズの後継者としてのクックの地位は揺るぎないものになった。彼に張り合える人間はいない。ソフトウェア開発者のアビー・テバニアン、ハードウェア担当幹部のジョン・ルビンスタインとトニー・ファデルというアップル最高の才能を持つ３人のエンジニアは、すでに社を去っていた。ソフトウェアチームの新星スコット・フォーストールは若すぎ、ハードウェアチームを率いるボブ・マンスフィールドは見識が狭すぎ、プロダクトマーケティング担当のフィル・シラーは人と衝突しがちなところがあると考えられていた。ジョニー・アイブはアップルの業務拡大より、小さなチームの管理に長けていた。リテール（小売り）チームの責任者ロン・ジョンソンはマーケティングとオペレーションに必要なスキルを備えていたが、それ以外の多くの分野には触れたことがなかった。かつてジョブズの顧問を務めた一人は、「彼（ジョブズ）に選択肢はなかった」と語っている。「あの仕事を引き受けられる人間はほかにいない。アップルの価値の半分以上はサプライチェーンにあった」

２０１１年8月11日、ジョブズはクックを自宅へ呼び出した。そして、自分は会長に退き、クックをＣＥＯにするつもりだと伝えた。二人はそれが意味するところを話し合った。

「きみがすべての決断を下すんだ」と、ジョブズは言った。

「待った。こっちにも質問させてください」とクックは言い、挑発的な質問を考え出そうとした。「私が広告を審査して気に入ったら、あなたの了解を得ずに進めていいということですか？」

「そうだな、まあ訊くだけは訊いてくれ」ジョブズは笑って言った。

ジョブズは次のように言った。ウォルト・ディズニーで何があったか、共同創業者のウォルトが亡くなってから、いかにディズニーが麻痺してしまったかを研究してきた。みんながこう言ったんだ。ウォルトだったらどうするだろう？　ウォルトだったらどんな決断をするだろう？

「絶対にそんなことをしてはならない」ジョブズは言った。「ひたすら正しいことをしろ」

ジョブズが伝記作家のウォルター・アイザックソンに語ったように、外部にはこの人選に驚いた人たちもいた。クックは「製品開発の担当者」でなかったからだ。しかし、内部の人間にはこの人選が理解できた。クックはドラマを排除し、協力態勢を重視してチームを運営した。かけがえのない人を喪ったアップルには、新しい経営スタイルが必要だったのだ。

クックの両親は彼の出世に大喜びした。２００９年、クックがジョブズの代役に就く準備をしていたとき、彼の父親は地元紙インディペンデントに車を走らせ、インタビューを受けると申し出た。ダナ・ライリー＝レイン記者が自宅の両親を訪ねると、夫妻は安楽椅子にもたれて、息子は毎週日曜日、世界のどこにいても電話をかけてくるのだと自慢げに話した。「ずっと頭のいい子で」母のジェラルディンは言った。「あの子が家を離れたとき、私もついていこうとしたくらいです」

クックが独身なのを知っていたライリー＝レインは、「ロバーツデールの女性たちが娘の身づくろいを始めたりせずにすむように」と前置きして、決まった女性がいるのかどうか尋ねた。クック夫妻は黙り込んだ。ライリー＝レインは微妙な話題に足を踏み入れてしまったのだと、とたんに気づき、「この話を続けてはいけない。追い返されてしまう」と思った。

記事はインディペンデント紙のフロントページを飾る予定だったが、アップルのメディア担当が電話を入れ、掲載しないよう編集長に談判した。編集長はフロントページではなく中のページに掲載することで妥協した。この対応は長年にわたるクックのイメージアップとプライバシー保護を際立たせる一例だった。ＮＡＳＣＡＲレースを愛する南部で育ったクックには、ジョブズが世界に広めたカリフォルニア・クールなアップルのイメージとのずれがあった。相変わらず人前には出ず、人付き合いも避けがちだった。

ジョブズの死はクックにとって大きな打撃だった。ＣＥＯ就任後、公の場に初めて出はじめたころ、テック系メディア、Ｄ：オール・シングス・デジタル主催の２０１２年カンファレンスに登壇し、ウォール・ストリート・ジャーナル紙のウォルト・モスバーグ、カラ・スウィッシャーと対談した。3人は南カリフォルニアのホテルの会議室で赤い革張りの椅子に座った。

クックは自信に満ち、ユーモアも交えながら、前年度に65パーセント増の1080億ドルを売り上げた自社を、何期か「まずまずの四半期」を繰り返している最中と、事もなげに言ってのけた。そのうえで、iPadが一般顧客や教育関係者、企業に人気を博して売り上げが急増していると説明した。

「信じられないことだが、まさしく大当たり。それでもまだ、（野球で言えば）1回の途中だと思っていますよ」と彼は言った。

アップルは新CEOの下でうまく機能しているのか、モスバーグが徐々にそこへ話を移していった。このテック評論家は生前のジョブズと懇意にしていて、彼の追悼式にも参列していた。クックと前任者の違いを誰よりよく知る人物だ。

「アップルが大きな変化を遂げたのは明らかです。スティーブ・ジョブズの死は大きな損失でした」モスバーグは言った。「あなたはCEOとしてのスティーブから何を学び、どのように状況を変えているのでしょう？」

「スティーブから多くを学びました」とクックは言った。それから首を横に振って目を閉じた。息をひとつ大きく吸う。数秒が経過した。目を閉じたままクックはこう続けた。「彼が亡くなった日は人生でいちばん悲しい日でした」会場が静まり返り、彼は途方に暮れたように目の前の観客を見つめた。

「ある意味」と彼は言い、そこでまた言葉を切った。「この先を不安視するのは当然のことでしょう。でも、私はそうは思わなかった。昨年末のある時点で誰かが私を揺さぶって、『きみの出番だ』と言ったんです。そこであの悲しみは、旅を続けようという強固な決意に変わりました」

クックは「アップルは社会のためにある」という姿勢を早々に拡大した。ジョブズの死後１カ月も経たないうちに、社を挙げて慈善のためのマッチング寄付プログラム〔社員による寄付と同額を会社が上乗せするシステム〕を導入し、名誉毀損防止同盟などに直接貢献する下準備を整えた。長年マッチング寄付活動に反対し、株主に現金を還元してそこから自由に寄付してもらう形を好んだジョブズの姿勢とは対照的だった。だがこれは、地元の炊き出し所でボランティアをしたり、母校オーバーン大学の奨学金に資金を提供したりしてきたクックの履歴と一致する行動だった。この変更はたちまちスタッフの間に善意を生み出し、「Ｔｅａｍ」で始まる全社メールは前任者以上に全社一丸となった意思疎通のスタイルを予感させた。

もちろん、誰もが心強く思ったわけではない。シリコンバレーのリーダーたちはアップルの行き詰まりを予測した。アップルに忠実な顧客は未来のイノベーションに不安を感じていた。ウォール街もクックの前途を不安視していた。

クックは雑音にかまわず、「私だったらどうするかなんて疑問は口にするな。正しいことをすればいい」というジョブズの助言に従った。毎朝４時前に起床して販売データを確認する日々が続いた。細かなところまで情報を掘り下げた結果、ジョージア州のある小都市でｉＰｈｏｎｅの１機種がほかのモデルより売れているのは、現地のＡＴ＆Ｔストアが州の他地域と異なるキャンペーンを展開しているからだとわかった。彼はオペレーションスタッフ、財務スタッフと「金曜会議」を開いた。クックにはとりたてて出かける場所もないらしく、会議は夜まで何時間も続いたため、「ティムとの夜デート」と呼ばれた。彼はおおむね事業と管理運営にフォーカスし、デザインやマーケティングなどジョブズが率いてきた創造的分野には口を出さなかった。ソフトウェアデザインチームとの会議に参加を打診されても断り、ジョブズがいつも顔を出していたデザインスタジオを訪ねることもめったになかった。

「自分のすべきことは、彼のまねをしないことだと心得ていた」後年クックは振り返っている。「まねをしても無残な失敗に終わるだけだし、伝説的人物からバトンを渡された多くの人に当てはまることだと思う。自分で道を切り開くしかない。大切なのは最高の自分になることだ」

アップルでは彼の姿勢に疑問の声が上がっていた。CEOに就任して間もなく、クックは10年勤続社員に記念品の贈呈を企画した。アップルのロゴを埋め込んだクリスタルキューブが贈られる。アイブのデザインチームが手がけたもので、ほかのアップル製品と同じく、特注の箱と独特の梱包《こんぽう》がほどこされていた。デザインチームはこれまで、自分たちの仕事を全面的に評価してくれるジョブズが最新作を手にするとき、誕生日の贈り物のように得意げに箱から取り出すところをエンジニアといっしょに見守ったものだった。クックにも同じことを期待していた。

タウンホールに詰めかけたスタッフを前に、クックは賞について語った。そのあとあっさりキューブを取り出し、みんなに見えるよう掲げた。マジックショーではなく、小学校の発表会に近い。デザイナーたちは唖然《あぜん》として新しいリーダーを見た。わかっているのか、彼は?

状況の変化を彼らが悟ったのはこのときだった。

6

はかないアイデア

Fragile Ideas

ジョニー・アイブはやる気満々でインフィニット・ループに到着した。2012年1月、ジョブズが亡くなってから初めて目的意識を感じていた。

この何カ月か、上司であり、クリエイティブ・パートナーであり、友人でもあったジョブズを称える方法を見つけると同時に、先見の明を持つリーダーがいなくてもアップルはやっていけることを世界に証明しようとしてきた。「新たなプラットフォーム」を開発したい。今後何年にもわたって大きな器となり、iPhoneがそうだったように、新しい機能や実用性を追加して人々の生活様式を一変させるような製品を。

ここ数年、アップルのエンジニアとデザイナーは以下の問いに頭を悩ませてきた——次に来るのは何か？　数々の可能性を研究していて、かならず浮かび上がってくるテーマが「健康」だった。2010年、1年間血液検査に明け暮れて針刺しになった心地を覚えていたジョブズは、レア・ライトという新興企業の買収をひそかに計画していた。レーザーを用いて血液中のブドウ糖を検出できると同社は主張していた。糖尿病患者の暮らしを一変させる可能性がある。

アイブはつい先日、追悼の辞を述べたばかりの中庭を歩きながら、ひとつの可能性に希望を見いだしていた。テクノロジーを身に着ける、つまりウェアラブルにするにはどうすればいいかをずっと考えていたのだ。フィットビットというガジェットメーカーが腰に装着する歩数計を作っていて、シリコンバレーにはウェアラブルの概念が浸透していた。この構想をさらに推し進めたい。

アイブはブレインストーミングのため、デザインチームをスタジオに集めた。彼らはスケッチブックを持ち込み、未来の製品についてアイデアを出し合う準備を整えた。彼らが席に落ち着くと、アイブはマーカーを手にホワイトボードへ向かった。そして小文字だけで文字を書き連ねた。それから振り返り、デザイナーたちと向き合った。ホワイトボードにはこう記されていた――スマートウォッチ。

インフィニット・ループの外の世界はアップルに牙をむいていた。ジョブズの死後何カ月か、投資家と顧客は次の製品にしびれを切らしていた。ジョブズがiPod、iPhone、iPadをただ一人で生み出してきたかのように演じてきたことが、彼のいなくなったアップルは何を成し遂げられるのかという疑念に拍車をかけていた。オラクル創業者でジョブズの親友の一人だったラリー・エリソンは、アップルは平凡な会社になる運命で、80年代にジョブズが社を去ったあとのような長期的衰退に陥るだろうと予言した。「彼は取り換えがきかない存在です」エリソンはCBSのインタビューで司会のチャーリー・ローズに言った。「その彼がいなくなったのだから、あのような成功は収められないでしょう」

ジョブズと長年力を合わせてきたアイブは重圧を感じていた。否定的な声を黙らせる必要がある。スマートウォッチのアイデアがそのストレスをいくらか和らげてくれたが、それをアップルの首脳陣に提起するや、たちまち懐疑的な意見に直面した。

ジョブズのお気に入りだったソフトウェアチームの責任者、スコット・フォーストールが懸念を表明した。ｉＰｈｏｎｅのＯＳ開発に携わったこのエンジニアは、手首に小型コンピュータを装着すると日常生活に支障をきたすのではないかと心配した。ｉＰｈｏｎｅに夢中になって注意力が散漫になり、会話が妨げられ、車の運転手を危険にさらすなど、予期せぬ結果を招くのではないか。ポケットや財布から手首に注意が移ることで、いっそう日常生活の妨げになるのではないか。フォーストールはこう言った。ウォッチを否定はしないが、それにはｉＰｈｏｎｅに搭載されていない機能を持たせるべきではないか。彼は慎重な姿勢を訴えた。

フォーストールの疑念はアイブをいらだたせた。アイデアは思いがけないときに未知の場所から出現する、はかなくうつろいやすいもの、という信念がこのデザイナーにはあった。天空から降りてきたアイデアは最初、文句のつけどころがない目覚ましい考えと思えるが、すぐに不可能と判断され、実現を阻む乗り越えがたい障壁があるという認識につぶされてしまう。「アイデアはつぶすものでなく育むもの」という考えを、彼とジョブズは共有していた。そしていま、この何カ月かで彼が思いついた選《え》りすぐりのアイデアが、同僚の疑念に打ち砕かれようとしていた。

フォーストールはウォッチを全面的には支持せず、代わりに、ジョブズが好んだプロジェクトを提唱した——テレビの「再発明」だ。

ジョブズは生前、伝記作家のウォルター・アイザックソンにこう語っていた。人が無意識にチャンネルを切り替えている現状に終止符を打ち、自分の見たいものを見つけてもらえる方法を発見してテレビを「再発明」したい。「そこには、想像できるかぎりもっともシンプルなユーザーインターフェースを搭載する」と彼は言った。「ついにそれが見つかった」そのアイデアがどのようなものだったのか、ジョブズは広くまわりと共有することなく生涯を閉じた。

彼の死後、アップル経営陣はトップエンジニアの何人かに、テレビでどんなことが可能かについての概要報告を求めた。ジョブズが考えていた工程表もなく、ソフトウェアとハードウェアのチームは古代の巻物の解読を託された考古学者の心境だった。新しいリモコンとホーム画面と検索システムを備えたストリーミング映像配信サービスや、Apple TVの改良など、さまざまなアイデアが出された。だがそれはどれも、ジョブズが夢想し周囲と共有できなかったものについての憶測にすぎなかった。

このプレゼンはフォーストールのチームによるもので、彼はテレビのチャンネルを1カ所に集めて音声で番組検索できるシステムの構築を提唱した。ユーザーがいつも見ている番組を表示し、その人が楽しめるかもしれない関連番組の情報も提供する。だが、その実現にはテレビ局の賛同が必要で、アップルの制御が利かない長い工程が予想された。

外圧が高まるなか、アップルの次の一手はティム・クックに託された。アイブのウォッチプロジェクトか、フォーストールのTVプロジェクトか。これはジョブズがクリエイティブ・パートナーと思っていた天才と、ジョブズが「ハードウェアはソフトウェアの器で、ソフトウェアは製品の魂」と言って奮起させた天才の、長年にわたる暗黙のライバル関係を深める選択だった。

ジョニー・アイブがインダストリアルデザインの天才なら、スコット・フォーストールはソフトウェアデザインの天才だった。

フォーストールは1969年生まれ。シアトルからピュージェット湾を隔てたワシントン州キトサップ郡で、兄弟2人と育った。母親は看護師、父親は機械エンジニア。学校では数学が得意で、アップルⅡがたくさん置かれた教室で英才教育を受ける資格を得た。プログラミングを易々《やすやす》と身につけ、機械にタスクを実行させる言葉を書くのが楽しかった。コンピュータの天才と、地元で評判を取った。高校時代は近くの海軍海中戦技術基地で、原子力潜水艦用のソフトを開発していた。世界最高性能のコンピュータに囲まれ、海兵隊という番犬に背後を守られながら。

成績優秀なフォーストールはサッカーや演劇にも打ち込んだ。全員がひとつの目標に向かって努力し、その仕事を観客が支えてくれる演劇は、彼のお気に入りの課外活動になった。『スウィーニー・トッド』で主役を演じ、殺人シーンでは自分を狂気に満ちた存在に仕立てるため、楽屋で過呼吸になるくらい役に入り込んだ。高校卒業時は卒業生共同総代を務め、もう一人の総代は高校時代の恋人でその後に妻となるモリー・ブラウンだった。二人ともスタンフォード大学に入り、フォーストールは哲学と心理学、言語学、コンピュータ科学を融合したシンボリック・システムと呼ばれる学位を取得した。これらの研究が彼を、ジョブズが言う「テクノロジーとリベラルアーツの交差点」に向き合わせた。

大学卒業後、彼はジョブズがアップル退社後に設立したコンピュータ会社ＮｅＸＴの面接を受けた。ＮｅＸＴＳＴＥＰと名づけられた革新的ＯＳは大学や研究者向けのコンピュータ用に開発されたものだった。このコンピュータの売れ行きが行き詰まったとき、ジョブズは事業をソフトウェアに特化させてプログラマーを増やそうとした。採用過程は入社というよりクラブへの入部に近かった。ソフトウェアエンジニア十数人が応募者全員を面接し、技術的な熟練度と個人的な趣味を同じくらい重視した。面接終了後、面接員が候補者に投票する。課外活動の重視はその後アップルにも導入され、優秀なプログラマーでありながら掛け持ちで音楽活動をしたり、スキーに熱を上げたりする者、筋金入りのサーファーなどが集まる会社が生み出された。フォーストールが生涯を通じて持ちつづけた演劇への関心は、専門以外の関心分野を持つエンジニアを探していた採用担当者を満足させた（最終的に彼はブロードウェイのプロデューサーになる）。そのほうが職場は面白くなり、結果としてより考え抜かれた製品が生まれると、彼らは考えていた。

フォーストールの面接が始まって10分、ジョブズが部屋へ駆け込んできて、NeXTのエンジニアを外に出し、評価を引き継いだ。フォーストールに矢継ぎ早に質問を浴びせ、そこで彼は黙り込んだ。「ほかの誰がどう言おうと、今日きみに内定を出すから、応じてほしい」ジョブズは言った。「ただし、このあとの面接では心配そうな顔をしていてくれ」

フォーストールはNeXTのアプリ用ソフトウェアツールに取り組み、ジョブズの関心のレーダー内にとどまろうとした。ジョブズは四半期ごとに社員400人を集めて「全員会議」を開いた。その前夜、フォーストールは何時間もかけてCEOの印象に残りそうな質問を書き留めた。そして翌日、ジョブズにもっとも挑戦的で想像力に富んだ質問を投げかけた。同僚たちはこの計算された応酬を、彼の熱意と野心の表れと受け止めた。

1997年にNeXTがアップルに買収されたあと、ジョブズとフォーストールの絆はさらに深まった。フォーストールはNeXTベースのオペレーティングシステム、Mac OSをいずれ発売するときのためにマネジメント的な役割へ移行し、納期に合わせて製品を提供し、創造性を発揮できる環境を育んだことでジョブズの信頼を勝ち取った。あるソフトを発売したあと、彼はスタッフに、1カ月かけて好きなプロジェクトに取り組んでいいと言い渡した。この方針がストリーミング映像配信サービス、Apple TVをはじめ、アップルの新製品を生む原動力となった。

2004年、フォーストールはウイルス性のひどい胃炎を患い、何かを食べるたびに嘔吐《おうと》して15キロ近く痩せ、最終的にはスタンフォード大学病院に入院することになった。ジョブズは毎日電話をかけてきて、最後に、自分の鍼灸師《しんきゅう》を病院に派遣すると言った。「外部の施術者を連れてきたら嫌がられるだろうから、止められたら、病棟をひとつ建ててやると言って、うんと言わせる」とジョブズは言った。彼には「いかれたやつ」という評判が付きまとったが、その陰には友人や同僚に対する気前の良さが隠れていた。鍼灸師はフォーストールの背中と腕と頭に鍼《はり》を打った。すると、彼は食べたものを吐かずにすむようになった。後日、ジョブズに命を救われたと語り、救世主ジョブズの評判をさらに高めることになった。

アップルに復帰したジョブズは携帯電話の開発プロジェクト――暗号名「プロジェクト・パープル」――の責任者にフォーストールを抜擢した。フォーストールはＮｅＸＴで経験を積んだ者を中心にソフトウェアデザイナーとエンジニアから成るチームを作って、Ｍａｃの強力なＯＳを携帯電話に詰め込み、ユーザーが指１本で動かせる機能を設計した。ジョブズはフォーストールと彼のチームのトップエンジニアたちと毎週顔を合わせ、ホーム画面の見かけからユーザーがピンチやズームでカメラを操作する方法まで、あらゆる点を徹底的に検証した。

２００７年にデビューを果たしたｉＰｈｏｎｅはｉＯＳソフトを搭載し、コンピュータとの対話法を変え、スマートフォン革命に火をつけた。この成功でフォーストールとジョブズの関係はいっそう強固になった。アップルのカフェテリアで定期的にランチをする姿が見られた。社員はレジで社員証をスワイプし、食事代は給料から差し引かれる。ジョブズは自分のバッジでフォーストールとのランチ代を払うと言い張った。「これはすごいことだぞ」会社から報酬を受け取っていないジョブズは言った。「私の年俸は１ドルだからな。誰が払っているのか知らないが」

初代ｉＰｈｏｎｅはアプリのダウンロードを許可していなかった。開発者のソフトからスマートフォンにウイルスが感染するのを防ぐためだ。アップル製のアプリを作り、それだけを売りたかった。フォーストールはｉＰｈｏｎｅをアプリ開発者に開放するよう主張し、アプリのダウンロードを安全に行えるよう、ソフト保護機能の構築に自チームを着手させた。その後、取締役会からの圧力もあり、ジョブズはＡｐｐ Ｓｔｏｒｅの創設に同意した。その誕生を祝うイベントで、彼はフォーストールにステージを譲り、ツールの紹介を託した。のちに開発者たちはこのツールでウーバーやスポティファイやインスタグラムを世に送り、数十億ドル規模のアプリ経済圏を構築することになる。

アップルで出世するにつれ、フォーストールはジョブズのスタイルを模倣するようになった。ビジネスウィーク誌は彼を「魔法使いの弟子」と呼んだ。師のように黒いシャツとジーンズを好み、スタッフに卓越性を求めた。ｉＰｈｏｎｅディスプレイのリフレッシュレートなど、細かな部分にこだわった。当時、一部画像のフレームレートは1秒間に30フレームという遅いものだった。彼はより速いリフレッシュを求めた。たとえば、連絡先リストのいちばん下まで滞りなくスクロールでき、指が画面をスワイプするスピードに負けないように。「画面が消えたら、このデバイスの魔法が解けてしまう。みんなはこれをコンピュータだと思って使っているのだから」彼は自分のソフトウェアチームに言った。画像を処理するチップの速度が遅すぎるから、そんな頻繁には画面をリフレッシュできないとエンジニアたちは言ったが、フォーストールはあくまで主張した。結局、彼らは1秒間に60フレームをリフレッシュする方法を発見し、ｉＰｈｏｎｅは競合他社がとてもまねできない、ソフトウェアの飛躍的進化を遂げた。

彼の出世には代償もあった。ジョブズはｉＰｈｏｎｅの開発にあたり、フォーストールのソフトウェアチームと、ｉＰｏｄの父と呼ばれるトニー・ファデルが率いるハードウェアチームを競わせた。フォーストールとファデルはそれぞれの得意分野をめぐって競い合い、フォーストールがソフトウェアチームの仕事に厳格な秘密主義を貫いたことをめぐって、彼らは衝突した。結果、フォーストールのデザイン案に軍配が上がったが、両チーム間の亀裂は深まった。ソフトウェアエンジニアたちがより良いカメラなどの新機能を優先しないよう、フォーストールが仕向けたにちがいない。ハードウェアエンジニアたちはそう考えた。フォーストールはサービスチームの責任者エディ・キューも激怒させた。iPhone用のiTunesシステムを、長年音楽サービスを管理してきたキューのスタッフではなく、ソフトウェアチームに開発させるよう主張したからだ。「スコットはiPhoneの支配欲が強かった」右腕だったアンリ・ラミローが言う。「自分の世界だから、ほかの誰も入れたくない。ソフトウェアの一部を持ち出されたらiPhoneは崩壊すると思っていたんだ」

いちばん厄介な衝突はアイブとの間で起きた。2010年、アップルはiPhone 4生産の最終段階に入っていた。フォーストールに渡された試作機が、通話中に何度も途切れた。ソフトウェアに起因する問題かと恐れ、彼はスタッフを集めて原因を突き止めさせた。プログラミングには問題がないとチームが確認したあと、彼はデザインの問題だと気がついた。アイブはiPhoneをより薄く軽くしようとし、デバイスの側面にアンテナを兼ねる金属製フレームを露出させることでそれを実現したのだ。フォーストールは激怒した。ジョブズとの会話中にこの欠陥デザインを非難し、ソフトウェアチームに隠れてそれが行われていたことを責めた。アイブはこの批判に毛を逆立てた。発売後、握り方によって電波の感度が落ちると顧客からクレームが殺到し、「アンテナゲート」と呼ばれる危機を招くことになった。ジョブズは問題に対処するため記者会見を開いたが、謝罪はしなかった。逆に、必要以上に話を大げさにしていると挑戦的な態度を取った。電話の左下隅に触れると通話が切れることがある点は認めた。しかし、「アンテナゲートなどというものは存在しない」とマスコミの批判をあざけった。そして問題に対処するケースを無償で提供すると言った。

アンテナゲート事件での衝突は、アイブがフォーストールに抱いていた不満のひとつを強めた。フォーストールはジョブズの下であるソフトを設計していたが、アイブから見てそれはインダストリアルデザインと調和していなかった。アイブのデザインチームはスマートフォンの角の丸みにこだわり、「ベジェ曲線」を採用していた。直線と曲面の境目をなくすために用いられるコンピュータグラフィックスの概念だ。ベジェ幾何学によってiPhoneの角は丸みを帯び、彫刻のように弧を描く。一般的な角の丸みは半径の描くアーチもしくは四分円で構成されるのに対し、彼らの描くカーブは12の点でマッピングされて、よりゆるやかで自然な変化を生み出している。いっぽうフォーストールはiPhoneアプリのアイコンの角に一般的な三点円弧を使用した。アイブが自分のiPhoneを開くたび、そこには、念入りに作られたiPhone本体の角と不格好なソフトウェアの角のずれが見えた。しかし、ジョブズによってソフトウェアデザイン会議から排除されていたため、彼にはその特徴を変える権限がなかった。それを見てただ歯噛《はが》みするしかなかったのだ。

フォーストールはiOSに執念と貪欲な野心を燃やしていて、そこに同僚たちはいらだった。彼は社内最多の特許を取得しているのが自慢で、最終的に特許数は288件に上ったが、その数を増やそうとして攻撃的になることもあった。Macのソフトウェアエンジニアのテリー・ブランチャードは2012年、特定の連絡先にVIPのステータスを与え、そのメールを重要メッセージ用の別の受信箱に着信させるシステムを開発した。彼はこの概念を、上司のクレイグ・フェデリギとフォーストールに開陳した。最初フォーストールは異議を唱えた。なぜアップルがアルゴリズムでやるのではなく、ユーザーが手動でＶＩＰを選ばなければいけないのか。プロジェクト承認後、フォーストールは自分をおもな発明者として登録するため、アップルの特許弁護士と会う予定を組んだ。同僚の話によれば、ブランチャードもその特許弁護士のところへ駆け込んで自分の特許を守ろうとし、結局、二人で特許を共有することになった。

　フォーストールのこういう振る舞いは社内の火種になった。自分が率いるｉＯＳ担当エンジニアたちの忠誠はどうにか維持していたが、対立する部門のスタッフからは軽蔑されていた。

　２０１１年にジョブズが亡くなると、経営幹部たちは思った。フォーストールはクックではなく自分がＣＥＯになるべきだと思っているのではないか。彼のエゴと衝突の歴史は、クックが経営陣内で直面する最大の難題になるだろうと、彼らは予想した。フォーストールの補佐役たちも、ボスの政治的衝突の歴史が問題を引き起こす可能性を懸念した。彼にもっとも忠実な部下たちでさえ困難な状況を認めていた。ソフトウェアデザインの責任者グレッグ・クリスティはｉＰｈｏｎｅソフトウェア担当バイスプレジデントのアンリ・ラミローに、ジョブズの後ろ盾がないとフォーストールは長持ちしないと言った。

「本気か？」ラミローは返した。「スコットはｉＰｈｏｎｅそのものだぞ」

「彼は生き残れない」クリスティは言った。「彼を好きな人が一人もいないんだ」

　フォーストールがもっとも力を入れていたプロジェクトはアップル初の地図作製《マッピング》システムの開発だった。スマートフォン市場でアップルが首位を走れるかどうかはこのプロジェクトにかかっていた。

ｉＰｈｏｎｅは２００７年の発売以来、現実世界とデジタル世界との行き来をグーグルの地図と検索サービスに頼っていた。しかし、グーグルが独自のＯＳ、アンドロイドを発表したとき、同社は友好的パートナーからライバルになった。グーグルはアンドロイドのシェアを拡大するため、どこで道を曲がればいいか道案内するナビゲーションシステムなど、洗練されたマッピング機能をｉＰｈｏｎｅより先に搭載するつもりでいた。このアドバンテージはスマートフォンの王座からアップルを追い落とす可能性があった。

フォーストールのチームが「Ｍａｐｓ ２０１２」というシンプルな計画での対抗を提案した。名称こそ地味だが内容は野心的だった。地球規模のダイナミックなマッピングシステムを創出し、ユーザーがリアルタイムで画像を拡大できたり、道案内で目的地までたどり着けたりする必要がある。この仕事に不安を覚えるエンジニアもいた。全世界を網羅したデータベースが必要になるからだ。あらゆる通り、あらゆる住所、あらゆる会社が必要になる。スマートフォン上に地球のあらゆる場所の画像を、高い解像度で表示しなければならない。数年後をめどに、グーグルが10年かけて実現したことに追いつき、それだけでなく追い越したい。

独自の地図の追求に、アップルは費用を惜しまなかった。フォーストールの補佐役でプロジェクトを率いるリチャード・ウィリアムソンは、財務チームに断りなくいちどに５００万ドルまで使ってかまわないとの許可を得た。おかげでデータセンターの建設やスタッフの雇用にも小切手を切ることができた。アップルはマッピング経験が豊富な中小企業を何社か買収し、グーグルにはない機能を構築した。たとえば、世界中の都市の高層ビル群を旋回しながら立体的に表示することができた。画像を集めるためにカメラを搭載したセスナ機を雇い、シンシナティのような都市を芝刈り機のように1列ずつ測量した。ただし、デジタルマッピングデータを得るための交渉では財布の紐《ひも》を引き締めた。

フィル・シラー率いるマーケティングチームが中心になり、地図情報の提供で市場をリードするオランダのトムトムと話し合いを持った。ほとんどの車のGPSシステムはこのトムトムが提供していて、データ利用車1台につきおよそ5ドルを徴収するのが通例だった。同社はアップルが販売するiPhoneにも1台につきそれと同等のライセンス料を求めてきた。しかし、この提案は受け入れがたいとシラーが判断した。自動車用のシステムはiPhoneのものより何千ドルも値が張るのだから。彼はトムトム首脳に料金を抑えるよう迫った。トムトムはあらがった。交渉は白熱し、最終的に、高速道路に関するある種のデータなどを除いた小さなデータパッケージに低めの利用料を払うことで合意を見た。万全のデータパッケージを望んでいたソフトウェアチームのメンバーはこの結果に失望し、にらみ合いの交渉で大切なデータ提供元と敵対関係に陥ったのではないかと心配する声も上がった。

トムトムの提供したデータはきわめてベーシックなもので、フォーストールが望む高度なマッピングとはずれがあった。彼はフォントや色や画像にこだわるソフトウェアデザイナーたちと何時間も打ち合わせをした。日本人画家を招聘《しょうへい》して高速道路をスケッチしてもらい、海をどんな色にするか、道路標識にはどんなフォントを使うかなどの議論に時間を費やした。高速道路には現実に沿った曲線を思い描いていたが、トムトムのマッピングデータに道路幅の詳細はなかった。ソフトウェアデザイナーが求めるものとソフトウェアエンジニアが提供できるものに溝が生じた。このデータには問題がある――その点で、ほとんどの人の意見が一致した。

ウィリアムソンがフォーストールとシラーに歩み寄り、プロジェクトは予定に間に合わないと告げた。締め切りは厳しく、目標は野心的で、チームはデータに苦しんでいた。顧客は地図に大きく依存する。それを考えると、ひとつ欠陥があっただけでもiPhoneへの忠誠心は薄れてしまうだろう。iPhoneにグーグルマップを搭載したままアップルのマップをベータ版としてプレリリースし、改良中であることをユーザーに理解してもらってはどうかとウィリアムソンは提案した。

「ベータ版は出荷しない」と、シラーははねつけた。

2012年4月、チャーターバス数台がインフィニット・ループの駐車場へ入ってきた。モントレーの南にあるリゾート地カーメル・バレー・ランチで開催される恒例の本社外会議へ、アップル首脳を運び入れるためだ。「トップ100」と呼ばれるこのイベントは、社の最高幹部と最優秀スタッフに限定された特別な集まりだ。何年も前からジョブズが参加者リストを作って全員のバス移動を義務づけていたが、その伝統はクックにも受け継がれた。

およそ2平方キロメートルもある広大なリゾートに到着したとき、ウィリアムソンはその美しい風景に目をみはった。サンタルシア山脈を背景になだらかな緑の丘が広がり、ゴルフコースや葡萄《ぶどう》園が併設されている。敷地内を野生の七面鳥が歩き回り、そこで楽しめるアクティビティには養蜂や鷹《たか》狩《が》りまであった。エリート向けの行楽地だが、自分にそれを楽しむ時間がほとんどないことはわかっていた。マップの概況説明を求められていたからだ。

大きな会議室にトップ100のリーダーが集まった。天井まである大きな窓からオークの大木が影を落としていた。ウィリアムソンは出席者を見つめ、自分のチームが取り組んできた仕事を説明しはじめた。スクリーンに旅のシミュレーションが映し出される。サンフランシスコの街並みを走り抜けていく車が表示され、彼のチームの成果を披露していった。ユーザーは画像が止まることなく街並みを拡大できた。サンフランシスコのマーケット・ストリートが三次元で表示され、車は金融街へ向かった。何人かが拍手を始めた。フォーストールとシラーの興奮がウィリアムソンにも伝わってきた。リリースを延期するという彼の考えはここで消滅した。

ソフトウェアチームは新しいマッピングシステムのテストに「わが家の裏庭だけ」、つまりカリフォルニア州だけ精査する方式を採用した。フォーストールがマップを使ってベイ・エリアを車で走り回り、完璧に機能することを確認した。ほかのメンバーも州全域でテストした。残りの世界81カ国は、およそ8人の品質保証スタッフが検証した。それを受けて出荷準備完了となった。

6月、サンフランシスコのモスコーニ・センターで開かれた恒例のWWDCで、フォーストールが壇上に立った。チームの成果を披露しようと意気込んでいた。彼が巨大な黒いスクリーンの前へ歩み出ると、5000人のプログラマーから成る群衆が歓声をあげた。iPhoneの発売から5年で彼はこのイベントのスターになり、社のソフトウェアチームの顔になっていた。彼は観衆に微笑みかけ、ソフトウェアのアップデート情報を次々紹介していった。そのあと、最後の機能説明を前に、彼はいちど間を置いた。

「次は」彼は言った。「マップです」

背後のスクリーンにレイク・タホの地図が映し出された。足の形をした湖面はスカイブルーで表され、エメラルドグリーンの山並みに縁取られていた。フォーストールはタップしてビジネスリスティングを表示し、建物を三次元で表現した。次に「上空飛行《フライオーバー》」を選択すると地図がパノラマのように展開して、サンフランシスコのビル、トランスアメリカ・ピラミッドが表示され、ヘリコプターの窓から見ているように衛星地図が回転した。観衆の何人かが息をのんだ。

「美しい」彼は言った。「ただただ美しい」

アップルがグーグルを超えたことを彼は確信した。

マップはたちまちトラブルに見舞われた。発売から数時間で顧客から、ロンドンが大西洋に落ち、パディントン駅が消えているという報告が飛び込んできた。ダブリンでは存在しない飛行場をユーザーが発見し、地元パイロット協会がそこに緊急着陸を試みないよう警告を発する事態となった。フライオーバー機能にも不具合があった。ニューヨークのブルックリン橋が地震で消滅したかのように画面から溶け落ちた。

この失態でクックは初めて本格的危機に直面した。

否定的な報道が増えてきたため、役員会議室に経営陣数人とウィリアムソンを集めた。フォーストールは妻と長い週末を過ごすために出かけていたニューヨークから電話で参加した。会議室の空気は張り詰めていた。ジョブズの後を継いで1年余り、クックはメディアの報道を強く案じていた。否定的な報道が続けば、アップルは一夜にして「比類なき企業」から「並の会社」に転落しかねない。

「謝罪声明を出す必要がある」クックはフォーストールに言った。「署名してほしい」

この要求にフォーストールは意表を突かれた。マップへの批判が相次いでいるとはいえ、クックが謝罪の意向を示すとは予想だにしなかった。アンテナゲート事件のときでさえ、ジョブズは公の場で謝罪しようとしなかった。

「なぜ?」フォーストールは尋ねた。「なんのために?」

クパティーノでクックは少し体をずらし、役員会議室のテーブルの真ん中に置かれたスピーカーフォンを見つめた。周囲の幹部たちはフォーストールの質問を新CEOのリーダーシップへの挑戦と受け止めた。何人かが身を乗り出した。口を開く者はいない。

フォーストールは東海岸で、霊媒師のように亡き師をあの世から呼び出そうとした。問題が生じているのは確かだが、マップの利用者は多いし、謝罪でなくアプリ改善への取り組みをアピールしてはどうか？　謝罪には反対との言い分を彼は述べた。マップの失敗を謝罪したら、難しいプロジェクトへの取り組みをスタッフがためらうのではないか。不備があったら公の場で屈辱を味わうとなれば、誰も難しい製品を開発しようと思わない。

クックは動じなかった。会議室の誰の目にも彼の決意は明らかだった――アップルは謝罪声明を出す。

クックは広報チームと協力し、マップは「世界レベルの製品」を作るという社是に及ばなかったという書面を起草した。アップルが最近のソフトのアップデートで1億人以上のiPhoneユーザーに機能不全アプリのダウンロードを強制した「悲しい真実」を、彼は避けて通るよう努力した。アップルがマップの改良に努めるあいだ、グーグルやマイクロソフトが提供するライバル製品をダウンロードすることを、クックはユーザーに提案した。アップルのCEOが競合他社の製品を使うよう勧めたのは初めてかもしれない。痛みをともなう譲歩だけに、フォーストールとソフトウェアチームの失敗をどれだけクックが重大視しているかが際立った。

「アップルは世界最高の製品を創り出すことを常に目指しています」クックは書いた。「みなさんがそれをアップルに期待していることも私たちは理解しています。マップがそのきわめて高い水準に達するまで、ノンストップで努力を続ける所存です」

それから1カ月近く経ったころ、クックはパロアルトの自宅にフォーストールを呼び出した。日曜日だった。フォーストールは前にも仕事の打ち合わせでクック家を訪ねたことがあったが、そういう打ち合わせは事前に計画されているのが通例だ。今回は予期せぬ呼び出しだった。

フォーストールはマップの痛手を胸に、クックの４ＬＤＫの自宅に近い並木通りを車で走っていた。クックはこの数週間で、マップの立て直しを図るフォーストールの補佐役に、クックのオペレーション時代からの右腕ジェフ・ウィリアムズを指名した。フォーストールがどんなにチームの尻を叩いても早期解決が難しいのは明らかだった。トムトムがデータを更新して自動車メーカーに提供し直すのは四半期に１度だ。一朝一夕で改善できるものではない。

クックの目に、フォーストールの失敗は明らかだった。あの状態でリリースすべきでなかったし、それ以上に大きな問題は、失敗を認めようとしなかったことだ。

クックは玄関先でフォーストールを迎え、中へ案内した。リビングの床の基礎部分までが剝がされ、コンクリートはつややかな鉄灰色に磨かれていた。多くのオフィスで見られる無機質な床だ。

クックは退職条件の書類にサインを求めた。フォーストールが書類に目を通しているあいだにクックは、アップルは本日中にフォーストールのチームに上司の解雇を伝え、翌日には彼の退社を知らせる簡潔なプレスリリースを出すと知らせた。１年前に心の師ジョブズを喪い、こんどは、師が築いた会社で仕事を失う――フォーストールにとっては衝撃的な通達だった。

「マップのせいか？」と、フォーストールは尋ねた。

「いや」クックは言った「そうではない」

「だったら？」

クックは明言を避けた。

クックは解雇を伝えるプレスリリースを作るにあたり、今回の人事を「引き算による足し算」と捉えてもらえるような表現に心を砕いた。この逸話からクックがCEOとしてもっとも恐れていることのひとつがあらわになった、と同僚たちは思った――自分はジョブズが集めたオールスターチームに見捨てられるのではないか？　経営トップの離脱を投資家たちは、クックがリーダーにふさわしくない兆候と解釈するかもしれない。その懸念はもっともだと同僚たちは思った。ジョブズ亡きあと、取締役会が惜しみない株式報酬で経営陣を囲い込んできたのは、それもあったからだ。だから、たとえ新聞の見出しがフォーストールの追放に焦点を絞ったとしても、プレスリリースではアップルに残るのは誰かを強調したい。

プレスリリースではアイブとボブ・マンスフィールド、エディ・キュー、クレイグ・フェデリギが担う新たな役割と責任を強調しようと、クックは提案した。同じく社を去ることになったジョン・ブロウェットの後任となるリテールチームの新しい責任者を見つけることも、投資家に確約したい。10月29日に出されたリリースは彼の願いをかなえるためのものだった。「アップルがハードウェア、ソフトウェア、サービスの各チーム間で協力態勢を強化するための変更をお知らせします」という見出しで出されたリリースでは「協力」という言葉が2度使われ、「マップ」は1度だった。

アップルのスタッフはこれを新時代の経営姿勢の表れと解釈した。ジョブズは経営幹部どうしがライバル関係にあることを好み、自我の強い人たちにアイデアを出させ、その中から優れた製品を作るための構想を選び出した。ジョブズにはそういう好戦的な個性を抑止することができた。彼ならフォーストールは懲戒にとどめ、マップの直接の責任者である部下の首を切っていたかもしれない。クックはこの騒ぎを利用して経営陣の不和を解消し、全社員がこれまで以上に協力し合うことを望むというシグナルを発したのだ。異なる業務分野を統合していたジョブズがいなくなった以上、自分たちで結束するしかない。

クックはリーダーシップを執るにあたって唯一のライバルと目されていた人物を排除した。彼はアップルの最重要社員であるアイブに、このデザイナーが長年欲していた責任を与えた。つまり、アップルのソフトウェアをどう見せるかという問題への影響力を。

クックはアイブの忠誠を勝ち取る行動を起こしたが、このあとも側近に見捨てられる不安には繰り返し直面する。

7

可能性

Possibilities

ジョニー・アイブは自分の最新作に目を光らせていた。オフィスからチームの進捗状況をたえずチェックし、壁の30センチ四方のガラス越しに、スタジオに並ぶ腰の高さのテーブルを見守っていた。テーブルのひとつにＡｐｐｌｅ Ｗａｔｃｈの初期モデルが置かれていた。

彼のオフィスはミニマリズムを絵に描いたようで、マーク・ニューソンがデザインした長方形のサペリ材の机がひとつ置かれ、ハードカバーのスケッチブックが何十冊か書棚に並んでいた。スケッチブックの黄色い背表紙が混じりけのない色で長い直線を描き、簡潔と美を追究してきた彼の生涯を物語っていた。机の後ろの壁にはバンクシーの〈モンキー・クイーン〉のプリント画が掛かっていた。エリザベス2世の胸像は王冠をかぶり、きらびやかな宝石のネックレスを着けているが、その顔はチンパンジーだ。この年の5月に女王の娘であるアン王女から剣で両肩を叩かれて爵位を授かってきた男だけに、大胆不敵な選択と言ってもいい。サイン入りのプリントは１５０枚しかなく、値段は10万ドル近くした。音楽ユニット、マッシヴ・アタックのロバート・デル・ナジャと目される匿名画家の手で描かれた作品だ。ちなみに、ナジャはアイブの友人でもあった。

プリントの横には、デザインへの口汚いメッセージで有名なエージェンシー、グッド・ファッキン・デザイン・アドバイスのポスターがあり、以下のように書かれていた。

てめえを信じろ。ひと晩じゅう起きていろ。習慣にとらわれずに仕事しろ。話すべきときを知れ。協力し合え。先延ばしにするな。てめえを乗り越えろ。学びつづけろ。形は機能のあとからついてくる。コンピュータはくそアイデアを生むライトブライト［子ども用マジックスクリーン］だ。どこからでも着想を見つけてこい。人と関わりを持て。クライアントを教育しろ。てめえの直感を信じろ。助けを求めろ。それを持続可能にしろ。すべてを疑ってかかれ。構想《コンセプト》を持て。批判を受け入れられるようになれ。関心を持て。スペルチェックを使え。ちゃんと調べろ。もっとアイデアを描け。問題には回答が含まれている。あらゆる可能性を考えろ。

２０１２年11月２日、アイブは早めにスタジオにやってきた。スコット・フォーストール解雇の発表からわずか４日後のことだ。ショックを受けた配下のエンジニアもいれば、シャンパンで祝杯を挙げた別部署のエンジニアもいた。社内闘争に長けたアイブには、かつての宿敵の後釜に座る心の準備ができていた。

ティム・クックはフォーストールを解雇したあと、ソフトウェアチームを再編成して責任を細分化することにした。社内で「ヒューマン・インターフェース」と呼ばれるソフトウェアデザインの指揮をアイブにまかせ、ソフトウェア開発の管理はクレイグ・フェデリギにまかせた。この決断はアップルの構造をくっきりと描き出していた。ジョブズはアップルに復帰した１９９７年、社全体を単一の損益計算書にまとめ、さまざまな事業分野をシニアバイスプレジデントたちが管理する組織を構築した。ＭＢＡでいう機能別組織で、ハードウェア、ソフトウェア、マーケティング、オペレーション、財務、法務の責任者がそれぞれ直接ジョブズに報告した。その後、彼はｉＰｏｄやｉＰｈｏｎｅを開発する特別プロジェクトチームを立ち上げた。これらの製品が成功すると、社の構造はジョブズに合わせて柔軟に変化した。ソフトウェアの開発は製品ごとに分けられ、ｉＯＳはフォーストール、ＭａｃＯＳはフェデリギが指揮を執った。クックは機能別組織の理念をもっと厳格に守りたかった。空前の成長期にはそれが役立つと見たからだ。前年、アップルの従業員は１万２０００人増え、２割増の７万３０００人になった。フェデリギにソフトウェアエンジニアリングをまかせるということは、つまり、アイブとソフトウェアデザインチームが想像力で生み出したものの構築を監督させるということだ。その過程では、アップルが長年ハードウェアでしてきたことがそっくり再現される。しかし人事部上層の人たちの中には、クックが課そうとした秩序は混沌《こんとん》をもたらすのではないかと心配する向きもあった。ジョブズはアイブの責任をデザイナー小隊の監督に限定していた。マネジメントというお役所仕事より、創造に長けた人間であると信じていたからだ。

　アイブは新しい職務を受け入れた。ｉＰｈｏｎｅのオペレーティングシステムｉＯＳのグラフィックへの不満に、終止符を打つ準備もできていた。スティーブ・ジョブズは「スキューモーフィズム」と呼ばれるスタイルを提唱した。それではソフトウェアが——その説明に使われる不細工な言葉と同じくらい——時代遅れであか抜けなくなると、アイブは思っていた。この概念の起源は、ソフトウェアエンジニアがごみ箱やファイルフォルダーなど、現実世界の物体に似たコンピュータ・アイコンを作りはじめたパーソナルコンピュータ黎明《れいめい》期にまで遡ることができる。ジョブズがこのスタイルを好んだのは直感的に理解できたからだが、アイブはこれを嫌った。デジタル時代に入って30年。コンピュータのフォルダーがどういうものかは誰もが認識しているし、もう計算機のボタンに陰影をつけて奥行きを出す必要はないと考えていた。それを搭載するiPhoneと同じくらいすっきりとした、雑味のない、洗練されたソフトウェアデザインを彼は思い描いていた。「ハードウェアは器、ソフトウェアは製品の魂」というジョブズの言葉が正しいなら、アイブがアップルのベストセラー製品の魂を再定義するときが来たのだ。

その日、アイブはプロダクトマーケティングのトップであるフィル・シラーとグレッグ・ジョズウィアック、ソフトウェアデザイン関連の責任者グレッグ・クリスティをデザインスタジオに迎えた。ジョブズの死後1年で地上階の空間には活気が戻っていた。デザイナーは日々の大半を新しいモデルの解析に充て、あるいは、ハードカバーのスケッチブックに図案を描いて過ごしていた。ブーンと音をたてるエスプレッソマシンから挽《ひ》きたてのコーヒーの香りが漂っている。アイブと3人はきれいに整頓されたテーブルを囲んだ。

これまで、iPhoneのソフトウェアの外観《ルック》と雰囲気《フィール》についての議論は完全に閉ざされたソフトウェア区域で行われていた。フォーストールが流行仕掛け人《テイストメイカー》の役割を担い、クリスティ率いる小チームが提示されたデザインを成形した。ジョブズが毎週のように彼らと会って、作品の承認と却下を繰り返した。バージョンが改まるたび、ソフトが革新のきらめきを放つまでCEOが編集の手を加えた。この11月の会議に選ばれた場所から、ジョブズの役割がアイブに引き継がれたのは明らかだった。アイブはこのチームで大きな構想を描けることを願っていた。iPhoneは発売から5年以上経過している。アプリが次々出現し、マップやiTunesといった自社アイコンがフェイスブックやアングリーバードとスペースを争い、画面がごちゃついてきた。このグループで最初に交わされた問題は「ホーム画面はどうあるべきか?」だ。あるいは、洗練された趣味を持ちながら野卑な言葉も好むアイブなら、「どんな可能性がありやがるのか?」と言っただろうか。

フォーストールの離脱後、アイブの時は加速した。2012年末、彼はサンフランシスコのホテル〈セントレジス〉に幹部たちを呼び集めた。オペレーション、ソフトウェア、ハードウェア、マーケティングの責任者がロビーを通り抜け、カナダ人画家アンドルー・モローの壁画〈戦争〉のそばを通りかかった。馬上で剣を振りかざした戦士が逃げ惑う者を追っている。人類の時間との戦いを暗示するこの絵は、ジョブズ抜きでまた「すごい製品」を創り出せるのかと疑問を抱く人や批評家を振り切ろうとしている一団にふさわしくも思われた。アップルのセキュリティチームはサンフランシスコ近代美術館の向かいにある全260室のホテルのワンフロアで出入口を封鎖し、録音機器を排除し、窓のカーテンを閉じて、彼らの到着に備えていた。本社外会議は昔から行われていた。トップ幹部が集まるのを見て、「何かあったのか?」と一般社員が憶測せずにすむ。ジョブズがアップルで育んだ「幹部以外極秘」の文化は、機密を保持し、漏洩《ろうえい》を防止し、謎を奨励するのが目的だった。

この日の会議はスティーブ・ジョブズの死後アップルに付きまとっている疑問、「次に来るのは何か?」に対する回答への、大きな一歩だった。アイブの後押しを受けたエンジニアたちがおよそ半年をかけ、スマートウォッチの開発でどんなことが可能になるかを探っていた。センサーで心拍数を測り、ブルートゥースで手首に通知する方法を研究し、そのほかにも、人の感情の測定といった機能の可能性を探った。努力は自然な経過をたどり、アイブはこの会議で、エンジニアリングチームが同僚たちの心を動かす魅力的な発見を発表してウォッチを「次の大きな賭け」にしようと思わせてくれることを願っていた。

プレゼンの準備が整えられているあいだに、トップたちが馬蹄《ばてい》形に並んだテーブルに着席していった。部屋にはトップの補佐役も何人かいて、アイブの腹心のデザイナーであるリチャード・ハワース、リコ・ゾーケンドーファー、ジュリアン・ヘーニッヒの3人もいた。

一人だけ主要人物の欠席があった。ティム・クックだ。

10年以上CEOが製品開発を主導してきたアップルだが、同社はトップリーダーの参加なしで使命に乗り出そうとしていた。クックは前任者に倣うつもりはないというメッセージを送ってきた。ジョブズもクックのことを、製品を生む人間《プロダクトパーソン》ではないと言っていた。クックもプロダクトパーソンになる気はなかった。だから専門家のじゃまはせずにいようとしていた。

アイブが進行役を担った。彼は自分のデザイナーチームからあまり離れていない、テーブルの真ん中あたりに陣取った。前に青汁のボトルが置かれているのは、この日飲むのはそれだけということだ。ジョブズを喪ったストレスと悲しみから、一連の食生活を改善してきた最新の形がこれだった。この飲み物はエンジニアたちを警戒させた。何週間かかけて作成した150枚以上のスライドには、インダストリアルデザインのイラスト、デバイスのサイズに関する詳細、ディスプレイの材質分析、手首をタップして通知を受け取る方法についての洞察などが盛り込まれていた。プレゼンは6時間以上、質問攻めに遭えば1日がかりになると予想された。手の込んだプレゼンのせいで、青汁健康法で腹を空かせたアイブがイライラする状況だけは避けたい、と全員が思っていた。

プレゼン中、アイブはほとんど黙ったままエンジニアたちが開陳する内容を咀嚼《そしゃく》していった。比較的少ない口数でチームを率いるのが彼の流儀だ。会議でもめったに発言せず、口を開くときは検討中のアイデアをつなぎ合わせたり、誰も想像していないアイデアを出したりした。最後に電気技師数人が、未発表のデバイスを隠して安全に輸送するときに使われる黒いペリカンケースを開けた。

蓋が持ち上がると、手首に巻く黒いストラップを付けた真四角のｉＰｏｄ ｎａｎｏがひと続き現れた。エンジニアたちがケースからｉＰｏｄを取り出し、経営幹部たちの手首にはめた。アイブが左手を差し出すと、エンジニアの一人がｉＰｏｄをぎゅっと巻きつけた。彼は首を横に振った。「手首を締めつけたくない」と言い、リストバンドをゆるめて数ミリの空間を作った。

アイブがにわか作りのウォッチに目を奪われているあいだ、エンジニアたちは不安げに顔を見合わせた。心拍数の測定センサーを搭載したｉＰｏｄ ｎａｎｏは肌に密着させる必要があった。アイブが手首のバンドをゆるめたことで実演が台無しにならないよう、彼らは祈った。このｉＰｏｄはリアセンサーと側面のもうひとつのセンサーが連携して心臓の電気的活動を記録する。初歩的な心電計だ。アイブはそのテスト方法を説明するエンジニアの声に耳を傾け、彼がｉＰｏｄを見ると、病院のモニターが描くギザギザの線に似た赤い線が画面を埋め尽くしていた。彼は納得したようにうなずいた。エンジニアリングチームは半年で、アップルのｉＰｏｄを音楽プレーヤーから健康機器に変貌させていた。

この概要説明で、アイブは人々の手首に届けたいと思い描いているヘルスケアの可能性を同僚たちにわかってもらえたと思った。もちろん、前途は多難だろう。このｉＰｏｄ ｎａｎｏでは大きすぎる。小型化して防水機能をつけ、曲面のディスプレイを採用する必要がある。しかし、この日集まった人たちはみな、このウォッチをアップルの将来の中心に据えようという目的意識を胸に帰っていった。

クパティーノに戻ったあと、アイブはｉＯＳの未来に注意を向けた。彼はソフトウェアの設計者と開発者にビジュアルの徹底的な見直しを申し渡してあった。

このプロジェクトに熟練のアーティストの目線を取り入れたい。アイブはシラキュース大学美術学部卒のアラン・ダイに依頼した。アイブと同じく、ダイの両親も教師だった。ダイは木工職人でもある父親から家具づくりやお手製のおもちゃづくりの手ほどきを受けて育った。子どものころから文字や単語のスケッチを始め、生涯にわたりタイポグラフィにのめり込み、ビール会社モルソンやファッションブランドのケイト・スペードなどのためにラベルや印刷広告のデザインを手がけた。2006年に彼を雇ったアップルは製品の包装とウェブサイトと広告をまかせた。ダイのグラフィックへのこだわりにアイブは共感し、彼を数百人規模に膨れ上がることになるチームの基盤にした。

アイブはダイの協力を得て、アイコンを作り直す作業に着手した。スマートフォンのデジタルグラフィックとその物理的形状を一致させたい。アイブをいらだたせてきたディテールに二人でさっそく取り組み、iPhoneの物理的曲線にアップルアプリのアイコンの曲線を合わせていった。iOS 7の角はベジェ曲線の原理でデザインし直されて、よりなめらかで有機的な曲面を生み出し、すべてのアプリの角に採用された。アイブはこの変化がとても誇らしく、この先、建築家やデザイナーと仕事をする際には完璧な曲線を描く例として取り上げ、iOS 6から7への移行でアプリの角の点の数をどう増やしたかを誇示した。また、すべてのアプリの書体により細いサンセリフ体を求め、ホーム画面を明るい色で活気づける方法も模索しはじめた。この微妙な変化は過去からの大きな飛躍を暗示するものだった。

新たな任務に就いてから数カ月、アイブは大きな会議室で会議を開き、エンジニアの何人かと新たな方向性を共有した。写真などのアプリにアップルが使ってきた時代遅れのアイコンをすべて取り除き、より現代的な表現に置き換えるのが目標だ。一例として、ボイスメモアプリの画像を取り上げた。フォーストールの時代は、1950年代にラジオ放送局が使っていたものに似た、錠剤形のリボンマイクのようなアイコンが使われていた。「この比喩は理解に苦しむ」アイブは言った。「自分が何を見ているのか理解できない」時代錯誤で、ユーザーに理解してもらえると思えなかった。代わりに彼は、音声録音ソフトに使われるような声の波形の細くとがった感じを表現した新しいアイコンを導入するつもりでいた。カレンダーアプリとウェブブラウザＳａｆａｒｉにも同様の変更案を示した。どれも前より明るくダイナミックで、活力が感じられた。

アイブの見た目へのこだわりはソフトウェアデザインチームを悩ませた。彼らにも色や形へのこだわりはあったが、携帯電話の使い勝手を優先し、導入を予定するソフトのデモを作ってユーザーがどれだけ直感的に使えるかを体験し、必要に応じて調整を行った。デザインとはソフトの動き方であると彼らの多くは信じていて、アイブのこだわりを近視眼的と思っていた。アイブがアプリアイコン周囲の暗い境界線を排除しようとしたとき、相反する哲学のあいだに緊張が走った。その線があるからこそ、どのアイコンを押せばいいかすぐわかるのだと考える人たちもいた。これがないとアイコンが背景に埋没して、ユーザーの判断を遅らせることになるのではないか。アイブの指示で、彼らはアプリ動作の実演から、アプリがどう見えるかを紙に印刷する方式に移行した。ソフトウェアの専門家というよりグラフィックデザイナーに近いやり方だった。

アイブの大構想のひとつに、ソフトウェアに半透明性を持たせ、ホーム画面上にすりガラスの窓のような感じでテキストとアイコンの層を共存させるというものがあった。「コントロールセンター」と呼ばれる先進機能の中核的概念で、画面の底部から指を上にスワイプさせると半透明のページが現れ、一動作でＷｉ－Ｆｉやブルートゥースなどにアクセスできる。動画を見ながらでもその層が機能するようアイブが要求したところ、エンジニアから一様な反応が返ってきた――それは無理だ。ｉＰｈｏｎｅのグラフィックプロセッサーでは速度が足りない、と彼らは言った。しかしアイブが粘り強く要求を続けた結果、ついにエンジニアたちはハードウェアの限界を回避するシステムを考え出し、不可能を可能にした。

この変化はOSの全面的な見直し作業の中核で、アイブは数カ月で仕上げるよう要求した。エンジニアたちはこれを「死の行進」と呼んだ。

製品の成功のカギを握るのは「目的」だ。iPodが音楽界を席巻したのは、1000曲もの楽曲を人々のポケットに入れたからだ。音楽プレーヤーと携帯電話とコンピュータを一体化したからこそ、iPhoneは成功した。すべてのガジェットがこうした変革目標を胸にスタートするわけではないが、成功するガジェットは例外なく、深い思考と配慮の泉から生まれている。

ウォッチの開発中、アイブはそれが何をすべきかを考え抜いていた。まず評価したかったのは既存の市場だ。スマートウォッチ産業はまだ黎明期にあり、漫画『ディック・トレイシー』に登場する腕時計型無線装置のようなガジェットを作っている企業はわずか6社ほどだった。アイブはその全社について知りたかった。

ある日、アイブはエンジニアリングチームをスタジオに迎え入れた。彼らは競争力がありそうな製品の情報を集め、特徴や寸法の概要を印刷してきた。アイブはテーブルのひとつに彼らを集め、ウォッチそれぞれを説明する紙の束をめくった。シャツの袖くらい幅があるソニー製の四角いスマートウォッチや、ジッポーライターくらいの厚みのイタリア製デバイスの画像を横目に見ながら、彼は顔をしかめた。「これらの製品は人間味に欠ける」と、彼は不機嫌そうに言った。

アイブはごついガジェットに嫌悪の表情を向け、テーブルの何人かも同意のうなずきを送った。このデバイス群に、従来的な腕時計との共通点はひとつだけ。時間を知らせるという一点だ。アイブのチームがアップルのデザインを最終決定するわけではなかったが、アップルから腕時計を発売するとなれば、いま市場に出ているどの製品ともまったく異なる見かけでなければいけないと、アイブは思っていた。未来の繁栄には過去の情報が必要だ。人が身に着けるものだから、ポケットやバッグの奥に入れたり、テーブルの上に置いたりするもの以上に見た目が大切になる。常時肌に触れていてたえず目に入ってくる生活の一部、バッテリーとプロセッサーを搭載した自身の延長だ。宝飾品のようなコンピュータ。魂のこもった製品。

このビジョンはデザインチームを「時をめぐる旅」へと導いた。彼らは時計の原点に立ち返り、現代の計時装置《タイムピース》がいかにして生まれたかを探求した。イギリスが帝国を築くために巨大な振り子時計を小型化し、船乗りが海で位置を把握するためのクロノメーターを搭載した。ポケットサイズの時計が腕時計になったことで、戦争中に陸軍は部隊を前進させるタイミングを計ることができた。ルイ・カルティエがローマ数字を配し長方形のケースに収めた象徴的な腕時計、タンクを開発した1910年代にはそれがファッションアイテムになった話も、時計学者から聞いた。スイスの時計職人が複雑な装置でいかにして分を刻んできたかにも、彼らは分け入った。1970年代の水晶振動子の登場と電池駆動革命で、この工芸品の様相は一変した。

彼らはこうした歴史の教訓を得ると同時に、世界最高級の腕時計をいくつか購入した。注文はアヴォロンテ・ヘルスというペーパーカンパニーを通じて行われた。アップルが近くの総合医療施設内に設立したスタートアップで、ここの施設でエンジニアたちがひそかにレア・ライト社の非侵襲的血糖値モニターの開発に取り組んでいた。「非侵襲的」とは、生体を傷つけないようにするという意味だ。サンフランシスコ半島にはこのような秘密事業が点在していて、アップルは競合他社に知られることなく研究開発を行うことができた。アヴォロンテのスタッフがトラックでインフィニット・ループへ荷物を運び、デザイナーたちがそれを開けると、そこにはパテックフィリップやジャガー・ルクルトなど、世界でもっとも高価な腕時計がずらりと並んでいた。

日々の研究が不鮮明ながら少しずつ重なり合ってくるうちに、この集団は時間をつくっては、このウォッチが何をすべきものかについてブレインストーミングした。市販されているどの時計より正確に時を知ることができるものでなければいけない。その点で意見は一致していた。ほかにもいろいろなアイデアが出た。ストップウォッチやタイマー、目覚まし時計や世界時計にもなり得る。心拍数や血糖値のモニタリングといった、エンジニアたちが研究してきた健康機能を織り込むことも可能だ。人々の感情を追跡し、健康状態を記録する機能についても議論した。しかし何より、携帯電話の独裁状態から人々を解放して、手首にメールを送り、外出先で通話や音楽鑑賞ができるようにもしたい。ただし、その飛躍にはワイヤレスヘッドホンが必要、というのが共通認識だった。こうしてウォッチはまた新たなウェアラブル製品の概念を生み出した。

テンポの速いアイデア開発で、成長可能なプラットフォームがあることがはっきりした。それはｉＰｈｏｎｅが電話と音楽プレーヤーとポケットコンピュータを一体化したものから始まり、高性能カメラや懐中電灯、ＧＰＳナビ、ゲーム機、テレビ画面を兼備するものへ進化していった過程を思い出させた。ｉＰｈｏｎｅは年々機能を追加してきたことで、人々の暮らしに欠かせないデバイスになった。時計にも同じような可能性、つまり長期にわたり楽しめる機能の器となり、アップルをいっそう明るい未来へ運んでいける可能性があった。

製品開発の締め切りが近づくにつれ、アイブはいらだちを募らせた。開発の取り組みは〈セントレジス〉で彼に合流したトップデザイナー2人、リコ・ゾーケンドーファーとジュリアン・ヘーニッヒにゆだねていた。彼らがチームと力を合わせ、ドッグタグに似たデザインに行き着いた。長方形はカルティエの有名な腕時計、タンクに似ていたが、あの優雅さが感じられない。アイブはもっとファッション性の高いものにしたかった。

心拍数センサーがあるため、デザインは複雑だった。心拍数は看護師が脈を取る手首の内側から計測するのがいちばん正確だ。しかし、そういうデザインにするとリストバンドがかさばり、腕時計の概念に抵触しかねない。デザインチームの意見は一致した。ハードウェアはウォッチ本体の裏側で活かす必要がある。

解決策を見つけなければ――日に日に重圧が大きくなってきた。デザインスタジオは製品開発過程の頂点に位置し、外観についての判断はソフトやハードだけでなく、オペレーションチームが確保しなければならない部品や製造道具をも決定づける。しかし、壁に突き当たった作家のように、アイブはデザイン過程から抜け出せずにいた。

２０１３年3月の下旬、アイブの友人マーク・ニューソンがスタジオに立ち寄った。世界でもっとも優れた多才なデザイナーの一人で、オーストラリアで時計を分解しながら育ったのちに自分のスタジオを立ち上げた、叩き上げのスターだ。カンタス航空の内装からナイキのスニーカー、ルイ・ヴィトンのトラベルケース、シリコン製のバイブレーターまで、さまざまなものをデザインしてきた。妻はイギリス人ファッションスタイリストのシャーロット・ストックデール。ガレージにビンテージカーをどっさり詰め込み、ニューヨークのガゴシアン・ギャラリーで個展を開いて高い評価を得た。しかし、もっとも重要なのは、腕時計のデザインに20年の経験があった点だ。

アイブはチームの初期の作品を6つ並べたテーブルにニューソンを連れていき、感想を求めた。円形のもの、直線的なもの、角張ったもの――ニューソンの目がさまざまなコンセプトを見渡していく。作品のクオリティには目をみはるものがあったが、どれも適切とは思えなかった。足りないのは何か？　彼はアイブと検討を始め、その答えは繰り返しウォッチのバンドに行き着いた。バンドは時計の文字盤と芸術的に溶け合うものでなければいけない。

二人は言葉を交わしながらスケッチブックを開き、万年筆で勢いよく線を引きはじめた。ページからページへ手をひらめかせ、アイブは正確な筆遣いで、ニューソンは走り書きで、角を丸くしたｉＰｈｏｎｅのミニチュアのようなデザインに正方形の文字盤を仕上げていった。ほかにも多くのアイデアが飛び出した。ウォッチ本体の裏蓋に湾曲したくぼみを作り、そこに別売りのストラップをつなぐ方法を思い描いた。デザイナーたちは元々、スライドして着脱できるストラップが欲しかったのだが、ついにそれを実現するデザインが手に入った。スケッチには竜頭《クラウン》も含まれていた。デザインチームが何カ月も前から取り組んできたおなじみのディテールだ。１８２０年に時計メーカーが採用したこの小さなノブを組み込むことで、自分たちの模型が手首《リスト》コンピュータに見えないよう工夫を重ねていたのだ。

ひとつの啓示でアイブは勢いを得た。時計の歴史を徹底的に研究した結果、新たにスケッチした時計に意味を与えるアイデアが生まれた。クラウンをナビゲーションのためのツールにできるのではないかと、アイブとチームは気がついたのだ。音量調節のダイヤルになり、ミニアプリを回すハンドルになり、ホーム画面へ戻るボタンにもなる。「昨日の時計」の主要ツールが「明日の時計」の看板ツールになり得ることに彼は気がついた。

アイブとニューソンは創造エネルギーを爆発させ、「集合的無意識」に入り込んだソングライターのように、ずっとそこに存在していたのにスケッチするまで形にできなかったコンセプトを掘り起こしてのけた。

二人は完成したスケッチを急いでコンピュータ支援デザイン室に持ち込み、３Ｄモデルへの変換をＣＡＤ技師の一人に依頼した。彼らは技師の肩越しに、画面上に創り出されていく画像に目を凝らした。この概念を物理的物体に転じられるかどうかが見えた。形、厚み、ウォッチのストラップをつなぐ仕組み。このアイデアは活力と可能性に満ちていた。

だが、そこで彼らは厄介な壁に突き当たる——腕時計づくりの難しさに。

8

イノベーションを起こせない

Can't Innovate

ティム・クックはスポットライトを浴びる生活に慣れてきた――それが真夜中であっても。

時価総額世界一の会社を率いるようになって間もないころ、パロアルトの自宅の玄関ドアを誰かが叩いて怒鳴っているのが聞こえて目を覚ました。通りから50メートルと離れていない家は隣人に囲まれていたし、偉ぶらない南部人クックに、わざわざ24時間の警備態勢を敷く気はなかったのだ。ドアを叩く音がやまず、彼は野球のバットに手を伸ばした。

ドアに近づくと、外から男の声がした。アップルの株価のことで怒鳴っていた。iPhoneの売れ行きが鈍り、株価が下がったのだ。投資家たちは憤慨していた。ほとんど途切れることなく着実に株価が上がっていく状況に、彼らは慣れていた。状況の反転は外の男を怒鳴らせるに充分だった。クックは相手にしなかった。やがて怒声はやみ、クックはベッドへ戻った。

その数週間後、個人情報のセキュリティプロトコルを論じ合う会議に先立ち、クックは何気なくセキュリティチームに事件の話をした。自宅に監視カメラを設置すべきだという彼らの進言にクックは従った。だが、クックをセキュリティの重要性に目覚めさせたのは別の出来事だった。ＣＥＯ

就任後、民間航空会社の便でサンフランシスコ国際空港に着いたとき、彼は目立たずにいられるよう野球帽を被った。空港を移動中、彼に気づいた人が写真撮影を求めてきた。たちまちほかの人たちも集まってきて、次々撮影を求められた。肩に手をかけられ、引っ張られた。鋭い痛みが走った。少し前、運動中に肩を負傷していたのだ。後ろから引っ張られ、そこをまた痛めてしまった。

空港で群衆に囲まれ、体を引っ張られ、痛みを覚えた体験から、もはや自分がアラバマ州の名もない業務執行人《オペレーター》でないことは明らかだった。いまの自分は世界一目立つＣＥＯなのだ。

ジョブズの死から1年、アップルは魔法の健在を示すべく全力を挙げていた。

２０１２年の後半、同社は新しいｉＰｈｏｎｅを発表した。ガラスとアルミの併用で先行モデルよりボディが18パーセント薄くなり、「紛れもない宝石」と大々的に宣伝した。クックはパロアルトに新たにオープンした全面ガラス張りのアップルストアに駆けつけ、記念イベントを後押しした。熱狂的な買い物客のそばを通り、新しいデバイスの販促に励むストアスタッフと交流した。反響の大きさに彼は満足だった。新しいｉＰｈｏｎｅを発売した最初の週末で販売台数が５００万を突破し、これは販売直後の週末セールスの新記録だった。だが、日々の市況を見るたび、彼は株主たちの無感動を思い知らされた。

新モデルはｉＰｈｏｎｅの5年の歴史でもっとも低い前年比売上高をもたらした。アップルの株価は6カ月ぶりの安値となり、市場価値にして１６００億ドルが消えた。これはこの年のコカ・コーラ社の総資産と同じ水準だ。投資家の目にも、アップルが初めて強大な敵に直面しているのは明らかだった。

600キロほど南、ロサンゼルスのレストラン〈ウルフギャング・パック〉では、米サムスンのマーケティング責任者トッド・ペンドルトンが同社でいちばん負けん気の強いマーケターたちを集め、「スマートフォン王者襲撃計画」を練っていた。秋はiPhoneの季節だ。ペンドルトンには、アップルが最新製品に惜しみなくそそいだ表現の数々を「商業的典礼」から「傲岸不遜なたわごと」へ変える、破壊的宣伝キャンペーンの構想があった。

テクノロジー界の偉大な先見の明《ビジョナリー》の持ち主ジョブズを失ったアップルは脆弱《ぜいじゃく》だった。彼の不在は同社のイノベーション能力への疑念をかき立て、ファンボーイと呼ばれる熱烈なアップルファンの間にさえ、独創性が失われるのではないかという不安が生まれていた。

タイミングは最悪だった。iPhoneと競合他社のスマートフォンの差は縮まっていた。他社がハードとソフトを大急ぎで改良し、何世代もが使う最重要消費財となった製品のシェア拡大に努めるうちに、アップルの市場占有率は落ちてきた。

ペンドルトンと同僚たちはアップルが弱体化しているいまこそ、サムスンGalaxyの可能性を世界に気づかせるチャンスと考えた。この高品質《プレミアム》スマートフォンはより大きな画面にiPhoneに劣らぬ機能を搭載し、高性能カメラで世界の消費者を魅了した。

近年、アップルとサムスンのバトルは個人攻撃の様相を呈していた。2011年、アップルはこの韓国企業がiPhoneの外観とデザインとインターフェースを模倣していると、カリフォルニア州北部地区連邦地方裁判所に提訴した。アップルのスタッフは週末返上で働いて特許を申請し、製品革命を起こしてきた。そのすべてをサムスンは盗み取った、とアップルは訴えた。サムスンのパートナーだったグーグルでさえ、彼らのソフトウェアデザインはアップルの模倣であると韓国側に警告を発していた。サムスンは商業的逆襲の指揮をペンドルトンに託した。

かつてナイキで経営幹部を務めたペンドルトンは、便乗宣伝《アンブッシュ・マーケティング》の訓練を受けていた。このスニーカー会社は五輪スポンサーを断り、アトランタの広告塔にナイキのロゴを貼りつける手法で売り上げを伸ばした。この反抗的行為は無料の報道とともに顧客を獲得した。テクノロジー界で五輪と同格のｉＰｈｏｎｅが新製品を発表する時期に、ペンドルトンもまた好機を見いだした。

作戦指令室と化したロサンゼルスのレストランをペンドルトンは歩き回った。サムスンのマーケターたちがテレビでアップルの新製品発表会を見ていた。そばでサムスンの広告代理店72・アンド・サニーのコピーライターたちがＣＭのフレーズ候補をホワイトボードに書き殴っていた。アップルがマーケティングに使う謎めいた言葉、たとえばカメラのような日常的機能を「空間的雑音除去」と言って膨らませる傾向や、同社のスマートフォンを「宝石《ジュエリー》」と呼ぶ習慣をからかうことに焦点を絞った。

ペンドルトンは、新製品の発売を待ってアップルストアの前に何時間も並んでいる人たちの不条理さを嘲笑する方法を見つけるよう求めた。ｉＰｈｏｎｅの複雑な購入プロセスと、サムスンのＧａｌａｘｙが簡単に買える点を明確に対比させたい。その差が賢明な宣伝になる。人々はアップルの誇大宣伝に気づき、もっといい携帯電話を買おうと考える。彼はレストランに陣取ったチームに、独創性を発揮して意見を出し合い、風刺に富んだ脚本を生み出すよう発破をかけた。

近くでは、撮影隊がアップルストアを模した建物の前に待機し、コピーライターの会議が終わるとすぐテレビＣＭの撮影に取りかかった。ペンドルトンは急いで撮影セットに向かい、何十人もの俳優が台詞の読み合わせをする様子を見守った。カメラが回った。顧客役の俳優たちがｉＰｈｏｎｅを手に入れるときを待ち、最新機能と宣伝された内容を熱心に語りながら偽アップルストアの外で所在なげにしている。

「ヘッドホン端子が底に来るんだ！」と、ある俳優が言う。
「コネクタは全部デジタルだって」別の俳優が言う。「そこには何か意味があるのか？」

そこへサムスンのＧａｌａｘｙを持った人たちが通りかかる。その手にはｉＰｈｏｎｅより大きな画面のスマートフォンが握られ、タップし合うことでプレイリストを交換できるなど独自の機能が搭載されている。偽アップルストアに並んでいた人たちは畏敬の念に打たれ、サムスンの機能のほうが洗練されていることに気づく。

このＣＭはサムスンの「次の大ブームはもうここに（The Next Big Thing Is Already Here）」キャンペーンの一環となった。流行に敏感な最先端の人が選ぶスマートフォンはＧａｌａｘｙであり、ｉＰｈｏｎｅは騙《だま》されやすく見識が狭い、ダサいやつらが好むデバイスという痛烈な風刺が込められていた。サムスンはアップルストアの外にある広告掲示板《ビルボード》でＧａｌａｘｙ ＳⅢのスポット広告を流した。ｉＰｈｏｎｅを買うために並んでいる人たちにピザを届けるという、古典的な便乗宣伝も行った。

このＣＭ攻勢はクパティーノのみんなをいらだたせた。サムスンがしていることはアップルのマーケティング手法のひとつに似ていて、その点がさらにいらだちを強めた。かつての「ゲット・ア・マック」キャンペーンで、コメディアンのジョン・ホッジマンがスーツとネクタイを着用したウィンドウズＰＣを演じ、俳優のジャスティン・ロングがカジュアルシャツとジーンズを着たＭａｃを演じたことで、「ダサいやつ」と「カッコいい人」を対比させるＣＭが好感された。スプレッドシートの作成を自慢するホッジマンに対し、ロングはデジタル動画の作り方を語る。このＣＭを見た視聴者は自問せざるを得なくなった——まぬけが使う時代遅れのコンピュータか、それともオタクが好む「ちゃんと動く（It just works）」デスクトップか、どっちが欲しい？

そして、いまサムスンはスマートフォンについて人々に同じような自問をさせていた――熱烈なマニアたちとアップルストアの前で何時間も並ぶか、それとも頭を冷やして、便利で気苦労のない機能豊富なデバイスで人生を楽しむか？

サムスンのCMがあちこちの電波に乗ったとき、クックはめずらしくメディア攻勢に出て、ニューヨークへ飛んだ。ブライアン・ウィリアムズが司会を務めるNBCのニュース番組『ロックセンター』に出演するためだ。二人はグランドセントラル駅の構内を歩き、丸天井のコンコース内にあるアップルストアへ階段を上がっていった。腰を下ろして事業の話を始め、ウィリアムズがサムスンとの険悪な状況を持ち出した。

韓国のライバル会社はアップルを飛び越えて世界のスマートフォンの王者に君臨しようとしていた。その広告がウィリアムズの目を引き、彼はそれを、「少し前までは考えられなかった巨人への正面攻撃」と表現した。

「彼らは自分たちの製品をカッコいいものに、あなたたちの製品をカッコよくないものに仕立てようとしている」ウィリアムズは言った。「これは熱核戦争ですか？」

クックは口をへの字に結んだ。「熱核戦争か？」彼はおうむ返しに言った。「じつは、私たちはアップル内での競争が大好きです。それが私たち全員を向上させると考えている。しかし、他社には独自のものを発明してもらいたい」彼はトンとテーブルを叩いて強調した。

ウィリアムズが話しているあいだ、クックは体を揺らしながらこのキャスターに目をそそいでいた。ウィリアムズは「商業の残酷なサイクル」についてクックに返答をうながした。「あなたたちが賞味期限のない新鮮さを保てるとしたら、そのサイクルに初めて逆らう会社になるでしょう」

クックは体の揺れを止めた。それから身を乗り出し、すっと目を細めた。「私たちの負けに賭けないほうがいい、ブライアン」彼は言った。「私たちの負けに賭けてはいけない」

サムスンの台頭はクックをいらだたせた。彼はサムスンのスマートフォンを模造品としか見ていなかったし、宣伝方法は厚顔無恥で無礼千万、その帝国は洗濯機と電子レンジの寄せ集めでしかない。複雑な諸問題を解決する簡潔な答えを見つけるために日夜努力してきた企業ではない。製品ラインアップを慎重に整えてもいない。なのに、なぜかアップルに取って代わり、メディアの寵児《ちょうじ》になろうとしている。

この韓国企業が仕掛けたマーケティングの罠《わな》に、アップルもマーケティングで対抗する必要があった。

ジョブズの時代には、ＣＭや広告や梱包デザインを開発するチームがアップルの強みのひとつだった。マーケティング＆コミュニケーション、略して「マーコム」はアップルの幹部と、ロサンゼルスに本社があるお抱えの広告代理店ＴＢＷＡ／メディア・アーツ・ラボの首脳から成る、選り抜きのチームだった。毎週水曜日に会議を開き、３時間かけてアイデアを練り上げ、ｉＰｏｄのシルエット・キャンペーンや、「ゲット・ア・マック」キャンペーン、ポップス〈ニュー・ソウル〉に合わせてマニラ封筒から薄いＭａｃＢｏｏｋ Ａｉｒが滑り出てくる「エンベロープ」など、広告の金字塔と呼ばれる数々の作品を生み出してきた。ジョブズは最高マーケティング責任者（ＣＭＯ）として、マーコムでいちばん頑固な二人を対立させることでこのような印象的なスポットＣＭを生み出した。アップルのプロダクトマーケティング責任者フィル・シラーには新技術を売り込めとせっつき、メディア・アーツ・ラボのＣＥＯジェイムズ・ビンセントには顧客の関心を引く独創的なアイデアを求めた。その結果として世界最高水準の広告宣伝が誕生した。

２０１１年にジョブズが亡くなったあとはシラーがマーコムのトップとして指揮を執ることになり、社の内外から心配の声が上がっていた。セージグリーンのシャツを好む丸顔のニューイングランド人には、融通が利かず想像力に欠けるとの評判があった。他者のアイデアをたいてい却下するため、「ドクター・ノー」というあだ名もあった。彼の昇格はメディア・アーツ・ラボのジェイムズ・ビンセントにとって受け入れがたいことだった。ジョブズは亡くなる前、同僚から「クリエイティブの中のクリエイティブ」と呼ばれていた、このボサボサ頭のイギリス人にリーダーをまかせたいと話していた。ところが、ジョブズの死後、ライバルのシラーがアップルのブランディング決定権を握り、ビンセントはその配下となった。

シラーの指揮下でマーコムは揺らいだかに見えた。ジョン・マルコビッチを起用したＳｉｒｉのＣＭは音声アシスタントの能力を誇張しているとして訴訟を起こされた（この訴えは却下された）。その後に行われた「ジーニアス」というキャンペーンでは、修理カウンターのジーニアスバーをクローズアップし、アップルが長年押し出してきた「ちゃんと動く」のコンセプトと矛盾するとして、テック評論家から酷評された。アップルはめずらしくこのキャンペーンを中止した。ジョブズなら「いまいちだ」とばっさり切って、始める前にやめさせた類いの宣伝だったと、マーコムの関係者は語っている。マスコミが宣伝への批判を強めると、アップルはコピーライターやクリエイターから成る独自のチームを作り、メディア・アーツ・ラボのアイデアと競わせようとした。この集団の苦悩と緊張は、ジョブズが長年指揮を執って築いてきた会社が彼の不在に適応していく状況の縮図だった。

２０１３年1月の下旬、ウォール・ストリート・ジャーナルのビジネス欄トップページを飾った記事を見て、シラーは警戒心を抱いた。「アップルはサムスンを前に冷静さを失ったのか?」という見出しも気に障ったが、それ以上に厄介なのは記事中のエピソードだった。サムスンの大規模な宣伝キャンペーンに影響されてiPhoneからGalaxy SⅢに乗り換えた、34歳の元アップルユーザーの話だ。「テレビでこういうCMをたびたび見ると、考えさせられる」とウィル・ヘルナンデスは語り、新しいスマートフォンの大きな画面を気に入っていると言い添えた。シラーはこの記事をメールでビンセントに転送し、「状況改善のためにすべきことが、わが社にはたくさんある」と書いた。

ビンセントはそれを読んで落胆した。アップルが抱えている問題はサムスンのキャンペーンをはるかに超えたところに存在すると、彼は思っていた。アップル関連の報道は同社が作る「すごい製品」の話から、イノベーション能力への疑念や、中国のiPhone工場で起こっている自殺の報告、サムスンとの訴訟に移り変わっていた。どれも、みんなが大好きな、カッコいい反逆児的企業というアップルのブランドイメージとは無縁のものだ。それどころか、多国籍大企業に成り下がった印象すらあった。彼はシラーに長い返事を書いた。

私たちも同感で、心を痛めています。いまが非常に重要な局面だということも理解しています。複数の要因が集まった破滅的な事態が、身の毛もよだつネガティブな物語を運んできていると。ここ数日、私たちはアップルのためにより大きな構想を練りはじめています。この物語をポジティブなものへ変えるのに、かならず広告が力を発揮するでしょう。

ビンセントは「中国および米国内の労働者」「儲けすぎ」「マップ」「アップルブランドの低迷」

といった、アップルが直面している問題を提起し、アップルがアンテナゲート事件後に行ったような緊急会議を提案した。「シンク・ディファレント」以来、16年ぶりのブランドキャンペーンを検討したいと彼は考えていた。

アップルには困難を乗り越えるための宣伝が必要という意味で、いまは1997年にきわめて似通った状況だと私たちは理解しています。

シラーはこのメールを読んで愕然とした。「問題は我々ではなく、きみたちにある」と書いてきたようなものだ。シラーは前回ビンセントと会ったときのことを思い出した。iPhone 5の発売を見届け、スマートフォンの競合状況についてプロダクトマーケティング担当者の概況報告に耳を傾けた会議でのことだ。あの会議から、iPhone 5がGalaxyより優れた製品であることは明らかだった。アップルの抱えている問題はマーケティングの問題にほかならない。シラーは返信に不満を込めた。

アップルには会社運営の考え方を劇的に変える必要があるとの返信は、信じがたい反応だ。……いまは1997年ではない。何もかも違う。97年当時、アップルには市場に出す製品がなかった。儲けはほとんどなく、倒産まであと半年という状況だった。苦境に立たされた瀕死のアップルであり、再スタートのボタンを押す必要があった。……世界最高の製品を作り、世界でもっとも成功しているハイテク企業ではなかった。

このメールを見てビンセントは自責の念に駆られた。自分が書いたものを読み返すと、シラーが拒絶的な返事をよこしたのはもっともだった。あのメールは高くつくかもしれない。アップルはメディア・アーツ・ラボの代表的な顧客だ。彼はダメージの修復を試みた。

お詫《わ》び申し上げます。そんなつもりではなかったのです。自分のメールを読み返してみると、あのようにお感じになるのも無理はありません……大変失礼しました。

シラーは少し考えたあと、このやり取りをクックに報告することにした。CEOにメールを送り、広告代理店への懸念を表明した。メディア・アーツ・ラボが1997年にアップルブランドを再生し、ジョブズの協力を得て一連の伝説的な広告を生み出したのは確かだが、彼らは世間のiPhone 5の受け止め方を前向きに方向づけられていない。彼は以下のメッセージを打ちおえ、「送信」を押した。

新しい代理店を探す必要があるかもしれません。こういう状況に陥らないよう懸命に努力してきましたが、私たちは必要なものを手にしておらず、しばらく前からそうでした。……今年、我々のためにより良い仕事をする必要がある点を、彼らは最優先事項として受け入れていないようです。

クックはシラーのメールを何度も読み返した。ふだんからメールには「簡潔」を心がけていた。きちんと読んだことが伝わり、かつ短く、単刀直入に行動をうながすべし、と。彼はこう書いた。

——そうする必要があるなら、すぐ取りかかるべきだ。

クックは代理を立てることができない、別の差し迫った問題に直面していた。２０１３年の初め、アップルの税務専門家たちが連邦議会の調査団からワシントンＤＣへ呼び出しを受けた。常設調査小委員会の委員長カール・レビン上院議員はこの何年か、企業の税金逃れや、アメリカでの課税を逃れるために企業が利用する海外のペーパーカンパニーについて調査を行っていた。レビンのスタッフから多数の企業に、オフショア会社に関する質問状が送られていた。アップルの回答でひとつ空欄になっている箇所があり、調査団はその理由を知りたかった。

アップル税務チームはＤＣに着くと、会議室へ通された。立派な長テーブルがあり、それと不釣り合いな椅子が12脚、それを囲んでいた。窓際に赤い革張りのソファが置かれ、古物屋のような雰囲気を漂わせていた。白を基調に洗練されたテーブルが置かれているインフィニット・ループの会議室とは大違いだ。税務委員が着席し、連邦議会のベテラン調査官ボブ・ローチ弁護士がアップルの質問状の回答について審理を開始した。

ローチはアップル・エンベロープという会社の所在地を記入する欄に注意をうながし、「なぜ記入しなかったのですか？」と尋ねた。

アップル税務チームはその質問を見て、調査団に目を戻した。部屋が静まり返った。アップル側が視線を下げたのを見て、単なる見落としではなかったのか、と調査団は思った。

「じつは、私どもは税法上の居住者ではありません」アップル税務チームの一人が言った。

ローチは身を乗り出したいのを我慢して、真顔で尋ねた。「どういうことでしょう？」

アップル税務チームは以下のように説明した。アメリカでは法人設立時点で居住地が決まるが、アップル・ヨーロッパが拠点を置くアイルランドでは、実際に会社が経営・管理されている場所で居住地が決まる。アイルランドの子会社には従業員がおらず、アイルランドで管理も監督もされていないため、同国の税務上の居住者として扱われていない。

彼らの話を聞いて、ローチは理解した。ヨーロッパで生まれた利益にアメリカで税金を払っていないのは、そのお金がアイルランドの子会社に流れ込んでいるからで、子会社はアメリカで管理されているためヨーロッパで生まれた利益に対しアイルランドでも税金を払っていない。回りくどいが巧妙なトリックで、これによって何十億ドルもの租税を回避していたのだ。

ローチはアップルの実務を評価するため、会議室を出て、税務専門家を何人か呼んだ。全員が驚きの表情を浮かべた。これはほかに類を見ない独特の状況ではないかと、ローチと調査員たちは感じた。さらに詳しい情報を聞き出すため、彼らはアップルの会計士のところへ戻った。同社にはアイルランドに税務上の居住地を持たない子会社が３つあり、４年間で７４０億ドルの利益を集めていることがすぐにわかった。アイルランド政府との有利な協定により、これらの利益に対する税率は２パーセント未満だった。さらに重要なことに、その書類の中にはティム・クックのサインが隠れていた。

ローチはわかったことをレビンに報告した。ミシガン州選出の民主党上院議員はたちまちその意味を理解した――アメリカ最大の企業が、自国だけでなくヨーロッパでも税金を払っていなかった。彼はこれを「脱税の聖杯」と呼んだ。

数週間後、クックはワシントンへ赴き、調査団と直接面会した。部屋に入り、大きな木のテーブルに着席した。ふだんのカジュアルな服装ではなく、スーツを着てネクタイを締め、アップルの税務処理への懸念を口にする調査官たちの声に耳を傾けた。アップルがアイルランドに子会社を設立した理由をクックはていねいに説明した。アメリカの税法は海外の利益にも国内と同じ35パーセントの税率をかけていて、総体的にこれは不公平だと自分は考えている。この税率は不合理だから、アップルは現金を本国へは持ち帰らず、アイルランドに留め置いているのだと。

1時間に及ぶ会合が終わったとき、調査官の一人がｉＰｈｏｎｅを取り出した。「もうひとつ質問がある」と、その調査官が言った。「このアプリを開けないんだ」

クックは微笑んで、「私もわからないんです」と言った。

クパティーノの近くで飛行機が降下態勢に入ったとき、メディア・アーツ・ラボのチームは不安を募らせていた。ビンセントがシラーにメールを送ってから数週間後のことで、広告代理店とアップルの関係はかつてないほど緊迫していた。時価総額世界一の企業との16年にわたる関係の未来は、最新の任務にかかっていた——アップルのブランドキャンペーンに。

一行はクリエイティブコンセプトの絵コンテを携えてアップルの会議室に入り、マーケティングの3巨頭——シラーと、マーケティング担当バイスプレジデントの浅井弘樹《あさいひろき》、広報責任者のケイティ・コットン——を前に概要説明を始めた。最初は懐疑的な意見もあったが、ビンセントのキャンペーン案は3人の承認を得た。アップル史上唯一のブランドキャンペーン「シンク・ディファレント」は、「四角い穴に丸い釘を打つように」というＣＭで語られた言葉とともに史上最高クラスの宣伝広告と考えられていた。メディア・アーツ・ラボのチームはその後継にふさわしいＣＭを作らなければならない。

メディア・アーツ・ラボの最高クリエイティブ責任者（ＣＣＯ）ダンカン・ミルナーがこのプロ

ジェクトを主導した。トロントの美術学校を卒業したおだやかな人物で、ブランドの要望を表現する独創的なコマーシャルを得意としていた。彼によれば、最初のスポットCMはマイケル・ルッソフという受賞歴のあるコピーライターが考えた。代理店はこれを「ザ・ウォーク」と名づけた。

ミルナーは説明の初めに、早朝の散歩を思い浮かべてほしいと言い、あわただしい一日が始まる前のひととき、人生に魔法をかける瞬間をイメージさせた。「スティーブ（・ジョブズ）はみんなを散歩に連れ出して会話をするのが好きでした。アップルの社員とユーザーみんなを散歩に連れ出したい」

そばのスクリーンに北カリフォルニアの丘陵地帯の映像が映し出された。早朝の風景だ。日はまだ昇りきっておらず、風が草むらを吹き抜けている。カメラは歩くような速度で動き、CMのナレーションはミルナーが担当した。

「創業者が亡くなるのは悲しいことだ」彼は言った。「彼なしでやっていけるのだろうか、と思う。世間に勇ましい顔を向けるべきか、それとも素直になるべきか？　疑念が芽生えてくる。会議では、口にこそしないがこんなふうに考えている人たちがいる。彼ならどうするだろう？　彼ならどう言うだろう？　自分は魔法がすり切れるくらい長い時間、彼といっしょにいただろうか？　魔法は自分の中にあるのだろうか？　それとも彼が持ち去ってしまったのか？　疑心暗鬼がしばらく続く。ある日、あなたは座って重要な問題を議論している。岐路を目の前にしている。大きな問題だ。どうしたらいいか、ちゃんとわかっていることにあなたは気づく。彼ならどうしただろうと考えなくても、自分でそれがわかる。彼の信じていたことはまだ健在なのだ。スティーブは知っていた。彼の最高の製品は、手に持ったり使ったりできる何かではなかったのだと。ｉＰｈｏｎｅでもＭａｃでもない。もっと勇敢なものだ。怖いもの知らずの会社。国境のない国。アップルそのものだ。彼は人と異なる考え方をしただけではない。周囲の人たちに、そんな考え方をしたいと思わせた。だから、いま私たちは立ち止まるわけにいかない」

画面の映像が消え、アップルのロゴとともに「シンク・ディファレント」の文字が浮かぶ。

ミルナーが顔を上げると、アップルの広報責任者ケイティ・コットンが涙にむせんでいた。彼女は目から涙をぬぐった。会議でクライアントが泣くところなど見たことがない。ミルナーは固まった。

「これは流せません」とコットンは言い、気を落ち着けようとした。

「おお、ケイティ」ミルナーは言った。「申し訳ない」

シラーと浅井は唖然としていた。亡くなったＣＥＯをＣＭに使うなんて。シラーと浅井はメディア・アーツ・ラボのチームに言い聞かせた。ジョブズは広告への登場を望んだことなどないし、１９９７年の「シンク・ディファレント」の公開前には、ナレーターを務めることにも抵抗した。さらに重要なのは、いまのが事実でないことだ、とシラーが指摘した。ジョブズは最後の2年、本社《キャンパス》内にほとんどいなかった。社員はジョブズ抜きで会社を運営できるようになっていた。

「いまのはダメだ」シラーは言った。「私たちは後ろを振り返るのではなく前進していること、スティーブを乗り越えたことを、世界に示す必要がある」

ミルナーもうなずいた。この日提示されたほかの案はシラーたち三人の心に響かず、彼らはメディア・アーツ・ラボのチームをロサンゼルスに送り返して、代替案を練り直してもらうことにした。

アップルはワシントンＤＣに構える拠点を意図的に小さくしていた。ジョブズが政治を嫌い、ロビー活動は無駄と考えていたからだ。だが上院の税務調査で、12人構成のチームは予想外の事態に直面した。

冬が終わりを迎えるころ、レビン上院議員はアップルとの公聴会を日程に組み入れ、宣誓の下で税務状況を説明させるためにクックを招喚した。クックは公の場での説明に先立ち、アップル側の事情を1対1で直接話したいと考え、ワシントンのチームに上院議員たちとの個別面談を手配させた。議会で証言した経験がないクックは、ビル・クリントン前大統領とゴールドマン・サックスのCEOロイド・ブランクファインにも個人的に電話をかけた。どんなことを予期しておくべきか知りたかったからだ。

２００８年の金融危機後にブランクファインが召喚された公聴会は10時間にも及んだ。弁護団に発言を左右されないようにと、ブランクファインは助言した。彼らはきみを法的危険から守ろうとするが、それがために世間の批判から会社を守れなくなるかもしれない。彼は公聴会前に記者会見を開く道筋もつけ、ゴールドマン・サックスとアップルの広報チームに発言の機会を用意した。

その春のある朝、クックはワシントン支社の会議室に入り、テーブルの上座に着いた。「殺人役員会《マーダーボード》」のためだ。質問者委員会を設置し、難しい口頭試問に備えるための質問が浴びせられる。ロビイスト、弁護士、税務顧問、広報担当が部屋を埋め尽くしていた。彼らが上院議員を演じ、クックを尋問して、間近に迫った公聴会のシミュレーションを行った。クックを恐怖に陥れることが目的だ。

アップルに対する誹謗《ひぼう》中傷は不当と確信していたクックは、公聴会では自社の問題を超えた大きな議論を展開するつもりでいた。アメリカの税法に問題があるなら、アップルを非難するのではなく税法を修正すべきだと。しかし、アップルの弁護士やロビイストがアイルランドの子会社についての質問を始めると、彼は個々の税法について問い返すことでそれに応じた。そのどれかについて質問されたとき、どう答えたらいいか正確に知りたかったからだ。模擬公聴会は難解な法律についての専門的な議論に入り込んだ。しかるのちに、クックは瑣末《さまつ》な話から大きな質問へ移った。「いましている話の核心は何なのでしょう？」

話の縮小と拡大で部屋に漂う不安が高まった。細かなところにこだわりすぎではないかと心配しはじめるロビイストもいた。来る公聴会で本題からそれて税法に関する細かな話に突入すれば、上院議員たちから「癪《しゃく》に障る〝知ったかぶり〟」と見られてしまうかもしれない。アップルは世の中のためになることをしているのであって強欲企業のように非難される筋合いはない、という社内の空気を反映してか、クックはロビイストの質問の一部にいらだちを見せた。公聴会での証言は無残な失敗に終わるかもしれないと、不安を募らせる人たちもいた。

数日後、クックは上院議員の一団の前に立ち、証言が真実であることを誓った。彼が着席すると、「（アップルの）幽霊会社は（中略）法律の抜け穴につけ込んでいる」といった冗長な前置きをレビンが始め、クックは無表情で耳を傾けた。その後クックは1時間以上レビンの質問攻めに遭い、その多くはアップルがアメリカでの租税回避のため海外に蓄えている現金の話へ戻っていった。

「一点だけお訊きしたい」レビンは言った。「我々が税率を下げないかぎり1000億ドルを本国へ持ち帰らないと、うちのスタッフにおっしゃったのは本当ですか？　間違いないですか？」

「そう言った覚えはありません」

「本当に？」と、レビンが問う。

「言った覚えはないと申し上げたんです」クックは無表情に繰り返した。

「税率を下げないかぎり利益を本国へ持ち帰る気はないというのは本当か、と訊いているんです」と、レビンは迫った。

「いまの税率なら、さしあたり本国へ持ち帰る計画はありません」と、クックは認めた。

レビンは欲しかった自白を得たかに見えたが、クックの話はまだ終わりでなかった。長い沈黙ののち、彼はこう付け加えた。「あなたのお話を聞くかぎり、いまの税率が永遠に続くかのようですが、世の中はどう変わるかわからないので、当方の計画を永遠に続けるつもりもありません」

公聴会の場にいたマーダーボードの面々は信じられない気持ちだった。レビンの追及に対し、クックは反撃に打って出ている。おだやかで、人の話に耳を貸し、敬意を払う人物が、アップルの税慣行を守るため一歩も引かない構えを見せた。特定の税法について話すのではなく、これだけは言ってこようとチームで合意した話を彼は貫いた――アップルはアメリカ最大の納税者であり、年間60億ドルの税金を納め、アイルランドに海外利益を保管しているのは、数十年前に現地工場でコンピュータ製造を開始したことに端を発しているからだ、と。この瞬間、彼は「ジョブズが決めた後継者」から「アップルに必要なＣＥＯ」へ変貌を遂げた。

ロサンゼルスではＣＭを考え出す挑戦が続いていた。メディア・アーツ・ラボはティム・クックとジョニー・アイブに提示できる構想を仕上げるべく、猛然と作業に取り組んでいた。アップルとサムスンとスマートフォンの未来に関する世間のイメージを一新するには、夏の発表に合わせてキャンペーンを完成させる必要があった。

早春、クックは進捗状況を確かめるためマーコムの会議室へ足を踏み入れた。代理店のメンバーといっしょに親会社ＴＢＷＡ／ワールドワイド会長のリー・クロウがいるのを見て、彼は顔をほころばせた。過去２回、アップルのブランドを若返らせた実績の持ち主だ。ひとつはクックがデューク大学で研究した「１９８４年」、もうひとつは「シンク・ディファレント」。彼がまた再生の一翼を担ってくれるのだ。クックは胸を撫で下ろした。

　意思決定者の一団――クックとアイブとマーコムチーム――がテーブルに着くと、スクリーンに映像が映し出された。白を背景に、地面に植えた種が若木となり、巨大な林檎の木に成長するところがアニメーションで描かれていく。その成長とともにナレーターが語った。

見つけたときより、良いものを残す。最初は突拍子もない考え。少しましにする。簡単ではなくなっていく……。祝辞が寄せられる。あなたは大きく成長する。あなたと世の中の関係は変わるだろうと、みんなは予測する。でも、自分のアイデアに忠実であれば、変わる必要はない。……ここを見つけたときより良い場所にし、他人に同じことをしたいと思わせる何かを作る。ただそれだけでいい。

　アニメーションが消えていき、アップルのロゴが浮かぶ。ＣＭが終わると、アップルのチームは同意のうなずきを送った。クックはこのメッセージに感銘を受けた。アップルが大きくなるにつれ、その責任も変わった。マイクロソフトに成り代わろうと立ち上がった喧嘩《けんか》っ早い負け犬が、巨大なテック系企業に成長し、その過程であちこちから標的になった――アップルの外部業務委託《アウトソーシング》に関する記事でピュリツァー賞を受賞したニューヨーク・タイムズ紙から、有害化学物質を使っていると攻撃してきた国際環境ＮＧＯグリーンピースまで。クックはそのイメージを覆したかった。

「とても気に入った」と、クックは言った。

　代理店はもうひとつ用意していた。甘いメロディが部屋に流れ、白い画面に置かれた４つの黒い点が鉛筆の筆遣いのようにアニメーション映像を動かし、四角形や八角形や円を描いていく。音楽が高まり、画面に1行また1行と言葉が現れては消えていった。

もしみんなが
あらゆるものを作るのに追われていたら
完璧なものを作り上げることなどできるだろうか?
私たちは勘違いし始めている　便利さこそが
楽しさだと
種類の多さこそが選択肢の多さだと。
何かをデザインするときに求められるのは
フォーカス
私たちが最初に問うことは
人がそこから何を感じるか?
歓《よろこ》び
驚き
愛情
つながり
そして私たちは手を動かし始める　その意図に沿って
それは時間のかかること……
数えきれないほどの「NO」が
ひとつの「YES」の前にある。

シンプルにする
完璧にする
一からやり直す
手がけるすべてのものが
それを手にする人の暮らしを
輝かせるまで。
その時はじめて　私たちはサインを刻む。
Designed by Apple in California

あまり興奮を表に出さないアイブが真っ先に口を開いた。「すばらしい」彼は言った。「これこそ私たちだ」

クックがうなずく。「私も気に入った」

ビンセントとメディア・アーツ・ラボのチームはこのコメントに救われた。「意図《インテンション》」と題されたこのCMは、アップルに浸透しているアイブの哲学を、印刷物やテレビ広告を含めたマーケティングの構想に反映させようとした努力の賜物《たまもの》だった。アップルはなんのためにあるのか世界に思い出してもらい、ジョブズ亡きあともアップルはアップルらしさに忠実でいるのだと、人々にまた信じてもらいたい。

キャンペーンの可能性を議論するなかで、クックはメディア・アーツ・ラボがアップルにすばらしい選択肢を与えてくれたことへ喜びを表明した。だが、「見つけたときより、良いものを残す」のほうは、アップルによる外注業者の扱いへの批判やエコロジカル・フットプリントへの監視が非常に厳しいいま、偽善者とのそしりを受ける懸念があった。「インテンション」のようにデザインとデバイスに焦点を当てればそのリスクを回避し、「アップルのマーケティングで大切なのは製品」というジョブズの信念に敬意を払うこともできる。

「〝見つけたときより、良いものを残す〟は社内で使ってみよう」と、クックは言った。この言葉はクックお気に入りの言い回しになり、拡大を続ける帝国のスタッフを奮起させる言葉になった。

サンフランシスコのモスコーニ・センターで照明が暗くなり、満場の観客が静かになった。6月の月曜日の早朝、毎年開催されるＷＷＤＣの会場には５０００人の開発者が詰めかけていた。クックが舞台の袖から見守るうち、巨大スクリーンにメディア・アーツ・ラボの「インテンション」のＣＭが映し出された。ピアノの音とスクリーン上を動く形状が、やがて「歓び」「驚き」「愛情」「つながり」という心を打つ一連の言葉に変わった。

集まったファンボーイたちから拍手と口笛、はやし立てる声が沸き起こった。短い白髪をきれいに分け、カジュアルなボタンダウンシャツに身を包んだクックが笑顔でステージに上がった。「ありがとう」と、彼は言った。観衆の歓声がいっそう高まる。

「気に入っていただいて、本当にうれしい」クックは言った。「いまの言葉は私たちにとって、とても大切なもので、本日のショーにそれが反映されていることがおわかりになると思います」

ジョブズが亡くなってからの20カ月で、彼のステージ上での存在感は増した。六十数カ国から観客が集まり、3分の2は初参加である点を彼は誇らしげに指摘し、彼らに力強く語りかけた。18分間ステージにとどまり、アップルは批評家やサムスンが示唆するよりずっと健全な状態にあると主張した。ベルリンに新しい店舗をオープンし、Ｍａｃの販売が好調で、新しいソフトとハードも発売する。

ここで初めて、クックはｉＰｈｏｎｅの最新ソフトｉＯＳ７に関する映像にキューを出した。ナレーションはアイブが務めた。前のほうに座っていた彼は、ソフトウェアデザインチームの指揮という以前より大きな役割を担ってきたが、それでも販促用スピーチを行う社の伝統は頑《かたく》なに拒んだ。彼は７分間の映像を事前に録画していた。エンジニアの開発した半透明のコントロールセンター、洗練されたタイポグラフィ、一新されたアイコン、大胆な新しい色彩が紹介されていく。映像は哲学的な内容から始まった。

「私たちは常々、デザインとは見た目だけの話ではないと考えてきました」アイブは語った。「デザインとは製品全体であり、さまざまなレベルでそれがどう機能するかです。複雑なものに秩序を与えることが大切なのです」

アイブのソフトウェアへの取り組みはすぐハードウェアへの取り組みへ移行した。サムスンの宣伝攻撃を受けたあと、クックやシラーたちはジョブズなしでイノベーションを起こす能力があるのか問われることにうんざりしていた。彼らはイベントの慣習を捨て、ジョブズが避けていた「出荷準備が整う前に新製品を公表すること」で批評家に反証しようとした。

「いつもはこういうことはしないのですが、みなさんは大切な聴衆ですから」登壇したシラーが語った。「私たちが取り組んでいるものを、こっそりお見せしたいと思います」

背後のスクリーンに「ＭａｃＰｒｏ」の文字が浮かび上がった。革命的で斬新なコンピュータであると彼は紹介した。スクリーン上で暗い球体から白い光が揺らめいた。円筒形の黒いコンピュータをカメラがパンするうち、ゆっくりとどろいていた音がヘビーなギターと強烈なドラムに取って代わられた。シラーは観衆の歓声にうなずき、唇を噛みしめた。

「もうイノベーションなんて起こせねえよ」打ちのめされた運動選手のように、シラーがつぶやく。彼が気取ったようにステージを歩き回り、巨大スクリーンに映し出されたコンピュータの画像を見上げて、いかにも自信なげに台本にない台詞を口にすると、観客は大笑いした。

数カ月後、件《くだん》のコンピュータが発売されたとき、顧客の関心はアップルが期待したほどではなかった。発売当初に2万台ほど売れたあとは注文が急に落ち込み、生産数を減らすはめになった。社内では「失敗したごみ箱」と呼ばれることになった。

iOS7の評価はさまざまだった。ニューヨーク・タイムズのデイビッド・ポーグはiPhoneの「煩わしさを解消する」デザインであると称賛し、IT系ニュースサイト、テッククランチの評者は「より使いやすく、より楽しみやすい」と評価した。しかし、ユーザーから新しいタイポグラフィが一部ずれているとの指摘があり、色は明るくなったがバッテリーの消耗が早いという批判が出るなど、顧客の不満は高まった。

「Designed by Apple in California」と銘打ったブランドキャンペーンの効果もいまひとつだった。より抽象的な「インテンション」に代わってアップルが打ち出したCMでは、デバイスをクローズアップした。マーケティング責任者のシラーが好む類いのイメージだ。iPadで勉強するアジアの生徒たちの教室、iPhoneで自撮りをするカップル。ナレーターがこう言う。

これだ。これこそが大切なんだ。プロダクトがもたらす体験。人が何を感じるのか。生活をより良くするのか。存在する価値があるのか。私たちは、数少ないすばらしいものだけに時間を注ぎ込む。手がけるすべてのアイデアがそれを手にする人の暮らしを輝かせるまで。あなたは

気づかないかもしれない。けれども、いつも感じ取っているはずだ。これが私たちのサイン。
それはすべてを語る。

視聴者の評価は全企業平均を下回り、いつもの高評価にはほど遠かった。ニュースメディア、スレートの批評家は「Designed by Doofuses（ドジなやつら）in California」と題する記事で、このコマーシャルには「根底に横たわる傲慢さ」が透けて見え、それは自分たちを「高く評価しすぎている」証拠だと書いた。

この批評はこたえたが、マーコムチームにはたしかにとうなずく者もいた。ほかの会社ならすばらしいスポット広告だろうが、アップルとしてはB評価だと。

アップルの蓄えている巨額の現金に上院が当てたスポットライトは、ウォール街の強欲な鮫《さめ》たちを引き寄せてきた。サムスンにスマートフォンのシェアを奪われ、アップルの株価は低迷していた。投資家は配当金を欲していた。２０１３年8月、カール・アイカーンはツイッターで、自分はアップルの株式を大量に購入していて、クックと直接電話で話をしたと喧伝した。アイカーンのメッセージは明白だった。アップルは低迷している株価を自社株買いで上げる必要がある。

元祖企業乗っ取り屋のアイカーンは１９８０年代、ＴＷＡのような経営不振に陥った企業の株式を買い集め、コスト削減と資産売却を迫る手口で名を馳《は》せた。分析に頼らず直感に従い、経営陣が耳を貸さないとマスコミを使って自分の言い分を述べた。知恵と恫喝《どうかつ》で１８０億ドルもの個人資産を築いた。

この活動家の圧力はクックに難問を突きつけた。ジョブズは株主への現金還元を考えていなかった。1996年にアップルが倒産しかけた経験から、不況のときに会社を助け、必要な事業に再投資できるような宝箱を築くことのほうを好んだのだ。

クックはジョブズほど独断的ではなかったが、前任者の影響は免れない。CEOに就任した年、彼は100億ドルの自社株買いに出た。2013年にはそれを600億ドルに増額した。20億ドル相当の株式を購入していたアイカーンは3倍近い1500億ドルへの引き上げを要求した。

アイカーンのキャンペーンは彼の通常の戦略から逸脱していた。アップルの経営はしっかりしているがウォール街では過小評価されていると、彼は考えた。株を買い戻せば1株当たりの利益が増え、株価は3分の1くらい上がると彼は皮算用した。

しかし、クックはこの男の姿勢が不安だった。どう対応したものかわからない。緊張を乗り切るため、彼はウォーレン・バフェットに助言を求め、ゴールドマン・サックスに協力を仰いだ。

その後、アイカーンはセントラルパークを見下ろすニューヨーク5番街の豪華マンションへクックを夕食に招いた。クックは誘いに応じて顧問たちを驚かせた。ジョブズなら一顧だにしなかったというのが大方の見方だった。創業者でなく、経営学修士課程で鍛えられた企業管理人のクックには、アイカーンの提案の賢明さが理解できたのだ。

9月30日の夜、クックはCFOのピーター・オッペンハイマーといっしょにアイカーンのマンションを訪れた。彼はアイカーンのあとに続き、金融界の巨頭が暮らす53階の一室のテラスへ出た。公園の暗闇が、きらめくアッパー・ウエストサイドの街の灯に縁取られていた。肩肘張らず言葉を交わしたところで、アイカーンがクックを室内へうながし、3時間のディナーはアップルのロゴをかたどったシュガークッキーのデザートで締めくくられた。アイカーンは食事をしながら自分の言い分を主張した。

「ティム、きみはこんなにカネを持っているんだ」彼は言った。「株を買い戻したほうがいい。アップル株はすごく安く売られている」

アップルがアメリカでの課税を逃れるため、1000億ドル以上の資産を海外に保有していることを、アイカーンは知っていた。それを担保にカネを借り入れ投資家に還元することを彼は提案した。アメリカの税法が変わったときに海外から現金を戻し、負債を返済すればいい。

クックは多くを語らなかったが、企業乗っ取り屋に会話の主導権を握らせて、このアイデアを受け入れているような印象を与えた。話にじっと耳を傾け、うなずきを送る彼を見てアイカーンは、この男は自社株買い戻しのキャンペーンを高く評価しているという確信を得た。

夕食後、アイカーンは自社株買いの資金を借金で賄うよう求める書簡をアップルに出した。結局、同社は自社株買い計画を600億ドルから900億ドルへ引き上げた。アイカーンはもっと上げろと要求した。いっぽうゴールドマンはアップルのため、同社が自社株買いに使える数十億ドル相当の債券の確保に取り組んだ。

この資本の買い戻しでアップルの株価が上昇したため、アイカーンは静かになり、最終的に株を売って18億3000万ドルの利益を得た。クックは抜け目なくアイカーンの助言を受け入れ、前任者なら考えもしなかった方法で株価の上昇を実現した。

夏が秋に変わるころ、クックは経営陣にもう一人、協力者を加える仕事に奔走した。リテールチームの責任者が1年前から空席で、アイブがスマートウォッチの開発を進めていることもあり、新製品の立ち上げに貢献できる人物を見つけるのが急務だった。ただ、前回の採用で大きな失敗を犯していた。

フォーストールとともに解雇されたジョン・ブロウェットは採用後わずか数カ月しかもたなかった。イギリスの家電量販チェーン〈ディクソンズ〉の元社長は、クックの後押しでコスト削減に着手して小売店スタッフの怒りを買い、アップルの店舗でも小さな反発を招いた。店舗の効率化を図りたいクック自身の長年の願いから始まったコスト削減施策だったのだが、ＣＥＯは社の文化に合わないとしてこの有名人を切り捨てた。

アイブがウォッチづくりを進めていることもあり、クックは家電量販店ではなく高級ファッションブランドに近い人材を探す必要があった。アップルはそのころ、バーバリーのＣＥＯアンジェラ・アーレンツと手を携え、秋のファッションショーの撮影用に発売前のｉＰｈｏｎｅ５ｓを何台か提供した。ファッションとテクノロジーを融合させる想像力に富んだアイデアは、アップルのウォッチ発売に貢献するだろう。

バーバリーの売り上げを3倍にしたアーレンツは経営者としての手腕に定評があり、アイブの長年の友人でバーバリーの主任デザイナーでもあるクリストファー・ベイリーとともに同社を統括していた。ワイヤレス業界からの打診を断ったアーレンツを、クックはインフィニット・ループへ誘った。

アーレンツ本人に適任者であることを説得するには少し時間がかかった。とりたててテクノロジーに興味があるわけではなく、座るならエンジニアの横よりファッションデザイナーの横のほうが居心地がいい。その点は心配ないと、クックは請け合った。

「エンジニアなら何千人もいる」クックは言った。「私が探し求めているのはそこではない」

10月にクックがこの採用を発表したとき、アーレンツは男性ばかりの経営陣に才能が加わったとして歓迎された。カリスマ性があり、外向的で、世界中に散らばるストアスタッフ4万人のモチベーションを上げるには最適の人物と受け止められていた。人目を引く青い瞳、薄茶色のブロンドヘア、クロゼットにはシックな服が詰め込まれている。その評判とファッショナブルな装いが蜃気楼《しんきろう》を作り出したのだ。実際の彼女は内向的でシャイだった。

着任当初のある日、アップル本社のリテールチームが建物のドアの前に2列で並んでいた。彼女がドアに近づくと彼らは歓声をあげた。アップルでは店に客が入ってきたとき、大きな拍手で迎えることがある。そんなストアスタッフの習慣に沿った歓迎だったのだが、アーレンツは建物に足を踏み入れたとたん固まってしまった。

仕事熱心な新たな部下たちが作った通路を歩くどころか、彼女は回れ右して姿を消してしまったのだった。

9

クラウン

The Crown

プロジェクトは山積みだった。2013年、テイストメイカーとしてアップルに君臨する男の注意は、ウォッチのデザインからソフトウェアのデザイン、そして写真集『Designed by Apple in California』まで、いつなんどき、どの方向へ向けられるかわからなかった。新本社ビルの着工にともない、アイブの仕事はどんどん増えてきた。建築デザイン、建築資材、建設計画の監督も兼任していた。完璧主義者の彼だけに、どれも重荷となる。クリエイティブ・パートナーのジョブズの力を借りずに全部を一人でこなすのはあまりに酷だった。

時間の感覚がおかしくなってきた。

自由放任的なデザインチームの中で、アイブはもっとも堅実かつ予測可能なメンバーだった。毎朝、同じ時間にスタジオへ来て、帰るのは仕事がすんだと感じたときだ。月、水、金の週3回、デザイン会議を開き、月の引力が潮に働きかけるように、デザイン集団の仕事を少しずつ前へ進めていった。だが、ソフトウェアや建物への責任が増すにつれてスケジュールは流動的になり、彼がいるのかどうかの予測がつきづらくなってきた。

パラドックスは避けられなかった——世界一正確な時計を生み出そうとしているとき、アイブと時間の関係はほころびかけていたのだ。

ウォッチのデザインを考案したあと、アイブとニューソンの注意は、ミュージシャンのボノから依頼された慈善オークションへ向かった。U2のフロントマンはこのデザイナー二人をドナテッロとミケランジェロに喩え、アフリカのエイズと闘う慈善団体（RED）の資金を募る活動に引き込んだ。初めての仕事にありがちなことだが、アイブとニューソンは自分が何をしたいのか、どうすればいいのかわからないままこのプロジェクトに臨んだ。彼らはよくできた製品を少しずつ集めていき、最終的に「RedPops for（RED）」というスタインウェイのパーラーグランドピアノ・モデルAや、アイブとニューソンがデザインして赤いクーラーに入れた1966年製ドンペリニヨンのマグナム瓶、エアストリーム社の特注キャンピングトレーラーなど、さまざまな製品をデザインした。自分たちの大好きなもののコレクションに、二人はこの世でただ1台のライカ特注カメラを加えた。

ライカをデザインしたのには現実的な理由もあった。テクノロジー製品で社会を変えたデザイナーと、インダストリアルデザインを芸術の域に高めたデザイナー、世界のトップ二人によって生み出された1台は、この世にふんだんにあるどの製品よりチャリティでの集金力があるだろう。しかし、アイブの心に訴えたのはその異質性だった。大衆向けデバイスの開発に慣れている人間が、一人しか使えないデバイスに同等のエネルギーをそそぐという不調和に面白さを感じたのだ。ライカは世界でもっとも早くからコンパクトカメラの製造で名をとどろかせた。レンジファインダーデジタルカメラのヒット商品を生み、黒い金属製の筐体が特徴だった。アイブはティム・クックの支援も得て、ライカの伝統である黒い外装を取り払い、銀色のＭａｃＢｏｏｋＡｉｒのような、つややかでシンプルな筐体に置き換えた新しいカメラのプロジェクトを立ち上げた。そしてこれをアップルのプロジェクトと同列に扱った。ミクル・シルヴァントとバート・アンドレのデザイナー二人をリーダーに据え、プロダクトエンジニアのジェイソン・キーツが部品と組み立てを担当した。デザインスタジオでこのカメラ用にテーブル1台の上を片づけ、何百万台と売れるｉＰａｄやｉＰｈｏｎｅ、Ｍａｃの専用テーブルと同じように、ひとつだけ物体を置いた。

アイブとニューソンが考案したデザインには、カメラケースをアルミニウムの塊から切り出す必要があった。コンピュータ制御の機械で外装に六角形のパターンをレーザー刻印し、初期のライカを包み込んでいた黒いレザーを思わせる繊細な質感を出してはどうかと、二人は提案した。

プロジェクトは数週間で完成の見込みだったが、すぐに問題が見つかった。元々のライカは貝殻のように開閉し、中にデジタル部品が押し込められていた。一体型ケースを作ろうとすると、回路基板から操作スイッチまでカメラ内部のパーツを作り直し、それをすべてボディに落とし込まなければならない。

試作機1号が完成すると、アイブはガラス張りのオフィスを出て、テーブルへ点検に向かった。銀色に輝くカメラを手で回し、任天堂のコントローラーに似た本体背面のトグルボタンを指でなぞる。カメラのディスプレイに表示されるデジタル写真をスクロールするためのものだ。だがこのボタンが気に入らなかった。出っ張りが大きすぎる。アルミケースと同じく、つまみも平らでなめらかなものにするようチームに命じた。

「完璧を期せ」

生易しい要求ではなかった。キーツは何日かかけてリアトグルの両側にマイラーと呼ばれるポリエステルフィルムを挟み込み、ボタンの出っ張りを外装ケースとほぼ同じ高さ、判別に必要な最小限度まで抑えた。

アイブが満足するまで、カメラのデザインには9カ月を超える時間と561種類のモデルが必要になった。アップルの推定で55人のエンジニアが計2100時間を費やしている。この製造技術の一部はＭａｃＢｏｏｋのスピーカーのレーザー刻印プロセスなど、その後のアップル製品に再利用された。キーツは最終的な組み立てを手作業で行い、ドイツへ出向いて、ライカのエンジニアたちにカメラの動作を確認してもらった。

完成後、アイブはクックを招いて製品を見てもらった。ジョブズの死後、アップルの中核を担うデザインスタジオと経営部門の距離は広がっていた。連日スタジオに足を運んでいた前任者と違い、クックが商務の中心「神の居城《ヴァルハラ》」から創造の中心「至聖所」へ足を踏み入れることはめったにない。

アイブはクックをテーブルへ案内し、磨き上げたアルミ製カメラを掲げた。彼は目を輝かせて、柑橘類の皮むき器のように外装をくぼませたレーザー刻印について説明した。目立った色は、前面のライカのロゴの赤と露出ダイヤルのＡｕｔｏの〝Ａ〟など、細かなところに（ＲＥＤ）のオークションを彷彿させる赤色がいくつか使われた。

クックはアイブの肩越しに目を凝らして無表情にうなずいた。スタジオの反対側から見ている人たちは、子どもが作ったレゴの完成品を見る親のようだと思った。クックの目はｉＰｈｏｎｅやｉＰａｄ、Ｍａｃなど、実際に会社のマネーを生み出している製品が置かれた近くのテーブルを見渡していたよ、と冗談めかす者もいた。

クックが帰ろうとしたときも、アイブはまだカメラに夢中だった。クックの滞在はわずか5分ほどで終わった。

チャリティの仕事を終えたアイブのチームはウォッチづくりに注意を転じた。アイブとニューソンが手がけたデザインは会社が前進するために必要な方向性を提供し、アイブはアップル首脳にニューソンをより正式な形でチームに迎え入れるよう働きかけて、このオーストラリア人の仕事に報いた。ニューソンを迎える責務はアップルのM&A（合併・吸収）チームに託され、独立デザイナーを一社員でなくひとつの会社と評価する高額の契約がまとまった。

アップル製品でもっとも人の情感に訴えるウォッチを作りたいというアイブの願いを、チームはバンドの装着法を考え出すことでかなえた。同じ文字盤を大量生産しながら、色や素材を変えることでデバイスをカスタマイズできる「交換可能なバンド」をたくさん作ればいい。デザイナーたちは週ごとに会議を重ね、シリコンや革や金属でバンドを作ることにした。素材ごとに主任デザイナーを決め、人事採用担当者に依頼して専門家を雇ってもらった。

革バンドには、ソフトな素材を扱う技術者たちが新たにチームを組んで、理想的な素材を提供する皮なめし工場を世界中から探した。イタリア、フランス、イギリス、デンマーク、オランダから茶色い牛革の材料見本を取り寄せ、それを精査して、皮膚線条《ストレッチマーク》や傷のない革を見つけだした。去勢雄牛からフィレミニヨンを切り出す精肉業者のように、完璧な部分を見本から切り取った。しかるのちに、スタジオのオーク材のデザインテーブルに完璧なサンプルを並べ、改めて論じ合った。

アイブは切り取られた茶色い革を、羽毛を手に取るときのようにそっと持ち上げた。「これは美しい！」と、興奮ぎみにつぶやく。人差し指で表面をなぞり、なめらかさを確かめる。見本を折り曲げてしなやかさを確かめ、しわのでき方を調べた。宝石鑑定用の顕微鏡で皮革のしわ《シボ》の表面を観察し、しみや欠陥がないか確かめる。最後に、革を元の場所へ慎重に戻し、次のサンプルに移って同じ作業を繰り返した。

この年、アイブは何十回とこういう会議に出て、表面にシボ加工をほどこしたサンプルや、植物タンニンなめしならではの風合いを持つサンプルを評価した。最終的に、1803年創業のフランスの老舗工場から取り寄せた黄褐色のなめらかなトップグレイン皮革と、イタリアの工場から取り寄せた小石模様がついた真珠色の革、オランダの工場から取り寄せた繊細なシボのついた黒革が選ばれた。材料見本には薄く繊細であることを求め、エンジニアは耐久性を高めるために一部の見本と見本の間に薄板を挟んだ。

ミラネーゼループと名づけたなめらかでしなやかなステンレススチールのバンドにも、同じような過程が投入された。金属を織り合わせて織物のように繊細なウォッチバンドに仕立て上げる方法をチームが見つけるまで、アイブはあきらめなかった。シリコンバンドの色の選択にも同じく細心の注意が払われた。このデザインはニューソンが腕時計ブランド、アイクポッドで手がけ、金属ボタンを穴にピン留めすることでサイズの調整を可能にした作品を彷彿させた。

こうして、ウォッチ本体に負けないくらい考え抜かれ、精査し尽くされたシングルバンドが完成した。

アイブの仕事はまだ終わっていなかった。彼はデザインチームの考えを分子レベルまで引き上げた。

何年も前から、自分たちが使う素材について、チームの理解を深めてきた。この取り組みが本格化したのは2004年、iMacのアルミ製スタンドに見られたかすかな黒い筋の制御に乗り出したときだ。iPhoneに宝飾品くらい洗練された音量ボタンを創り出そうとした何年かで、その勢いは加速した。前者はアルミ素材へのこだわりの一例で、アップルをサプライチェーンの奥深くまで入り込ませ、アルミ合金に含まれるマグネシウムや鉄などの割合を指示することで筋を最小限に抑えられることがわかった。後者はアイブの洗練へのこだわりの一例で、２０１０年ごろ香港の時計見本市を訪れ、ウォッチの縁にぴったりの小さなボタンを作るために道具の出展者を評価したことが成果につながった。時が経つにつれて、デザインチームは建部《たてべ》正成《まさしげ》ら素材の専門家に頼ることが増えてきた。建部はプラスチックや金属内の分子の絵をホワイトボードに描き、デザイナーは素材の特性が色や反射光に及ぼす影響について質問を投げた。

　アイブは年月に培われた知見から、さまざまな素材でウォッチの本体を作ることで、装身具を自分好みにしたい人の選択肢を増やしてはどうかと提案した。素材の選択の幅を広げるため、アップルはシカゴ都市圏に本社を置くケステック・イノベーションズの一部を買収した。特注の合金をコンピュータ設計する事業の草分け的存在だ。レースカーやロケットに使われる鋼鉄の特許を取っていて、アイブは独自のゴールドの開発にこの会社の力を借りたかった。

　当初からアイブは、アップルはゴールドのウォッチを作るべきと強く主張し、それを製品ライン全体の後光に見立てていた。ローズゴールド色と伝統的な金色の2種類を提案した。この構想にアップルのプロダクトデザインのエンジニアたちは恐れおののいた。素材とハードウェアコンポーネントとソフトウェアを組み合わせて製造可能な製品にする責任は、彼らが負うことになるからだ。ゴールドは高密度だが柔らかく、簡単にへこんだり傷がついたりすることも知っていた。1万ドルのウォッチについた軽微な傷に高額な返金を求められる場面が目に浮かぶ。そのリスクを排除するため、彼らはより丈夫で耐久性の高いゴールドの設計努力に着手した。

　この仕事はコンピュータで頑丈な金属を形にするケステックのチームに託された。標準的な18金は75パーセントが金で、残りの25パーセントは亜鉛やニッケルといったほかの金属だ。金の強度は後者の割合で決まる。アップルのエンジニアはローズゴールドと従来的な合金の組み合わせを考え出した。合金には銅や銀やパラジウムが含まれる。この贅沢な金属を流し込んで金の塊を作り、それを削り出すことでシングルボディの本体《ケース》ができる。しかしアイブが喜んだのは、従来の金に比べて強度が2倍と、豪華さに耐久性が加わる点をエンジニアが保証してくれたことだ。

　アイブがウォッチに抱いた夢はジョブズの理念のひとつに抵触した。１９９７年、ジョブズはアップルに復帰するや、同社が作っていた製品の7割を廃止し、ホワイトボードに４つの正方形を描いた。四角いマスに「消費者」「プロ」「デスクトップ」「ポータブル」と書き込み、それぞれにひとつ、合計４つの「すごい製品」を作る必要があると言った。「何をしないか決めることは、何をするか決めるのと同じくらい重要」という彼の哲学がそこに反映されていた。ウォッチでアイブはその限界に挑み、２種類のサイズと何色かの色に、複雑なバンドが付いた３つのケースを開発した。個人がカスタマイズできる可能性を追求した結果、54の異なる組み合わせが生まれた。アイブは焦点を絞るのでなく、より多くの意思決定が必要になる幅広い選択肢の創出を推し進めた。

　経営サイドには従業員数の増加を力の増大と見る向きもあったが、アイブにとって社の膨張は頭痛の種だった。人数の増加は自分の独創的アイデアの妨げになりかねない。ウォッチのさまざまな要素を管理するため、スタジオに流れ込んでくるエンジニアや運営スタッフの数がどんどん増えてきた。プロダクトマーケティングチームは５色の低価格モデルでｉＰｈｏｎｅの多様化を推進した。新顔たちはクック率いるバックオフィスが管理運営とコストについて抱く不安を、神聖なスタジオへ持ち込んできた。アイブの不文律が破られはじめたのだ。

　２０１３年に開かれたウォッチケース会議で、デザインを指揮するジュリアン・ヘーニッヒとリコ・ゾーケンドーファーは、予算と納期の厳守を旨とするオペレーションスタッフに囲まれていた。彼らはデザインスタジオのキッチン近くでオーク材のテーブルを囲み、プレゼン用スライドを印刷した束を回覧していた。ヘーニッヒとゾーケンドーファーが書類をパラパラめくると、そこにはコスト削減のためにウォッチのクラウンに安価な製造技術を用いる細かな提案が書かれていて、二人はギョッとした。デザインチームはコンピュータ制御されたCNC工作機械で他の追随を許さないくらい正確に削り、より美しく現実的なクラウンを作りたいと考えていた。ところがオペレーションスタッフは、数百万ドルの節約が可能な低価格のレーザー加工機を提案してきた。

「それではアップルじゃない」と、ゾーケンドーファーが言った。

「それはサムスンがやることだ」と、ヘーニッヒが言い添えた。

同席していたプロダクトデザイナーたちは警戒心を隠すよう努めた。その提案をアイブがどれほど嫌がるか、彼らは知っていた。アイブの留守中にひとつの気づきがあった——デザインの神殿に両替商たちが入り込んできたのだ。

インフィニット・ループのアップル本社からHP（ヒューレット・パッカード）旧本社までは距離にして3キロ強、車で10分もかからない。アップルは2010年、3億ドルでこの40万平方メートルに及ぶオフィスパークを購入した。当時は帯状に広がる低層ビルを堀状のアスファルト駐車場が囲んでいた。ここをなだらかな丘と、高くそびえるオークの木々、そして世界有数の建築事務所フォスター＋パートナーズが手がける新本社ビルに置き換える計画だった。

２０１３年末、アイブは再調査のため、ＨＰ旧本社にやってきた。１年前の起工以来、定期的に足を運んでいた。周囲には土と崩れたアスファルトの荒れ地が広がっていた。その瓦礫《がれき》からさほど離れていないところに、未来のアップル本社となる一区画の1階建て試作品《プロトタイプ》があった。本社ビルは28万平方メートルほどの曲面ガラスが円を描く、空飛ぶ円盤のような近未来的な外観になる。V字形に切られたパイのひと切れのような、鉄とセメントのプロトタイプが活動の中心地になっていた。ここでアイブは未来のアップル製品と同じように、キャンパスのすべての要素を注意深く見直し精査した。

　このプロジェクトに特別な責任を感じていた。２００４年、アイブはジョブズとロンドンのハイドパークを散歩し、大学の中庭のような、共同作業向きの開放的な新社屋の建設をＣＥＯと夢想した。ジョブズの生前に最終デザインの承認は得ていた。円形４階建ての内側にフットボール場３面分の中庭。ジョブズの厳しい審美眼にかなうようプロジェクトに確実を期す仕事は、アイブの双肩にかかっていた。

　アップルのリテールチームが何カ月か、アイブに見てもらうガラスのサンプルを求めて世界中を探し歩いていた。オフィスビルに透明なガラスを入れるのはさほど難しい作業に思えないかもしれない。透明でありさえすればいいのなら、不動産開発業者も面倒がったりしない。しかしアイブは透明度が充分か、１枚１枚確かめると主張した。

　ヨーロッパとアジアから取り寄せたガラス見本を、アイブはチェックしていった。見つけたかったのは、透明度が高く、社員の幸福感や生産性を高めるはずの自然光をオフィスに満たしてくれるガラスだ。最終的に彼が選んだのは、信じられないくらい透明度が高く比較的薄い、厚さ12ミリのガラスだった。これを２枚重ねることで騒音を最小限に抑え、建物内の温度を制御できる。

　いまここを訪れているのは、天蓋の着色ガラスの選択肢を審査するためだ。この天蓋が各フロアから帽子のつばのように突き出て、カリフォルニアの日射しから内部を遮ってくれる。次から次へと見本を見ていくうち、世界一鉄分の含有量が少ないガラス板が出てきた。検分してみると緑の色合いが気になった。暖色系より寒色系を好むアイブは天蓋の色をｉＰｏｄのような白にする可能性を問うた。

この要求が、透明なガラスに色をつける方法の発見競争に火をつけた。建築家とエンジニアがたどり着いたのは、ガラスの天蓋にシリコン加工をほどこして本来の緑の色合いを隠すという解決策だった。その結果、建物の周囲をすりガラスのようなフィンが取り囲み、ウェディングケーキのようなピュアな外観を実現した。

インフィニット・ループに戻ったアイブは集めてきた10人ほどのソフトウェアデザイナーと毎日のように顔を合わせ、ウォッチの仕組みの開発に取り組んだ。物理的なデザインが決まらないと製品づくりが前へ進まないのと同じで、人とウォッチの関わり方が決まらないと市場には出せない。

このプロジェクトにアイブが負っている重い責任を象徴するかのように、10人構成のソフトウェアチームは、彼のオフィスのすぐ近くのデザインスタジオ内に配置された。３×３メートルの空間にスケッチやイラストを貼ったタックボードを置き、ソフトウェアのイメージを作り上げていく。

アイブも定期的に立ち寄っては進捗状況を評価し、提案をした。目標は、手首にはめる小型ｉＰｈｏｎｅを生み出すことにあった。親しみやすくありながら、斬新でなければならない。ｉＰｈｏｎｅで生み出されたマルチタッチ技術の延長線上にありながら、ｉＰｈｏｎｅより小さい１・５インチの画面に合わせせる必要があった。アイブはクラウンで操作できるホーム画面が欲しかった。

初期コンセプトはイムラン・チョウドリからもたらされた。イギリス人のチョウドリは頭髪を剃り上げ黒いＴシャツとジーンズを愛用するヒューマン・インターフェースの魔法使いで、ｉＰｈｏ neを成功に導いたマルチタッチという革新技術の中核を担って名を上げた。彼は従来的な時計の文字盤の丸い形に敬意を表し、小さなアプリのアイコンを何十個か円形に並べたホーム画面を思いついた。クラウンを回すことでアイコンが大きくなったり小さくなったりする。

アイブは六角形にアイコンを配置するほうが好ましいと思った。ユーザーがアプリを加除してもバランスが取りやすい。チームもそのほうが見栄えがいいと思ったが、あとから投入されたソフトウェアデザイナーから、アイコンが小さすぎて使いづらいのではないかと心配の声も上がった。

試作品の開発が続くなか、チームはほとんどの作業を紙の上で行い、ベルクロのストラップを付けたｉＰｈｏｎｅでユーザーの使い勝手をテストした。ｉＰｈｏｎｅ上にウォッチと同じ大きさの画面を作り、デジタルクラウンを装備して、それがアプリのアイコンをどう拡大・縮小するかを評価した。小さな画面ではメッセージの打ち込みがしづらいので、彼らはクイックボードというシステムを開発した。基本的な返信ワード候補を提案してワンタップで選んでもらう機能だ。

メッセージの着信を知らせるため、プロダクトデザインチームと協力して、ユーザーの手首にバイブレーションを送るタップティックエンジンと呼ばれる仕組みも開発した。このコンセプトの実現は技術的な難題だった。エンジンは線形《リニア》共振アクチュエータで構成される。基本的には端に重りが付いたバネで、それが命令《コマンド》を受けてはずむ。携帯電話のバイブレーションが人の注意を引けるのは、蚊のたてる音と周波数が同じだったからだ。進化の過程で人間が気づきやすくなった音だ。だが、手首で蚊の音がするのは好ましくない。エンジニアたちは事実上振動音をなくし、手首の触感だけを残した。

新製品の開発を指揮するジョブズはもういない。クックはウォッチ実現の責務を負うデザイン、ソフトウェア、ハードウェアの各チームの指揮をオペレーションチームのトップ、ジェフ・ウィリアムズにゆだねた。ウィリアムズは各部門の代表が集まる委員会を定期的に開き、プロジェクトの展開図を描いた。この集団にアイブが創造の方向性を、ウィリアムズが監督の役割を提供した。

　オペレーション畑のウィリアムズにとっては不慣れな領域だ。アイブの構想の管理はジョブズとまったく感性の異なる人物の、不慣れな手にゆだねられた。上司のクックと同じくウィリアムズも大規模な製品製造の専門家だ。社内では「ティム・クックのティム・クック」と呼ばれていた。二人の共通点は履歴から体格にまで及んだ。どちらも工学の学位とＭＢＡを取得した南部人だ。長身痩軀《そうく》で、髪を短く刈り、細い目をしている。自分が話すより人の話に耳を傾けるストイックな性格で、質素倹約を旨とする。クックは10年間家を買おうとしなかったので、同僚たちに締まり屋と思われていた。ウィリアムズも同様の受け止め方をされていた。２０１２年の報酬総額が６９００万ドルへと激増したのにトヨタ カムリに乗りつづけていたからだ。

　ウィリアムズが最初に直面したのはハードウェアエンジニアリングの問題だった。インダストリアルデザインチームの取り組みが勢いよく進むなか、ハードウェアのエンジニアたちはウォッチの機能確定に頭を悩ませていた。心臓の状態を知らせる心電図のシステムや、電気皮膚反応と呼ばれる汗腺の反応でユーザーの落ち着きやストレス状態を知らせる計測器など、さまざまな機能が検討された。どの機能を搭載するか決まらないと、デバイスに必要なチップや部品が決まらない。仕事場が製品開発施設ではなく科学実験室に思えてきた。その結果、チームの士気が低下し、ユージン・キムというシニアエンジニアが一時的にグーグルへ移籍する事態にもなった。

　このままではまずい。ハードウェアチームの責任者ボブ・マンスフィールドはチームのトップマネジャーを自分の信頼する部下ジェフ・ドーバーに代えた。この人選でウィリアムズとの奇妙なコンビが誕生した。ドーバーはカリスマ性の持ち主で、依怙地《いこじ》なところがあり、ゲイを公言していた。P&Gのマスコットキャラクター、ミスター・クリーンのように頭髪を剃り上げ、口髭をカールさせ、左腕全体がタトゥーに覆われていた。１９９９年入社の彼は、かつてジョブズが「海軍に入るより海賊になれ」とのスローガンを掲げた同社の反骨精神を体現する人物だった。

ドーバーが最初にしたかったのは、グーグルからキムを呼び戻すことだ。元社員を雇用し直すことはおおよその会社でも当たり前に行われていたが、アップルでは不穏な考えだった。ジョブズは社員に徹底した忠誠心を求め、「競合他社に移籍した者は戻ってこられない」という不文律を貫いた。ドーバーはキムの復帰を提案したが、最初ウィリアムズは葛藤した。ジョブズのルールを守るべきか、長年トップに君臨した人物の影響を脱した証としてそれを捨てるべきか。最終的に彼は復帰を受け入れた。

ドーバーとキムはただちに、ハードウェアチームの混乱に秩序を与えようとした。納期を守れるか疑わしい機能、納期を守れないと判断した機能を削除した。その中には心電図や電気皮膚反応もあった。心電図には食品医薬品局（ＦＤＡ）の承認が必要で、お役所的な手続きに何年も時間がかかる。電気皮膚反応の機能は必要がないと思われた。自分が興奮していることを知らせるデバイスがなぜ必要なのか？　それくらい自分でわかりそうなものだ。

これらの機能が削除されたことでウォッチの健康管理機能は縮小し、そこからデバイスの存在意義に関する疑問が生じた。７兆ドル規模の医療産業への参入が、スマートウォッチ追求を正当化する理由のひとつだったからだ。ｉＰｈｏｎｅでアップルの年間売上高は１５００億ドル超へ引き上げられたが、同社は「健康」のような巨大産業で新たな売り上げを生む製品を開発する必要があった。健康機能を搭載することで「アップル製品は人々の生活を豊かにする」というクックの誓いに合致する、利他的な意味合いも持たせられる。だが、アップルが模索した健康構想はことごとく失敗に終わった。レア・ライト社から獲得した非侵襲的血糖値モニターまでが期待はずれに終わった。アヴォロンテ・ヘルスにいるアップルのエンジニアたちはレア・ライトの技術が思ったように機能しないことがわかり、独自の血糖モニタリングシステムを一から開発しはじめていた。10年近くかけて開発した血糖値測定システムは小型冷蔵庫ほどの大きさで、その小型化はまったく先が見えない。ほかのアイデアも、興奮をかき立てては失望に終わるという状況が続いていた。

アイブとウィリアムズを含めたプロジェクトのトップが集まる委員会で、がんを検知できるマイクロチップがあると主張している新興企業についての情報が提供された。命に関わる病気を発見できたら早期治療に役立てられると、アイブは高揚した。ほかの出席者も同様の熱意を抱いた。がんで亡くなったアップル社員はジョブズだけではない。事実上のエンジニアリング責任者だったマイク・カルバートも2013年の初め、この病気で亡くなっていた。しかし、陽性・陰性の誤情報を顧客に伝えることから生じる法律上のリスクや、アップルのデバイスが人々の手首を叩いて「あなたはがんで、死ぬかもしれない」という暗い知らせを運ぶ「運命伝達機」になったらブランドにどんなダメージを受けるかと考えるうち、彼らの熱意はしぼんでいった。

これらの挫折に直面したドーバーはエンジニアリングチームの焦点をケース裏の心拍センサーに絞った。血液が赤いのは赤色光を反射して緑色光を吸収するからだ。彼らはその知識を基に、緑色のLEDライトを1秒に何百回かひらめかせて手首の動脈を流れる血液量を測定するシステムを開発した。心臓が鼓動するたび動脈の血流量は増える。血液が動けばより多くの緑色光が吸収される。心拍間には緑色光の吸収が減る。センサーとアルゴリズムがその差をリアルタイムに計算して1分当たりの心拍数を割り出す。これとは別に、10分ごとに手首に光を当てて心拍数を読み取る赤外線センサーも開発した。アップルのデザイナーの指示で、なめらかなセラミックケースの同じ4つの円内に照明が配置された。その結果、複雑な工学と洗練されたスタイルが融合した。

このシステムを動かすために、彼らはアップル史上最小の回路基板を設計した。それがウォッチとiPhoneをつなぎ、アンテナ経由でメールやメッセージが手首へ送信される。その接続を行う高周波部品は通常、信号どうしが干渉し合わないよう小さなシールドでくるむ必要があったが、ウォッチは小さすぎて、iPhoneに使われているシールドを入れるスペースがない。エンジニアたちは回路基板に吹き付けて信号を守る独自のコーティング方法を開発した。この解決法が30を超える部品と30のシリコン片を備えた約2・5センチ四方の基板に道を開いた。これがウォッチの頭脳となる。

ハードウェアエンジニアたちの仕事が進むにつれ、初期試作品を作ってテストするプロダクトデザイナーの負担が増大した。試作品ができるたびに部品をひとつひとつテストし、すべてが調和してきちんと機能するか確かめる必要があった。クリスマスのイルミネーションで電球をひとつひとつ調べていくようなものだ。

このプロセスを加速させるため、ウィリアムズはエンジニアに試作品の開発を急がせた。この要求は、2014年の秋までにウォッチを完成させてiPhoneだけのメーカーではないと投資家にアピールしたいクックがもたらしたもの、とエンジニアたちは考えた。ウィリアムズのチームは工場で問題を解決して厳しい納期を守り、製品出荷時期を何日か短縮してのけた。プロダクトデザイナーたちも同じようにしてほしい。しかしエンジニアの中には、自分たちの仕事は本質的に試行錯誤の繰り返しであると説明し、製品づくりの加速は難しいと訴える者もいた。ウィリアムズは引き下がらず、彼らはウィリアムズ用の偽カレンダーを作って部品が届く何週間か前に中国へ乗り込んだ。しかし、自分たちの現実的カレンダーから事実は明らかだった――時間を圧縮する方法はない。

クパティーノの南で毎年開催される本社外会議にアップルのトップ１００人が集まったとき、雰囲気はおおむね明るかった。サムスンの勢力は増大し、相変わらず販売戦略でアップルを攻撃していたが、ウォッチの持つ可能性が幹部たちに楽観的な考えを吹き込んでいたからだ。アップルは声を大にして批評家たちに反論できる。高級リゾートの会議室はプレゼンの熱気と未来への自信に包まれていた。

ウォッチがアップルの全社員を活気づけ、彼らに目標を与えていた。悲しみに沈んでいたリーダーたちを奮い立たせ、会社を前進させようという意欲をかき立てていた。彼らはウォッチを通じて、iPod、iPhone、iPadを生み出したチームワークと創造精神を再発見した。その途上でほかに、モバイル決済システムやiPhoneの新機種なども手に入れた。楽観する材料が数多くあったのだ。

だが、アイブは憂鬱そうだった。

ある日の朝、彼はもっとも信頼するオペレーションスタッフ、ニック・フォーレンザを朝食に誘った。屋外パティオの日陰へやってきたアイブは日射しから目を守るラップアラウンド型サングラスをかけていたが、不安の表情は隠せなかった。

ウォッチプロジェクトに携わっているエンジニアの一人が競合他社への移籍を計画していたのだ。アップルが何年もかけて開発してきたデザインや構想が競合他社に漏れるのではないか。自分の大切なベイビーが危機に瀕している。

「事態は深刻だ」と彼は言った。

解決策を探るアイブの話に、フォーレンザは親身になって耳を傾けた。エンジニアを引き留めるためにできることがないかと、アイブは尋ねた。いくらかかってもかまわない。アップルの知的財産を守りたい。彼は動揺しながらも、じっと宙を見つめて解決策を探していた。

「わかっていないかもしれないが」と、アイブは説明を始めた。

ウォッチの看板機能はクラウンにある。過去の腕時計とコンピュータを搭載した未来の腕時計をつなぐ架け橋だ。ユーザーの体験に中心的な役割を果たし、クリックひとつで手首の画面やアプリを操作できる。移籍するエンジニアがクラウンのアイデアを漏らし、競合他社が同じコンセプトの粗悪な模造品を発表して、アイブのウォッチが出る前に市場が汚染されたら目も当てられない。

「競合他社に製品の一面を理解されるだけではすまない」彼は言った。「これはこの製品の本質なんだ」

エンジニアを取り戻す努力をするとフォーレンザは言った。最終的に再雇用の努力は失敗に終わるのだが、フォーレンザが請け合ってくれたおかげでアイブは落ち着きと自信を少し取り戻すことができた。


いっときの避難所からクパティーノへ帰還すると、新たな重圧と責任がのしかかってきた。アイブはアップルのマーケティングにほとんど口を出してこなかった。関与するのはおおよそ製品の包装くらいまでで、白い箱からいっさいの無駄を排し、劇的な開け方を演出した。しかしジョブズが不在になってから、クックはCMからイベントまで販売促進の陣頭指揮を執った。ジョブズはマーケティングに協働的な取り組みを行い、アイブはアップル製品を世界に売り込む方法により多くの意見を求められるようになった。ウォッチの目的について明確なビジョンがあったので、その責任も受け入れた。

プロジェクトが進むにつれ、目的についての信念はさらに深まった。アイブはこのウォッチをアップルでもっともパーソナルなデバイスと位置づけ、その成功は人々が進んで身に着けようとするかどうかにかかっていると日頃から説いた。ウォッチを売るにはカルチャーの流行仕掛け人の支持、特に、人が身に着けるものに目に見えない影響力を持つファッション界の支援が必要だ。

最新のＭａｃを評価するテック評論家より、ヴォーグ誌編集長アナ・ウィンターやファッションデザイナーのカール・ラガーフェルドら、テイストメイカーの反応がウォッチの成功を大きく左右すると、アイブはマーケティング会議で訴えた。

「わが社の未来はウォルト・モスバーグのような人たちの手に握られているのではない」彼はウォール・ストリート・ジャーナルで長年製品レビューに携わる評論家を引き合いに出し、マーケティング担当者たちに語りかけた。モスバーグのことは尊敬しているが、このウォッチが受け入れられるにはテック評論家の枠を超える必要がある。

ファッション重視は技術的特徴の売り込みに重きを置いてきたアップルの歴史からの逸脱ではないか、と感じる同僚たちもいた。プロダクトマーケターのフィル・シラーはこのウォッチをｉＰｈｏｎｅのアクセサリー、あるいはフィットネスデバイスとして売り込み、手首にメッセージを届けたり運動時の状況を記録したりする機能を強調したいと考えていた。マーコムチームは、アイブがこの時計を楔《くさび》に彼の個人的関心の方向へ社を動かそうとしているのではないかと懸念した。彼のファッション重視を、余計なお世話、利己的な考え方と受け止めたのだ。

彼らの抵抗にアイブはいらだった。彼の確信は揺らがなかった。コンピュータと同じような売り込み方では誰も身に着けてくれない。アイブに近い人たちは、彼のファッションへの関心は「テクノロジーとカルチャーの融合」というジョブズの遺産の延長線上にあると見ていた。ｉＰｏｄだけでアップルが復活したのではない。音楽との結びつきが肝《きも》だったのだ。クリエイティブな世界と関係を築き、レコード会社やミュージシャンを味方につけたときのように、ファッション界のオピニオンリーダーを味方につける必要がある。

ジョブズなら個人的な好みで独裁的な決定を下して、こういう社内の緊張を粉砕しただろう。ジョブズの決断力が、争いを好まないアイブを日々の内輪もめという頭痛の種から解放してくれた。だが、製品開発に深く関わらないクックは、それぞれの要望をある程度かなえようとし、不和の沸騰状況を放置した。

クックはアイブの展望を支えるため、パリのイヴ・サンローランからポール・ドヌーヴを引き抜くことを承認した。ドヌーヴはクックの直属としてウォッチの市場開拓戦略を練ることになった。販売、流通、広報、製品構成に責任を負う。彼は毎日スタジオに足を運び、レザーストラップにクラシックなバックルを組み合わせるといった、ファッションの視点によるデザインの選択でアイブをサポートした。二人はアップルストアでの展示方法についてもアイデアを出し合い、その中には有名なオーク材のテーブルを小さな宝石箱に改造して、ガラスの下に時計を置く構想もあった。アップルはかねて外部コンサルタントの起用に否定的だったが、アイブはファッション業界の経歴を持つ広報アドバイザーを招き、アップルの流儀に慣れているベテランマーケターたちと独自のアイデアを持つ外部人材の間の緊張を高めた。

２０１４年夏、アイブは本社４階の重役用会議室で会議に臨んだ。彼とクックにマーケティングと広報のチームが加わり、ウォッチの発表計画を話し合った。アップルは秋の製品発表会に頭を悩ませていた。クリスマス商戦を前に新製品のラインアップを紹介するマーケティング・イベントは何百万人もが見るショーで、メディアは新製品をすべて記録し、アップルに何億ドルもの価値がある無料広告を提供してくれる。ジョブズの死後、初の新製品となるウォッチには完璧なプレゼンが必要だった。

クックはシラーとアイブを取り巻く意見の相違に介入するつもりでいた。シラー率いるマーケティングチームは9月にデ・アンザ・カレッジのフリント・センター舞台芸術劇場で発表したいと考えていた。ジョブズが初代ＭａｃとｉＭａｃを発表したクパティーノ市の施設だ。しかし、アイブと外部人材から成る彼のチームは、ショーのあとメディアや特別ゲストのために時計を展示する場所に頭を悩ませていた。アイブは自分の好きな色である真っ白なテントの設営を提案した。テントであれば、中でイベントショーを行ったあと実物を披露できる。だが、その実現には建物の外の樹木を取り除いてテントを設営し、また樹木を植え直さなければならない。費用は高額だ。

「いくらだ？」とクックが訊いた。

「２５００万ドルだそうです」と、誰かが言った。

クックはジレンマに直面した。アップルのルーツに立ち返ってデ・アンザで開催したいというマーケティング担当者の気持ちはよくわかる。ファッション方面の報道陣をクパティーノのコミュニティカレッジで迎えるのは危険というアイブの懸念もわかる。テントについての議論が続くあいだ、クックは体を揺らしていた。ウェディングテントみたいになるのではと、ひそかに心配する者もいた。木を移動させる計画と実施に疑問の声も上がっていた。一方で、いちどは倒産寸前に追い込まれ、大恐慌時代のおばあちゃんのような倹約姿勢に倣った会社がテントに大金を投じるという考えを理解しようとする人たちもいた。議論を尽くしたところでクックは体の揺れを止めた。

「とにかくやってみよう」

Ａｐｐｌｅ Ｗａｔｃｈ最初期版が完成したとき、アイブは、一般公開の前にヴォーグ編集長アナ・ウィンターに見てもらうべきだと主張した。マジシャンのような手際で新製品を発表するため、当日まで内容を謎に包んできたアップルにとっては異例の要求だ。重要な発表にあたり知己のジャーナリストに前もって要点を伝えておくことはあった。今回のウォッチでアイブはその枠を超え、世界最大の影響力を持つメディア関係者の一人に伝えたいと考えた。

アイブとウィンターの顔合わせはタイミングが難しかった。アイブは夏の一時期をイギリスで過ごし、ウィンターはニューヨーク州ハンプトンズの17万平方メートルに及ぶ敷地で夏を過ごしていた。最終的に二人はニューヨーク市のアッパー・イーストサイドにある〈カーライル・ホテル〉で会うことになった。枕カバーに図案化した宿泊者のイニシャルを金色で入れるなど、豪華な演出で知られるアイブお気に入りのホテルだ。

8月、プロダクトセキュリティチームがＡｐｐｌｅ Ｗａｔｃｈを何モデルか、ジェット機でニューヨークへ運んだ。彼らはセントラルパークを見晴らすホテルのスイートルームに、黒ケースに収めたウォッチを運び入れた。

アイブが悪名高きヴォーグの編集長に会うのはこれが初めてだった。「氷の女王」の異名を持つ彼女は鋭敏なビジネス感覚を称賛され、要求の厳しさで恐れられる、ファッション界最強の人物だった。ひと目見るか見ないかのうちにデザイナーの成功・失敗を決めることができた。彼女に認められて雑誌にコレクションを掲載できたら、ファッション界でもっとも影響力の強いエリート読者たちへの太鼓判となる。

彼らはこのスイートで、二人だけで会った。ウィンターが腰を落ち着けると、アイブはプレゼントの包みを開けるかのように、ウォッチの包みをそっと剝がした。彼がこの時計を披露する際には、時計の歴史を語り、町の広場の掛け時計が小型化されて腕時計になったこととメインフレームコンピュータがスマートフォンへ小型化されたことの類似性を説明するのが常だった。ＡｐｐｌｅＷａｔｃｈにはそのふたつが融合している、と。

アイブは時計をひとつひとつ手に取りながら、デザインと合金とストラップの説明をした。それぞれのアイテムがどのように作られたかを語り、クラウンがどのようにこの小型コンピュータを操作するかを実演した。

ウィンターは心を奪われた。ファッションの世界に入ってから、デザイナーが自作を誇示する場面を数えきれないくらい見てきた彼女は、自分の作品に深く関与している人と、アイデアの実現をスタッフに頼っている人の見分けがついた。アイブがこのウォッチのことを隅から隅まで知り尽くし、そのあらゆるディテールを考え抜いてきたのは明らかだった。一人でもこれを作れそうだ。どれを見せるときも、アイブは愛《いと》おしそうに見せた。デザインが芸術品に匹敵すると同時に機能的でもある点にウィンターは感銘を受けた。アイブの詳細にわたるプレゼンに、長年シャネルのデザイナーを務めファッション界最大の影響力を持つ一人、カール・ラガーフェルドとの共通点を感じ取った。

アーティストと氷の女王の会合は15分の予定だった。それが1時間に延びた。

同じころカリフォルニア州では、ジェフ・ドーバーがウォッチへの不安を強めていた。ハードウェアチームはバッテリーを極力長持ちさせるために最大限の努力を払ってきたが、緑色のＬＥＤライトに莫大《ばくだい》なパワーが必要なため、妥協は不可避だった。心拍センサーの作動時間を制限し、ウォッチをはめた人が手首を顔へ傾けたときだけ情報を表示することでバッテリーの持ちを良くするなど、さまざまな工夫を凝らした。結果、画面が落ちているときには時間すら表示されなかった。

これとは別に、時計の処理速度が鈍ることにも気がついた。スマートフォンからウォッチへメッセージを送るのに手間取ることがあった。ほかの機能にもタイムラグがあった。開発後期、エンジニアたちはある大きな疑問と格闘することになった――このウォッチはなんのためにあるのだろう？

デビューを1カ月後に控えた8月、インフィニット・ループに近いオペレーションチームの建物にあるウィリアムズのオフィスを、ドーバーは訪ねた。クックをはじめアップルの最高幹部たちから、一日も早く出荷せよと大きな圧力がかけられていた。プロジェクトに取り組んでいる多くの人がこの働きかけを、同社を批判する評論家を黙らせて投資家を安心させるためと受け止めていた。

しかし、ドーバーは疑問をぬぐえなかった。

「ジェフ、携帯電話を家に忘れて会社に来たら、きみは取りに戻るかい？」と、ドーバーは質問した。

「戻る」と、ウィリアムズは答えた。

「腕時計を忘れてきたら、取りに戻るかい？」と、ドーバー。

ウィリアムズはしばらく黙って考えた。そして、「いや」と答えた。「帰ったとき家にあればそれでいい」

「だからだよ、これを出荷できないのは」ドーバーは言った。「準備ができていない。これはまだ、そこまで大切なものじゃないんだ」

10

商談

Deals

ユナイテッド航空のジャンボジェット機はティム・クックら北京での事業に意欲的な人々を乗せて、太平洋上を西へ向かっていた。

2014年の時点で、中国は世界最大の成長市場としての地位を固めていた。中国全土で農民が小村を離れて、高収入の仕事があり建設ラッシュに沸く巨大都市へとなだれ込んでいた。うち6都市はニューヨークと同じか、それ以上の規模だ。ブランド志向の消費者は、アメリカの消費者以上にハギーズのおむつやペンフォールズのカベルネソーヴィニヨンにお金を使っていた。カリフォルニア地域の経営幹部が連日、飛行機で北京入りして天安門の入口へ向かい、この国の好景気にあずかろうと懸命に権力中枢に働きかけた。

クックはこの旅を何度も経験していた。2007年のiPhone発売以来、彼は世界一の人口を誇るこの国にスポットライトを当てた事業展開を提唱してきた。iPodの普及はアップルの新しいスマートフォンを待ち望む消費者の数を増やしたが、人気のデバイスを広く流通させるには中国政府の認可が必要だ。08年に最初期の配給契約を確保する際、アメリカ国務省の支援を求めたくらい、この取り組みには複雑な官僚機構を巧みに乗り切る能力が必要だった。アップル製品の販売量は年々増えていたが、クックのピントが真の獲物からぶれることはなかった——中国最大の携帯電話会社、チャイナ・モバイル（中国移動通信）との契約だ。

クックは好機を求めてアップルの外交官と化し、中国を訪れては同国の工業情報化部の関係者に面会した。集中力と決断力で大臣たちを魅了し、プライベートを表に出さない人物にはめずらしく、義理の妹（弟の妻）が中国人であることを伝えて自己アピールにも出た。弟夫婦の息子アンドルーとは特に仲が良かった。アンドルーは数学を学ぶ優秀な生徒で、伯父と同じくオーバーン大学アメリカンフットボールチームの大ファンだった。義理の妹と中国のつながりもあって自分は中国への関心を深めたのだと、さまざまな人に伝えた。

だが、今回の旅の目的は文化探訪ではない。6年越しの商談をまとめに来たのだ。飛行機が着陸したとき、クックは燃えていた。アップルの新たな権利を主張してこよう。

クパティーノではアップルの首脳陣が崖っ縁に立たされていた。世界を変容させたアップルの事業を大きく活性化させたｉＰｈｏｎｅに、疲れの色が見えてきたためだ。２０１３年のクリスマス商戦で売り上げの伸びが過去最低を記録し、社の内外から警報が出された。世界でスマートフォンが飽和状態になり、初めて購入する潜在的ユーザーが減ってきた状況を踏まえて、マーケティングチームは今回のような成長不振が常態化する未来を予見し、アップル最大の資産が危険な負債と化したのではないかと不安を増大させた。

クックは次の主要デバイスが最低１００億ドルの売り上げを達成することを望んでいる。そんな話が社内に広まった。年間売上高１７００億ドルを誇る企業では、いかなるプロジェクトも相応以上の目標を持たなければならないと、あえて知らしめるためのベンチマークだ。この財務目標は「大数の法則」を思い起こさせた。大ヒット製品の売り上げが拡大するにつれ、投資家が期待する成長率の達成は逆に難しくなっていくというビジネス理論だ。クックはこの理論を、「恐怖心を生み出すための独断的意見《ドグマ》だ……でっちあげにすぎない」と公言していた。そして投資家たちに請け合った――数字に思考を制限されない企業文化をジョブズは創り上げたし、それどころかアップルでは数字を生み出す製品づくりに注力していると。しかしインフィニット・ループでは、製品開発と事業戦略に数字が反映されはじめていた。ｉＰｈｏｎｅが成熟しきったのだとしても、クックはアイブのＡｐｐｌｅＷａｔｃｈの展望を信じ、そこには収益を増やすために必要な売り上げを計上できる潜在力があることを信じていた。それでも、彼はかならず代替策を練ってリスクの軽減に努める人間だった。投資家の期待に応えるにはひとつの新規事業では足りないかもしれないと考え、彼自身で好機をつかみに来たのだ。

北京の〈パークハイアット〉からチャイナ・モバイル本社へ向かう車内で、クックは興奮ぎみに窓の外を見つめていた。ふだんは無口で毅然《きぜん》としているＣＥＯが、２０１４年1月のその日は浮き浮きしていた。街は活気に満ち、冬物のコートを着た人々が交差点を急ぎ足で渡っていて、携帯電話を握りしめている人もいた。あの中には7億６０００万人が契約しているチャイナ・モバイルの加入者もいるだろう。あと何日かでその人たちはｉＰｈｏｎｅを買って使えるようになる。

鋼鉄とガラスでできた高層ビルの前に車は停止した。建物の前にくすんだ色のコンクリート壁があり、そこにチャイナ・モバイルの社名が刻印されていた。クックは中に入り、新しい事業パートナー奚国華《シークオホワ》会長に挨拶した。二人はこの1年で何度か会い、チャイナ・モバイルが販売するｉＰｈ ｏｎｅ１台に同社がいくら補助金を出すかの複雑な契約をまとめようとしてきた。この補助金はアップルが世界中で結んできたワイヤレス契約に不可欠で、これがあって初めて、キャリアと複数年契約を結んだ顧客に対してｉＰｈｏｎｅの価格を下げられる。中国には補助金を渋る傾向があった。ｉＰｈｏｎｅを値引きするためにチャイナ・モバイルがどれだけ支払うか、クックと奚の合意には時間がかかったが、彼らは妥協点を見つけ、新たに結ばれたパートナーシップへの興奮を世界に明示する準備が整った。

ＣＮＢＣのテレビ取材班が殺風景な部屋に陣取り、床から天井まであるｉＰｈｏｎｅの大きなポスターを背景に、両経営者へのインタビューを準備していた。数億人の新たな顧客を獲得する契約を締結してｉＰｈｏｎｅの寿命を延ばすというメッセージがこのテレビ出演から投資家に伝わるよう、クックは願っていた。

クックが撮影に備えるあいだに、アップルの広報責任者ケイティ・コットンはアメリカで放送される映像がどこもかしこも完璧か確かめた。奚がインタビュー前のメイクを断ったとき、コットンは心配になった。おしろいをつければ額からてかりが除かれ、視聴者の注意をそらさずにすむからだ。これは放置できない。奚が着席する直前、彼女はシャネルのコンパクトケースを取り出し、おしろいのスポンジをつかんだ。奚の前へ移動し、顔におしろいをはたきはじめると、奚は硬直した。

カメラが回りはじめたとき、てかりは消えていた。焦点はインタビューに絞られた。

「今日はアップルにとって重大な分岐点となりました」クックが口を開いた。「奚会長およびチャイナ・モバイルと仕事ができることを光栄に思います」

クックはくつろいだ様子で椅子に腰を下ろした。

「奚さん、これからはｉＰｈｏｎｅを使うのでしょうか？」と、ＣＮＢＣのニュースキャスターが尋ねた。

「いい質問です」奚は中国語で言った。「チャイナ・モバイルとアップルが手を結ぶ前、私は別ブランドの携帯電話を使っていました。でもこれからはｉＰｈｏｎｅに乗り換えます。ティム・クックにお礼を申し上げたい。今朝、チャイナ・モバイルのために作られた最初の1台を彼からいただきました。それも、金色のを」

クックは微笑んだ。彼が選んだのは、人口世界最大の国におけるアップルの未来を象徴する色だった。

「長いお付き合いになる」クックはインタビュー中、株価の推移を図示するかのように手を振り上げた。「今日のこの発表はお客さまと株主、従業員のみなさんにこの先長く喜んでいただくための、重要な一里塚になるでしょう」

インタビューが終わると、クックと奚は3000あるチャイナ・モバイルの店舗のひとつへ向かった。二人が足並みをそろえてにこやかに店内を歩くと、後ろに大勢の客が集まってきた。奚がアップルとの契約について語るあいだに、クックは五輪マラソン選手のゴールの瞬間のように両手を握りしめて頭上に突き上げた。6年かけて取り組んできた契約だ。これでアップルの代表的デバイスの販売台数は増加し、「大数の法則」も乗り越えられる。彼はマイクをつかみ、ざわめく群衆を見つめた。「私たちはこの日を心待ちにしていました」彼は興奮ぎみに語った。「今日、私たちは、世界最速のネットワークと世界最大の販売網に最高のスマートフォンをお届けできることになったのです」

彼の前には記念のｉＰｈｏｎｅ5台が積まれていた。箱のひと隅にクックの渦巻き状のサインが、もう片方の隅に奚の名前が、くっきりと記されていた。このサイン入り記念品のすぐ先には、中国の消費者によるｉＰｈｏｎｅ数百万台の購入が待っていた。

アメリカに戻ったクックはさらなる成長を探し求めて南カリフォルニアへ向かった。冬が春へと移り変わった２０１４年、彼はサンタモニカの豪華なオフィスパークに足を踏み入れた。迎えたのはエディ・キュー。ジョブズの死後、経営幹部に昇格し、ｉＣｌｏｕｄやｉＴｕｎｅｓ、トラブルに見舞われたマップなど、アップルが提供するサービス群の指揮をまかされていた。ここに二人がいたのは、新事業の買収で人為的に収益を上げられるかどうかを評価するためだった。

成長が止まったかに見えたｉＰｈｏｎｅ事業が引き続き巨額の利益を生み出すことになり、アップルの金庫は現金であふれていた。１５００億ドルの宝箱が手に入ったのだ。アップルの財力上昇を見て、ウォール街がある取引を催促しはじめた。社内からも圧力がかかっていた。1年前、アップル社外取締役でもあるアル・ゴア元副大統領からクックに、トニー・ファデルがアップル退社後に起こしたデジタルサーモスタット会社、ネスト・ラボの買収をうながす働きかけがあった。ネストに投資していたゴアは二人を引き合わせ、そこでファデルは、インターネットに接続され、音声アシスタントで照明の明るさも調節できるスマートホームのデバイスを開発したと語った。結局、ネストは32億ドルでグーグルにさらわれた。憤慨したゴアはクックに別の買収先を探すよううながした。ｉＰｈｏｎｅが逆風にさらされ、ＡｐｐｌｅＷａｔｃｈはまだ開発中。定評のあるブランドや製品を買収すれば、他社の売り上げをバランスシートに加えることができ、成長圧力からも解放される。

ビーツ・エレクトロニクスのオフィスに入ったクックとキューは、共同創業者のジミー・アイオヴィンに迎えられた。ブルックリンの港湾労働者の息子に生まれたアイオヴィンは、ポップカルチャーで培った無類の感性で数々のタフな交渉を乗り越えてきた。レコードエンジニアとして職業人生を歩みだした彼は、ジョン・レノンとブルース・スプリングスティーンを皮切りに、トム・ペティ、スティーヴィー・ニックス、U2らと仕事をした。1990年にインタースコープ・レコードを設立し、音楽プロデューサーのドクター・ドレーことアンドレ・ヤングや、トレント・レズナーのインダストリアル・ロックバンド、ナイン・インチ・ネイルズなど、多彩なアーティストと契約を結んだ。ドレーがギャングスタラップを世に広めて音楽業界を一変させたときもその後押しをし、生涯の友人にもなった。06年、ドレーは某スニーカーメーカーからスポンサー契約を打診された話をアイオヴィンにした。

「スニーカーなんてやめとけ」アイオヴィンは言った。「売るならスピーカーだ」

インスピレーションを得ると行動せずにいられないアイオヴィンはビーツを設立し、この当時に入手可能なヘッドホンを集めた。ドレーとともに、トム・ペティの〈逃亡者〉や50セントの〈イン・ダ・クラブ〉など自分たちがプロデュースした曲を聴いて、ヘッドホンの性能評価を行った。二人はアップルの元デザイン責任者ロバート・ブルーナーを製品開発とブランド推進に起用した。08年発売のヘッドホン、ビーツ・バイ・ドクター・ドレーは文化的センセーションを巻き起こす。五輪では選手が、ミュージックビデオではアーティストが着用した。1年で販売数が2万7000台から100万台へ激増した。アップルストアでも350ドルのヘッドホンを何千台か売った。レコードプロデューサーから起業家に転じたアイオヴィンはスティーブ・ジョブズとも親交があり、定期的にビーツの買収を働きかけていた。彼は好んでこう口にした――ジョブズには25回断られたけど、いずれアップルは来るさ。

その日アイオヴィンはサンタモニカの街を見晴らす日当たりのいい部屋に、クックとキューを迎え入れた。3人で会議用テーブルを囲み、クックとキューはビーツの事業状況、特にストリーミング音楽サービス、ビーツ・ミュージックの導入によるハードからソフトへの事業拡大状況についてアイオヴィンに探りを入れた。討議中、アイオヴィンはビーツがこれから発売する製品をいくつか自慢げに紹介した。前面に赤色で大きく〝b〟と記したブルートゥース用のポータブルスピーカーもあった。彼は音楽分野での足がかりを失いつつあるアップルの状況を心配し、協力したいと言った。

「きみたちのハートとルーツは音楽にある」彼は二人に言った。「それをあきらめてどうする？」

アイオヴィンは営業モード全開でビーツの明るい未来を精力的に語り、生真面目なクックに魔法をかけようとした。ビーツ・ミュージックを立ち上げる何週間か前、アイオヴィンはトム・ハンクスやショーン・〝パフ・ダディ〟・コムズら友人にこのサービスをいち早く体験してもらった。クックにも試してみるよう勧めた。スポティファイの先例に倣い、このサービスでは月額10ドルでカタログ内の楽曲を無制限に聴くことができた。競合他社との違いを、アイオヴィンはこう説明した。ビーツ・ミュージックはアーティスト、特にレズナーの協力で生み出された。楽曲を集め、サブスクライバーが見逃しがちな音楽を見つけられるようにすることに重点を置いている。60年代、70年代によく見かけたレコード店店長のデジタル版みたいなものだ。彼は「アップルみたいだろ」と、好んで口にした。だから、クックにも気に入ってもらえるという確信があった。

クックは次の一手を考えながらアップル首脳部に新たな調整を行った。同社は2014年3月、CFOを長年務めたピーター・オッペンハイマーが年度末で退任すると発表した。後任は経理財務畑のルカ・マエストリだ。

インフィニット・ループの外でこの発表はほとんど注目されなかったが、社内では古株社員がこの変化を不安視していた。

財務畑の人間を意思決定に加わらせるべきではないとジョブズは考えていたため、彼らはインフルエンサーではなく実務者という扱いを受けていた。オッペンハイマーもCFOを務めた10年でジョブズのその哲学を体現してきた。自分の考えが正しいと思えば支出に疑問を投げることもあったが、企業はお金を稼ぐためにお金を使う必要もあるというジョブズの考えを、彼はおおむね受け入れていた。

2011年からクックが財務に異なる原則を導入した。工業エンジニアでMBAを取得している彼は効率性とコスト削減を追求した。その姿勢は短期間で解雇されたリテール責任者ジョン・ブロウェットが行ったコスト削減努力にも反映されていたし、アップル製品の部品に継続的な価格交渉を行うクックの姿勢にはっきりと表れていた。

イタリア人のマエストリにはクック同様、財務規律を重んじる傾向があった。彼はまず外部委託《サードパーティ》のサプライヤーとの契約見直しに着手した。この要請は各部門の責任者に圧力をかけ、彼らはときにコンサルタントを起用して、戦略や採用、将来のチャンスを探った。これは財務チームをアップルの末端から意思決定の最前線へと押し上げる、パワーシフトの始まりにすぎなかった。

インフィニット・ループの3キロほど東では、アップル新本社ビルの建設が急ピッチで進められていた。総工費の見通しは驚くべきものだった。アップルが建物の外壁に求めた高さ14メートルほどの曲面窓ガラスは、どのメーカーも製造したことがないものだった。これを作るには新たな製造工程の開発と新しい工場の建設が必要になり、史上最大と思われるこのガラスの注文には10億ドルの出費が予想された。

この莫大な費用にクックは頭を痛め、プロジェクトの支出を抑える方法に苦慮した。何億ドルか節約するには、コストを絞って余分な支出を取り除き、国際レベルで交渉できる人材が必要だ。本社で「ブレビネーター」と呼ばれる男に白羽の矢が立った。

トニー・ブレビンズはノースカロライナ州ブルーリッジ山脈のジェファーソンという小さな町の出身で、何を買うにも言い値では買わない交渉人《ネゴシエーター》だった。5ドルから2ドルに値切った安物のプカシェル・ネックレスを誇らしげに身に着けて、「定価で買わないこと」とスタッフに注意を喚起していた。ある人から8000ドル相当のビンテージカーを2500ドルで買ったなど、彼は個人的勝利の数々を友人たちに自慢した。アップル株でミリオネアになったのだし、定価で買うこともできたはずだという友人たちの指摘に、彼は肩をすくめた。「向こうの思いどおりにしてやる気はさらさらなかった」と彼は言った。交渉に勝ちたい。その揺るぎない情熱が彼をアップルのオペレーションチームのトップへ押し上げたのだ。

アイブがガラスを選定したあと、ブレビンズはドイツと中国のガラスメーカーを香港の〈グランドハイアット〉へ招いた。隣り合う会議室をひとつながり押さえ、入札者それぞれに部屋を割り当てた。そのあと彼は部屋を順々に回って値下げを迫った。1平方フィート〔約930平方センチメートル〕当たり500ドルを要求していたドイツのメーカーに、中国メーカーはその数分の一しか要求していないと伝えた。そして10分以内に値段を下げるよう求めた。「おたくがこの数字に応じなければ隣が値を下げるそうだ」彼は最終通告をして部屋を出ていき、はったりの後始末は唖然としている同僚たちにまかせた。時計が秒を刻むなかで、入札者たちは値を下げても苦労に見合う利益があるかどうか検討した。

そのあいだにもブレビンズは部屋から部屋へ移動して圧力を強めた。「このままではプロジェクトが進まない」彼は言った。「問題はコストにある。15分以内に可能なかぎり最高の条件を示してくれ」

はったりと要求の連続は功を奏した。最終案の受け入れが決まったとき、ブレビンズは数億ドルの引き下げに成功していた。

落札したドイツのゼーレはガラスに微妙なカーブをつけられる特注機械でまったく新しい製造工程を構築した。このためにヨーロッパに巨大製造施設を建設した。ガラスの取り付けには、巨大なパネルを建物の外壁へ吊り下げるための吸着カップが付いた100万ドルの最新機械が必要になった。プロジェクトに取り組んだ建築家たちは、ハイテク企業の高い要求が業界にイノベーションをもたらしたことに驚きを隠せなかった。その後の何年かで、ロサンゼルス・カウンティ美術館などに、アップル・パーク・プロジェクトがなかったら実現したかどうかわからない曲面ガラスが使われているのを見て、彼らは目をみはることになった。

高さ14メートル弱の最初期段階のガラスパネルは、完成後、チャーターしたボーイング747でクパティーノへ空輸された。しかるのちに、現場近くに建てられたプロトタイプの外壁にはめ込まれた。

ある日、クックがアップル幹部の小さな一団を連れて、取り付けたばかりのパネルを視察に来た。フォスター＋パートナーズの主任建築家たちが彼を出迎え、世界最大級の曲面窓を並べた幅4・5メートルの廊下に案内した。透明な壁から射し込む日光が白いテラゾー仕上げの床を黄色く染めていた。クックは歩きながらいろいろなところへ目を向け、未来の本社ビルのミニチュア版を隅々まで精査した。あちこち目を這わせていた彼がとつぜん立ち止まった。周囲のみんなが凍りつく。

クックはガラスパネルの1枚に向かい、片膝をついた。数字に強いことで知られるクックだが、アップルで過ごした時間で素人なりにデザインを見る目が養われていた。ジョブズとアイブのディテールへのこだわりが会社全体に美的感覚を吹き込んでいたからだ。クックがガラスの下部に目を凝らすと、テラゾーの床の上に1センチ強の細長いシリコン片と2・5センチ弱のステンレススチール片が見えた。スチールとシリコンの境界が緩衝材となってガラスを保護し安定させ、地震や暴風に揺さぶられても破損しない構造になっていた。しかし膝を折ったクックの目には、このスチールがどこか、はまりが良くない気がした。

「もっと小さくできないか?」と彼は訊いた。

エンジニアたちはだんだん不安に駆られてきた。ウォッチプロジェクトが急ピッチで進むなか、いかにアップルとはいえ、次もまた大きな仕事ができるのかと疑いはじめる人たちもいた。満足な答えは得られなかった。そんな空隙でシニアエンジニアがひと握り、そろって退職を決めた。

彼らのいた部署は突然の離脱に大きな打撃を受け、クックの耳にもこの話が届いた。辞めたエンジニアにはアーキテクチャ(基本設計)チームやコアOSチームのメンバーもいた。アップルの工程表を整え、製品に不可欠なチップや機能を開発した人たちだ。長年アップルで働き、組織に蓄積された莫大な知識を有している。1人失うだけなら「残念」ですむ。全員なら「頭脳流出」だ。

クックは難問に直面した。これ以上の流出を食い止めるため、クックはエンジニアリングチームのリーダーたちに指示を出し、反乱を起こしそうなエンジニアには次は何をやってみたいかを問いかけて、勇気づけ、奮起させようと試みた。

車、と彼らは答えた。アップルで車を作りたい。

このころはテスラがスタッフを倍に増やし、電気自動車用より性能の高いバッテリーの開発に資金をつぎ込んでいた。同社は元アップルのエンジニアを何十人も採用していて、彼らはかつての同僚に、創業者イーロン・マスクこそ次のジョブズだと力説した。近くの町マウンテンビューではグーグルが独自に自動運転車の開発に取り組み、既存の自動車メーカーと提携して、何年後かに全国の道路で走らせようとしていた。サンフランシスコ半島全体が交通革命の可能性に沸いていた。

エンジニアの一団が会議室に集まり、今後の展開について話し合った。コンサルティング会社、マッキンゼー・アンド・カンパニーが作成したマーケティング分析に、彼らは目を通した。アップルは利益の大半を5000億ドル規模の家電産業に頼っており、株主のために売り上げを伸ばすには他分野へ進出する必要がある。最大の選択肢は2兆ドルの自動車産業と7兆ドルの医療産業だ。一部のエンジニアはMBA式の分析にとまどった。スティーブ・ジョブズはコンサルタントを軽蔑していた。彼らは自分たちの考えが成功だったか失敗だったか判断せず、提案を行っては次の提案へ移っていくだけだと。しかし、数字やデータに貪欲なクックは実業界の伝統的情報源にエンジニアたちの目を向けさせ、彼らは最終的にCEOから自動車プロジェクトへの支持を勝ち取った。

当初、彼らはiPhoneが通信産業を激変させたように自動車産業を激変させようと、電気自動車の開発に注力した。初めてのものでなくていいから、最高のものにしよう。

彼らは新しい取り組みを「プロジェクト・タイタン」と名づけた。

ある晩、クックは仕事のあと、音楽を聴きながら市場調査をしていた。音楽配信サービスの業界は新規参入者の増加で膨張しはじめていた。先駆者スポティファイに、ヒップホップ・アーティストのジェイ・Zが手がけるタイダル、ジミー・アイオヴィンのビーツ・ミュージック。ひとつ参入があるたび、iTunesが楽曲を99セントで販売してきた10年来の事業は侵食されていった。クックの目にも、音楽業界がサブスクリプションへ移行しているのは明らかだった。

iTunes事業とアップルの音楽についての考え方にとって、この変化は脅威だ。音楽産業はアップルの中核で、ジョブズが心から愛したもののひとつだった。彼は1960年代のロックとフォークの熱烈なファンで、2000年代の初め、ナップスターなど無料の音楽共有サービスの出現で売り上げが落ちたレコード業界に、アップルが救命いかだを提供したことを誇りに思っていた。iTunesはレコード業界の生き残りに一翼を担った。音楽がデジタルになり、その中心的な販売エンジンとなったときも、ジョブズには、人々は楽曲をレンタルしたいのではなく所有したいのだという信念があった。月額制で楽曲カタログを丸ごと利用できるアプリを新興企業が提供しはじめても、彼はその哲学を説きつづけた。これらアプリで音楽業界が変わりはじめても、アップルはジョブズの考えに忠実でありつづけた。しかしその夜、クックは音楽を聴きながら前任者の見識を見直しはじめていた。

スポティファイ、タイダル、ビーツと、市場のさまざまな配信サービスを試してみた。見た目や使い勝手を比べた。この調査の根底には当然の疑問があった。同じ楽曲目録を扱っているのなら、ひとつをほかより優れたものにしているのは何か？　ビーツに戻るたび、ほかと違うものを感じた。だが、それはなぜなのか？　そこで気がついた。人間《ヒューマン》のキュレーターが存在するからだ。

その後の何日か、慎み深いCEOが自分の発見をあちこちで吹聴《ふいちょう》した。その結果、ビーツは評価対象から買収対象となった。クックの様子を見ていた周囲の人々は、彼はビーツにぞっこんだ、イカした子から週末のパーティに誘われたオタク高校生みたいだぞと冗談めかした。ご多分に漏れず、この冗談にも一片の真実があった。歌手のジョーン・バエズと交際していたことがあるジョブズにはポップカルチャーへの感性があり、それがアップルの広告や製品を社会の最先端へ送り出した。エンジニアが作れるものと、人々が欲しがると思うもの。そのギャップを彼が埋めていたのだ。だがクックは前任者のような自信の塊ではない。誠実でひたむきなポップソングで知られるコロラドスプリングスのバンド、ワンリパブリックなど、彼の音楽の趣味を揶揄《やゆ》するマーケティング担当者やデザイナーも社内にいた。彼がビーツを追い求めるのはアップルのカッコよさを取り戻すためだろう、と彼らは解釈した。

　定額配信事業に参入しそこねたアップルにとって、ビーツはその解決策でもあった。市場の変化を認識したキューのサービスチームが、ｉＴｕｎｅｓでの購入とフルカタログの楽曲提供を融合する独自の配信サービスの開発に取り組んでいた。しかし、このサービスの初期設計はいまひとつだった。競合他社の華やかな現代的アプリに比べると、まるでｉＴｕｎｅｓのプレイリストのようだった。クレイトン・クリステンセン著『イノベーションのジレンマ――技術革新が巨大企業を滅ぼすとき』〔翔泳社、２００１年刊〕に影響を受けたジョブズは、壊される側でなく壊す側になりたかった。アップルのベストセラー製品ｉＰｏｄ ｍｉｎｉの生産をあえて終了し、より軽量・スリムなｉＰｏｄ ｎａｎｏを投入してさらに売り上げを伸ばした有名な逸話がある。ジョブズならｉＴｕｎｅｓに代わって業界トップに躍り出る音楽アプリの開発を目指し、陣頭指揮を執ったかもしれないが、クックは外部の助けに目を向けた。アイオヴィンなら最先端の音楽サービスを生み出すのに必要な感性を提供してくれるのではないか。彼はすでにビーツ・ミュージックでアップル好みのものを創り出せることを証明していた。ソフトウェアと音楽エディターの組み合わせは、「最高の製品はテクノロジーとリベラルアーツの交差点にある」というジョブズの哲学に通じる。

　クックの買収提案はすぐ抵抗に遭った。まだ引退していなかったＣＦＯのオッペンハイマーは、ビーツがアップル文化になじむかどうか懸念した。ドレーには、１９９１年にテレビ司会者に襲いかかって壁に投げつけ、顔を殴るなど、暴力事件の過去もあった。アップルは自社の反抗的過去をおおむね捨ててカリフォルニア的な企業になり、そのおおらかな雰囲気で、ディテールにうるさい完璧主義者がひしめく張り詰めた職場を隠していた。

　アップル首脳も当然の疑問を抱いた——なぜ自分たちで配信サービスを構築してはいけないのか？　クックは同じことを考えたうえで、独自の配信サービス構築は可能だが、ビーツのチームを迎え入れればアップルのサービスに音楽愛好家やアーティストの感性を吹き込むことができると判断した。アイオヴィンとドレーのコンビがアップルのサービスへの信頼を顧客に与えてくれる。

　だが、契約は簡単でなかった。アイオヴィンはふたつの事業をひとまとめにしていた。彼とドレーは資本の多くをビーツ・エレクトロニクスのヘッドホン事業にも投じていた。また新興配信サービスであるビーツ・ミュージックは、サービスを構築したソフトウェアエンジニアの多くに株式を供与していた。アップルとしては音楽配信サービスだけを買収したほうが安上がりだが、アイオヴィンは両方まとめての買収を要求した。

　その後の討議中、アップル財務チームがある可能性に気づいた。ビーツのヘッドホン事業には年間13億ドルほどの売り上げがあり、メーカーに15パーセントの生産マージンを支払っている。対照的に、アップルがメーカーに払うマージンは2～3パーセントだ。クックの目論見《もくろみ》どおりメーカーにマージンを削るよう圧力をかけられたら、ビーツから上がる利益は急増し、2、3年で買収の元が取れるのではないか。

　話し合いが進むうちに、アップルは2事業買収の暗号名を思いついた。ジョブズの好きだったアーティストに敬意を込めて、「ディランとビートルズ」。ディランは音楽配信サービス、ビートルズはヘッドホン事業だ。それぞれに弁護士チームを編成し、デュアルトラックで買収に取り組んだ。

5月までにアップルは35億ドルの支払いに同意した。アイオヴィンとドレーにとっては想像を絶する額だ。弁護士たちが最後の詰めに取り組むあいだ、アイオヴィンはビバリーヒルズに近い自宅にビーツ首脳を呼び出した。巨額の契約が成立しようとしている、と彼は全員に告げた。ただし、話が漏れたら、せっかくの契約が水の泡となりかねない。

アイオヴィンはアップルがマフィアであるかのような言い回しを使った。先方はきわめて口が堅く、事業パートナーにも同じことを期待する。口にチャックをかけて電話の電源を切れと、彼は全員に警告した。

「この一件だけは絶対に話すな」と、彼は言った。

週末を前にドレーと電話していたとき、アイオヴィンは改めてその点を強調した。「『グッドフェローズ』［1990年の米・犯罪伝記映画］でジミーが『毛皮を買うな。車を買うな。派手なことはするな』と言ったシーンを思い出せ」彼は言った。「『大人しくしていろ』ってことさ」

「了解」と、ドレーは答えた。

午前2時、アイオヴィンのところにパフ・ダディから電話がかかってきた。ドレーと歌手のタイリースがフェイスブック動画でこの取引の話をしている、と叫んでいた。アイオヴィンがその動画を見ると、録音スタジオでハイネケンを飲んで酔っ払ったタイリースが自慢げに話しているのを見て、ゾッとした。ドレーがカメラを指差し、タイリースがふんぞり返って頭を左右に揺らす。「ビリオネア・ボーイズ・クラブが現実になったぜ、ちきしょう」彼は言った。「フォーブスのランキングは書き換えだ。いますぐ変えろ」

「でっかくな」ドレーが言った。「このクソ西海岸から、ヒップホップ界初のビリオネアが誕生だ！」

アイオヴィンはうろたえた。世界一秘密主義的な企業との数十億ドル規模の取引を、事業パートナーが正式契約前に暴露してしまった。たちまちすべてがぶち壊しになる危機に陥った。

動画の話が届いたとき、クックはアイオヴィンとドレーをクパティーノへ呼び出した。密談のため彼らを会議室へ案内した。契約を破棄するのではないか――アイオヴィンは不安に駆られた。ジョブズだったら怒声や罵声を浴びせるところだが、クックは冷静だった。彼は音楽界の重鎮二人にこう伝えた。ソーシャルメディアでの暴走は遺憾だが、ビーツの買収がアップルにとって正しい道だという確信は揺らがない。

交渉術に長けたクックはソーシャルメディア上の騒動を利用して契約条件の調整を要求した。その後の何日かでアップルは買収価格を推定2億ドルほど引き下げることに成功した。減額の話を聞いたビーツのスタッフは、アップルのやつら、ドレーがヒップホップ界のビリオネアにならないようぎりぎりまで値切ったな、と口にした。

アップルがその春に買収の発表準備を整えていたころ、クックはインフィニット・ループの役員室に首脳陣を集め、最終条件とマスコミ対策を話し合った。この契約により、アイオヴィンとドレーという音楽界のアイコン二人がアップルの社員になる。彼らは本社に入るためのバッジを与えられ、会議にも出るようになる。ただ、二人の肩書についてはみんなが途方に暮れた。選択肢の協議中、ある幹部が提案した。アイオヴィンは「最高クリエイティブ責任者」でどうか？

部屋が静まり返り、みんなが考え込んだ。アイオヴィンは音楽クリエイターとして生涯を過ごし、きわめて認知度が高いアーティストたちと仕事をしてきた。マーケティングセンスを発揮して一介のヘッドホン会社を世界一ホットなブランドのひとつに変え、事業クリエイターとして第二の人生に踏み出していた。
なるほどと思った人たちもいたが、全員ではなかった。
「だったら、我々はクリエイティブじゃないということか？」とシラーが言った。
結局、クックは肩書の付与を見送った。契約それ自体がシラーの質問への回答だった。

11

華麗なるデビュー

Blowout

新しい作品を発表するたび、ジョニー・アイブは心の中に不安を募らせた。どの製品も完全とは思えなかった。実現できなかった技術的進歩、不純物を取り除けなかった素材、現時点で物理的に限界がある部品など、市場が要求する期限と戦う中でかならず何かしらの妥協があった。完璧を求める過程で犠牲にしてきたことが脳裏を離れず、アップル製品にあふれた世界を歩いては「もっとうまくできたはずだ」と思う。

２０１４年９月９日の朝、クパティーノのデ・アンザ・カレッジにやってきたとき、アイブは不安の表情を浮かべていた。この３年、亡きクリエイティブ・パートナーのためにもアップルの継続的なイノベーション能力を疑う声を黙らせたいと、プロジェクトに没頭してきた。Ａｐｐｌｅ Ｗａｔｃｈのデザインに悩み、インターフェースの定義に苦労し、マーケティングに邁進《まいしん》してきた。そしていま、世界の審判が下されるときが来た。

コミュニティカレッジの舞台芸術劇場の隣に設置された２５００万ドルのテントを通りかかったときは、青空を千切れ雲が流れていた。高くそびえる２階建てテントは仮設結婚式場どころか、ひとつのビルのようだ。角はきっちり90度、頭上の雲と同じくらい真っ白だ。まるで本当にフリント・センターの正面入口であるかのようにデザインされていた。テント内では白い長テーブルの間をスタッフが行き交い、中国から届いたばかりの時計が金属の台座に飾りつけられ、キャンディカラーのシリコンバンドが虹のようにきらめいていた。

この日、5000キロほど離れたニューヨーク5番街のアップルストアには、この日のうちにウォッチを買えるかもしれないと期待した人が列を作りはじめていた。長年ヒット商品を生み出してきたアップルだけに、次のヒット商品が出るのは時間の問題とファンは確信していた。

最後にアイブは、新製品発表を前に友人や特別ゲストが集まっている中庭に到着した。メディア界の巨人ルパート・マードックやNBAのスター選手ケビン・デュラントらが形作る小さな群衆の間を縫うように進んでいった。ロックバンド、コールドプレイのボーカル、クリス・マーティンや、俳優のスティーブン・フライら、長年の友人たちとコーヒーを飲みながら談笑するアイブを、人物紹介記事を担当するニューヨーカー誌の記者が追っていた。この記者から質問を受けたアイブは指をいじくり回した。不思議でならない、と彼は言った。「自分が大切にしてきたもの、大きな責任を感じてきたものが、とつぜん自分のものでなくなり、ほかのみんなのものになるんだから」

彼はこれから始まる一日への緊張を哲学的思考に隠していた。何年もかけて開発した製品を左手首に直接巻くことができる。ウォッチがまだ完成途上であることはわかっていたが。

フリント・センターの入口前には、ショーの座席を確保しようと2000人ほどの客が列を作りはじめていた。ヨーロッパから来たファッション記者と編集者、サンフランシスコのテック記者、ABCとCNBCの取材班——台本に沿って進められるスペクタクルを取材し、何百万ドルもの価値がある無料宣伝をアップルに提供してくれる人たちだ。

アイブは興奮する群衆とは別のドアから入り、マーク・ニューソンとクリス・マーティンに挟まれる形で最前列に座った。これまでの数々のショーと同様、公の場でスピーチをする気はない。ショーマンシップは同僚にまかせておけばいい。見守るうちに照明が薄暗くなり、クックがステージに上がると盛大な拍手が沸き起こった。

このフリント・センターはアップル史に重要な位置を占める会場だ。30年ほど前、スティーブ・ジョブズがこの場所に立って、アップルでもっとも永続的な製品ラインになるMａｃを発表した。ジョブズはそれから15年ほどでふたたびここに立ち、ｉＭａｃを発表してアップル復活の狼煙《のろし》を上げた。そしていま、ティム・クックが新しい未来を指し示す象徴的な仕草で、同じ場所に身を置いた。

これまではイベントの冒頭で新たにオープンした店舗の数やｉＰｈｏｎｅユーザーに加わった顧客の数など、事業の概況を長々と説明していた。しかし、今回はそれを省略して社の現状をひと言でまとめた。「すべて好調です」

会場が笑いと拍手に包まれ、かん高い口笛が何度か吹かれて、アイブはにやりとした。彼が見守るなか、クックは2時間にわたってショーを繰り広げた。まず、ｉＰｈｏｎｅの2機種、6と6 Ｐｌｕｓを披露した。前のモデルより画面がそれぞれ17パーセント、38パーセント大きくなっている。いずれも、動画やゲームや写真をもっと楽しめるよう大画面のスマートフォンが欲しいという顧客の要望に応えたものだ。何カ月か前から大画面スマートフォンを販売していたサムスンの競争圧力に対抗するためでもあった。このあとクックはエディ・キューを壇上に迎え、モバイル決済システム、アップル・ペイの細かな説明を彼に託した。スマートフォンをレジのスキャナーの上にかざずだけでいい。アイブのニューカッスル時代の「青空プロジェクト」を想起させるこの機能は、アップルを金融の世界へ押し込み、全世界何百万件もの取引で小さな手数料を取れるようになる。壇上に戻ったクックは、「これは私たちの買い物の仕方を永久に変えるでしょう」と述べた。

「今日はここまで、と言いたいところですが……まだ、終わりではありません」と彼は言い、観衆を見つめた。そして「もうひとつあります《ウィ・ハブ・ワン・モア・シング》」と言った。

この言葉には大事な意味が込められていた。ジョブズは１９９０年代のアップル復帰後、この台詞をショーマンシップの武器庫の特別な武器にした。１時間に及ぶ新製品発表会ではどの製品にも前世代に勝る機能が搭載されていて、聴衆が「おお」と感嘆の声をあげる。そこでジョブズは、「ウィ・ハブ・ワン・モア・シング」と事もなげに言い放ち、小さなｉＰｏｄ ｓｈｕｆｆｌｅや最初のＡｐｐｌｅ ＴＶなど、まったく予想外の新製品を発表した。この「ワン・モア・シング」はジョブズのマーケティング・マジックを象徴するフレーズで、彼が亡くなったあとはいちども壇上で使われていなかった。

クックの口からこの言葉が出るや、観客はどっと沸いた。立ち上がる者も何人かいた。コンサートのアンコールのときのように多くの人が両手を頭上に掲げて拍手した。

客席が静かになったところで会場が暗くなった。スクリーンに現れたカメラが宇宙からズームアウトして夜明けの地球が映し出される。指を鳴らすパチンという音とともに、スクリーンにクロムカラーの縁と丸いクラウンが映し出され、宇宙船のようなウォッチが出現した。

それが拡大されていく。クラウンがアプリの表示を拡大・縮小し、ストラップがウォッチケースにカチッとはめ込まれた。９０００万人の視聴者を前に、３年の歳月をかけた作品が披露されていく。

　映像が終了し、アイブが見守るなか、クックがウォッチをはめた手首を頭上に掲げてステージへ戻ってきた。両手を広げてアイブのほうへゆっくり歩を進め、感謝の意を表した。観衆の中にいた何百人ものアップル社員がスタンディングオベーションを送る。アイブと目を合わせたところで、ＣＥＯは両腕を頭上に掲げる勝利のタッチダウンのポーズを取った。そこで起こった大歓声には出席者の熱い思いと安堵の思いが反映されていた。この３年間、ジョブズなきアップルは新しいものを生み出せるのかという疑問の声に付きまとわれてきたが、その声は間違いだったことが証明された。観衆の歓喜を見て、アップルの最新作が過去の作品同様、市場に受け入れられることを彼らは確信した。しかし、商業的成功の保証はないことをアイブは知っていた。

　クックはウォッチを大衆に売り込む必要があった。アイブが計画したとおりにクックの売り口上が始まった。

　このウォッチは自分好みの仕様にできる正確な計時装置《タイムピース》で、通信手段にもなり、健康機器にもなる。３つの機能の一体化は、「電話」であり「音楽プレーヤー」であり「インターネット通信機器」でもあるｉＰｈｏｎｅをジョブズが売り出したときを彷彿させた。ｉＰｈｏｎｅが誕生したのは、不格好な携帯電話の代わりになるものが求められていたからだ。Ａｐｐｌｅ Ｗａｔｃｈが直面している難題は、もっといい腕時計を熱望する人がいない現状だ。それどころか、携帯電話で時間がわかるようになったため、多くの人は腕時計をはめなくなった。そんな人たちに、もういちど手首に着けてもらう必要がある。

　機能を紹介する順番がその欠点を暴露していた。ジョブズが健康機器に向けた関心に触発された製品でありながら、第１世代のウォッチは心拍数を読み取ることくらいしかできなかった。ＧＰＳ

でウォーキングやランニングを記録することもできない。心電図も取れない。健康機器としては売り込めない。ハードウェアエンジニアのジェフ・ドーバーは事前にその点を訴えていた。このウォッチは人の心をつかんで離さないほどの魅力には欠けている、と。しかし、何がなんでも新製品を発表して批評家を黙らせ、投資家を安心させたいというクックの願いを社員が忖度《そんたく》し、ドーバーの懸念や機能を開発する時間が欲しいという願いは退けられた。CEOは中身よりスピードを優先させた。

機能に不足がある現状で、クックにはアイブが頼みだった。このウォッチは手首に装着するお洒落なコンピュータであると説き聞かせてほしい。アイブは壇上に上がらず、自分の声で録音した10分間の映像を流した。

「創業時からアップルを引っ張ってきた原動力はこれなんです。信じられないくらい強力な技術を駆使して、使いやすく、必要不可欠で、きわめてパーソナルな製品を作りたいという衝動です」

アイブは「デジタルクラウン」と名づけたものを披露した。これによって、アプリのアイコンが拡大表示されたり、ホーム画面へ戻れたりする。背面クリスタルに搭載された赤外線センサーで装着した人の脈拍を追跡できる。アルミニウム、ステンレススチール、ゴールドと異なる金属を選択でき、ストラップも皮革、金属、シリコンと異なる素材を用意してカスタマイズが可能な点を詳しく説明した。

「私たちはいま、身に着けるためのテクノロジーをデザインするという感動的な出発点に立っています」と彼は言った。

映像中のアイブは彼個人がＡｐｐｌｅ Ｗａｔｃｈに抱いていた懸念をおくびにも出さなかった。そうした不安は親しい友人にだけ打ち明け、友人たちはＡｐｐｌｅ Ｗａｔｃｈの発売が早すぎたことに彼がどれほどストレスを感じているか知っていた。エンジニアがバッテリーの寿命の問題を解決せずに妥協したため、時計しか表示されないときもあった。後日、友人たちは冗談まじりに、「1日3時間充電が必要な時計を誰が欲しがるんだい?」と言った。

ウォッチの発売は翌春になるとクックは告げたが、これはアップルにやるべき仕事が残っていることを認めたも同然だった。アップルが発売数カ月前に新しい製品カテゴリーを発表したのはｉＰｈｏｎｅ以来のことだ。しかし、ショーはまだ終わりではない。

Ｕ2がステージに登場した。リードボーカルのボノはバンドのサインが入った特別版ｉＰｏｄが発売された2004年以来、アップルとの親交を深めていた。アイブと親友になり、Ｕ2のアルバム〈魂の叫び〉を制作したアップルの新役員ジミー・アイオヴィンとも深い絆で結ばれていた。バンドは〈ザ・ミラクル（オブ・ジョーイ・ラモーン）〉で会場を盛り上げ、その後クックとともに、ニューアルバム〈ソングス・オブ・イノセンス〉をｉＰｈｏｎｅの所有者5億人に無料配信すると発表した。史上最大のアルバムリリースだ。

イベントが終わりに近づいたころ、クックはこの日発表した製品に携わってきた社員全員に起立をうながした。彼らの仕事にクックが感謝を述べると、彼らから拍手が沸き起こった。

「特に、ジョニー・アイブのＡｐｐｌｅ Ｗａｔｃｈへのすばらしい貢献に感謝したい」と、クックは述べた。ＣＯＯのジェフ・ウィリアムズとアップル・ペイの指揮官エディ・キューにも感謝した。ジョブズとは一線を画す姿勢だった。故ジョブズＣＥＯが社員個人の貢献を挙げたことはなく、アップルチーム全体の力を借りて製品を開発したと自分の手柄にするのが通例だった。その慣例に不満を訴えたことがあるアイブはいま、会場全体が自分に拍手を送っていることに気がついた。

観衆が立ち上がって会場をあとにしたとき、ウォッチに携わったエンジニアやデザイナーの何人かは体から力が抜けていくような予想外の不安に襲われた。ジョブズの死後初めての新製品を作ってスタンディングオベーションを受け、U2が短いコンサートでそのすべてを祝福してくれた。職業人生の頂点のようにも感じられた。そこで彼らは考えた――ここからどこへ向かうのか？

アイブは観衆とは別のドアから会場を出て、期間限定の白い建物に入った。台座にウォッチが飾られている白いテーブルを、カメラマンや記者が取り囲んでいた。ウォッチは涼やかな透明の光を上から受けて、輝きを放っていた。プラダのファッションショーをよく担当するイタリアのファッション照明専門家がデザインを手がけたものだ。

熱狂が落ち着いたころ、アイブは建物内の白壁に描かれたアップルの黒いロゴの下で、ウォッチの創作に中核的な役割を果たした20人のチームと写真に収まった。アイブはニューソンの肩に腕を回し、にこやかにカメラを見つめた。それまで何も着けていなかった彼の手首に、シリコン製スポーツバンドの白いウォッチが巻かれていた。

舞台裏ではクックがアドレナリンを放出していた。アップル広報チームが『ABCワールドニュース・トゥナイト』のデイビッド・ミュアーによる独占インタビューを手配していた。広報はABCを「パパのネットワーク」と呼んでいた。ウォルト・ディズニー・カンパニーが所有する全国ネットであり、CEOのボブ・アイガーはアップルの社外取締役だったからだ。クックはこの日の意味をミュアーに印象づけようとした。「イノベーションの健在が示されました」

彼は2500万ドルをかけて会場そばに設営したテントへミュアーを案内し、ウォッチを見せて、アイブに引き合わせた。アイブはミュアーと固い握手を交わし、スポットライトを避けるかのように後ろへ下がった。クックのようなエネルギーも熱意も、彼は発散していなかった。ウォッチがどう受け止められるか、まだ緊張が続いていた。人が身に着けたいと思う腕時計にこだわったことがよくわかるという言葉で、ミュアーはアイブの緊張を解こうとした。

「身に着けるもの、それも毎日、終日身に着けるものだから、ハードルは非常に高い」アイブは言った。「なので、〝ひとつだけのもの〟を作ろうとしゃかりきに働きました。人と同じ時計を身に着けたいと思う人ばかりではありませんから、魅力的でありながら自分だけのアイテムになるように」

後刻アイブは、陽光降りそそぐインフィニット・ループの中庭で寿司《すし》ランチを頬張《ほおば》るデザインチームに合流した。テック評論家やファッション記者がウォッチをどう取り上げたかを語り合う同僚たちの声に耳を傾けた。評論家の代表格であるヴォーグ誌のスージー・メンケスは、蝶《ちょう》から花まであるデジタルウォッチの文字盤の多彩さに感嘆していた。

「この最高にスマートな腕時計をファッション界が受け入れるか、あるいは、携帯電話を時計代わりにしている新世代がリストバンドに魅力を感じるかは、まだわかりません」と彼女は書いた。厳しい批評で知られる彼女は、Ａｐｐｌｅ Ｗａｔｃｈの美学はニュートラルなところにあると表現し、こう付け加えた。「それでも、気分によって視覚的側面の設定を変えられるという着想はすばらしいと思います。自分の持ち衣装に合わせることもできるでしょう。紫の服を引き立たせるのにバイオレットはどうかしら？　時計を見て、夢を見るのもいいかもしれません」

デザイナーたちは初期の反応をうれしく思った。記者の大半がこのウォッチに触れるのはほんの数分でしかないが、このあと半年間ほとんどの人が触れることのないウォッチを世界がどう見るか、それを決定づける第一印象となる。

その夜、デザイナーたちはサンフランシスコのフェリー・ビルディングにある高級ベトナム料理店〈スランテッド・ドア〉に集まった。大きなガラス窓から近くのベイブリッジの照明のきらめきが見える。この特別なディナーにはU2のメンバーも加わり、3年間の活動を称えてくれた。春巻きやスペアリブがテーブルを埋め尽くした。

アイブは友人ボノの隣に座り、手のそばには泡立つシャンパングラスがあった。ウォッチの発表に抱いていた不安がほどけていく。何年かぶりに、なんの気兼ねもなくお祝いをしていいのだという気持ちになった。

数日後、アップルはソフトの最新アップデートとともにU2のアルバムをリリースした。世界何億人ものiPhoneユーザーのiTunesフォルダーに、いつの間にか〈ソングス・オブ・イノセンス〉が入っていた。この自動ダウンロードは顧客の反感を買い、不要なアルバムを「U2ウイルス」と呼ぶ人たちもいた。大盤振る舞いは裏目に出たばかりか、アップルには人のスマートフォンに許可なく何かを入れる権限があることを浮き彫りにした。

騒動を鎮めたい。クックはワンクリックでアルバムを削除できるソフトの開発を承認した。削除を手ほどきするカスタマーサポートページも開設した。アップルは謝罪こそしなかったが、騒動が広がるとボノがファンに「申し訳ないと思っている」と語った。

「すばらしいアイデアだって、勝手に舞い上がってしまった」彼はフェイスブックに書いた。「アーティストはこういうことをやりがちだ。ちょっとした誇大妄想、ささやかな気前の良さ、ほんのちょっとした自己顕示欲。それと、この何年か自分たちが人生をかけて作ってきた楽曲を聴いてもらえないかもしれないという根深い恐怖もあった」

アルバムを望まない人たちに届いた音楽のジャンクメールをどうか許してほしい、と彼は言った。

9月下旬、アイブはジェット機で、ウォッチが初めて公開されるパリのファッション・ウィーク〔通称パリ・コレクション〕へ向かった。

販売戦略責任者のポール・ドヌーヴはファッション界一有名なブティック〈コレット〉にポップアップ・ディスプレイを手配した。彼はイヴ・サンローランの元ＣＥＯで、シャネルやナイキなどの流行のアイテムやストリートウェアを集めることで有名なパリの3階建てブティックの代表とも知り合いだった。〈コレット〉での展示は世界最大の影響力を持つ数々のブティックでＡｐｐｌｅ Ｗａｔｃｈを販売する戦略の第一歩であり、ファッション・アクセサリーの高級感を大衆向け製品に吹き込む試みでもあった。

ある日の早朝、アイブとデザインパートナーのマーク・ニューソンはファッション界の記者やインフルエンサーにウォッチを誇示するべく、〈コレット〉へ向かった。開店前に到着すると、店内は彼らの最新作の写真で埋め尽くされていた。入口にはＡｐｐｌｅ Ｗａｔｃｈのポスターが白を背景に壁いっぱい吊り下げられていた。歩道を行く人たちが全面ガラス張りの大きな窓からのぞき込むあいだに、アイブとニューソンはウォッチが飾りつけられたテーブルのまわりを回った。

やがてファッションアイコンの二人、アナ・ウィンターとカール・ラガーフェルドが到着し、アップルのデザイナー二人に挨拶した。ウィンターはアイブがこのウォッチを個人的に紹介して以来、その支持者となり、ヴォーグ誌10月号の最終ページ、同誌最大級の影響力を持つ特集のひとつ「ラストルック」で取り上げるよう働きかけた。そして、アイブとの共通点を感じたラガーフェルドにも声をかけた。

　ラガーフェルドがやってきたのを見てアイブは驚いた。ラガーフェルドとニューソンは友人だったが、ファッション界の「黒ずくめの男」は〈コレット〉のような店での商業イベントには、たとえ招待を受けてもめったに姿を現さない。しかし、昔からアップル製品のファンで、ときに何十台もｉＰｏｄを買って曲を詰め込み、友人たちに贈っていた。アイブはラガーフェルドをテーブルへ案内し、デザインの説明をして、誕生秘話を語った。

　そのそばでニューソンがウィメンズ・ウェア・デイリー誌の記者に、アップル製品が〈コレット〉に置かれている理由を話していた。「ファッションは大衆文化です」彼は言った。「テクノロジーも大衆文化です」自分たちがここにいるのは、アップルがそのふたつを融合して「まぬけなプラスチック製のまがい物とは決定的に違う」ものを作ったからだと、彼は説明した。


　その夜、アイブは人を楽しませる人間から、楽しませてもらう人間になった。

　ファッション界でもっとも尊敬されるファッションデザイナーの一人、アズディン・アライアが、アイブとニューソンのために著名人を集めたディナーパーティを催してくれた。細部にまでこだわったハンドメイドのドレスで知られるこの完璧主義者は現代のガートルード・スタインと称されていて、その彼がヒップホップ・スターのカニエ・ウェストや画家のジュリアン・シュナーベルら文化的な影響力を持つ人物を招いてくれた。彼がアイブのために催したイベントは、パリのファッション・ウィークで誰もが招待されたい垂涎《すいぜん》の的だった。ロックスター（レニー・クラヴィッツとミック・ジャガー）、俳優（サルマ・ハエック）、モデル（カーラ・デルヴィーニュとロージー・ハンティントン＝ホワイトリー）、テイストメイカー（ヴァレンティノのデザイナー、マリア・グラツィア・キウリ）らがＡｐｐｌｅ Ｗａｔｃｈの誕生を祝いに集まり、アイブにとってはファッション界の舞踏会デビューでもあった。

アライアをゴッドファーザーと仰ぐアイブとニューソンは満場のセレブたちに畏敬の念を抱かずにいられなかった。朝をラガーフェルドと過ごし、夜をアライアと過ごすのも愉快な体験だった。ファッション界のレジェンド二人の確執は有名だったからだ。ラガーフェルドはアライアを「更年期のファッション中毒者のためのバレエスリッパ」を作っていると一笑に付し、アライアはラガーフェルドを「人生でいちどもハサミに触ったことがない」と評すといったぐあいだ。

みんなが円卓を囲んで食事をしているあいだに、スペインの振付師ブランカ・リーが近くのステージでフラメンコを披露した。食事後、招待客はＡｐｐｌｅ Ｗａｔｃｈを試着し、どれを買うかの議論に花を咲かせた。

この日のアイブは、白ワインを手に持ったまま夜遅くまで部屋の奥からこのスペクタクルを眺めていた。近くにいたニューソンがニューヨーク・タイムズのファッション評論家と言葉を交わし、最大限、同志であるアップルのデザイナーの気持ちを推し量った。彼は会場を見渡しながら、「クパティーノからここまでは長い道のりだったからね」と言ったのだ。

12

プライド

Pride

ティム・クックも目を丸くする数字だった。

カリフォルニアで毎朝4時に起床して世界の販売状況を細かくチェックする彼だが、最近は日々の数字に驚かされっぱなしだった。ｉＰｈｏｎｅ ６と６ Ｐｌｕｓの発表はアップルの一番人気製品の需要を刺激し、新しいデバイスを手に入れようとする客がアップルストアの外に何時間も長い列を連ねた。年末年始でｉＰｈｏｎｅは７４００万台売れ、前年同期比46パーセント増という驚異的な数字を叩き出した。１分当たり５００台売れた計算だ。６００ドルのｉＰｈｏｎｅが５ドルのビッグマックと同じ速さで売れたのだ。

この急成長をもたらしたのは中国だった。チャイナ・モバイルとの念願の販売契約を締結したクックの仕事に、どれほどの価値があったかが立証された。世界最大のスマートフォン市場はアップルの売り上げをほぼ倍増させた。米中で大画面スマートフォンを販売したライバルのサムスンの成功を見ていただけに、クックはｉＰｈｏｎｅ ６の好調を予想していたが、いちばん楽観的な予測をもしのぐ数字となった。この結果はふだんストイックなＣＥＯをほくそ笑ませるに充分だった。

「新iPhoneの需要は圧倒的です」クックは10月の電話会議でアナリストたちに語った。「これほどうれしいことはない」

ジョブズなきアップルの未来に向けられていた疑念が後退したことでクックは自信を得、めずらしく個人的なリスクを取りに出た。


２０１４年の秋、クックは帰郷の支度をした。アラバマ州の名誉アカデミー入りの式典に出席するためだ。アメリカンフットボールの年間最優秀選手に贈られるハイズマン賞を受賞したオーバーン大学出身のボー・ジャクソンや、コンドリーザ・ライス元国務長官など、同州出身の著名人１００人がこの栄誉を授かることになった。州都で行われた任命式で、彼は州を代表する人々に話しかける機会を得た。

演説内容を考えていたとき、彼はおなじみの葛藤に思い当たった。アラバマ州の伝統を誇りに思いながらも、同州に受け継がれてきた人種や平等をめぐる遺産に失望していた。生まれ育った土地への愛着やその価値観と、奴隷制度や人種差別の歴史への恐怖にどう折り合いをつけるかは、南部人によくある葛藤だ。クックの場合は個人的な欲求不満が葛藤を増幅させた。

この前年、連邦議会上院で性的指向や性自認に基づく不寛容から労働者を保護するための法案が審議され、差別撤廃政策が政治の最前線へ躍り出ていた。クックは２０１３年のウォール・ストリート・ジャーナル紙の論説で「平等と多様性を促進する保護政策は、性的指向を条件にしてはならない。あまりにも長いあいだ、あまりにも多くの人が、職場で自分のアイデンティティの一部を隠してこなければならなかった」と書いて、この法案を支持していた。法案は下院を通過せず、労働者は各州ばらばらの州法に保護されている状況だった。アラバマ州にはそんな法律すらない。

クックはレズビアン、ゲイ、バイセクシュアル、トランスジェンダーの労働者を性的指向に基づく解雇から守る法律を成立させられずにいる州の指導部を糾弾したかった。彼の真実を州の指導部が知れば、自分の言葉がかける圧力はさらに強くなるだろう。

10月下旬、クックはアップルの広報責任者スティーブ・ダウリングを呼び出し、自分がゲイであることを世間にどう伝えるべきか相談した。

少し前から、長年隠していたことを公表したいと考えていた。2年前、CNNのニュースキャスター、アンダーソン・クーパーが作家アンドリュー・サリバンへのメールでゲイを公表したと知ったとき、個人的な問題を簡潔かつ直接的に表現したクーパーに、クックは感銘を受けた。品格が高い、と思った。クックと二人の幹部はニューヨークでクーパーとの昼食会を設定し、ふだん控えめなCEOがそこではニュースキャスターと冗談を言い合い、同僚たちが「テーブルを離れるべきだったかな」と冗談めかすほど意気投合した。クックはクーパーを崇敬し、彼と同じように簡潔で、かつ人の心を鼓舞するようなカミングアウトをしたいと思うようになった。

その方法を熟考した結果、彼はクーパーに助言を求めた。なぜもっと早く告白しなかったのか、なぜいま告白するのか、それを説明する文章を書きたいとクックは伝えた。どう進めていくかはだいたい決めていたが、この会話は次のステップに影響を与えた。

この何年かでクックはある記者を誰より信頼するようになっていた。ブルームバーグ・ビジネスウィーク誌のジョシュ・タイランジールだ。アップルのCEOに就任してから単独インタビューに2度応じ、この元タイム誌記者を聡明で気骨のある人と感じていた。彼とダウリングはタイランジールに連絡し、セクシュアリティに関する個人的エッセイをブルームバーグ・ビジネスウィークに掲載する段取りをつけた。

　クックは打ち合わせのためニューヨークのタイランジールに電話をかけ、彼をカリフォルニアへ招いた。タイランジールはアップルの厳格な秘密保持条項に従い、同誌のテクノロジー担当チームには出張を内緒にしていた。クックが二人きりで会いたがっているのは明らかだったからだ。

　インフィニット・ループにやってきたタイランジールに、クックは打ち明けた。ずっと心に引っかかっていることがある。毎日通うオフィスにキング牧師の写真を飾っている。写真を見て心が鼓舞される日もあれば、心苦しくなる日もある。最近は前者のほうが多いが、固く守ってきたプライバシーと、人の心を鼓舞できる強い立場に自分はあるという認識、そのふたつの板挟みになっている。

　一歩踏み出し、ゲイを公表するときが来た。雑誌に個人的エッセイを掲載すればクーパーに倣える可能性が高くなる。表紙を飾る気も積極的に売り込む気もない。控えめな内容を思い描いている。彼はそう言って、タイランジールに草稿を渡した。

　タイランジールはそれに目を通した。控えめな文章から始まり、徐々にカミングアウトへ向かっていく。それは最終的にこう始まった。


　職業人生では基本的なプライバシーを守るよう努めてきました。……と同時に、私は、「人生でもっとも永続的かつ緊急の問いかけは〝他人のためにいま自分は何をしているか?〟である」というマーティン・ルーサー・キング牧師の言葉に深く共感しています。この問いをしばしば自分に投げかけ、プライバシーを守りたいという自分の願望がもっと大事なことを妨げていることに気がついたのです。それが今日の寄稿につながりました。
この何年かで多くの人に自分の性的指向を打ち明けてきました。アップルの同僚の多くは私がゲイであることを知っていますが、それで私への接し方が変わったようには見えません。

読みおえたタイラン・ジールはブルームバーグ・ビジネスウィークの次号に、このエッセイのための1ページを確保すると約束した。

2000年代、アメリカではゲイやレズビアンの受け入れが加速し、アメリカ人の過半数が初めて同性間の関係を合法化すべきと考えるようになった。これはシリコンバレーの人たちが長く抱いてきた考えでもあった。第2次世界大戦後にサンフランシスコは寛容で心が広い街と評判を得、その結果ゲイが集まるようになった。

1980年には、サンフランシスコの人口の5分の1がゲイと推定された。カストロ地区の男性たちはセクシュアリティをオープンにしようと励まし合った。そこから相互支援的な共同体が生まれ、ベイ・エリアに国内のゲイ、レズビアン、バイセクシュアル、トランスジェンダーが集まった。これはパーソナルコンピュータ時代がドットコムブームへと流れ込む、経済変革期とも重なっていた。

クックはその経済成長期の真っただ中にアップルへ来た。同社は長きにわたり、LGBTQ+労働者の受け入れと支援で全米の最先端を行っていた。1990年に採用方針を変更して性的指向に基づく差別を禁止し、その2年後には社員の家庭内パートナーに福利厚生を拡大した。

アップルでの出世につれて、クックのセクシュアリティに関する憶測は広まった。2008年のフォーチュン誌に掲載されたプロフィールには「生涯独身」とあった。この言葉をゴシップサイト、ゴーカーはゲイを指す暗号《コード》と理解した。フォーチュンの記事を分析した投稿で、ブロガーのオーウエン・トーマスは、クックが「プライバシーを固く守る」「フィットネスマニア」で、オフィスの外では「スポーツジムやハイキングコースで、あるいは自転車に乗って時間を過ごす」という記述に飛びついた。

「なんだ、これは――フォーチュンのプロフィールなのか、はたまた、クレイグスリスト［求人や仲間を募るコミュニティサイト］のゲイ恋人募集広告なのか？」と、トーマスは書いた。そのあと「クックがゲイであることを疑わなかったら、ゴシップサイトの名がすたる」と書き添えた。

それまでクックの同僚の多くは、「仕事が忙しくてデートする暇がない」のだと思っていた。仕事以外で口にする趣味は、サイクリングやハイキング、オーバーン大のアメフトくらいだ。ゲイの社員が行きつけのバーでクックを見かけたこともあったが、キャンパス内で大っぴらにその話をしたりはしなかった。スティーブ・ジョブズはしばらく真実を知らず、女性とのデートを設定しようとしたこともあった。

ゴーカーの記事で、クックの同僚たちの疑念は語られざる真実となった。２０１１年、クックはゲイ雑誌アウトで「アメリカでもっとも影響力のあるゲイ男性」に選出され、公に認めたわけではなかったが、彼がゲイであることは公然の秘密だった。ＣＥＯ就任後にゴーカーが掲載した記事によれば、アップル経営陣には彼のカミングアウトでブランドが傷つくことを心配する声もあった。記事は「アジア系の男が好み」とし、グーグル幹部のベン・リンとのホットな仲をにおわせていた。リンはティム・クックの恋人として数々の記事で取り上げられたが、デートしたことはないと言っていた。こうした記事から、クックの性的指向は周囲で認識されながらも未確認のまま、ぐつぐつと煮詰まっていた。

クックはアップルの指揮を執る役割に落ち着いたところで、その状況を変えるべく少しずつ動きだした。２０１４年、サンフランシスコのプライドパレード［ＬＧＢＴＱ＋による毎年恒例のお祭り］にアップルが初参加することを承認し、６月には「ＰＲＩＤＥ」の文字の上にアップルのロゴが入った白いバナーの後ろで、レインボーフラッグを振る社員４０００人とマーケット・ストリートを練り歩いた。

それから4カ月が経った同年10月27日の朝、クックはアラバマ州モンゴメリーにあるデクスター・アベニュー・バプテスト教会を訪れた。１９５０年代にキング牧師が勤めた場所だ。公民権運動に火をつけた１９５５年のモンゴメリー・バス・ボイコット運動を牧師が組織した現場を見たかった。クックは白いキューポラがある煉瓦造りの簡素な建物の外に立ち、憎しみを容認する世の中で平等を求めて立ち上がった牧師の勇気に感動した。

数時間後、彼は州議事堂の書見台の前に立った。台の上にｉＰａｄを置き、自分のことを州の重要人物１００人の一人と認めてくれた人々を見つめた。しかるのちに彼は批判を開始した。

「私たちはみな、アフリカ系アメリカ人の兄弟姉妹が平等な権利を求めて闘ってきた歴史を熟知しています」彼は言った。「アラバマ州ロバーツデールで育つなかで私が学んだ〝人間の尊厳にまつわる基本原則〟に、なぜ私たちの州や国の一部は真っ向から抵抗するのか、私はさっぱり理解できなかった。……両親は私たちがより良い生活を送り、大学へ行き、自分の望んだ人間になれるよう懸命に働いてくれた。彼らがアラバマに移り住んだのは、価値観を共有する友人や隣人が見つかったからです。……それは私たちの州全体、国全体が闘争に明け暮れていた時期でした。私はあれに深い衝撃を受けた」

この日の朝、キング牧師の教会を訪れて、平等と人権のために公の場で声をあげる重要性を改めて認識したと、彼は議員たちの前で語った。

「これらの信条について決して沈黙してはならないと、長いあいだ自分に誓ってきました」彼は言った。「数多くの前進があったものの、私たちの州や国でキング牧師の夢が現実になるまでには、まだ長い道のりがあります。州としての私たちは平等への一歩を踏み出すまでに時間がかかりすぎた。そして、いざ歩きだすと、その歩みはあまりに遅すぎた。アフリカ系アメリカ人の平等にとっても、14年前にようやく合法化された異人種間結婚にとっても、LGBTコミュニティの平等にとっても、その歩みは遅すぎた。法律がありながら、アラバマ州の市民はいまだに性的指向に基づいて解雇される可能性がある。過去は変えられないが、過去から学ぶことはできるし、異なる未来を作ることもできる」

LGBTQ+のコミュニティには権利と機会がないと訴えたクックの批判は、報道の見出しを飾った。アラバマ州にはこれにいらだちを覚える人たちもいた。著名な保守系報道機関に至っては、クックは議員たちに感謝するどころか説教したと指摘し、その内容を「低俗なスピーチ」と切って捨てた。

カリフォルニアに戻ったクックはブルームバーグ・ビジネスウィークに掲載予定のエッセイについて、アップル首脳と話し合った。自分が同性愛者であることを（何人かには、初めて）告げ、中東やロシアなど同性愛に寛容でない市場でこれを公にするリスクを評価してほしいと、彼らに協力を仰いだ。アップル取締役会にも同様の話をし、発表の承認を得た。彼はこれらの議論の中で、このタイミングで公表を計画した理由に、最近のiPhone 6とApple Watchの発表後、社の経営基盤が安定していることを挙げた。ジョブズ後初のＣＥＯとして職務に失敗したとしても個人的な打撃ですむが、ジョブズ後初の「ゲイのＣＥＯ」として失敗すれば、それは負の遺産としてほかのＬＧＢＴＱ＋の幹部たちの機会を制限することになりかねない。

アップル首脳はこれを、クックが人と異なるレベルで考えはじめている具体例ととらえた。

最終的に、クックは以下の点を明らかにした。いま発言しようと思ったのは、いじめを受けたり家族の反対を心配したりしている若者にとっての将来的なロールモデルになるためだ。ゲイを公表する経営者は自分が最初ではないが、世界最大企業のＣＥＯという立場には大きな影響力があるし、7年前にＢＰ社のＣＥＯだったジョン・ブラウンがマスコミに暴露され、法廷闘争に敗れて辞任して以来、ＬＧＢＴＱ＋コミュニティがどこまで進歩したかを示す好例となるだろう。自分の公表で世代の壁は打ち破られたと若者たちに示すことができると、自分は判断した。

「このことは周囲の小さな輪にとどめていたが、〝この時点でそれは身勝手だ〟と思いはじめた」後日、彼はそう説明した。「そこにとどまってはならない。彼らのために何かをし、ゲイであってもどんどん前へ進んで人生で大きな仕事ができること、道は開けていることを示す必要がある」

ブルームバーグ・ビジネスウィークでクックの計画を知る者は皆無に近かった。タイランジールはゲイ公表の秘密を守り抜くため、その週の号に白紙のページを入れて進行し、印刷所へ送る直前に例のエッセイでそこを埋めた。

掲載されたのはアラバマ州での講演の3日後だ。「ティム・クックは語る」という見出しでＣＮＢＣとブルームバーグ・ニュースだけでなく、ウォール・ストリート・ジャーナルとニューヨーク・タイムズでもフロントページを飾り、たちまち話題をさらった。どの媒体も以下の箇所を取り上げていた。

これまで自身の性的指向を否定したことはなかったが、公に認めてもこなかった。だからこそではっきりさせよう。私はゲイであることを誇りに思っているし、ゲイであることは神から与えられた最大の贈り物のひとつと考えている。

ゲイであることで少数派に属するのがどういうことかをより深く理解できたし、ほかの少数派グループの人たちが日々どんな困難に立ち向かっているかを垣間見ることもできた。おかげでほかの人に共感する力が高まり、それが豊かな人生につながった。難しいこと、不快なこともときにあったが、自分らしくあって、自分の道を進み、逆境や偏見も乗り越えられる自信がついた。サイのように面《つら》の皮が厚くもなった。これはアップルのＣＥＯであるには都合がいい。

この記事でクックはゲイを宣言したフォーチュン５００初の最高経営責任者になった。10年以上、文化の最先端を走ってきた企業のＣＥＯだからこそ、その宣言にはいっそう重みがあった。ゲイやレズビアン、バイセクシュアル、トランスジェンダーのコミュニティを超えた、インクルージョンとダイバーシティに重きを置く姿勢は、実業界でもっとチャンスを得たいと願うほかの少数派集団の心にも訴えた。

クックのエッセイがほかの公人たちの陥った罠を回避した点に、ゲイ・コミュニティからは称賛の声が寄せられた。個人的な重荷から解放される感覚より、自分の性的指向をなぜ天からの授かりものと考えるのかを強調したからだ。ゲイであるおかげで人生がより良いものになったというメッセージは人々の共感を呼んだ。世間の耳目を集めるＣＥＯの公表は、カミングアウトした人を実業界がもっと受け入れるようになるとの希望を与えてくれた。

同性愛者の権利が政府の最高レベルで認められたばかりだっただけに、このエッセイは彼らの権利獲得にはずみをつけた。連邦議会が同性婚を認めない、いわゆる「結婚防衛法」の一部は違憲とする最高裁判決が下された1年後に、クックの宣言は出された。その1年後には最高裁が、同性婚はすべての州で認められるべきとの判決を下した。こうした華々しい成果に比べると彼のカミングアウトはごく目立たないものだったが、彼がアメリカ企業に与えた影響は決して小さくない。

マスコミはクックの遍歴についてもっと知りたがったが、彼は表明をエッセイだけにとどめた。それについてあちこちで講演をしたり、インタビューに応じたりもしなかった。ゲイ初のフォーチュン500のCEOとしてではなく、一人のエンジニア、おじさん、自然愛好家、フィットネスマニア、スポーツ愛好家として自分を見てほしい。彼はエッセイの最後をこう結んでいる。

「私たちは日の当たる道を、正義へ向かって一歩一歩、ともに歩んでいく。これが私の一歩です」

13

流行遅れ

Out of Fashion

ジョニー・アイブは新たな頂点を極めたかに見えた。ほんの数カ月前には何千人ものスタンディングオベーションで祝福され、Ａｐｐｌｅ Ｗａｔｃｈは喝采を浴び、アイブはスター扱いされた。感銘を与えたかったファッション界の大御所たちが彼をパリで歓迎し、最新作に感嘆してくれた。大きな努力は報われ、彼の最新作は会社に自信と誇りを甦《よみがえ》らせた。

２０１４年12月の下旬、彼はソフトウェアデザインチームを集め、ザ・ルームと呼ばれるインフィニット・ループの集会スペースで会議を開いた。スコット・フォーストールの解雇後にこの区域を改装し、ソフトウェアのデモに使っていたスクリーンと劇場の座席をデザインスタジオのようなオーク材の長テーブルとベンチに取り換えた。

ソフトウェアチームが集まると、アイブはテーブルの上座に着いた。Ａｐｐｌｅ Ｗａｔｃｈとｉ Ｐｈｏｎｅへの取り組みを称え、みんなのこれまでの仕事に感謝した。誰もの期待を超える仕事だったと彼は言った。そこでいちど言葉を切り、ひとつ息を吐いた。

「アップルに来て20年になるが」彼は疲れたように言った。「なかでも今年はいちばん難しい年だった」
アイブのコメントと仕草にチームはとまどった。彼らが目にしてきたＡｐｐｌｅ Ｗａｔｃｈへの意気込みと、いまの沈んだ様子が結びつかなかった。あの日の熱狂に励まされて力を得るどころか、沈痛な面持ちで彼らの前に立っている。

アイブは自分の創造精神に陰りを感じていた。この3年の大半は舞台裏での闘争に費やされた。元ソフトウェア責任者のスコット・フォーストールとは、ウォッチの開発をめぐって衝突した。チーフマーケターのフィル・シラーとは、どの機能をアピールするかで対立した。時期を同じくして、アップル・パークの建設資材の選定や、コストについての懸念の高まりにも直面した。そこへ何十人ものソフトウェアデザイナーを束ねる責任が加わり、徐々に活力が奪われていった。ジョブズという創造的パートナーの支援も得られず、彼の死を充分悼む時間もないなかで、すべてを乗り切っていた。そのため彼は疲弊し、孤独にさいなまれていた。

この会議から間もなく、アイブの自家用ジェット機ガルフストリームⅤはハワイ州カウアイ島のナ・パリ・コースト近くに所有する別荘へ飛び立った。そこで3週間、ここ数年でいちばん長い休暇を過ごしたが、新年を迎えてもまだ彼は疲労と闘っていた。Ａｐｐｌｅ Ｗａｔｃｈへの誇りも、とりわけマーケティングチームから自分の展望を守るために闘わなければならない根強いいらだちによって割り引かれた。ファッション界を媒介に販売を促進したい彼の意向はマーケターたちの抵抗に遭った。そのいらだちの底から、２００８年に抱いたアップル離脱への思いがふたたび湧き上がってきた。

アイブは２０１５年になると、足元が広くクリーム色の革で内装された30万ドルの超高級車ベントレー・ミュルザンヌの後部座席に乗り、お抱え運転手付きでインフィニット・ループへ送り届けられるようになっていた。外出中も仕事ができるよう、車内にはＷｉ－Ｆｉが搭載され、トランクに収まるよう特別設計された手づくりの革製ラゲージもあった。運転手が州間高速２８０号線の交通を縫っていくあいだ、後部座席で体を伸ばして窓の外を見つめることができた。走行中、ラジオでときおり経済チャンネルＣＮＢＣに耳を傾け、世界最大の企業であるがゆえにウォール街ではアップルの話題が絶えないことを痛感した。

ＣＮＢＣテレビの『マッド・マネー』や『スクワーク・オン・ザ・ストリート』で司会を務めるジム・クレイマーが大のアップル好きで、その業績を絶賛していることも知っていた。アップルのことをｉＰｈｏｎｅしか芸当がないと揶揄する懐疑論者をクレイマーは冷笑し、アイブをはじめアップルのスタッフに愛されていた。

「彼らは毎年のように、世界最高の企業の最高の株式をみなさんが所有しないよう妨害してきたんです」クレイマーは懐疑論者のことをそんなふうに語った。

彼はクックのことを、アイブを含めた株主に「驚くべき富をもたらした」と称賛した。ジョブズの後継者に就いた当初は軽んじられていたが、いまやウォール街の寵児だ。４年たらずでアップルの市場価値は７０００億ドルへ倍増し、社員数も６万人から10万人近くまで膨れ上がった。だがアイブはこうした数字に、だんだん居心地が悪くなった。数百人の中核チームでｉＰｈｏｎｅを開発していたころを懐かしく思うのは、彼だけではなかった。もはやデザイナーがＣＥＯを呼び止めて、キャンディカラーのコンピュータ素材について議論するような、気安い場所ではなくなった。ｉＰｈｏｎｅやｉＰａｄ、Ｍａｃなど数多くの製品を作っていて、年金基金やウォール街のトレーダーはアップルの株価が下がるたびに動向を気にし、何万人ものアップル社員がその株式に家族の扶養を頼っていた。アイブがアップル製品の未来にもたらす影響力は、想像以上に多くの人々に及んでいた。その利益で賄われた夢のマシンに運転手付きで乗りながらも、自社の飛躍的成長はアイブの頭を悩ませていた。

アップルの次のイベントへの招待状は「スプリング・フォワード」という2語の見出しで人々の受信トレイに届いた。暗号的で意味ありげな招待状から、マスコミは「新製品のウォッチがいつ買えるか、ついに発表されるのでは」と憶測した。

発表から6カ月、熱狂は懐疑に置き換わっていた。ウォッチの存在意義にテック系、ファッション系の記者たちから一様に疑問が投げかけられた。3月上旬、サンフランシスコのイエルバ・ブエナ芸術センターに駆けつけた報道関係者は知りたかった――このウォッチにはどんなことができるのか？

ファッションアイテムとしての宣伝がティム・クックを予期せぬ批判にさらした。ニューヨーク・タイムズのファッションエディター、ヴァネッサ・フリードマンは「皇帝には新しい服が必要」との見出しで、「ティム・クックはそろそろシャツの裾をたくし込むときではないか？」と疑問を投げた。彼女はアップルがパリのファッション・ウィークでウォッチのイベントを開催し、中国版ヴォーグ11月号の表紙でスーパーモデルの劉雯《リウウェン》が手首にはめたことを挙げ、「こういうブランドのトップには、それなりの服装が必要ではないか？」と問いかけた。クックが少ししわの寄ったゆったりめのボタンダウンシャツを好み、その裾をズボンにたくし入れていないことを批判し、そのスタイルを「ファッションなきファッション」と表現したのだ。

この記事にアップル広報はぎょっとし、フリードマンの狭量さをけなした。チームはクックの服装を向上させるにはどうしたらいいか、お洒落な同僚たちに助言を求めた。春のイベント当日、クックの見かけには明らかな変化があった。その日の朝はプレスの利いた襟の高いシャツと黒っぽいジーンズに、ネイビーブルーのジップアップセーターというシックないでたちだった。

これとは対照的に、アイブは開演30分ほど前、この1年のストレスで少し太った体を隠すかのような、だぶだぶの黒いセーターで会場入りした。そしていつものように最前列のローレン・パウエル・ジョブズの横の席に着いた。シャイな彼はスポットライトとステージからの目を避けるかのように、うつむき加減の姿勢を取った。

イベントが始まったとき、壇上に立ったクックには何カ月か前のような活力が感じられなかった。彼はこの6週間で6店舗をオープンした中国での事業拡大について語った。中国には21の店舗があり、今後1年間で40店舗に増やすつもりでいる。

「さて、こうした店舗に足を運んでいただく理由が少し増えました」と彼は言った。

クックはウォッチの再紹介にあたり、見た目だけでなく何ができるかを強調した。この時計を、ひとつのデバイスで時刻を知らせ、活動を記録し、メッセージを伝え、約束を記憶し、コーヒーの支払いができ、それでいてスタイリッシュな「現代のアーミーナイフ」と位置づけた。その万能性を強調するため、彼はスーパーモデルのクリスティ・ターリントン・バーンズを壇上に招いた。長身にブルネットの髪で化粧品会社メイベリンの顔を長く務めてきた彼女は、少し前にタンザニアでApple Watchを着用してハーフマラソンを走り、発展途上国での安全な出産をサポートする慈善活動でもその認知度を高めてくれたところだった。ランニングのときはシリコン製のリストバンド、ファッションの場では革製バンドを使っていると、彼女は語った。

彼女にとってはフィットネスとファッションを両立させる腕時計なのだ。

ターリントンがステージを去ると、クックはウォッチの価格プランを細かく説明した。アルミニウム製のＡｐｐｌｅ Ｗａｔｃｈ Ｓｐｏｒｔは３９９ドル、ステンレススチール製のＡｐｐｌｅ Ｗａｔｃｈは５９９ドル、18金のＡｐｐｌｅ Ｗａｔｃｈ Ｅｄｉｔｉｏｎは1万〜1万７０００ドル。どれも４月24日に発売を予定している。

イベント終了後、ウォール街のアナリストはアップルのウォッチがどれだけ売れるかさっそく予測を立てた。前回の新製品ｉＰａｄは最初の会計年度で３２００万台の売り上げを記録した。ＵＢＳのアナリスト、スティーブ・ミルノビッチはそれを上回る４１００万個と予想した。ＣＮＢＣテレビではキャスターらがハドソン・スクエア・リサーチのダニエル・アーンストに売れると思うかと質問した。「間違いなく売れる」彼は言った。「美しいデバイスだ。宝飾品のように美しい。プラスチックの安っぽい機械《ギズモ》とはわけが違う」

アイブ自身が台本を書いたかのような発言だった。過去のタイムピースの延長線上にある腕時計と考えてほしいとアイブは願っていた。それでこそ大衆に受け入れられ、当たり前のように身に着けてもらえるのだと。

だが、成功の保証はどこにもなかった。生産が始まってすぐ製造上の問題にぶつかった。太平洋を隔てた中国・上海の郊外で、ウォッチの組み立てに採用したメーカーに充分な数の工場労働者がいないとわかり、オペレーションチームは苦境に立たされた。充分にはほど遠く、10万人以上が不足していた。

この数字に運営チームの多くは愕然とした。何日かのうちに労働者を見つける必要があったからだ。答えを探した結果、根本的な問題がふたつ見つかった。ひとつはアップルがウォッチの組み立てを、信頼の置けるパートナー、鴻海科技集団ではなく廣達電脳（クアンタ・コンピュータ）に依頼したこと。もうひとつは、サプライチェーンの多様化と機密保持のため、中国の主要製造拠点・深圳の競合他社から遠く離れた生産拠点を求めたためだ。春に発売するため、中国の旧正月明けを生産の中心にしたというタイミングの問題もあった。毎年、旧正月には工場労働者が農村部へ帰省し、多くはそのまま戻ってこない。アメリカでは10万人の労働力不足といえば想像もできない数だが、中国のアップルのサプライヤーで働く300万労働者からしたら、ごく一部でしかない。廣達の人員不足からアップルの製造計画を救えるのは、ただ1社。いったん申し出を断った鴻海だ。

COOのジェフ・ウィリアムズは鴻海会長の郭台銘（テリー・ゴウ）に連絡を取り、助けを求めた。アップルが鴻海ではなく廣達を選んだことに郭は不満だったが、短期間で10万人以上の労働者を集め、組み立てラインに配置してくれた。中国と深いつながりを持ち、不可能と思われることを絶えずやり遂げる台湾人実業家の郭ならではのスピードだった。彼は労働力を送り込むと同時に、暗黙のメッセージをウィリアムズに送った――この貸しはいつか返してもらう。

人員がそろったところで、こんどは、組み立てラインで3つの異なるウォッチを製造する複雑な工程に手こずった。特に大変だったのはゴールドのウォッチだ。金塊から機械で切り出され、金の薄片がきらめきを放つシャワーと化して、時給2ドルほどの工員たちの頭髪に落ちていく。彼らの多くの月収は、髪についた金箔の価値に満たない。アップルは一日の終わりに髪についた金属くずをそのまま持ち出す人間がいないか監視するシステムを立ち上げた。エンジニアたちはこの様子を見て、その不条理さに啞然とした。アイブの精緻なデザインには金銭的な緻密さが欠けていた。

それよりはるかに大きな問題があった。部品の欠陥だ。組み立て工程の最後のほうで、サプライヤー2社の片方が製造したタプティックエンジンに欠陥があることに、アップルのエンジニアが気がついた。通知が届いたとき、ユーザーの手首に軽く叩かれたような感覚を提供するものだ。片方のサプライヤーが作ったタプティックエンジンは一定期間が過ぎると作動しなくなった。この不具合で生産可能な数が制限され、何百万個ものウォッチを期限内に送り届けるという重大目標は頓挫した。不測の事態だ。

供給量が限られる事態に直面し、アップルは流通を制限する戦略に乗り出した。

そこでイヴ・サンローランの元CEOポール・ドヌーヴは、ルイ・ヴィトンやエルメスなど高級ブランドの戦略を参考に販売・流通計画を立てた。これらブランドは希少価値や独占性といった感覚を醸成することで、ハンドバッグや衣服の価格と名声を高めていった。手首に巻くコンピュータではなくパーソナルな装身具と認識されさえすれば、Apple Watchは時の試練にも耐えられる、というアイブの意見にドヌーヴも賛同した。購買欲求を高めるため、ドヌーヴは世界でもっとも欲しがられる品々をそろえている有名高級品店にこのウォッチを置こうと考えた。ロンドンの〈セルフリッジズ〉、東京の〈伊勢丹《いせたん》〉、パリの〈ギャラリー・ラファイエット〉と配給契約を結んだ。このウォッチがいろいろな場所で手に入るようになるまでの数週間、ステンレススチールとゴールドのモデルはこうした店でカルティエやロレックスなどのブランドとともに展示され、アップルの日常的なイメージに華やかさを添えた。

4月末、ドヌーヴはアップルストアに流通を広げ、テクノロジー製品だけでなく宝飾品も売る場所となるよう店舗を造り替える計画を立てた。販売員が最適なモデルやストラップを選ぶ手伝いをすることで、ウォッチが持つ無形の価値を高めたい。アップルでもっともパーソナルなデバイスに、さらにパーソナルなタッチを加えようという戦略だ。さらに一歩進んで、購入の際は最寄りの店舗に予約してもらってはどうだろう。リテールチームのトップ、アンジェラ・アーレンツもこの考えを支持し、アップルストアの4万6000人の従業員をファッションアドバイザーに改造するプログラムを導入した。

販売開始の3カ月ほど前、長年アップルストアで働くジャロン・ノイドルフはカナダのカルガリーにあるアップルストアで訓練を開始した。新製品の販売講習では、客の服装を観察し、どのブランドの腕時計を着けているか確かめることで富裕度を評価し、購入できそうなもっとも高い価格帯を紹介するよう指導された。たとえば、3人の子を持つシングルマザーにはもっとも低価格のアルミニウム製、スーツ姿の銀行員にはより高価なステンレススチール製を薦める。ノイドルフたちはMacのトラブル対応やiPhoneの画面割れの修理が日常の仕事で、この新たな役割にはとまどいの連続だった。やがて彼らの店は宝飾品用ディスプレイで埋め尽くされ、店内のデザインも一新して試着を可能にした。あまりの劇的な変化に、ノイドルフは「アップル・ブティック」と名称を変えるのではないかと思った。

インフィニット・ループではこの新しい戦略が論争を引き起こした。アップルは何十年もテクノロジー企業としてのアイデンティティを守ってきたし、その伝統から距離を置いて、ファッション界的戦略を採用するのは難しいと感じる人たちもいた。Mac、iPhone、iPadを統括するセールス担当幹部らはラグジュアリー戦術の採用でアップルの強みのひとつである「手に入れやすい高級ブランド」というアイデンティティが損なわれるのではないかと懸念した。ジョブズの時代、アップルはアイブの洗練されたデザインと使いやすいソフトの組み合わせにより、テクノロジー業界でもっとも高い値段を設定した。それが、クックの経営手腕で手頃な価格の維持が可能になった。今回のウォッチの登場で彼らは危惧した。大衆性が薄れた排他的なブランドとなって客離れを起こすのではないか？

正式販売開始の1週間前、アップルはイタリアで高級志向のマーケティング戦略を展開した。

パリとニューヨークのファッションイベントでウォッチを披露してきたジョニー・アイブは2015年4月中旬、世界的ファッション都市ミラノに乗り込んだ。カリフォルニアのデザイナーと中国メーカーの組み合わせでどんなことが可能になるかを、イタリアの名工たちに見せるためだ。彼は白いシャツの第1ボタンを外して黒いサテンのネクタイを結び、ダークスーツの上着を羽織って、毎年恒例のデザインフェア、ミラノサローネ国際家具見本市にやってくるインフルエンサーたち向けの特別イベントに臨んだ。

アップルは市内のパラッツォを借りて、Ａｐｐｌｅ Ｗａｔｃｈの祝賀夕食会を催した。招待状はデザイナーやテイストメイカーのほか、ラグビーイングランド代表の元主将ウィル・カーリングや社交界の重鎮ウンベルタ・ヌッティ・ベレッタなどにも送られた。１００人を超える招待客がパラッツォの広い館内でワイングラスを手に、アイブがイベント用に特別に作った虹色のストラップに見とれていた。やがて全員が着席し、スパークリングワインでイタリア料理のコースに舌鼓を打った。アイブはイタリアの社交界、デザイン界の大御所たちが集まった空間を満喫し、何十年も流行に影響を与えてきた1週間のイベントに自作品が展示される栄誉に感激した。

数日後、彼はフィレンツェに移動し、コンデナスト・インターナショナル・ラグジュアリー・カンファレンスでニューソンとともに講演をした。会議《カンファレンス》に登場することがめったにないアイブにとっては異例のことだった。ウォッチの発表で、アップルは伝統的な宝飾品や革製品のメーカーと競合する気ではないかという不安をファッション業界が抱いたのだ。ここ何十年かの市場破壊の歴史から、ハイテク企業が新しいカテゴリーを立ち上げるたびに業界全体が震撼した。Ａｐｐｌｅ Ｗａｔｃｈの販売が始まる２日前、アップルがもたらす脅威についてアイブとニューソンから直接話を聞こうと、７００年の歴史を持つ市の会議場に５００人ほどのゲストが詰めかけた。

ステージに設けられた席にデザイナー二人が着くや、ヴォーグ誌の国際エディターを務めるスージー・メンケスから、会場に集まった大勢の人が知りたがっている質問が投げかけられた。「さっそく本題に入らせていただきますが、あなたがたの——お二人個人という意味ではなく——製品は、ほかの店で見かけるハンドバッグや、伝統的に高級品と言われてきた数多くの商品と、競争することになるのでしょうか？　そのようなゲームに足を踏み入れようとしているのでしょうか？」

アイブは肘掛け椅子の左側に寄りかかり、広々とした会場の壁を埋めるルネッサンス期イタリアの画家ジョルジョ・ヴァザーリの絵を見つめた。１５５４年、分離独立したシエナ共和国をフィレンツェの支配下へ戻そうと、フィレンツェ軍が攻め込んだときの、人馬の激突が描かれている。アイブの目に、この画家が描いた何世紀も前の戦いは、自分たちの得意分野に進出してきたアップルにおびえる高級品販売業の重役たちに囲まれている状況にぴったりな気がした。

「自分たちの仕事をそういう視点では見ていません」とアイブは言い、メンケスに目を戻した。「私たちの関心は、便利な製品を開発するために全力を尽くすことにあります。ｉＰｈｏｎｅに取り組んでいたときは、みんなが当時の携帯電話にもどかしさを感じていて、もっといい携帯電話を欲しがっていた。ですが今回、ウォッチの開発を推進した動機はまったく違った。私たちはたまたま腕時計が大好きだったのです。……ですから、より優れた腕時計をデザインできると思ったからではありません。……手首はテクノロジーにとって絶好の場所だと思ったからなのです」

アイブはこの答えの中に、アップルがウォッチづくりでどういう困難な道を歩んできたかを示した。同社のそれまでの製品は、問題を解決するものだった。ジョブズがｉＰｈｏｎｅのプロジェクトを立ち上げたのは、当時の携帯電話がダサかったからだ。彼がｉＰａｄを追い求めたのは、トイレで本を読むデバイスが欲しかったからだ。ジョブズが不在になってから立ち上がったウォッチプロジェクトは、それまでの製品のような明確な目的がない状態で始まった。だからいくつかの利点に取り組むことを目指した。女性はバッグの中にあるスマートフォンの音に耳を澄ます必要がなくなる。糖尿病患者は血糖値を測れるようになるかもしれない。フィットビットに触発された身体活動量の計測を誰もが行えるようになる。プロジェクトチームは通知、健康、フィットネスという異質な糸を織り込み、腕時計業界の破壊を目論むのでなく、テクノロジーを届ける場所をポケットから手首へ移そうとした。メンケスは目標の多様性を認識したうえで、ウォッチの目的をどう考えているか、さらにアイブに迫った。

「ふつうの人はこの新しいウォッチをどのように使うとお考えですか？」と、メンケスは尋ねた。

「人によって使い方はさまざまです」アイブは言った。「健康機能やフィットネス機能といった、ウォッチが提供できるコーチング機能の類いに、特に関心をお持ちの方もいるでしょう。さまざまな形でより多くの人と触れ合えることに喜びを感じる方もいるでしょう。より直感的でパーソナルな意思疎通の方法に興味を惹かれる方もいるでしょう」

ウォッチにとっては、そこが究極の試練となる。発表前にジェフ・ドーバーがジェフ・ウィリアムズに警告したように、この製品にはｉＰｏｄやｉＰｈｏｎｅやｉＰａｄのような「有無を言わせぬ買うべき理由」があるわけではなく、その目的の多面性から市場テストに出されるのだ。アップルにその存在意義を教えてくれるのはユーザーであり、その逆ではない。

数日後にウォッチは届けられたが、在庫の数は非常に限られていた。製造上の問題や販売戦略で、市場への投入数が削られた。予約をすればアップルストアで試着が可能だが、注文はオンラインで行う必要がある。その場で購入できるのはパリ、ロンドン、ベルリン、東京など世界の主要都市にあるひと握りの高級品店に限られた。

アメリカではウエスト・ハリウッドにある〈マックスフィールド〉のブティックが、この新しいウォッチを手首にはめて出ていける数少ない店のひとつだった。ドヌーヴがこの場所を選んだのは、ファッション界で最大級の影響力を持つ店だからだ。そこでの販売が波紋を広げ、需要の波となることを期待した。ところが、店の前にできた行列は、ウエストポーチを着けたアップルのファンボーイとバーバリーのバッグを持ったファッショニスタがぶつかり合う、文化摩擦の様相を呈していた。行列に並ぶ客たちの溝はアップル内の対立を映し出すかのようだった――ファッションを重視するアイブと、ずっとテクノロジーに重きを置いてきた会社との衝突を。

ロンドンの高級百貨店〈セルフリッジズ〉のイベント空間ザ・ワンダー・ルームでは、テック系ニュースサイト、ザ・ヴァージの記者が1万7000ドルのApple Watch Editionの試着を所望した。アップルのロゴが埋め込まれた革製の箱を警備員が持ってきた。蓋はマグネットで固定され、内側のスエードにゴールドのウォッチが埋め込まれていた。記者はそれを手首にはめてしげしげと眺め、少しがっかりしたような様子を見せた。ひと回り小さいサイズも試したが、反応は変わらなかった。「どれも高級腕時計とは感じられず、Apple Watchのゴールド版以上のものではない」

これはアイブのデザインが受けた、まちまちな評価の第1弾だった。男性中心のテック評論家は、ロレックスやオメガといった名だたるブランドほどには洗練されていないが、優雅で革新的、カテゴリーを一変させる製品を作ってきたアップルの伝統に沿ったデザインであると、その美しさを称えた。対照的に、女性中心のファッション記者は手首に着けるコンピュータだとして特に高い評価を与えることもなく、ただしストラップの豊富な選択肢は圧倒的と書いた。女性の手首には大きすぎるとの意見もあった。両グループともに、あったらいい製品だがｉＰｈｏｎｅほど必要不可欠ではないという見方で一致した。

「Ａｐｐｌｅ Ｗａｔｃｈレビュー――欲しいけど、必要ではない」というブルームバーグの見出しが、彼らの意見を集約していた。

こういう批評は発売何カ月か前にインフィニット・ループで繰り広げられていた議論の木霊《こだま》だった。アイブのデザインの美しさに疑問を呈する人はいなかったが、マーケターやエンジニアはウォッチの目的にたえず葛藤していた。

前評判は芳しくなかったが、クックは野心的な販売目標を掲げていた。彼の後押しで需要予測の担当者たちは、新しい製品カテゴリーに対する未曾有《みぞう》の需要に応えるためには初年度に４０００万個の製造が必要との試算をはじき出した。２０１０年に発売されたｉＰａｄの初年度販売台数をはるかに超える、意欲的な数字だ。顧客基盤の拡大もあり、アップルはこの高い販売目標を達成できると信じていた。

しかし、当初の販売実績を見るかぎり、そうは思えなかった。毎朝、パロアルトで起床するたび、クックはウォッチの最新売り上げデータを分析して肩を落としていただろう。アルミモデル、ステンレススチールモデル、高級感のあるゴールドモデルとともに、その数字は彼の期待を下回っていた。

この反応の鈍さを見て、アップル内で「ブレイクしないのでは」と不安の声が上がった。

売れ行きの伸び悩みを受け、オペレーションチームは生産を大幅に削減した。発売直後に生産予定数を7割削減し、数週間後、さらにそこから3割削減した。UBSのミルノビッチは顧客の無関心から、売り上げ予想を25パーセント減の3100万個に修正した。初期の購入者からネット上に、バッテリーの寿命が短い、通知が遅いなど、製品に批判的な書き込みもあった。アイブはこうした不満の声を聞き、市場に出すのはやはりまだ早かったのかと不安になった。iPhoneの売り上げを支えた口コミによる熱狂を生み出せるかどうかに、ミルノビッチは疑問を投げた。「おもな強みは腕時計としてのもので、人の心をわしづかみにするほどの魅力はない」と、彼は書いた。

インフィニット・ループでは怨念が渦巻いていた。エンストぎみのスタートは、つまり、ドヌーヴの戦略に懐疑的だったセールス幹部たちが正しかったということだ。セールスチームは〈ベスト・バイ〉のような大手チェーン店への流通拡大を働きかけた。伝統的なアプローチに回帰し、限られた店で販売する手法を手放すようクックに訴えた。このままでは製品がゾンビになってしまうと、彼らは警告した。

懸念の高まりを受け、ジェフ・ウィリアムズはドヌーヴのマーケティングと販売戦略を厳しく追及した。この圧力はかつて、マップの失敗後にウィリアムズがフォーストールに修正を迫ったときを思わせた。ウィリアムズとクックがファッション性にスポットを当てた市場展開を承認したのは確かだが、それは安心ではなく信頼から下した決断だった。安い車に乗り必要最低限の服しか着ないウィリアムズとクックにとって、ファッションは異質の世界だ。クックはその戦略をアイブにゆだね、シラー率いるマーケティングチームの意見とのバランスを取ろうとしたのだ。ウィリアムズは大型量販店に販売を拡大するよう強く要求した。

ドヌーヴは販売網の拡大に抵抗した。アイブと同様ドヌーヴも、新しい製品カテゴリーの発展には時間がかかると考えていた。ｉＰｏｄやｉＰｈｏｎｅの売れ行きも最初はゆっくりで、やがて爆発的に売れたのだ。彼は忍耐を訴えた。


ウォッチの問題はくすぶっていたが、アイブは一歩も引かなかった。ｉＰｈｏｎｅとｉＰａｄに当初あった懐疑的な声を爆発的な売れ行きが黙らせたように、時間とともにこのウォッチを疑う人もいなくなると主張した。

非公式な場では、違う話をすることもあった。プロジェクトの展開に納得がいかない、と彼は友人や同僚や役員に愚痴をこぼした。いくつかの会話で、市場に出すのは時期尚早だったかもしれないと彼は認めている。アップルがウォッチを市場に送り出したのは、ｉＰｈｏｎｅへの過度な依存を和らげ、社のイノベーション能力を疑問視する批評家を退けるためだった。製品の欠点はそうした事業上の圧力を反映していた。通知の問題やバッテリーへの不満の声が出てきても、製品発表会当日までその心配をしていたアイブを含めて誰も驚きはしなかった。

ウォッチの開発中、アイブはジョブズの役割と自分の役割を両方担っていた。インダストリアルデザインチームとソフトウェアデザインチームを監督し、マーケティングにも指揮を振るった。おかげでデザインスタジオに常駐できず、会議がどんどん増えていった。かつて製品開発の全側面に及ぼそうとした影響力が、果てしない義務とストレスとなって心身に負担をかけていた。11歳になる息子たちと過ごす時間がなくなり、思い悩んだ。体調を崩し、肺炎を起こしたこともあった。

さまざまな欲求不満を悪化させたのは、数々の責任を一人で背負っているという思いだった。ジョブズは毎日のようにスタジオを訪れてデザイナーの仕事をサポートし、指示を出したり励ましたりしてくれた。いっぽう、クックがスタジオに立ち寄ることはめったになく、来てもすぐに帰っていく。

この2、3年、アイブは「ジョブズの愛弟子《まなでし》」から、クックの築いた平等主義世界を率いる「大勢のリーダーの一人」になっていた。彼は心を決めた。辞めよう。

その春、アイブはクックに気持ちを伝えた。もう疲れた、仕事から手を引きたい。創造の活力が薄れ、かつてないくらい仕事はきつく、自分の願うレベルで働けていない。膨張するデザインスタジオと数百人に膨れ上がったソフトウェアデザインチームを管理する責任の増大が、彼の欲求不満を募らせていた。ウォッチの方向性をめぐるマーケティングチームとの闘いでエネルギーが枯渇した。ジョブズが組織に由来する煩雑な仕事を取り除いて、重要な決断を一人で下してくれたおかげで、20人のデザイナーから成る精鋭チームの統率に専念できたころは、うまくいっていた。自分の考えに異を唱える同僚の数に辟易《へきえき》し、何十年かにわたる仕事で体が疲弊し、友人の死がもたらした悲しみで心が弱っていた。心身を整え直して活力を取り戻したい。

アイブのこの訴えから、クックが3年前にフォーストールを解雇して社の機能性をさらに研ぎ澄まそうとした決断の失敗は明らかだった。アイブが欲しかったのはソフトウェアの設計に対する発言権であって、新しい部門の監督権ではなかった。優秀な企業戦士である彼はその職務を快く引き受け、後悔することになった。仕事人間のクックは、ジョブズのようにアイブを守って創造性を発揮する場を与えたりはせず、アイブに自分と同じことを求めた。アーティストから必要以上のものを搾り取ってしまったのだ。

アイブが辞意を表明した。

この事態にクックは動揺した。世界最高峰のインダストリアルデザイナーに逃げられたCEOとして記憶されたくない。アイブが離脱すれば、財務上のリスクも浮上する。ジョブズがアップルの最重要人物と呼んだアイブがいなくなったら、投資家が社の将来を危ぶみ、株を投げ売りしかねない。観測筋によれば、大量の売りでアップルの株価は10パーセント、市場価値にして500億ドル以上下落する可能性があった。フェデックスの市場価値を超える額だ。アイブの苦悩を理解していないクックは同僚に助言を求めた。

彼は経営トップたちと協議し、アイブを非常勤にシフトさせるプランを考えた。結果、アイブはアップルに残るが日々のマネジメント業務からは離れ、将来のプロジェクトや建設中の新キャンパスに取り組むことで合意がなされた。世界中の都市でアップルストアを改装する仕事にも携わる。ジョブズが生きていたら陣頭指揮を執ったはずのプロジェクトだ。故CEOの遺志の遂行を彼の最優先事項にしよう。

アイブの不在中は、右腕の二人——インダストリアルデザイナーのリチャード・ハワースとソフトウェアデザイナーのアラン・ダイ——がバイスプレジデントに昇格して、デザインチームの日常的な責任を担う。両幹部はクックの直属になる。アイブは引き続きデザインに携わるが、毎日アップルにいる必要はない。アイブの退任計画を株主や世間から前向きな動きと見せるため、アップル首脳はアイブの最高デザイン責任者（CDO）昇格を提案した。この人事はマスコミに発表され、クックは裏にひそむ事実にひねりを利かせる形で、社員や投資家に差し出すことができた。

真実を知る人はひと握りしかいなかった。アイブは燃え尽きていたのだ。

この変化に先立ち、アイブは親友のスティーブン・フライによるテレグラフ紙の独占インタビューをお膳立てした。熱狂的アップルファンを自任するイギリスの俳優兼作家は、友人アイブを「驚異の男《ワンダーボーイ》」と評し、アップルのソフトウェアをジョブズが好んだスキューモーフィックな現実模倣のスタイルから解放し、「より明るく鮮明で、精緻にデザインされたイメージ群」を実現したと、熱い紹介記事を書き上げた。

「クックがジョニーを敬愛しているのは明白だ」フライは書いた。「金の卵（Apple Watchの場合は金合金だが）を産みつづけるガチョウとしてだけでなく、同僚として、人として。誰もが彼を慕っている。高い集中力を保ちつつ情熱を表現する、ひたむきな訥々《とつとつ》とした姿には感動を覚えずにいられない」

インタビュー中、アイブは自分の昇進とアラン・ダイ、リチャード・ハワースが担う新しい役割について説明した。「アランとリチャードのおかげで私はマネジメント業務から解放される。あれは……その……」

「あなたがこの惑星ですべき仕事ではない？」と、フライは尋ねた。

「そのとおり」と、アイブは言った。

再編成が完了すると、クックはウォッチの苦境に目を戻した。この年の夏、ロサンゼルスから飛行機で駆けつけたジミー・アイオヴィンを含む経営トップとマーケターを集めて会議を開いた。役員会議室では、一見活況を呈している事業の内側でウォッチが時限爆弾と化していた。

全員が着席したところで、クックはウォッチの評判が芳しくない点を認めた。彼は出席者たちに「どうすれば売り上げを伸ばせるか」という基本的な疑問への最適解を求めた。

話し合ううち、ファッションからフィットネスへウォッチの売り方を変えるという案が繰り返し持ち出された。人の運動量の追跡に重点を置いたフィットビットの売れ行きは好調だ。つまり、ユーザーには運動サポートデバイスへの欲求があるのだ。アップルはウォッチの重点をファッションショーのランウェイからランニングへ移す必要がある。

新戦略が少しずつ形になってきた。プロダクトマーケティングチームはナイキとコラボレーションウォッチを開発し、製品にフィットネスの後光をもたらす。アイオヴィンはテニス界のスター、セリーナ・ウィリアムズら有名スポーツ選手にウォッチをはめてもらうよう働きかける。

「セリーナに着けてもらえりゃ、バッチリさ」と、アイオヴィンは言った。

いまは健康ブームで、ファッションは流行らない——彼らの意見は一致した。

その場にいなかったアイブは異を唱えることができなかった。

14

フューズ——融合

Fuse

アップル恒例の本社外会議に集まったとき、経営トップたちの士気は高かった。ＡｐｐｌｅＷａｔｃｈは期待を裏切ったが、ｉＰｈｏｎｅ事業が２０１４年末に急上昇を見せ、チャイナ・モバイルとの契約締結と世界最大のスマートフォン市場における未曾有の需要に後押しされて、15年の売り上げは52パーセント増を記録した。スティーブ・ジョブズの死後、初めてカーメル・バレー・ランチの会議室は自信に満ちていた。

出席者が着席すると、ティム・クックは社の将来を見据えたスライドを次々紹介して会議の幕を開けた。社内ではワイヤレスヘッドホンの開発、アップル・ペイの普及、ＡｐｐｌｅＷａｔｃｈの新機能導入が進行中だ。しかし、みんなの注目を集めたのは、アップルが自動車に取り組んでいるという最近の報道についての発言だった。

「たしかに」マスコミ報道を取り上げたスライドをクリックしながら、クックは言った。「私たちはそれに取り組んでいます」

サイズや形状がどうなるかはまだわからないが、自動車に取り組んでいるチームは積極的な雇用を進め、世界最大にして世界一競争の激しいと言って過言でない市場に２０１９年ごろ参入する計画を推進している、とクックは語った。暗号名「プロジェクト・タイタン」は野心的な、着眼点に優れた賭けであり、社員に活力を与え、ほかの人たちが不可能と考えることも自分たちには実現できるという自信をみんなに吹き込んでくれると、クックは信じていた。

だが、未来の破壊者となる夢が部屋に広がるなかで、クックは現在のアップルの運命を変えられると信じるプロジェクトに全員の短期的な目標を振り向けた。彼は音楽分野にアップルの足跡を拡大しようと奮起していた。アップルの事業をデバイスの開発から、世界的な新サービスの開発へと広げるものだ。すべては「融合《フューズ》」という暗号名をつけた取り組《イニシアティブ》みから始まる。

アップルはあらゆるプロジェクトに暗号名をつけた。社員の仕事を謎と秘密でくるむ、特別な呼称だ。この伝統は、あるエンジニアが好きだったマッキントッシュという林檎を暗号名にして安価なコンピュータを開発するプロジェクトを立ち上げた、１９７０年代の後半にまで遡る。イマジネーションより実用を重んじる名称もあった。今回の「フューズ」は、最近買収したビーツの事業とアップル既存の音楽事業を「融合」させるという発想から、そう名づけられた。

ビーツ・ミュージックと契約を結んだ直後、アップル首脳陣はビーツチーム２００人以上をインフィニット・ループに集め、この融合について話をした。アップルのエンジニアが新しい仲間にまず知ってほしかったのは、アップルが独自の音楽配信サービスをほぼ完成していたことだ。そのサービスがまだ開始されていなかったのは、これまでに作られた全楽曲を月額９・99ドルでレンタルしてもらうより、音楽を販売し所有してもらう方式のほうが好ましかったからだ。サービスの存在を知り、ビーツのチームは謙虚になった。サービスを構築するために買収されたわけではなかったのだ。新しい事業を定義するのでなく、ふたつ別々のコンセプトを組み合わせることになるのだと彼らは気がついた。

コンシューマーアプリケーション担当バイスプレジデントでｉＴｕｎｅｓの主任エンジニアでもあったジェフ・ロビンが音楽配信サービスの開発を担当し、ビーツ買収でアップルの一員となったナイン・インチ・ネイルズのリーダー、トレント・レズナーがその内容の企画を主導した。音楽評論家がキュレートするプレイリストや、アーティストのインタビューを届けるラジオステーションがその一例だ。

デザイナーとエンジニアからアイデアが出されたとき、ロビンは野心的すぎるとして押し返すことがままあった。彼は音楽配信アプリにシンプルなデザインを好んだ。まだ世に出てはいなかったがアップルが独自に開発を進めていた音楽アプリと同じく、アルバムアートを限定して、色を抑え、スプレッドシート形式の楽曲リストをつけたものだ。ビーツから来た新顔たちとアップルの一部デザイナーはこれを嫌い、アルバムカバーや流行のフォント、鮮やかな色を使った、より視覚的にダイナミックなアプリをひそかに開発した。彼らの案は、最高幹部による審査予定日の数日前まで秘密にされていた。ロビンに代替案を見せたとき、彼は激怒した。「こんなものが作れるか」と彼は即、却下した。

デザイナーたちは抵抗し、ロビンが好む実用的な形式ではなく自分たちの芸術的コンセプトこそ顧客の期待に応えるものだと反論した。不一致を解消すべく、彼らはサービス担当シニアバイスプレジデント、エディ・キューのところに両デザインを持ち込んだ。彼らはロビンが好む落ち着いた形式と、自分たちのチームが支持するカラフルな形式のポスターボードを並べた。キューはその画像を見比べて検討した。「明白だ」彼はビーツのデザイナーが考案したデザインを指差した。「我々はこれを採用する」

キューの選択で、クックがビーツを買収した正しさが立証された。指揮官ジョブズがいなくても、アップルチームとビーツチームが競い合うことで、より想像力に富んだデザインでストリーミングサービスを推進することができた。

音楽製品の開発に細かく関与したことはなかったクックだが、今回の事業計画には興味があった。プロジェクトが本格化したころ、彼はキューやアイオヴィンとともに、ビーツの旧マーケティングチームから定額制サービスの目標についてのプレゼンを受けた。iＣｌｏｕｄを除けばアップル初の定額制サービスで、基準になるものがなかった。ビーツ・ミュージック前ＣＥＯのイアン・ロジャーズと同マーケティング責任者のボゾマ・セントジョンは、アップルの新サービスで１０００万人ほどの加入者を獲得できると見ていた。アップルに買収される前の何カ月かでビーツ・ミュージックが集めた加入者10万人の１００倍に相当する。セントジョンがこの数字を口にしたとき、クックは無表情で耳を傾けていた。

「それはけっこうだが」彼はあっさり言った。「もっといけないか?」

クックは新顔たちよりアップルの販売力を信頼していた。iＰｈｏｎｅを年間およそ2億台出荷している。このデバイスに新しい音楽アプリをあらかじめロードしておけば、そのすぐ先には潜在的顧客の巨大なネットワークがある。ビーツチームの予測はその点を考慮に入れていなかった。もっと野心的になるべきだ。クックの挑発を受けてビーツチームは2倍の２０００万人という目標を打ち出した。

この新たな目標にセントジョンは狼狽《ろうばい》し、不安をあらわにしたが、上司のキューは大丈夫と請け合った。クックはたったひとつの質問でアップル・ミュージックのチームから、彼らが提示した以上の商業的野心を引き出してのけた。

クックは新しいアプリを、iPhoneの巨大事業の最前線に位置づけたいと考えていた。アップルがApp Storeを通じてソフトの配給を促進し、iPhoneに取り込めるアプリをすべて審査・承認してきたのを、彼は何年も前から見ていた。門番の役割は大きな利益をもたらした。アップルは販売するアプリの販売価格から30パーセント、定額制アプリからも毎月同程度を徴収した。この売り上げでApp Storeはたちまちアップルの最終利益に貢献する存在となり、サービス部門の売り上げ180億ドルの大半を占めるようになった。だがクックは、アプリ経済の成長にともない、アプリの配給から作成へ移行することでより多くの収益を得るチャンスがあると見た。

この音楽配信サービスは前任者の革命的発明を土台に、自分が新たな帝国を築くためのテストケースとなる。

2015年の初夏、エンジニアとデザイナーはこの音楽配信サービスにストレスを感じていた。製品の開発期限は6月上旬で、時間は刻々と過ぎていくが、多くの点でアプリはうまくいっていなかった。

レズナーはアーティストが楽曲や写真、動画をファンと直接共有できるコネクトという機能を推奨した。彼と同僚たちはこのソーシャルメディアネットワークで、ストリーミング配信最大手スポティファイとの差別化ができると考えたのだ。しかし、これはアップル内に不安をかき立てた。2010年に開発したソーシャルネットワーク、iTunes Pingが偽アカウントとスパムに汚染されてサービス中止を余儀なくされた苦い経験があったからだ。これに懲りた首脳陣はコネクトでコミュニティの会話を可能にしたいと思わなかった。ビーツチームの中には、この機能に見合うだけのコンテンツがないのではないかと危惧する声もあった。

いっぽう、ビーツのエンジニアはアップル独自のコーディング言語への順応に追われていた。彼らは何千人ものアプリ開発者に広く使われている言語で以前のアプリを開発していたが、アップルはiTunesの開発に使ったのと同様の専用コードを使いたかった。ビーツのエンジニアは、このコードだと自分たちのアプリより機能の読み込みが遅いと考え、それを回避する方策に奔走していた。

アイオヴィンにも同様のプレッシャーがかかっていた。長年レーベルの経営に携わってきた彼は、アップルのサービス開始時に完全な楽曲カタログを提供できる態勢を整えるため、必要なレーベルとのライセンス契約を確実にまとめる役割を担っていた。ところが、アップルは3カ月間無料トライアルを実施するつもりでいて、その期間のライセンス料免除をレーベル側にも求めたため、交渉は難航した。3カ月間無料にすれば何百万もの新規加入者が生まれ、より多くの楽曲が聴かれることでレーベルとアーティストに利益を還元できるというのが、アップル側の売り口上だった。ソニーやユニバーサルら大手レーベルは取引に応じたが、独立系レーベルは難色を示し、アデルやレディオヘッドら人気アーティストの楽曲をまだ手に入れられずにいた。彼らが抜け落ちていては、アップル・ミュージックがどんな音楽を提供できるかではなく、どんな音楽を提供できないかに話題が集中し、サービスの立ち上げに影を落としかねない。

新製品発表イベントの2日前、アプリはまだ完成しておらず、契約交渉も終わっていなかった。うまくいくのか？――この疑問への不安で誰もがピリピリしていた。

6月上旬のある晴れた暖かな朝、5000人を超えるソフトウェアエンジニアがリュックやショルダーバッグにラップトップを入れ、IDカードのストラップを首にかけて、重い足取りでサンフランシスコのモスコーニ・センターへ向かっていた。このコンベンション施設の外壁2階分に描かれたアップルの白いロゴが、3時間に及ぶソフトウェア紹介の場へ彼らを案内する標識の役割を果たしていた。

ティム・クックは観客の拍手や口笛やはやし声を誘う数々の約束で、イベントをリードしていった。アップルの呪文に魅入られている信者たちを前に、彼はステージを闊歩《かっぽ》し、「ワン・モア・シング」と予告した。ジョブズの魔法のフレーズを使うのはこの1年で2度目だ。しかし今回、彼はアップルが作ったものではなく、自分が買ってきた大事なもののためにこの呪文を唱えた。「私たちは本当に音楽が好きなんです」彼は言った。「音楽は私たちの生活と文化のきわめて重要な一部ですから」

彼の言葉はアップルが失ったものを隠していた。10年ほど前、スティーブ・ジョブズは同じステージに歩み出て、デジタルで楽曲を購入できるiTunes Music Storeを発表した。この革新的サービスは音楽業界に革命を起こし、アップルを文化の最先端へ導いた。その後、同社は数十億ドルの売り上げと数百万の顧客を獲得した。その成功に満足した結果、スポティファイが新たな破壊の波の先頭に立ち、月額制で無限に近い楽曲カタログにアクセスできる方式を構築して顧客を奪っていった。音楽業界のリーダーとしてのアップルの地位が色あせていることを、クックも聴衆も知っていた。第2幕が必要だ。

ジョブズがイノベーションで牽引したのに対し、クックは模倣に出た。彼はスポティファイに似た定額制音楽配信サービス、アップル・ミュージックの立ち上げを発表した。「これはみなさんの音楽体験のあり方を永久に変えるでしょう」と彼は言った。それから、自分より音楽業界での経歴が長いジミー・アイオヴィンを壇上へ呼んで説明を託した。

アイオヴィンは恋人のイギリス人モデル、リバティ・ロスに敬意を表し、シルクスクリーンで自由の女神をあしらったTシャツを着て壇上に上がった。小柄な音楽界の巨匠が語るときのカリスマ性は自然体の休みない活力からもたらされる。鼻にかかったブルックリン訛《なま》りで聴衆を1970年代ニューヨークへ運んだ。世故に長けた彼は、人前で話すときはなんの準備もしないと豪語していた。しかしイメージを気にするアップルはアイオヴィンに台本を持たせ、彼の語り方を、本の内容を録音したテープのような独白劇に変えてしまった。彼はジョブズが10年前にiTunesの発売を発表したときの、あのサービスの第一印象について淡々と語った。「うわ、宣伝どおりだ。こいつら、本当に〝シンク・ディファレント〟している」

エネルギッシュなアイオヴィンに慣れている人たちは原稿どおりのスピーチを真情の吐露とは思えなかった。目の前の何千人もの聴衆を見つめる彼は、たどたどしげで不安げだった。

「つまり、テクノロジーとアートは両立するということだ」彼はテレプロンプターから読み上げた。それから「少なくともアップルでは」と、言い添えた。

アップル・ミュージックはプレイリストの楽曲がアルゴリズムではなく人の手で集められるため、既存のサービスとは違ったものになる、と彼は言った。「イメージしてくれ。特別な瞬間にいるところを。運動中だとか、特別な瞬間にいるところを」彼はいちど言葉を切って、ステージの近くに座っていた長年の事業パートナー、ドクター・ドレーに目を向けた。

「なあ、ドレー」と彼は言い、ウィンクした。それから聴衆に目を戻した。「彼は運動が大好きだからね」と言い、少し間を置いて旺盛な性生活を指していることをわからせた。観客が笑いだすと、アイオヴィンはにやりとした。「心臓がドキドキ音をたててる」みんなが冗談に気づいたのがわかって彼は微笑んだ。「盛り上がったところで、次の曲が流れだす——なんてこった！」彼は叫んだ。「どっちらけだぜ！」

プレイリスト上で曲間の移行がうまくいかないのは、ほとんどがアルゴリズムでプログラムされているからだ、とアイオヴィンは説明した。ビーツ・ミュージックと同じように、アップル・ミュージックのプレイリストには人間のキュレーターを配置しているから、曲間のトランジションもスムーズになる、と彼は説明した。会場の反応はいまひとつだった。

アップルが新しい音楽配信サービスを開始したこの6月、ポップスターのテイラー・スウィフトはヨーロッパでツアー中だった。そこへ音楽業界の友人から、「アーティストの報酬は0パーセント」とするアップル・ミュージックの契約書の画像を添付したメールが届いた。憤慨した彼女は真夜中に手紙を書き、翌朝早い時間に自分のウェブサイトに掲載した。

テイラーよりアップルへ

……アップル・ミュージックが音楽配信サービスに申し込んだ人に3カ月間の無料トライアルを提供することは、みなさんご存じだと思います。その期間、アップル・ミュージックが楽曲の作詞・作曲家、プロデューサー、アーティストにお金を払わないことはご存じですか？　進歩的で寛大な歴史を誇る会社らしくないこの決定に、私はショックを受け、とても残念に思います。

……失礼を承知でアップルにはこう申し上げたい。いまならまだこの方針を撤回し、この一件で甚大な影響を受ける音楽業界の人たちの気持ちを変えられます。私たちはただでiPhoneをくれなんて言いません。だから、どうか、私たちにも音楽をただでくれなんて言わないで。

テイラー

父の日の朝、南カリフォルニアの自宅で目覚めたアイオヴィンは、スウィフトのウェブサイトへのリンクが貼られたメッセージに気がついた。クリックすると、アップルを強く批判する内容だった。じつは、スウィフトが所属するスコット・ボーチェッタの独立系レーベル、ビッグ・マシン・レーベル・グループ（BMLG）は、アップル・ミュージックに楽曲をライセンスする前に所属アーティストへの支払いを確約してほしいと言ってきて、アイオヴィンと協議中だった。スウィフトが公の場で心情を吐露した時点で、両者はまだ契約に至っていなかった。

アイオヴィンは彼女の訴えを無視できなかった——私たちはただでiPhoneをくれなんて言わない、だからどうか音楽もただでくれとは言わないで。

彼はすぐさまボーチェッタに電話した。「どういうことだ？」彼は1オクターブ声を上げて詰問した。「なんだ、この手紙は？」

「彼女からさっき送られてきた」ボーチェッタは言った。「私がやらせたわけじゃない。しかし、彼女の主張はもっともだ」

アイオヴィンは黙り込んだ。「トレントに相談させてくれ」と彼は言った。電話を切り、トレント・レズナーに電話をかけ、スウィフトの手紙について説明した。ナイン・インチ・ネイルズのリーダーはスウィフトの主張に理解を示した。アイオヴィンはすぐエディ・キューに電話をかけ、キューはアップルの新サービスが音楽界最大級の大物ミュージシャンに非難されたと知って愕然とした。サービスを取り巻く新戦略が、離陸前に翼をもがれてしまうかもしれない。

「面倒なことになる」キューは苦々しげに言った。

キューとアイオヴィンはクックに電話し、イメージダウンを回避する方法を相談した。スウィフトの言い分はもっともだとクックは判断した。アップルはアーティストに報酬を支払うべきだと彼は言い、キューとアイオヴィンに条件を考え出すよう指示した。二人はナッシュビルのプールサイドで父の日のお祝いを開いていたボーチェッタに相談した。

「幸い、まだサービスは立ち上げられていない」ボーチェッタは言った。「修正の時間はある」

「適切なレートは？」と、キューが尋ねた。音楽配信サービスが1曲の再生に対し支払う金額のことだ。

業界全体のレートを設定する権限を与えられたものと理解し、ボーチェッタはひとつ深呼吸した。当時、スポティファイはアーティストに1再生あたりおよそ0・006ドル支払っていた。

「スポティファイのレートを知っているだろう」ボーチェッタは言った。「それに少し上乗せしろ」

一見、簡単そうに思える解決法だが、突然のコスト発生はアップル・ミュージックの財政に甚大な影響を与える恐れがあった。アップル・ミュージックは手元の財源――2000億ドル――に手をつけて予定外の支払いに充てなければならない。アイオヴィンとキューはクックに相談し、契約の了承を得た。降伏しなければ、スウィフトの手紙に勇気づけられたほかのアーティストたちが一斉に反乱を起こしかねない。

その日のうちに、アイオヴィンとキューはボーチェッタ、スウィフトと電話会談を設定した。「テイラー」キューは呼びかけた。「あなたの手紙を真摯に受け止めていることをわかってほしい。サービス開始の時点から報酬を支払うことにした」

スウィフトは時間を割いて直接伝えてくれたこと、自分の立場を尊重してくれたことをキューに感謝した。彼女とボーチェッタはこれを、業界にとっての大きな一歩と考えた。

その後の何日かで、アップルはアデルやレディオヘッドなど独立系レーベルのアーティストたちと契約を結ぶことに成功した。ボーチェッタのBMLGとも契約した。契約内容は明らかにされなかったが、アップルは数年後、複数のレーベルに宛てた手紙の中で、スポティファイより多くをアーティストに支払っていると自慢している。

キューとアイオヴィンが直接働きかけたことは、スウィフトの心に残った。何カ月かあと、彼女はアップル・ミュージックのCMに出演し、あの手紙はアップルが仕組んだ宣伝活動だったのではないかと一部の記者は怪しんだ。しかし、ボーチェッタとアイオヴィン、アップル・ミュージックの社員数人はそれを否定している。

「話がうますぎるとみんな言うが、あれに限ってはそうじゃない」数年後、ボーチェッタはナッシュビルで語った。「下ろしたての靴に泥が付くのは誰だっていやだ。新しいサービスを始めるところだったんだから。PRの悪夢だろう」

音楽配信事業の問題が丸く収まったころ、クックは伝統的なハードウェア事業について一連の重要な決断に直面していた。

CEOになって4年。彼はまだ製品開発への関与に消極的だった。ジョブズのまねを試みたら

ていた。

ぐる日々のリーダーシップに空白が生まれた。クックの側近にも彼に指図を求める人たちが出てき

火傷《やけど》をするとずっと思っていた。しかし、ジョニー・アイブが非常勤に移行したことで、製品をめぐる日々のリーダーシップに空白が生まれた。クックの側近にも彼に指図を求める人たちが出てきていた。

２０１５年に行われた一連の議論で、ハードウェアエンジニアリングの責任者ダン・リッキオが音声アシスタントＳｉｒｉを使って質問や音楽再生を行うホームスピーカーを提案した。アマゾンがＡｌｅｘａで操作するＥｃｈｏを発表し、スマートスピーカーという分野が世間一般に認知されてきていた。アップルのエンジニアたちは何年もかけて同様のコンセプトを探っていたため、「ネット上のウォルマート」のような企業からこういう洗練されたデバイスが生み出されたことに愕然とする人もいた。リッキオはこの分野への参入を提言し、彼のチームは史上最高の音質を売りにしたスマートスピーカーの初期構想をいくつか練り上げた。彼は承認を得ようと、それをクックのところへ持ち込んだ。

クックは討論中、この製品は何をするもので、どのように使われるのかと質問を投げてリッキオを試した。そして最後に、もっと情報が欲しいと言った。クックはスピーカーに乗り気でないと察したリッキオのチームは作業を縮小した。その数カ月後、クックはアマゾンのスピーカーＥｃｈｏを取り上げた記事のリンクをメールでリッキオに送りつけてきた。アップル独自のスピーカーへの取り組みはどうなっているのか、という。

リッキオのチームはあわてて活動を再開し、放置していた作業を活発化させた。クックの問い合わせが来たのはアマゾンのスピーカーを市場が受け入れはじめ、３００万台ほどが売れたころだ。Ｅｃｈｏがこの分野を牽引し、アップルは置き去りにされた形だった。この展開はスタッフを二分した。辛抱と熟考が必要だったと考える者もいれば、アップルの動きが機敏だった時代にはなかっ

た官僚機構的な怠惰と断じる者もいた。ジョブズが直感で判断を下し、迅速な指示を与えたのに対し、クックは話に耳を傾け情報を集めてから進める方式を好んだ。彼はいわゆる「分析麻痺」に陥っていたのだ。

その年、iPhoneが開発の岐路に立たされたときには、クックがそれまでにない決断力を発揮した。当時、アップルの最重要製品のリリースは「チクタク」と呼ばれる規則的なサイクルで行われていた。「チク」の年にデザインを一新して売り上げを急増させ、売れ行きが落ちる次の「タク」の年にデザインの改良を行うというサイクルを繰り返していた。この戦略により、人件費や新しい機械などのコストを2年に分散することができた。ところが、このチクタク戦術が初めて拍子外れとなった。

アップルは2014年にiPhone 6でデザインを一新したあと、15年と16年の2年にわたってデザインを改良する計画を立てた。その結果リズムは「チクタクタク」になり、発売10周年の17年に劇的なことをしなければならない、という内圧が生まれた。

クックは製品を再活性化するアイデアを求めた。最近買収したイスラエルの3D感知技術会社、プライムセンスの技術陣がゲーム機用技術を小型化するアイデアを推進した。彼らが開発したシステムは、カメラとセンサーでユーザーの手の動き《ハンドジェスチャー》を処理するものだった。ゲーム機の9×3インチ〔約23×8センチ〕の概念を10分の1にして、顔認証でiPhoneのロックを解除できるようにしよう。この技術を採用してホームボタンが不要になれば、画面が端から端まで広がってインフィニティプールのように周囲の空間に溶け込むだろう。

工学的な飛躍を必要とする野心的な構想だったが、クックはリスクを最小限に抑える計画を承認した。プライムセンスの技術を、高価格機種だけに採用するのだ。価格のアップが高価な部品のコストを相殺してくれる。それ以上に大事なのは、製品の需要が緩和されることかもしれない。人気の新iPhoneには3カ月ほどで5000万台以上の売り上げを見込めたが、その数を作るのは難しいのではないかと多くの人が懸念していたからだ。iPhone 6のマイナーチェンジ版を同時リリースして過剰な需要を満たし、プレミアムフォンの顔認証が失敗した場合に備えよう。まさしくリスクマネジメントの極意だ。

音楽配信チームはテイラー・スウィフトの騒動を乗り越えたが、また新たな問題が発生した。顧客と評論家から新しいサービスが酷評されたのだ。

ウォール・ストリート・ジャーナルのテック評論家ジョアンナ・スターンは「アップル・ミュージックは気に入らない」と、にべもなく言った。「洗練とシンプルさに欠ける」と述べ、プレイリストとメニューをロシアのマトリョーシカに喩えた。ニューヨーク・タイムズは「マイクロソフトが作りそうなもの」と評した。テック系ニュースサイト、ザ・ヴァージは「雑然としていて、読み込みに時間がかかり、設定が複雑」と述べた。長年アップルを支持してきたウォルト・モスバーグでさえ、このサービスがiTunesを統合した点には賛意を示しつつも、競合他社には及ばないと認めた。

顧客からは看板機能のひとつ、コネクトが使えないという苦情が出た。この機能がアプリを競合より煩雑にしているうえ、多くのアーティストが正しく使ってくれなかったため、せっかくの価値を充分に提供できていなかった。ついにはテック系サイトがコネクトの削除方法を掲載した。アップルではエンジニアがこの機能の廃止を検討した。

アップル・ミュージックはアップル最大の誇りである「シンプルさ」と「美しさ」に欠けていた。

「ちゃんと動く」と人々に言わしめた直感的なソフトとハードの開発で同社は名を上げた。ところが、マップの失敗から3年、またしてもその水準に達しない注目のサービスを紹介してしまった。

こうした評価にクックは落胆していただろうが、加入者数にひと筋の光明を見いだすことができた。日を追うごとに3カ月間の無料トライアルに申し込む人が増えてきて、トライアル期間が終わったときも多くがそのまま有料会員になった。

この契約数なら、批判は恐るるに足りない。アイオヴィンのステージでの悪戦苦闘、テイラー・スウィフトの攻撃、批判的な評価と、トラブルはいろいろあったが、アップル・ミュージックは軌道に乗った。クックの野心的な加入者数目標に不安を抱いた旧ビーツのマーケティングチームは、5億台のiPhone上でアプリが普及していくところを不思議な気持ちで眺めていた。3カ月の無料トライアルは何百万もの新規顧客を獲得し、その多くがサービスに定着し、6カ月で1000万人の有料会員を獲得した。ライバルのスポティファイが6年かけて達成した数字だ。1年以内にこの数字は2000万を突破した。

クックは微笑むしかなかった。アップルは音楽配信の一大マシンを構築したのだから。

15

金庫番たち

Accountants

ジョニー・アイブは束縛から解き放たれた。彼の自家用ジェット機ガルフストリームⅤはサンノゼで燃料補給して、5月にハワイ、6月にフランス、年内にヴァージン諸島へと飛び立った。これらはアイブが豪華キャビンでたどり着く贅沢な行き先の数例にすぎない。

駐機場から階段を何段か上がってコンパートメントに入ると、白い壁が曲線を描き、カフェテラを思わせるクリーム色の豪華な革製の座席が並んでいた。この内装はアイブと同じくらい洗練されたセンスを持つ数少ない人物、スティーブ・ジョブズが特別に設計したものだ。

ジョブズの死後、アイブは遺族からこのジェット機を買い取った。ジョブズ一家は2000年ごろからこの自家用機を使っていた。アップルを倒産から救ったお礼に取締役会から贈られたものだ。ジョブズは1年以上かけて機内を自分好みに作り替えた。キャビンの磨き上げられた金属製ボタンをブラッシュメタルに取り換えるなど、細部にまでこだわった。機内のインテリアデザインに取り組んだアイブは、そのこだわりを目にするたび、高い水準で世界を変えた男のことを思い出した。

Apple Watchの発表後、アイブはクパティーノでの疲弊から逃れたくなった。非常勤契約に移行したおかげで、インダストリアルデザインとソフトウェアデザインに取り組む数百人のマネジメントは右腕の二人が引き受けてくれ、そのあいだに旅をして疲れを癒《い》やせるようになった。進行中の仕事についてはたえず最新情報を受け取っていたが、職業人生の20年を特徴づけるスタジオの週例会議にはほとんど出なくなった。インダストリアルデザイナーとソフトウェアデザイナーが未来の製品の曲線や色彩を議論しているあいだ、彼はカウアイ島の私有地で英気を養い、コートダジュールのエレクトリックブルーの海辺で時を過ごした。

　サンフランシスコに戻ると、パシフィックハイツの豪邸の改修状況を観察した。アップルの新キャンパスを手がけたフォスター＋パートナーズの建築家チームが計画を練り、１７００万ドルをかけて、寝室４つと浴室７つの家をアイブ家好みの空間に造り直していた。改修工事の進展中、ときおり、シリコンバレーのエリートたちが集まるサンフランシスコの高級社交クラブ、〈ザ・バッテリー〉で過ごした。かつてジョブズにｉＰｈｏｎｅの試作品を見せたデザインスタジオではなく、クパティーノから75キロほど離れたこの場所に、ときどきデザイナーを呼んで会議を行い、アップルで継続中のプロジェクトの状況を把握した。

　参加と不参加、出席と欠席を繰り返し、責任者でありながら完全な責任を背負う必要はない。こうして彼の時間はふたたび彼自身のものになった。

　アイブの離脱が始まったころ、自動車プロジェクト「タイタン」の取り組みが加速した。アップルはバッテリーとカメラ、機械学習と数学に精通したエンジニアと研究者を何百人か採用した。彼らを引き寄せたのは、次世代の「すごい製品」、つまりデトロイトを追い抜き世界を作り替える製品の開発に携わってもらうという約束だった。

新規採用者の職場はカリフォルニア州サニーヴェイルにある、なんの変哲もない倉庫だった。極秘の新拠点だ。そこで彼らはＮＡＳＡの月探査に匹敵する、アップル史上もっとも複雑なプロジェクトに取り組んだ。成功を収めるには基本ソフトを開発する必要があった。カメラとセンサーから入ってくる情報を処理して外の世界を多次元的に把握し、車がどう走ればいいかを決めるものだ。車そのものにも何百キロかを走破できる高性能電池が必要になる。カスタマーエクスペリエンス、つまり、乗る人がどんな体験や価値やメリットを得られるかを定義する必要もあった。座席に座ったときはどんな感じなのか？

自動運転車の分野に早くから参入している企業は、少しずつ手をつけていく「断片的アプローチ」を取った。業界トップを走るグーグルは車づくりよりＯＳづくりを優先した。ミニバンがロボットのようにフェニックスの街を移動できるシステムを、時間をかけて少しずつ改良していった。テスラは限定的な自動運転性能を持つ電気自動車づくりに専念した。アップル首脳陣は自動運転システムの開発と電気自動車の製造を同時に進めようとした。

主導的役割を担ったのはインダストリアルデザインチームだ。アイブと彼のチームはロサンゼルスに通いはじめた。そこにはたくさんの自動車設計スタジオが集まり、やがて路上へ出るだろう車のコンセプトを日々生み出していたからだ。みんなで車の好き嫌いを話し、コンセプトをスケッチし、トレードマークの曲線をよりダイナミックに拡大する方法はないか検討した。

アイブはもうフルタイムで働いてはいなかったが、アップルのテイストメイカーとして彼にはこのプロジェクトに大きな発言力があった。巷《ちまた》の車を長年研究してきて、車にも一家言あった。少年時代に父親とオースチン・ヒーレー・スプライトを修復したこともある。大人になってからはアストンマーティンＤＢ４やベントレー・Ｓ３コンチネンタルなど、イギリス車を数多く所有した。車への思い入れは強く、ホテルに迎えに来たメルセデスＳクラスセダンの後輪周りに気に入らない箇所があって、乗り込もうとしなかったことがあるほどだ。彼の意見では、ラインが形に沿っていなかった。

　アップルには音声アシスタントを備えた、運転手なしの完全自動運転車を作ってもらいたい。アイブの展望は、ハードウェア責任者ダン・リッキオと彼のチームのプロダクトデザイナーたちのそれとは違った。リッキオたちはテスラの車のように自動運転と有人運転の間を行き来する「半自動電気自動車」を考えていた。アップルがノキアと携帯電話にしたことをテスラと自動車業界にする構想を、頭に描いていた――優れた技術で後発参入して、あっという間に追い抜こう。

　白熱の議論が戦わされるあいだに、インダストリアルデザインチームは試作品の構想を練った。ハンドルがない内装をイメージした。運転手の必要がない車になぜハンドルが必要なのか？　車内をラウンジに変えて４つの座席を前向きでなく向き合う形で配置する。素材を議論し、カリフォルニアの日射しを和らげて色調の調整ができるガラスのサンルーフを考えた。音もなく閉まる機械式ドアも考えた。レストランや通りの名前がガラスに映し出される、拡張現実《AR》ディスプレイのような透明の窓が提案された。

　彼らは１９８０年代に日本で人気を博したトヨタのミニマルなワゴン車へのノスタルジーも共有していた。微妙な角度をつけた箱形フォルムと、ほかにはない角張ったフロントガラスが特徴だ。そのデザインをヒントにして、ミニマルな直方体の角に独特のベジェ曲線で柔らかみを出したミニバンの実物大模型を作った。車輪のついた卵のようだとエンジニアたちは思った。角も縁もなく、起伏のなだらかな曲線状のキャビンがあるだけだ。

　デザインチームは長年の伝統にのっとり、市販されているたいていの車より厳しいスペックを設定した。センサーはほとんど人目につかない形にしたい。この要望で、エンジニアはＬｉＤＡＲ〔自動運転センサー〕と呼ばれる独自技術の開発を余儀なくされた。センサーの多くは刑務所の監視塔のようにルーフ上に置かれるからだ。

２０１５年秋のある日、アイブは自分の思い描く車の仕組みを見せるため、サニーヴェイルでティム・クックと会った。音声で操作できる車、つまり、乗客が乗り込んでＳｉｒｉに行きたい場所を告げる車を頭に描いていた。経営幹部二人は試作品のラウンジのような車内空間に入り、座席に身を沈めた。外で俳優がＳｉｒｉ役を務め、この空想的なデモンストレーション用の台本を読み上げた。想像上の車が走りだすと、アイブは窓から外をのぞく仕草を見せた。

「おい、Ｓｉｒｉ、いま通り過ぎたレストランは？」と、彼は尋ねた。

外の俳優が応答する。中の二人と何度かやり取りが続いた。

その後、車を降りたアイブは想像以上に壮大な未来を手に入れたかのように満足げな表情を浮かべた。そばから見ているエンジニアたちのことを忘れていたが、彼らの中には、プロジェクトはこのデモンストレーションと同じく虚構に過ぎず、どんどん進んではいるが最終目的地にはさっぱり行き着かないのではないかと、不安に駆られる者たちもいた。

アップルの未来キャンパスは毎月アイブの注意を引いた。サンフランシスコを離れてクパティーノへ向かうと、地面の穴が形になりはじめていた。

ジョブズはアップル新キャンパスに、同社の技術を展示したスタジアムのようなイベント空間を夢想していた。生前の彼はその空間と本館を地下のトンネルでつなぎ、自分のオフィスからステージまで歩いていける通路をつけるというアイデアを提案していた。計画は少しずつ変わっていき、最終的には、メインキャンパスから400メートルほどの丘に優雅なシアターが立ち、果樹とオークの木が点在する起伏に富んだ風景を見晴らす、というものになった。ジョブズが意図したコンセプトに命を吹き込む仕事はアイブに託された。

計画中のシアターは高さ6メートルの円形ガラスの上に、空飛ぶ円盤のようなカーボンファイバーの屋根が乗っかる。屋根が浮いているように見せるため、ガラスの壁には柱を立てられず、建築家たちはガラス板の継ぎ目に電線やスプリンクラー用の配管を隠す方法を考え出さなければならなかった。屋根はカーボンファイバー製ヨット44隻分の船体をボルトでつないだ、重さ3600キロ超の銀の環《わ》となる。そのすべてがビーズブラスト加工を受けて、MacBookのような光沢を放つ。テラゾー仕上げの床に、野外のあずまやのような陽光が降りそそぐ部屋。観客席は地下にあり、カーブした階段ふたつでたどり着ける。

アイブはシアター内部を完璧なデザインに仕上げることに情熱をそそいでいた。座席のためにフォスター+パートナーズの建築家が世界中の皮なめし工場から何十種類もの革見本を取り寄せた。アイブはウォッチのバンドと同じように、見本をひとつひとつ吟味していった。しなやかさ、柔らかさ、なめらかさの最適な組み合わせを見定めたうえで、フェラーリのスポーツカーによく使われるポルトローナ・フラウのレザーを選んだ。その後、2000席の座席のために数々の色を検討し、悩み抜いた末に赤みを帯びたキャラメル色に決定した。椅子1脚に1万4000ドルかかるが、ジョブズと同じくアイブも趣味の良さを実現するためにはカネに糸目をつけなかった。

座席はオーク材のフローリングの上に置かれる予定だった。フォスター+パートナーズは世界中からオーク材の7×10センチほどの見本を何百枚も取り寄せた。アイブが実際に足を運び、清掃と維持管理が経年変化にどう影響するかを聴き取りながら、1枚1枚評価した。最終的に選ばれたのはチェコ産のオーク材だ。ステージに向かって気づかれない程度のカーブを描きたいため、木材を湾曲させたいという要望は、特注でなければかなえられないものだ。建築家はアイブのために革張りの座席を備えた3×6メートルのシアターの試作品を作って体験させ、承認を得た。

アイブにとっては刺激的な仕事だった。ｉＰｈｏｎｅやｉＰａｄ、Ｍａｃのデザインを更新するときのように、曲線の改良や素材の選定を繰り返す退屈な作業ではなく、ほとんどの決断が新しく斬新だった。自分の創造力を発揮できる機会を楽しみながら、シカゴやパリなど大都市のアップルストアの刷新や開発にも携わった。彼とアンジェラ・アーレンツは建築家たちと手を携え、ストアを「タウンスクエア」と呼ばれる、買い物以外にもアップル製品の講習を受けたり映画を観たりたむろしたりできる場所にしようとした。ここにも透明なガラスなど、新キャンパスの概念を多用した。その結果アップルの全施設で建築の感覚が統一され、ジョブズ後初の大がかりな刷新が実現した。

店舗を手がける中で、アイブはアーレンツが中国での事業促進に向けて夢見ていたプロジェクトの相談にも乗った。バスが車輪の付いたアップルストアとなり、世界最大の人口を持つ国の国内を巡回して、店を持たない市町村でｉＰｈｏｎｅを売るというものだ。ただこの計画には、バスが毎晩戻ってきて、清掃を受け、翌日ふたたび出動できる車両基地が必要だった。

アーレンツのチームには、世界的デザイナーをグレイハウンドバスの高級版に取り組ませるなんてばかげていると冷笑する者もいた。

ｉＰｈｏｎｅ、ｉＰａｄ、Ｍａｃの刷新と並行して建物と自動車にも取り組むことで、アイブはずっとアップルの仕事に関与していたが、会社に対する自分の影響力が弱まっていると気づかされることがときおりあった。

10月、クックと7人の社外人材から成る取締役会に、クックはジェームズ・ベルを任命した。ボーイング社でＣＦＯを務めた経験豊富な黒人を起用することで、白人だけだった取締役会のダイバーシティに取り組んだ。長年アップル株を所有してきたジェシー・ジャクソン牧師がこの何年か、黒人取締役を任命するよう圧力をかけていた。わざわざ年次株主総会に出てきて、「セルマとシリコンバレーは一本の線で途切れることなく続いていて、そのすべては平等と人権と経済的公平を求める長い旅の一部だった」と、アラバマ出身のティム・クックに訴えた。アラバマ州セルマは１９６５年の黒人市民による抗議の大行進で知られる。この攻勢を受け、ダイバーシティの擁護者を自任するクックは黒人候補者を探したのだが、ベルを選んだことは彼のスターデザイナーをいらだたせた。

アイブも取締役会の多様化は支持していたが、彼の長年の腹心で、ジョブズがアップルに植え付けたマーケティングと趣味の良さを理解する人物として信頼の厚かったミッキー・ドレクスラー取締役を追いやることで空いた地位に、ベルが入ってきたからだ。ジョブズが直感でアップルを運営したように、ドレクスラーもＧＡＰやＪ．クルーで直感的にファッショントレンドを見極め、両社を小売業界の巨人へと成長させた。ドレクスラーが去れば、10年以上の経験と生得的なマーケティング感性を備え、アイブのようなクリエイターの話に耳を傾けてくれる取締役を失うことになる。彼の代わりにクックはオペレーションと財務に精通した人物を起用した。クックが天性のマーケターでなく業務執行人《オペレーター》を選んだのは、この何年かで2度目のことだ。アップルで長年会長を務めたジョブズの親友ビル・キャンベルが２０１４年に退任したあと、クックは資産運用大手ブラックロックでＣＯＯを務めていたスーザン・ワグナーを後任に迎えた。ワグナーとベルの加入で取締役会の専門バランスは運営側へと傾いた。

この変化にアイブは心を痛めた。ジョブズの未亡人ローレン・パウエル・ジョブズか、ジョブズと懇意にしていた人を取締役にすべきだったのにと、同僚や友人に愚痴をこぼした。少なくともマーケティングの感性の持ち主を選ぶべきだった、と。アイブが話をした、ある同僚はベルを擁護した。「彼はマイノリティだ」その同僚は言った。「評判も非常にいい」

「そんなことは関係ない」アイブは言った。「心配すべきは会社のことだ。彼も金庫番の部類なんだぞ」

この時点で、アイブの懸念はダイバーシティより会社の状況に向けられていた。アイブは高校時代、マーガレット・サッチャー政権下のイギリスでフェミニズム擁護論を語ったことがある。進歩主義者を自任していた。特に、取締役会に女性が増えることを強く望んでいた。しかしアップルでは、ジョブズの遺産を守り、アップルの創造的感性を維持することが最優先だ。前ＣＦＯのピーター・オッペンハイマーも、取締役会にはクリエイティブ志向のメンバーとビジネス志向のメンバーのバランスを取る必要があるという考えで一致していたと、アイブは周囲に話している。

不満の裏には別のいらだちがあった。自分が取締役の任命に影響を及ぼせないことへのもどかしさだ。ジョブズが会社を率いていたころはＣＥＯに話を聞いてもらえた。ジョブズと定期的にランチをしながら、将来の計画や社の状況を語り合った。アイブの意見は重要で、社の将来についての大きな経営判断を形成していた。めったにデザインスタジオを訪れないクックが社の支配力を強めるとともに、アイブの存在感は薄れていった。たいていの問題でクックの相談役を務めるのは、長年補佐役として業務の執行を担当してきたジェフ・ウィリアムズと、ＣＦＯのルカ・マエストリだ。アイブは影響力を持つ人間から傍観者に変わり、日常の業務運営から身を引いたことでさらに脇へ押しやられることとなった。

ジョブズを喪った痛みがアイブから消えることはなかった。10月の命日が過ぎるたび、彼は苦悩した。2015年秋、ソニーが故ジョブズCEOの伝記映画公開を計画した。この映画はローレン・パウエル・ジョブズを苦しめた。彼女が嫌っている伝記（ウォルター・アイザックソン著）を基に、ジョブズが長女リサ・ブレナンとの父子関係を否定した事件に焦点を当てていた。亡き夫の遺産を傷つけかねない。撮影開始前には、俳優のレオナルド・ディカプリオに出演しないよう手を回し、企画を妨害しようとしたほどだった。

ジョブズの命日から数日後、アイブはビバリーヒルズで開催されたヴァニティ・フェア誌のニュー・エスタブリッシュメント・サミットに参加し、ステージに上がった。『スター・ウォーズ／フォースの覚醒』を監督したJ・J・エイブラムス、『ビューティフル・マインド』の共同製作者ブライアン・グレイザーというスターそろい踏みのパネルだ。彼は薄灰色の安楽椅子に腰かけ、肩肘張らない会話を予想して、スエードの靴を前へ蹴り出した。

左隣のエイブラムスとは友人で、二人はともに創造力の巨人だった。アイブは夕食の席でエイブラムスに、今後のスター・ウォーズのライトセーバーは「もう少しとがった感じ」、つまり不均等で原始的、威嚇的な感じにしてはどうかと助言し、その話をニューヨーカー誌に語っている。エイブラムスはこの視覚コンセプトを試してみずにいられなかった。その結果誕生したのが悪役カイロ・レンの不気味なレーザーソードだ。

グレイザーが司会を務める形でデザイナーと映画監督は創作活動の複雑さについて語り合った。会場からの質問タイムに、スーツ姿の男性が客席中央のマイクに近づいた。

「ジョニー、スティーブ・ジョブズ映画についてお話を聞かせてもらえませんか？」男性は言った。「スティーブ・ジョブズの映画は見ましたか？　見ますか？　あそこで描かれる世界をどう思いますか？」

アイブは身を乗り出して質問者をにらみつけた。椅子に座ったまま尻の位置をずらし、眉をひそめた。そして、少しうんざりしたように会場に目を向けた。「ソニーが絡んでいるやつかい？　言いたいことなら山ほどある」と彼は言った。この映画は見ていなかったが、心おだやかでなかった。「これは私にとっては原始的な恐怖の類いで、自分のことをどう定義し、どう描くかということを、家族や親しい友人とはまったく異なる意図を持った連中に乗っ取られる可能性があるというのは、とても深刻な状況だと思う」と述べた。「これ以上、どう言ったらいいのかわからない」

彼は両手を椅子のアームに下ろし、お手上げのポーズをした。

「残されたお子さん、奥さん、親しい友人たちが心底とまどい、動揺している。私たちはスティーブの人生を覚えていて、そこへまことしやかに振り付けられた映画が公開される。私にはそんなことをする人の気持ちがまったくわからない。気難しいと思われたら申し訳ないが、なんて言うか、悲しくて仕方がない。勝利と悲劇を経験してきたのは彼も私たちと同じなのに、スティーブは私たちと違って、自分がどんな人間かを大勢の人に勝手に描かれ、定義されてしまうんだ」

アイブは左の膝をつかみ、きまり悪そうに右脚を左脚の下に入れた。感情を丸め込もうとするかのように。ふだんめったに表情を変えないアイブだが、この質問は彼の感情の蓋を開けてしまった。自分の周囲でアップルが変わりかけているいま、友人でありクリエイティブ・パートナーだったジョブズの喪失に、想像もできなかったような寂しさを覚えていた。

カリフォルニアから遠く離れたニューヨークで、ある美術館の学芸員が、機械仕立てのものより手づくりのもののほうが価値が高いという社会通念に考えをめぐらせていた。

機械仕立ては日用化された平凡なもので、手づくりはきらびやかな高級品。そんなふうに世間が自動的に見なしているのは古い考え方ではないか、とアンドリュー・ボルトンは思った。メトロポリタン美術館服飾研究所のトップキュレーターとして、人々に「違いを見分けられますか？」と問いかける展示を行って、そんな先入観に挑んでみたい。

同美術館に来て10年、ボルトンはファッション界最大の影響力を持つ語り手だった。彼がテーマにする展示物はアートと商業の接点に立つこの業界を高みへ引き上げたと評価され、その業績により主要なファッションショーにはすべて彼の席が設けられた。この7月、彼はパリで行われたシャネルのショーから着想を得た。妊娠中のモデルが合成繊維のスキューバダイビング用ウェットスーツから作られた白いウェディングドレスに身を包み、ピクセル化した金《きん》をあしらった長さ6メートルのトレーンでランウェイを歩く姿を見たのだ。フランドルの巨匠ヤン・ファン・エイクの絵画から抜け出してきたようなその女性は、あつらえのファッションという概念への挑戦だった。あのドレスは人間と機械を一体化したものだった。

ボルトンはこの概念をメトロポリタン美術館の最重要イベント「メットガラ」のテーマに使いたいと考えた。毎年5月に同美術館は、ヴォーグ誌編集長のアナ・ウィンターが率いる年次資金調達《ファンドレイジング》イベント、メットガラに合わせて特別展を企画していた。このイベントはエリートたちが集う一年最高の社交場となっていた。赤絨毯《じゅうたん》の上をモデル、CEO、アーティスト、俳優、スポーツ選手が行進し、写真家たちがカメラのシャッターを切る。

ボルトンが自分のアイデアと「Manus（人の手）×Machina（機械）」という展覧会名

をウィンターに伝えると、彼女の頭にはすぐアイブが浮かんだ。彼に電話をかけ、アップルはガラの後援に興味がないかと尋ねた。「機械仕立てのもの」と「手づくりのもの」に対する通念に挑むというボルトンのアイデアは、手づくり級の細やかさを備えた製品を大きな規模で作ることに生涯をかけてきたアイブの心にたちまち響いた。Ａｐｐｌｅ Ｗａｔｃｈとファッションとの結びつきを強化するにはこの展示が最適だ。彼は３００万ドル超と推定される後援費用をクックに相談し、ＣＥＯから了承を得た。

その年の秋、アイブはスタジオを見にきてほしい、展示について議論したいと、ボルトンとウィンターをクパティーノへ招いた。10月下旬に二人がやってくると、きれいに整頓されたスタジオはスケッチや試作品づくりに没頭するデザイナーたちで活気に満ちていた。腰の高さのオークテーブルが並んだところへアイブが二人を案内した。デザイナーたちの初期構想を薄い黒のシーツが覆っている。アイブはウォッチが置かれたテーブルの前へ来て、１７５年の歴史を持つエルメスと特別コラボレーションをしたデザインチームの最新作を紹介しはじめた。

エルメスとの提携はパリのランチの場で生まれたことを、アイブは説明した。〈コレット〉でＡｐｐｌｅ Ｗａｔｃｈを初披露した直後にエルメスＣＥＯと会食の段取りをつけ、未来の腕時計でのコラボレーションを持ちかけた。その結果、アップルのステンレスケースにエルメスの革製ストラップが組み合わさった。革のストラップは何十年も独自のプロセスを継承してきた皮なめし職人《タンナー》たちの手で秘密の工程を通じて作られていた。新しい技術と古い技術の融合だ。

見学後、ボルトンとウィンターはデザイナーたちを前に、これから開催される展覧会について語った。ボルトンはショーに登場するドレスの写真を見せ、ウィンターはファッションの未来についての質問に答えた。ボルトンはそばで話を聞きながら、テック系デザイナーとファッションデザイナーの類似に感銘を受けた。活動する分野は別々だが、どちらの実践者も陳腐化の運命にあるものを作るために無数の時間を費やしている。ファッションショーで人々に息をのませた美しいドレスも1年後には新しいスタイルに取って代わられ、段階的に姿を消していく。もっとも魅力的なiPhoneも、より高速のチップと進化したカメラの登場によって、いずれはその座を明け渡す。アイブやラガーフェルドら世界のテック系、ファッション系デザイナーは「次の新しいもの」の追求に人生を捧げていた。

メットガラを目前に控え、アイブはApple Watchの未来に確信を得た。テクノロジーとファッションは融合しつつあり、何年か前にiPodと音楽の間で起きたことと同じように、ウォッチもまた文化衝突の最前線に立っていた。ウォッチの売れ行きを心配する同僚たちの声も彼は意に介さなかった。バッテリーの持ちを良くして健康機能を充実させれば、売れ行きは伸びる。それにどれくらい時間がかかるか、心配する必要はない。

しかし、重役フロアの奥にいるクックにはそこまでの確信がなかった。彼はファッション性を重視するアイブのマーケティング戦略の欠点にずっと悩まされていた。フィットネスに重点を置いた販売促進企画を進めながら、マーケティングチームとセールスチームを一新することにした。フィル・シラーは広告代理店TBWA／メディア・アーツ・ラボと組んでiPhoneで撮影された写真をビルボード・キャンペーンに使い、カンヌで最優秀賞を獲得していたが、クックは彼をApple Watch広告の監督から外した。イヴ・サンローランから引き抜かれて発売戦略に携わったポール・ドヌーヴの退場も承認した。シラーはアップルストアの運営に大きな役割を担うことになり、ドヌーヴはファッション業界復帰のために退社を決意した。どちらも、製品の発売で中心的な役割を担い、クックの期待を裏切った人物だ。

アイブは知らなかったが、アップルがランウェイを歩くのはこのメットガラが最後になる。アイブの気づかないうちに、彼が繁栄の一翼を担った会社は変容しはじめていた。

16

セキュリティ

Security

2015年12月の、ある日の早朝、サンバーナーディーノ郡公衆衛生局のスタッフ約80人が列を作り、訓練とチーム育成演習のために地元庁舎へ入っていった。そこには事務員と臨床医もいた。データ分析員と衛生検査員もいた。母親や父親もいれば、兄弟や姉妹もいた。彼らは殺風景な会議室の座席に着いた。部屋のひと隅に置かれたツリーがクリスマスムードを漂わせていた。

午前中の休憩時間直前、彼らの同僚の一人リズワン・ファルークが部屋を出た。少ししてドアが勢いよく開いた。ファルークが黒覆面をかぶって自動小銃を手に戻ってきたのだ。彼は部屋に踏み込んで発砲した。パン。パン。パン。パン。

出口に向かって駆けだす従業員もいた。床に伏せてテーブルの下に隠れようとする者もいた。第2の撃ち手、ファルークの妻が部屋へ飛び込んできて銃撃に加わり、弾を乱射した。壁と窓とスプリンクラーの配管を弾が貫通した。やがて天井から水が噴き出した。

911番通報を受けた警察は慎重に建物へ入った。スプリンクラーがシューッと音をたてるなかをじわじわ進んでいくと、床一面に死体が散らばっていた。部屋に入り、くまなく捜したが、犯人の姿はない。

救急隊員が怪我人の手当てをするあいだ、警察は生存者から事情を聴き、覆面の犯人がファルークであることを知った。アメリカ生まれのパキスタン人が黒いＳＵＶをレンタルしていたことを捜査官が突き止め、その車を近くの町まで追跡した。地元警察が住宅街の路上で車を発見した。警官が近づくと、ファルークはエンジンをふかして逃げだした。追跡するパトカーにファルークの妻が後部の窓から銃を向けて発砲した。逆方向からパトカーが近づいてきて、ファルークが急ブレーキをかける。妻がパトカーに発砲するあいだに、ファルークも外へ出て撃ちはじめた。現場に１５０人以上の警官が駆けつけ、何百発も弾を発射してファルークと妻を射殺した。

銃撃がやんだところで、捜査官たちが現場を片づけた。14人が命を落とした襲撃の前、妻はフェイスブックで過激派武装組織「イスラム国」（ＩＳ）への忠誠を誓っていた。ＳＵＶを調べていた捜査官たちがデジタル時代の指紋とも言えるｉＰｈｏｎｅなど、いくつかの電子機器を発見した。この日の混沌と暴力をそこから解明できるよう彼らは願った。


翌日、アップルの法務顧問ブルース・シーウェルがジムでトレーニングに励んでいるあいだにも、ケーブルテレビ局ではベイ・エリアの６５０キロほど南で発生した銃撃テロ事件に関する報道が続いていた。携帯電話の着信音が鳴ったところでシーウェルはエクササイズマシンを離れた。静かな場所に腰を下ろして耳を傾けると、24時間態勢の法務スタッフからだった。「ＦＢＩが至急、話をしたいと言っています」

数分後、シーウェルは電話でＦＢＩ捜査官と話していた。捜査官は前日の出来事をひと通り語り聞かせたところで、新たな情報を付け加えた。捜査当局はファルークの車中に隠されていたｉＰｈ ｏｎｅの捜索令状を取った。ｉＰｈｏｎｅにアクセスし、犯人がさらなる攻撃計画を持つテロリスト集団の一員かどうかを判断したいのでアップルに協力してもらいたい。迅速な対応が必要だ。シーウェルはティム・クックに電話をかけた。法務顧問の声から、ＣＥＯは良くない知らせと察した。シーウェルはロースクール入学前に消防士をしていた経験があり、ふだんは冷静沈着な男だ。犯人のものと思われるｉＰｈｏｎｅをＦＢＩが発見したと伝えたとき、彼の声は震えていた。

　法務スタッフは既定の手順に従っているとシーウェルは伝えた。ＦＢＩにアクセスのための選択肢を示し、遠隔技術サポートを提供し、ソフトの説明をしているが、デバイスから情報を取り出すことへの直接関与には抵抗している。社の方針として、アップルがスマートフォンのロックを解除することはない。

　この方針には賛否両論あった。このモバイル装置が医療情報や通信情報など機密データの拠点になるにつれ、エンジニアはハッカーからユーザーを守るためにセキュリティと暗号化を強化していた。いっぽう、捜査当局は事件解決と人命救助に役立つ細かな情報があるかもしれないから、スマートフォンにアクセスしたい。ユーザーを守りたいアップルと地域社会を守りたいＦＢＩの利害は対立を深めていた。２０１４年、ＰＩＮや指紋による認証がないとｉＰｈｏｎｅにアクセスできない機能をアップルが導入したところで、摩擦はさらに増大した。これは公共の安全より個人のプライバシーに重きを置き、犯罪者の通信内容が法廷に渡るリスクを小さくする機能だと、警察官や検察官は考えていた。法執行機関は証拠集めを困難にするこの状況を、「ゴーイング・ダーク」と呼んでいる。

　サンバーナーディーノ郡の銃乱射事件後、ＦＢＩが回収したｉＰｈｏｎｅ ５ｃは同郡から支給されたものと知り、シーウェルは勇気づけられた。このデバイスには保健局がその利用をコントロールできるソフトが入っていたからだ。アップルが協力しなくても郡からアカウントにアクセスできるかもしれない。犯人がデバイス情報をiCloudにバックアップしていた場合、当局はそこからもアクセスが可能だ。アップルがロックを解除するわけにはいかないが、iCloud上のバックアップの暗号を解除し、召喚状に応じてメッセージや写真を引き渡すことはできる。その点は顧客に宣伝していなかったので、アップルは警察にその方法を推奨した。このセキュリティの抜け穴から、スマートフォンへのアクセスは可能なのだ。

ところがその後の何日かで、早期解決に関するアップルとFBIの楽観的な見通しは崩れ去った。FBIはiCloudのアカウントにアクセスしたが、犯人が最後にバックアップしたのは数カ月前だった。また、保健局のソフト管理システムは完全に実装されておらず、FBIはそこからアクセスできないことも判明した。捜索令状が出され、Eメールやメッセージがいくつか見つかったが、どれも突破口にはならなかった。当局が求めている答えは電話の中にあった。

事件からおよそ1カ月が経過した1月上旬、クックはサンノゼのアメリカ特許商標事務局へ赴き、FBI長官ジェームズ・コミー、司法長官ロレッタ・リンチ、ホワイトハウス首席補佐官デニス・マクドノーらワシントンDCの代表団と顔合わせをした。オバマ政権を代表する彼らがシリコンバレーへ来たのは、フェイスブック、グーグルなどのソーシャルメディアサービスに、テロリストを急進化させているISのメッセージ引き渡しを働きかけるためだ。コミーは犯罪捜査を困難にしている暗号化通信サービスについても話し合いを持ちたかった。複数のハイテク企業が国家安全保障局（NSA）の国民監視に協力していたという文書がエドワード・スノーデンによって暴露されたあと、政府とハイテク大手の関係はこじれた。世間の否定的な反応に基づき、多国籍企業は非協力的、敵対的な姿勢を取った。オバマ政権はその状況をリセットしたかった。

ｉＰｈｏｎｅの好調維持とアップル・ミュージックの急成長に自信を深めたクックは、余勢を駆って闘う覚悟を決めた。窓のない殺風景な部屋に入ってフェイスブックCOOのシェリル・サンドバーグやツイッター会長のオミッド・コーデスタニら同業者とともに、会議テーブルに着いた。ワシントンの代表団は彼らの向かいに座って議論を開始した。まず彼らはテック産業のリーダーたちに、ソーシャルメディア専門家の雇用を手助けし、テロリスト集団の勧誘を妨害する政府の取り組みを支援するよう求めた。クックは終始沈黙を守っていたが、話が暗号化問題に移ったところでおもむろに口を開いた。

オバマ政権は暗号化にまつわる指導力の欠落を露呈した、とクックは述べた。ｉＰｈｏｎｅにアクセスする技術的な「裏口《バックドア》」を要求してきたＦＢＩを糾弾していただきたいと、彼は求めた。デバイスへのアクセスを可能にする特別なソフトを用意すれば、一般人に悪用する輩《やから》の手に渡る可能性も出てくる。アップルはプライバシー保護に根差したモラルの高い企業としての地位を確立しており、政府はその保護に侵食しようとしている。

クックの話を聞くうち、マクドノーの耳が赤らんできた。自分は説教されるためにシリコンバレーへ来たのではない。この日出席した政府の要人たちの目に、クックの話は独善的と映った。リンチが割って入り、個人のプライバシーと国家安全保障上の利益のバランスを取る必要があると言った。コミーは政府の権利を拡大解釈し、裁判所命令があった場合、企業はそれに応じてデバイスにアクセスできるシステムを開発すべきだと述べた。

サンバーナーディーノ郡の事件を持ち出す者はいなかった。ｉＰｈｏｎｅをめぐる争いはその背景に潜んでいた。

南カリフォルニアではFBIがデジタルのロシアンルーレットに挑んでいた。ロックされたiPhoneの4桁のパスコードは10回まで試すことができるが、10回目に失敗すると端末のデータが完全に消去されてアクセス不能になり、決定的な手がかりは永遠に手に入らなくなる。

最悪のシナリオに直面したFBIのコミー長官は、世界的な脅威を取り扱う情報特別委員会で状況を説明するため、フィリップ・A・ハート上院オフィスビルに足を踏み入れた。この日は2月9日。サンバーナーディーノでテロリストに14人が殺害された事件から2カ月以上が経っていた。回収したiPhoneにいまだアクセスできない状況に彼はいらだっていた。FBI長官の暗い雰囲気を察知したリチャード・バー上院議員が「コミー長官、法にのっとった裁判所命令が提示されても、企業が通信内容の提供を拒んだ場合、法執行機関や検察当局にはどんなリスクがあるでしょうか？」と質問した。

「我々が立件できず、悪辣な連中が野放しになるリスクがあります」とコミーは言い、目の前の上院議員をにらんだ。「ゴーイング・ダーク」と呼ばれるこの問題で、地元警察による殺人や麻薬や誘拐事件の解決が妨げられていると、彼は説明した。

「犯罪が実行され、しかるべき理由があると裁判所が認定した場合、企業はその情報を提供すべきだというのがアメリカのコンセンサスだと思います。筋の通った話ではないですか？」と、バー上院議員は問いかけた。

「ええ、特に、初期設定でロックがかかっているデバイスや携帯電話については」とコミーは言った。そして、こういうデバイスには児童ポルノの証拠や誘拐計画などの犯罪解決につながる細かな情報が入っていることもよくあって、法執行機関の大きな関心事になっていると付け加えた。彼は両手の先を自分の心臓に当て、個人的な不満を表した。「これはテロ対策にも悪い影響を及ぼします」彼は言った。「我々にとってとても重要な捜査であるサンバーナーディーノの事件では、殺人犯の携帯電話のひとつが手に入りながら、いまだそれを開くことができない。あれから2カ月以上経つというのに」

この発言に新聞記者やニュースキャスターが飛びついた。コミーがアップルを非難したことで、暗号化がサンバーナーディーノ事件の捜査の障害になっていることが初めて公に確認され、コミーが戦闘モードにあることも示唆された。

クパティーノのシーウェルはこう考えていた。コミー長官の発言は暗号化反対運動を繰り広げている彼が、またひとつ怒りを爆発させたにすぎない。法執行機関との連絡役を務めている社内のスタッフからは、FBIとの連携についての最新情報が定期的に上がってきていた。解決は目の前と、シーウェルは信じていた。

650キロほど南に離れたカリフォルニア州リバーサイドでは、司法省の法律家たちが行き詰まりを打開する計画に取り組んでいた。彼らは企業に刑事事件への協力を強制できる1789年制定の「全令状法」に基づき、裁判所の命令を求める申請書を起草した。わずか2文で構成されるこの法律は、法廷が必要と見なせばどんな令状や命令も出してよいとするもので、かつて、児童への性的虐待者や麻薬密売人の携帯電話にアクセスできるよう、アップルの協力を仰いだときに使われていた。

2月16日、政府弁護士団はカリフォルニア州中部地区連邦地方裁判所に40ページに及ぶ要請書を封印のうえ提出し、iPhoneが10回までに設定しているパスコード推測制限を無効化するソフトをアップルに作成させるよう求めた。そのソフトがあればＦＢＩはロシアンルーレットの重圧から解放され、時間をかけてロックの解除に努められる。裁判官はとりあえず要求に応じ、アップルに５日だけ回答猶予を与えた。

　この裁定にシーウェルは激怒した。彼は司法省の動きを、法曹界が手を突き出して中指を立てたものと解釈した。アップルがテロリストに協力しているという政府の言いがかりに公の反論を計画したいが、時間に限りがある。彼は憤慨した。政府の目的はただひとつ。テロ事件の悲劇を突破口にアップルブランドを粉砕することだ。

　シーウェルはクックに電話をかけて、裁判所命令の話をした。シーウェルの弁護団が入手した裁定の写しをクックといっしょに見た。裁定の冒頭にはこう書かれていた。「カリフォルニア州サンバーナーディーノで２０１５年12月２日に起きた虐殺事件に関わる重要な証拠を手に入れるため、政府は法律にのっとって押収した殺人犯の一人のｉＰｈｏｎｅを調べようとした。捜索を許可する令状と電話の所有者の同意の両方がありながら、政府はｉＰｈｏｎｅの暗号化された内容にアクセスできず、捜査が足止めされている。アップルは政府の捜査を支援できる独占的な技術を有しているにもかかわらず、みずからの意思によってその提供を拒否している」

　クックにはＦＢＩの台本が見えた――善意のＦＢＩが虐殺事件の解決に向けて奮闘するいっぽうで、悪玉アップルは頑としてそれに立ちはだかっている、という筋書きだ。政府はこの事件を法廷闘争のみならず、ＰＲ戦にも仕立て上げた。アップルのセキュリティ姿勢が危機に瀕している。

　政府が要求するソフトをアップルが作成すれば、世界のどのｉＰｈｏｎｅにそれが使われてもおかしくない。クックの懸念はそこにあった。ユーザーが写真や医療情報、財務データその他をｉＰｈｏｎｅに保存している以上、情報を厳守できるという信頼が必要だ。サンバーナーディーノ事件のデバイスのロックを解除できる仕組みを作ったら、ｉＰｈｏｎｅへの信頼は失墜する。売り上げの大部分を頼っているｉＰｈｏｎｅの魔法が脅かされる。クックは最近、ｉＰｈｏｎｅは競合するグーグル・アンドロイドのＯＳより非公開性が高く安全であると断言する書面を出したばかりで、その説得力が低下するのはもちろんのことだ。「私たちのビジネスモデルはきわめて明快。〝すごい製品〟を販売することです」と、彼は書いた。「みなさんのメールの中身やウェブの閲覧履歴からプロファイルを構築して広告主に売ったりは絶対にしません」

クックは政府の攻撃をかわす方策を考えるため、財務責任者のルカ・マエストリ、マーケティング責任者のフィル・シラー、ソフトウェア責任者のクレイグ・フェデリギ、広報責任者のスティーブ・ダウリングらアップル首脳を重役用会議室に集めた。時間は夕刻。翌朝の日の出までにアップルのすべての顧客に対応策を届ける必要がある。

政府に屈するという選択肢はない。クックはサンバーナーディーノ事件のずっと以前から、裁判所命令と闘う覚悟を決めていた。ｉＰｈｏｎｅのセキュリティを強化しながら、誰かが誘拐されて被害者を救出するには誘拐犯のｉＰｈｏｎｅにアクセスするしかないと法執行機関が言ってきた場合にアップルはどうすべきか、仮定のシナリオを立てて法務チームと検討を重ねてきた。クックがシナリオをあらゆる角度から精査し、「ここは考えたか?」と質問を投げた。最終的に、「バックドア」を設けずアップルの全顧客を守ることが、ひとつの犯罪を解決するより大事、という判断に至った。闘う覚悟はできていた。

対応を検討するうち、幹部たちの中にアドレナリンが湧き出てきた。この対決にはアップルブランドを傷つける危険もある。

クックはチームの不安を感知し、体系的な質問でみんなを落ち着かせるよう努めた。「最初から始めよう」彼は冷静に提案した。「この携帯電話については、どんなことがわかっている？」

無駄のない簡潔な質問に全員が神経を集中した。シーウェルが状況を説明し、ＦＢＩからの支援要請を概説して、今回の苦境に至った経緯を全員に開示した。

そこでクックは、政府がアップルに求めているのは何かに移った。「それにはどういう技術的修正が必要なのか？」彼は尋ねた。「どれくらい時間がかかるのか？」

フェデリギはＦＢＩの要求を分析し、アップルがかつて軽蔑的に「ＧｏｖｔＯＳ（政府ＯＳ）」と名づけたものと結論づけた。つまり、ｉＰｈｏｎｅの自動ロック機能を迂回できる特注ソフトを要求しているのだ。その類いを作るには６人以上のエンジニアで２週間以上かかるだろう。このソフトを作れば、犯罪者の携帯電話に侵入したい法執行機関から依頼が殺到する。特注ソフトが流布すれば、ハッカーや権威主義的政府の手に渡って意図せぬ形で悪用される危険性が高まる。

クックがホームページ上にアップルの立場を説明する書面を掲載することで会議の意見は一致した。社員、顧客、メディア、議員の全員に訴えるには、それがいちばん手っ取り早い。そのうえでシーウェルとマエストリが記者会見を開いて質問に答える。これなら、クックは問題の前線に立ちながらもメディアと向き合わずにすむ。

クックは１時間かけて書面の内容を議論し、ダウリングがメモを取った。アップルが殺人犯のプライバシーを保護しているかに見せかけようとする司法省の取り組みに対抗するため、アップルが犠牲者とその家族に寄り添っている点を明確にしたい。ｉＰｈｏｎｅのロック解除にアップルが抵抗しているのは、サンバーナーディーノの殺人犯だけでなく、すべての顧客を守るためである点も改めて明確にしたい。そのうえで、テロリストという煽情《せんじょう》的な話題からプライバシーについての理念に話を持っていく必要がある。

ダウリングが起草した書面の第1稿をクックが検討した。CEOは変更箇所を提案し、ダウリングに手渡した。この作業を6時間で5、6回繰り返し、調子を整え、言葉を加減した。

そのあいだにシーウェルとアップルの首席法務顧問ノリーン・クラールが、強い調子の法的対応文書を起草した。法廷では悪玉警官、公の場では善玉警官を演じよう。アップルがこれまでFBIにどういう協力をしてきたか、正確に説明して政府のシナリオのギャップを突く。法律面で一歩上回り、司法省の訴状より多くのページを割くようにした。

「これは特定のiPhoneにまつわる事案ではありません」という一文から書面は始まった。「議会とアメリカ市民が手を出さずにきた危険な力、アップルのような企業が世界数億人の基本的なセキュリティとプライバシーを損なうよう強制できる権限を、司法省とFBIが裁判所を通じて手に入れようとしている事案なのです」

午前4時半ごろ、クックの書面はネット上で公開された。彼らは一睡もせずに夜通し働いた。会社を傷つけかねないリスクを取っていることも痛いほどわかっていた。社の命運を賭けた一か八かの勝負だ。


それから何日か、アップルとFBIの対決はトップニュースとして報道をにぎわし、1日で500本もの記事が掲載され、テレビでもたえず議論された。大統領選のテーマにもなり、共和党のドナルド・トランプ候補はアップルを非難して同社製品のボイコットを呼びかけた。世論は二分され、国の半分はアップルにFBIへの協力を求め、半分は同社の抵抗を支持した。世界最大の企業と世界最強の政府の闘いは人々の興味を引きつけて離さなかった。

書面掲載から1週間経った2月25日、ABCニュースの取材班が『ワールドニュース・トゥナイト』の総合司会者デイビッド・ミュアーとともにインフィニット・ループへやってきた。広報が彼らを出迎え、天窓のあるアトリウムから4階の重役フロアへ案内した。ダウリングがABC取材班をクパティーノへ招いたのは、世論をアップル優勢へと傾けてほしかったからだ。彼とミュアーの番組プロデューサーは長い付き合いで、42歳の黒髪の司会者がアップルの姿勢を世界に伝えてくれることを信じていた。なんと言ってもABCは、アップル取締役のボブ・アイガーが統括するディズニー帝国傘下の「パパのネットワーク」だ。

取材班が重役フロアを通ってクックのオフィスに入ると、そこには疲れて沈んだ感じのCEOがいた。このインタビューは、アップルのしていることは常軌を逸してなどいないと国民を説得する最大のチャンスかもしれない。取材班を招いた場所が事の重大さを物語っていた。クックはめったに自分をさらけ出さず、ときにロボット的な印象を与える。そんな彼の人間臭さを見せようとする広報チームの努力に応え、自分のオフィスでのインタビューに同意したのだ。

クックはスツールに腰かけてミュアーと向き合い、カメラがCEOの日々の仕事場を映し出した。整頓された机の上にはマニラフォルダーとシルバー系のiMac。背後の壁にはアップル直営店のカラー写真。その近くには額に収まったオーバーン大学の同窓会誌。アップルとオーバーン大学――彼が献身的愛情をそそぐ対象だ。

クックは膝の上で両手を握りしめてミュアーを見つめた。寝不足からか青い目は腫れぼったい。スツールに腰かけた彼は硬い顔つきで集中力を高めていた。

「あなたのオフィスでお話をうかがうのは初めてですね」と、ミュアーは言った。

「自分のオフィスでインタビューを受けること自体が初めてです」クックは笑顔もなく言った。

ミュアーは単刀直入にいこうと決めた。「ご存じのように、FBIがiPhoneのロックを解除できるよう協力せよという裁判官の命令に、サンバーナーディーノの犠牲者家族の一部は支持を表明しています。『私たちは怒っているし、アップルがなぜこれを拒否するのか、とまどいを禁じ得ない』と言った家族もいた。あなたは今夜、その家族にどんな言葉をかけますか?」

クックはじっと耳を傾けていた。「デイビッド、家族の方々には心からお悔やみを申し上げます」彼は口を開いた。「彼らが経験したことは、誰も経験する必要がないことです」

彼はいちど言葉を切って、視線を落とした。「アップルは今回の事件でFBIに全面的に協力してきました」と彼は続けた。「彼らは私たちのところへ来て、例のスマートフォンについて私たちが持つすべての情報を求め、私たちは持てる情報をすべて提供した。それだけでなく、自発的にエンジニアを派遣して協力し、今回の事件についてさらに情報を得るための方法をいろいろ提案しました。しかし、これは1台のスマートフォンに関わる事例ではありません。未来に関わる事例なのです。ここで問題になっていること、それは、世界中の何億人ものお客さまを無防備状態にするソフトウェアを作るよう、政府はアップルに強制できるのかという問題です」

その夜、この独占インタビューはABCで約900万人の視聴者に向けて流された。ABCは30分に及ぶ会話をすべてユーチューブにも投稿した。「パパのネットワーク」への出演はアップル内で、FBIに対する勝利と受け止められた。CEOは真摯に、思いやり深く、問題を完全に把握しているという印象を与えた。複雑な哲学的議論に陥ることなく話を進め、「政府が要請する、携帯電話へのアクセスを容易にするコード」を「がんに等しいソフト」と、簡潔に喩えてみせた。

いっぽう、シーウェルはアップルのタフガイ役を演じ抜き、法廷の内外で積極的に政府に異議を申し立てた。2月の対立勃発後の何日かで、彼は政府側代表の司法副長官サリー・イェイツと電話会談を持った。イェイツはシーウェルを「攻撃的すぎる」と非難した。「攻撃的すぎるのはそちらでしょう」シーウェルは言った。「私たちに引き下がる気はありません」

司法省はアップルへの攻撃を段階的に強め、提出した文書のひとつに、同社が命令に従わない根底には「ビジネスモデルとブランドマーケティング戦略への懸念があるように見える」と記した。アップルはかつて「全令状法」の要求に応じたことがあると同文書は指摘し、クックCEOの下、同社はグーグルやフェイスブックなど同業他社が広告ビジネスのために顧客データを集めているのとは対照的に、「顧客のプライバシーの保護者」として自社を売り込む努力を強めているとも指摘した。クックが掲載した書面や彼の公の場でのコメントは、シリコンバレーの暗黒勢力と戦う白馬の騎士のようにアップルを描いている、という文面もあった。

政府や競合他社の目に、クックのプライバシー優先の姿勢は偽善だらけと映った。アップルはかつてスマートフォンのロック解除で政府に協力したことがあるだけでなく、国民を厳しい監視下に置く中国政府のサーバーに中国人顧客の一部データを保存しはじめてもいた。クックが言うようにプライバシーが人権なら中国政府にも逆らうべきだ、と彼らは論じた。しかし中国では、国際的ブランドの販売に政府が制限をかけることができる。クックは売り上げを守るために道徳的高潔をあきらめ、この妥協については、アップルは事業を行う国のルールを遵守するのだと言い抜けてきた。彼はグーグルと年間推定100億ドルに及ぶ一連の契約を結んでiPhoneのデフォルト検索エンジンにし、彼が公に非難したデータ収集行為そのものから利益を得ることも可能にした。さらにクックはiPhoneのデータをiCloudにバックアップするよう奨励して、一定容量を超えたデータに料金を請求し、その機密情報が政府の召喚に対し脆弱になる点を積極的に伝えてはいなかった。iPhoneがプライバシーに築いた要塞は金儲けのための穴だらけだというのが、彼らの見解だった。

３月、下院司法委員会はコミーとシーウェルを召喚し、進行中の闘争について証言させた。ボブ・グッドラット議員はシーウェルに、「アップルが反対の姿勢を取っているのは技術的な問題に対してなのか、それともビジネスモデルに問題があるからなのか」と質問した。

シーウェルは怒りに手を震わせた。「こういう話を聞くたび、はらわたが煮えくり返る」彼は言った。「これはマーケティングの問題ではありません。痛くもない腹を探られるのはもううんざりだ。私たちは広告掲示板《ビルボード》でセキュリティの宣伝をしたりしません。暗号化を売り込む広告を出したりもしない。こうしているのは、何億人ものｉＰｈｏｎｅユーザーのセキュリティとプライバシーを守るのが正しいことと考えているからです」

シーウェルの強硬な主張はＦＢＩの傍聴人を驚かせた。彼らはプライバシーがアップルのマーケティング手法のひとつであることを知っていて、国家安全保障よりそれを優先するという判断に憤慨した。数年後、アップルがラスベガスのビルボードとテレビ局に「アップルで起こったことはアップル上にとどまります」というＣＭを打ったあと、やはりシーウェルの振る舞いは芝居に過ぎなかったのだとＦＢＩの面々は歯嚙みした。


膠着《こうちゃく》状態は１カ月以上続いた。アップルは裁判所命令に従うしかなくなるのか。それを決定する裁判に向け、３月下旬、シーウェルはサンバーナーディーノ郡へ向かった。彼の弁護団はその前の３日間、冒頭弁論のリハーサルを行い、証言の準備をし、予想される裁判所からの質問に答える練習をした。６年以上サムスンと法廷で闘ってきたシーウェルだが、この裁判は間違いなく人生でもっとも重要な裁判だった。弁護団が最後の準備を整えるあいだにもアドレナリンが充満してきた。

そのとき、誰かの携帯電話が鳴った。法廷からだ。

まもなく司法省、裁判官との電話会議が始まった。ＦＢＩが電話にアクセスする別の方法を発見したかもしれないので審理を２週間ほど中断する、という内容だった。

シーウェルはすぐクパティーノのクックに電話し、この知らせを伝えた。「信じられないかもしれないが、２週間延期になりました」

クックはすぐさま質問を投げた。知ることができることを全部知りたい。ＦＢＩは携帯電話に侵入できる第三者を見つけたらしい、としかシーウェルは言えなかった。ならば、アップルしかデバイスにアクセスできないという政府の主張は通らなくなる。

クックは最新の展開を静かに咀嚼した。延期中アップルは裁判所に対しなんの違反もしなかった点を、判事は命令書に盛り込まざるを得なくなる、とシーウェルは説明した。とりあえず、アップルは悪者でなくなった。

数日後、司法省は訴えを取り下げた。政府はプロのハッカーに１００万ドル以上を支払い、アップルの協力を取りつけることなくテロリストのｉＰｈｏｎｅのプロテクトを突破した。この結果にＦＢＩは満足していなかった。自力でｉＰｈｏｎｅに侵入できない彼らは、犯罪捜査でのｉＰｈｏｎｅアクセス問題を恒久的に解決したかったのだ。必要なときに裁判所命令を出せばロック解除を強制できる形にしたかったのに、別の侵入方法が見つかったことでその選択肢が失われた。

クックとシーウェルは連邦最高裁まで行く覚悟でいた。その場合、議論は長引き、アップルは公共の安全より利益を優先しているというＦＢＩの非難も長引いただろう。アップルのブランドイメージにとっては悲惨な状況だ。核心的な問題は解決されていなかったが、これでアップルが被るダメージは限定的になった。

一時的に問題が解決を見たことで、クックはより緊急性の高い事案に集中できることになった。事業状況だ。

1カ月に及ぶFBIとの闘争中、2015年9月に発売されたiPhone 6sの売り上げがエンストを起こしていた。特に、中国で。健康増進に重点を置く新しいマーケティング手法が恩恵をもたらすことを期待していたウォッチも、iPhoneの売り上げ減少を相殺できるほどの収益は上げられていない。13年ぶりに四半期の売上高減少を報告するはめになった。

4月26日、クックはこの結果を心配したウォール街のアナリストたちから質問を浴びた。iPhoneの販売が前年同期比で1000万台減少した3カ月間の厳しい状況を説明する彼の声には、疲れが見えた。この間《かん》、アップルの株価は8パーセント下落し、市場価値にして460億ドルを失った。

同社を見舞った複数のトラブルは、長年かけて企業内に蓄積してきた脆弱性を露呈するものだった。アップルは過去の製品に未来を頼っている。アップルは停滞期に陥ることなく革新的な新製品を生み出しつづけるものと世間は期待していた。クックにとっては仮借のない重圧だった。

17

ハワイの日々

Hawaii Days

ジョニー・アイブがサニーヴェイルへやってきたのは、停滞している自動車プロジェクトを視察するためだった。2016年初頭のことだ。彼はいっこうに進展していない状況を見て狼狽した。思い描いていた完全無人運転車のソフト開発が遅れている原因は、データの不足と、自律操作システムを一から構築する複雑さにあった。ハードウェアチームの取り組みは進んでいたが、アップルの野心的な日程には追いつけずにいた。みずからに課した2019年の期限には完全自動運転車を用意できない。

アイブは憤激した。プロジェクトが野望の重圧に苦しんでいるのは誰の目にも明らかだった。アイブが掲げた完全自動運転車という展望のために、プログラマーやセンサーの専門家から成る大規模チームが構築され、ハードウェア責任者のダン・リッキオを中心に、バッテリーや自動車の専門家から成る大規模チームも構築された。プロジェクトにはリーダーが3人いたが、彼らは統合プロジェクトを進めるというより、社内にそれぞれの地盤を築くことに腐心しているようだ。この状況はApple Watchを苦しめた内輪もめを彷彿させた。

苦境を深めたのは資金の浪費だ。プロジェクト費用は年間10億ドルという途方もない額に膨らんでいた。「プロジェクト・タイタン」のリーダーたちは自動運転車の研究者を1人100万ドルで雇い、車の急激な動きがもたらす乗り物酔いを和らげるため乗客の目に照射するレーザーの開発にまで投資していた。アップルの研究開発費は急増し、2015年末には予定のおよそ2倍の81億ドルに達した。2000億ドルの資金を持つ企業にとっては小さな額かもしれないが、エンジニアたちはこの倉庫を、シリコンバレーの巨大企業が巨額を費やしながら何の見返りもない最新例と見ていた。

たまりかねてアイブはデザインチーム全員をプロジェクトから外し、彼らがほかの仕事に集中できるようにした。この車に彼らの時間を使う価値はないと判断したのだ。アップルの野心的なプロジェクトは、同社でもっとも評価の高い部門抜きで前進を続けなくてはならなくなった。

「プロジェクト・タイタン」のメンバーもアイブと同じような不快感を覚えていた。この特別プロジェクト集団は1000人規模の組織に膨れ上がり、不可能を可能にすることに執念を燃やすアップル幹部の不退転の決意と、自動運転車の難しさを熟知する外部人材の経験に基づく懐疑心が混じり合って、突然変異的な文化が生まれていた。ジョブズが異なるアプローチでiPhoneを生み出したことは、古参の人も新顔たちも知っていた。彼は自分が先導するさまざまな部門の既存社員から成る小さなチームに頼っていた。しかし、ティム・クックが率いる新しいコラボレーション王国ではもう、CEOが製品開発の陣頭指揮を執ることはなくなり、その空白が社のイノベーション力に立ちはだかりつづけていた。

アイブとリッキオの対立は、失敗に慣れていない会社に募っていた欲求不満の頂点だった。結果、2月に行われる予定だった取締役会への実演説明会は中止となった。企画の未来に暗雲が垂れ込めた。アップルのリーダーたちが警告の旗を掲げ、次の大ヒットを目指す競走は減速した。

新たな試みの刺激がなくなり、アイブと長年の仕事場との距離は広がった。彼は身近なところから目をそらした。未来のｉＰｈｏｎｅが描くカーブの改善やラップトップの薄型化を進めるだけでは、自分の興味を収めきれない。新しいアイデアを探求し、思いがけない好奇心を満たすことが彼の糧だった。アップルの創造的プロセスに秩序を与え、その野心的プロジェクトに明晰《めいせき》な思考をもたらすジョブズを喪って、アイブは漂流者のように途方に暮れていた。

だから、メトロポリタン美術館主催の展覧会「Ｍａｎｕｓ×Ｍａｃｈｉｎａ」にアップルとして関与することは、充足感を得られる別の場所を探していた彼にとって自然な流れだった。テクノロジーとファッションの交差点にフォーカスしたこの展覧会は、彼の発見欲求を満たしてくれた。時を超えた表現方法をＡｐｐｌｅ Ｗａｔｃｈに染み込ませる仕事に取り組んだ数年間で、彼は裁断師《クチュリエ》の芸術をもっと知りたくなった。

5月1日、ニューヨーク市アッパー・イーストサイドに立つ〈カーライル・ホテル〉から5番街へ出たアイブは、アンドリュー・ボルトンの新しい展覧会を見学するため、ニューヨーク最大の美術館へと北上した。アイブとアップルにとってこの展覧会は「到達」の瞬間だった。〈カーライル〉でアナ・ウィンターに初めてウォッチを披露してからおよそ2年、アイブは科学技術の国から来た門外漢《アウトサイダー》ではなく、ファッション界に受け入れられた貢献者《コントリビューター》としてこの街へ戻ってきた。

石灰岩の壁に囲まれた館内でボルトンが彼を出迎え、セントラルパークに突き出た三角形の増築部分、ロバート・リーマン・ウイングへ案内した。天窓のあるギャラリーにはイタリア・ルネッサンスの巨匠の作品を含む300点の絵が常設展示されている。しかし、この数カ月で建物の内部に建物が建設され、白い紗幕《スクリム》が内部を彩りのないゴシック様式の聖堂に変えていた。

　ボルトンのあとから白い廊下を進むと、教会のようなひと連なりのアルコーブにファッションの境界を押し広げるアンサンブルのコレクションが展示されていた。手づくりの服は機械仕立ての服より価値が高いという既成概念に挑んだドレスやデザインを、ボルトンは１７０例見つけてきた。ガブリエル・〝ココ〟・シャネルデザインのネイビーブルーの縁取り《トリム》が付いた伝統的なクリーム色のスーツから、イヴ・サンローランが極楽鳥のピンク色の羽根を使ってデザインした滝の水流のようなイブニングドレスまで、幅広く展示されていた。そのすべてをイギリスの音楽家ブライアン・イーノの曲〈アン・エンディング（アセント）〉の重層的なキーボードと伸びやかなシンセサイザーが織り成す美しいサウンドが包み込んでいた。

　見学の旅は展覧会の目玉で頂点を迎えた。ドーム型の天井を持つ円形の部屋にカール・ラガーフェルドの手になるシャネルのウェディングドレスが展示されていた。スキューバスーツのボディから、金の葉模様と手縫いの宝石をあしらった長さ6メートルのトレーンが流れ出ている。ボルトンの説明によれば、トレーンの仕上げには４５０時間かかった。

「クチュールなきオートクチュール」と、ボルトンは言った。

　アイブはその言葉遊びに含み笑いを漏らした。合成繊維のスキューバスーツを使ったことで、オートクチュールは手づくりでなければならないという常識は覆された。アイブは10分近くドレスを観察し、見慣れたものと見慣れないもの、形式張ったところと形式張らないところの融合に驚嘆した。ラガーフェルドの創造的な構想に彼は大きな刺激を受けた。

　翌日、その夜に開かれるメットガラのマスコミ向け内覧会で、アイブはふたたび美術館を訪れた。大理石の床を歩き、キャロル&ミルトン・ピートリー・ヨーロッパ彫刻コートで行われる１００人ほどの記者との朝食会に向かった。この日の催しの主催者アナ・ウィンターを見つけた。室内なのに黒いサングラスをかけている。演台の前に並べられた席に記者たちが着きはじめるまで、二人でしばし談笑した。やがてアイブはマイクに向かい、プリントされた紙を何枚か見台に置いた。それから自分の前に集まった一団を見つめ、ファッションの展覧会の口火をｉＰｈｏｎｅのデザイナーが切る理由の説明に取りかかった。

「アナとアンドリューから最初にこの展覧会の話を聞いたとき、手づくりと機械仕立ての関係を探る刺激的な対話につながるのではないかと、強く興味を惹かれました。これは、本質的に前者のほうが後者より価値が高いという、一部の人々が抱いている先入観に挑戦するものなのだと」

　彼は会場を見渡した。アップルがイベントを後援することがどれほど異例か、理解している出席者は無きに等しかった。同社は多くの国の国家予算を上回るほどの富を持ちながらも、完全に制御できないものには自社ブランドを貸し出さない伝統を貫いていた。慣習を破った理由のひとつは、アイブにとってこのイベントが重要だったからだ。クックはいやとは言いづらかっただろう。アイブはあえて後援には触れず、創造にまつわる自分の信念に酷似している展覧会に心魅《ひ》かれた経緯を物語った。

「アップルのデザインチームでは……多くの人が機械の詩的可能性を信じています」と彼は言った。さらに、「いつなんどきでも、機能的であると同時に美しく、便利であると同時に優雅なモノを生み出そうとするのが、私たちの目標です」と言い添えた。

　現代のデザイナーの中には、モノがどのように作られているかに好奇心を欠いている人もいる、とアイブは指摘した。「私の父はすばらしい職人で、自分の手で素材に触れてこそ、その本質や性格、特性、何よりその可能性を理解できる、という基本的な信念で私を育ててくれました」

彼は父親についての言葉を会場に染みわたらせた。

「まがい物ではない、広く認められるデザインを生み出すには、深い配慮が欠かせません」彼はそう言ったあと、展示されているファッションの美しさを口にした。「手づくりか機械仕立てかにかかわらず、本物の創造はスケジュールや値段にこだわらない、大きな心配りによって導かれなくてはなりません」

見台のメモを手に取って席に戻っていく彼を、会場から起こった拍手が包み込んだ。このスピーチは彼のデザイン哲学を言い表していた。ジョブズがそうだったように、芸術が商業を導くべきであってその逆ではない、というのが彼の考え方だ。

マスコミ向け内覧会が終わったところで、ボルトンがローレン・パウエル・ジョブズとティム・クックを案内した。ひとつのアンサンブルから次のアンサンブルへ移るあいだに、ローレン・パウエルは展示物について質問した。いっぽうクックは白い壁や臨時設営の大聖堂が飾られたアルコーブを見渡しながら黙々と歩を進めていく。アップルが新キャンパスの建設に取り組む過程で、クックは建築にエンジニア的興味を抱くようになった。建物の中にどう建物を建てたのか、彼はボルトンに質問した。

その夜、アイブとクックはタキシードと白いネクタイを着用し、メットガラに出席する準備をした。ほかでは見られないスペクタクルを期待していた。未来的なクロムマスクを着けたモデルたちの案内で、世界最大の影響力を持つアーティストや、俳優、経営者、政治家が、明るい赤紫色のバラを30万本使って作られたアーチをくぐり、クリスタルガラスの食器を置いてキャンドルを灯《とも》したテーブルへと向かう。アイブとクックの席は会場の最前列に近かった。カナダ出身の歌手ザ・ウィークエンドがR&Bバラード〈テル・ユア・フレンズ〉を披露するとき、手を伸ばせば握手できるくらいステージのそばだった。

しかしその前に、パパラッチの大群をくぐり抜けなければならなかった。

本会場に着くと、２列になったカメラマンが緑のバリケードの後ろで押し合いへし合いし、現場は大混乱だった。ビヨンセやニコール・キッドマンら大スターが前を通ると、カメラマンが大声で呼びかける。神々しく着飾ったセレブたちがポーズを取り、叫び声にシャッター音が重なる。

クックはローレン・パウエル・ジョブズと並んでこの喧噪《けんそう》の中を進んでいった。赤絨毯の途中で立ち止まり、ウーバーのＣＥＯトラビス・カラニックと言葉を交わす。カメラマンたちから笑顔を求められ、シリコンバレーの経営者二人はとまどいの表情を浮かべた。異なる方向を見て、ようやく自分たちが何を求められているのか気がついた。

アイブは静かに入場し、一人で写真撮影に応じ、ポーズを取った。両手をポケットに入れ、無精髭を生やしたあごを上げてカメラマンたちと向き合った。笑みこそ浮かべなかったが、目を大きく開き、自信に満ちた表情で赤絨毯に立っていた。チングフォードの職人の息子が社交界最大の舞台へたどり着いた瞬間だった。

インフィニット・ループでアイブは幽霊になった。会議に縛りつけられ、何年も夢中で取り組んできた製品ラインのアップデートレビューを求められるような場所へは戻りたくない。

彼が手がけたハードウェアとソフトウェアは「繰り返し」の段階に落ち着いていた。アップルの売り上げの大半はいまもｉＰｈｏｎｅが占めていた。新しい色や、速いチップ、より性能の高いカメラを追加して顧客を興奮させる努力はしていたが、形と機能はおおむね変わっていない。ｉＰａｄ、Ａｐｐｌｅ Ｗａｔｃｈ、ＭａｃＢｏｏｋも基本的な形を踏襲していた。今後デザインが大きく飛躍するには、エンジニアリングの進歩が必要になる。この窮状を退屈に思う者もいた。

アイブはクパティーノの単調さに浸ることなく、サンフランシスコでデザインチームにちょくちょく会って仕事の状況説明を受けた。高級クラブ〈ザ・バッテリー〉の〈ムスト・バー〉を予約し、図書館がテーマの隠れ酒場のような空間でデザインレビューを行った。

この断続的な集まりがグループのリズムを変えた。彼らは何年ものあいだ、週3回スタジオの同じキッチンテーブルに集まっていた。発売中の製品の最新アップデートを検討し直し、原型をどう改善すべきか議論していた。そのようなセッションが常態化することで、数日のタイムスパンで少しずつ調整を進め、彫刻家が大理石を削り出すように作品を洗練させていくことが可能になった。ジョブズの生前は、彼がこういう変化の案内役を務めていた。彼の死後は、アイブが調整と洗練をひとつひとつ承認した。

当初、デザインチームはアイブがいなくてもうまくやっていた。2017年の「iPhone10周年」の方向性もたちどころに定まった。ホームボタンの代わりに顔認証システムを搭載するプランに基づいて、ほぼフルスクリーンのディスプレイを作り、画面上部に帯状のノッチを設け、そこにユーザーの顔を認識してロックを解除するカメラシステムをはめ込む。機能に形が従い、アイブの賛同も得た。

しかし、アイブが日常業務を離れたことで困った状況も生まれた。特に、アイブが製品の方向性の決定権を手放さず、最終承認は自分が行うと主張したからだ。仕事から一歩引きたいという願いはかなえられたが、実質的にはなかなか仕事を手放すことができなかった。デザインチームとエンジニアたちがみっちり1カ月かけて決定を下しても、何カ月かに1度、何日かやってくるアイブの承認を待たなければならないのだ。この機能不全が和気あいあいだったデザインチームに不和をもたらした。

クックからスマートスピーカー製造の承認が出たあと、デザインチームは懸命に外観を定義しようとした。ＨｏｍｅＰｏｄと名づけられたこのスピーカーは、コーヒーポットほどの大きさの円筒の上にタッチスクリーンで音量調節できる暗い色のキャップが載っている。プロダクトデザイナーたちの記憶によれば、開発後期、アイブはデザインをレビューし、ダイヤモンドエンボス加工の２層ファブリックのエッジを、ディスプレイキャップの下にシームレスにフィットさせるよう主張した。テキスタイルチームの一人が何時間もかけ、アイブの望む仕様に合わせてデザインを作り直した。その苦労は、ジョブズ亡きあとのアップルの業務調整がどれほど大変だったかを思い起こさせた。ジョブズはもう戻ってこないとわかっていたのに対し、アイブはいつ現れるかわからないというのが違いだった。

アイブがとつぜんオフィスにやってくるという噂がスタジオに流れることもあった。彼が来る前に資料や試作品を準備しなくては――ふだんおだやかなスタジオで紙が宙を舞い、人々があたふたと動き回る様子を、若いスタッフは１９２０年代のウォール街大暴落の映像になぞらえた。

この時期を「ハワイの日々」と呼ぶ人たちもいた。アイブがめったにいなかったため、彼はサンフランシスコ近郊にいるのではなく、カウアイ島のプールサイドで椰子《やし》の木に囲まれていると考えるほうが、気が楽だったのだ。

ソフトウェアデザイナーも同様の非効率性に苦悩していた。アイブが部門長に抜擢したアラン・ダイがソフトウェアのコンセプトを承認している状況を、スタッフは一時的なものと考えていた。最終的にはアイブの評価を仰ぎたい。

そんな力関係から、アイブが月１回、１週間スタジオにいて作品のレビューと議論を行う「デザイン・ウィーク」をみんなが楽しみにしていた。なのに、そこにすらアイブはめったに姿を見せなかった。

アップルの写真アプリ責任者ジョニー・マンザリは２０１６年末のデザイン・ウィークを前に、変更を提案する大判の画像十数枚の前に立っていた。自分の作品を見直していたとき、アイブは来ないという情報がスタジオに流れた。

「どうすりゃいいんだ」マンザリは落胆の声で同僚に言った。

アイブにあらゆる決断を下してもらう必要があったわけではないが、マンザリをはじめほとんどのデザイナーが、アイブと過ごす時間を渇望していた。世界最高峰の洗練された目を持ち、常に挑戦を続ける男との時間を。

アイブは創造力を養うため、アップルの外へ目を向けた。その年の11月、彼の自家用ジェット機ガルフストリームはイギリスに降り立った。ロンドンのメイフェアにあるお気に入りのホテル〈クラリッジズ〉でマーク・ニューソンと没入型《イマーシブ》のクリスマスツリーをデザインすることになっていた。

その老舗ホテルは、もはや神話的な評判を得ていた。１８５６年の創業以来、王室の人たちが定期的に宿泊したため、バッキンガム宮殿の延長線と認識されていた。天井の高いロビーに、アールデコ調の鏡が並んだ壁。毎年、第一線で活躍するクリエイターを起用し、ホリデーシーズン用にロビーを模様替えした。この前年は、バーバリーのクリストファー・ベイリーが金色の傘を使ったツリーをデザインした。

アイブとニューソンはインダストリアルデザイナーとして初めてこの伝統を受け継ぐことになった。二人でデザインを検討したとき、アイブは自分が生涯をかけて追求してきた「真正性」と「シンプルさ」を立証する空間をイメージしていた。雪が積もり、白樺の木立がある静寂の森をロビーに出現させようと、この二人は考えた。一日の時間の推移を映し出す照明システムを考えた。真昼は明るい光で冬景色を温め、日が傾いて夜になると星明かりがきらめくように。

彼らの構想が現実のものとなったのは、ホリデーシーズンが始まる直前だった。ホテルのエントランスで、高くそびえる緑色の松の木の向こうに細い白樺の木が配置された。壁紙の背景にはどこまでも続くかに見える森が描かれている。その手前に常緑樹の苗木が1本あった。

アイブはスポットライトの下に一人で立ち、この細い木は未来の象徴ですと人々に語った。

18

煙

Smoke

サムスンはライバルをいらだたせる技法を磨き上げていた。

２０１６年時点でこの韓国企業は、同社のスマートフォンはｉＰｈｏｎｅのコピーであるとするアップルの訴訟や申し立てをものともせずに驀進《ばくしん》していた。アップルに有利な判決が出ればそれを不服として控訴し、スマートフォン市場を席巻しつづけた。明るく鮮やかなディスプレイが付いたプレミアムスマートフォンシリーズ、Ｇａｌａｘｙのラインアップは、より大きな画面や優れたカメラをはじめとする新機能でテック評論家の称賛を受けていた。

サムスンはまた、アップルの新製品発表の先回りをすることで優位性を保とうとした。ｉＰｈｏｎｅ７が売り出される１カ月前の８月上旬、サムスンはニューヨーク市のイベント会場、ハマースタイン・ボールルームを予約し、世界中から報道陣を招いて最新のＧａｌａｘｙを発表した。アップルが広めたプレゼン方法を模倣したイベントで、モバイル通信事業の責任者、高東真《コドンジン》が登壇し、明るい照明と洗練された映像と華やかな楽器演奏を駆使して新しい機種を披露した。高はブルーのスポーツジャケットにクリーム色のズボンで、きちっとシャツのボタンを留めたスティーブ・ジョブズのようだった。ジョージ・クルーニーみたいでしょう、と軽口もたたいた。ショーの主役は、目をスキャンして本人確認ができる世界初のスマートフォン、Ｇａｌａｘｙ Ｎｏｔｅ ７だ。いわゆる虹彩《こうさい》スキャナーはアップルがまとう独創性のオーラをくじき、この機種はｉＰｈｏｎｅの売り上げにとって深刻な脅威となった——少なくとも何日かは。発売後すぐ、ジョニ・バーウィックという客がこれを買っていった。彼女はイリノイ州マリオンを拠点にするマーケターで、この大画面なら広告資料を見たり、仕事で使っているさまざまなグーグル製品にアクセスしたりするのが楽になると考えたのだ。たしかにこのスマートフォンはマルチタスクの発電所《パワーハウス》だった。一日中この電話を使い、毎晩ベッドの横に置いて充電した。

ある日の午前3時ごろ、パチパチと線香花火のような音がして彼女は目を覚ました。ベッドで寝返りを打つと、枕元のテーブルに置いたＧａｌａｘｙからオレンジ色と赤色の炎が噴き出していた。鼻をつく煙が充満している。夫のジョンがスマートフォンの革ケースをつかみ、急いで階下のキッチンへ駆け込んだ。カウンターの上に置き、オーブンミットをはめ、スマートフォンを手に玄関へ向かった。溶けたプラスチックが床に落ちるなか、彼は家が燃える不安に駆られながら裏庭へダッシュした。

火が消えたあと、ジョンはサムスンに電話をかけて状況を報告した。ナイトテーブルと広葉樹材の床と絨毯の損害は、合わせて９０００ドルと見積もられた。サムスンは24時間以内に連絡すると答えた。しかし連絡はなかった。

そのあいだに火は燃え広がった。世界中でＧａｌａｘｙが発火しはじめたのだ。発売何週間かでアメリカの消費者保護当局にはＮｏｔｅ ７の発火報告が92件寄せられた。原因は不明だったが、専門家はバッテリーが原因と推測した。スマートフォンに搭載されている充電式リチウムイオンバッテリーは正極と負極がほんのわずかしか離れていない。これが接触するとバッテリーが爆発することもある。この火災は安全性のリスクと見るに充分で、サムスンは新しいスマートフォンの出荷を延期すると発表した。被害が広がるのは目に見えていたからだ。

サプライチェーンに精通するクックにとって、サムスンの苦境は他人事でなかった。サムスンの火災事故後、初の月曜経営幹部会議には祝賀ムードでなく不安が漂っていた。クックが知りたかったのはスマートフォンの発火原因と、iPhoneに同じ問題が起きる可能性があるかどうかだ。新しいiPhone 7の発売まであと何日かある。しかるべき情報があれば、同じような不面目を回避できる。

明確を旨とするクックはバッテリーとサプライチェーンの専門家たちに質問を投げた。サムスンはスマートフォン用バッテリーのおよそ3割をATLという中国の納入業者から仕入れ、残りの7割は子会社SDIから供給されている、と専門家たちは説明した。アップルはiPhoneの一部バッテリーをATLに頼っていたが、SDIは使っていない。幸いなことに、調査の結果、サムスンの問題はSDIから発生している可能性が高いことがわかった。iPhoneは無事だ。

サムスンの火は勢いを増した。Note 7は特に飛行機内で燃えやすいことが判明したのだ。キャビン内の気圧の低さが誘因となり、飛行中に何度か発火した。サムスンがリコールに動くなか、連邦航空局は乗客が飛行中にスマートフォンの電源を入れること、預け入れ荷物に電話を入れることの禁止へ動いた。客室乗務員も離陸前、サムスンを名指しでやり玉に挙げた。「サムスンNote 7の使用は禁止されています」と、客室乗務員は注意をうながした。「このデバイスをお持ちの方は完全に電源を切ってください」

この警告に出張中のアップル幹部はほくそ笑んだ。自社のデバイスは安全と確認されている。1日何百万人もの元へ無料広告が届けられている状況を、心おきなく楽しむことができた。アナウンスがあるたび、「iPhoneをお求めになれば危険の烙印《らくいん》を押されずにすみますよ」と、乗客に伝えてくれるのだ。

クックは安心して、サンフランシスコで開かれる自社イベントに注意を向けた。午前7時37分、彼はビル・グラハム公会堂の外からツイッターに1枚の写真を投稿した。公会堂の花崗岩《かこう》の前面に朝日が影を落としている。歩道の上方には、アーチ型の窓の中央にアップルの巨大なロゴが白く輝いていた。

「大切な一日が始まる！」とクックは書いた。

CEOはステージに上がると、征服者のように落ち着いて歩を進めた。スティーブ・ジョブズの強烈なショーマンシップにはかなわないまでも、社のトップに就任して5年、ステージ上での独自の冷静沈着な振る舞いを身につけた。ひたむきで、どこか野暮ったくもあり、自信をのぞかせながら強がりにも見える。彼は熱狂的ファンの聴衆を見渡し、アップルが世界を支配している証拠をすらすら並べ立てた。iPhoneの販売台数を誇らしげに口にし、アップル・ミュージックの初年度加入者数が2000万人近くに上ったと得意げに伝え、App Storeの売上高は業界ダントツ1位で、2位の競合の倍の収益を生み出していると説明した。このあと彼は聴衆の関心を、最新の成果であるApple Watchへ向けた。

クックはあえて触れなかったが、発売から1年半が経過したこの時点でもApple Watchの売り上げは当初の販売予測に届いていなかった。最初の1年で推定1200万台が売れた。これは初代ｉＰｈｏｎｅの発売後よりは多かったが、ｉＰａｄのデビュー後には数百万台届かなかった。アップルの顧客基盤が大きくなっていることからも、ウォール街の多くはＡｐｐｌｅ Ｗａｔｃｈを期待はずれと見ていた。とりわけ、同社にはｉＰｈｏｎｅの売り上げ減少を補う新しい事業が必要だったからだ。ウォッチが生み出した推定60億ドルの収益では、過去１年で２００億ドル近い減収となったｉＰｈｏｎｅの不振を補うには至らない。

壇上のクックはそうした事実をすべて無視した。代わりにアップルに都合がいい現実を取り上げつづけ、同社がロレックスに次ぐ時計業界世界２位の収益で１年を終えた点を強調した。スマートウォッチについては数字の公表を避け、顧客満足度ナンバーワンを強調した。そのあと彼はＣＯＯのジェフ・ウィリアムズにステージを譲り、ウィリアムズがＡｐｐｌｅ Ｗａｔｃｈ Ｓｅｒｉｅｓ２を披露した。見た目は初代そっくりだが、水泳やサーフィン時に着用できる防水機能や、走る人、歩く人の走行距離やそのペースを正確に記録できるＧＰＳの内蔵など、一連の新しい機能がセールスポイントだ。ウィリアムズはここで、アップルはナイキと提携し、特別な穴開きベルトやナイキのランニングアプリを含めたコラボレーションウォッチを作ったと発表した。アップル首脳が集まってウォッチをどう救済するか議論してから、ほぼ１年、彼らは計画どおりファッションからフィットネスへの転換を進めていた。

この何カ月か、クックは新ｉＰｈｏｎｅの見通しに不安を抱いていたが、その紹介のために壇上へ戻ったときはそれをおくびにも出さなかった。ｉＰｈｏｎｅのフランチャイズは困難に直面しているかもしれないが、その将来には自信があると述べた。「どこを見てもｉＰｈｏｎｅばかりの状況には理由があるんです」彼は言った。「それは、10億台以上売れたから。おかげさまでｉＰｈｏｎｅは、この種の製品の中で世界史上もっとも売れている製品になりました」

このあと彼は最新モデルのｉＰｈｏｎｅ７と７Ｐｌｕｓを披露した。見かけは前モデルのｉＰｈｏｎｅ６、６Ｓと変わらないが、７Ｐｌｕｓの背面にはカメラがひとつ追加され、両機種ともヘッドホン端子が廃止されるなどマイナーチェンジが加わっていた。追加されたカメラが新しいチップやソフトと組み合わさって、ポートレートモードという新たな撮影機能が可能になった。ふたつの画像を瞬時に合成し、背景をぼかしつつ人物をくっきり写し出すことができる。この細かな、しかし意義深い進化には拍手が送られた。いっぽう、ヘッドホン端子の廃止は沈黙に迎えられた。どのスマートフォンにとっても重要な構成要素だ。音楽や通話に始終使うものでもある。ヘッドホン端子の廃止は当然の疑問を引き起こした――なぜ？

「前に進む理由」として、登壇したフィル・シラーは「〝勇気〟の一語に尽きます」と述べた。大胆な主張で、言ったのがジョブズなら歓声が上がったかもしれないが、発言したのが後継者の一人とあって、失笑を買った。

アップルの「次なるもの」はワイヤレスイヤホン、ＡｉｒＰｏｄｓであるとシラーは発表した。アイブのデザインチームがこの着想を得たのは２０１３年のブレインストーミング中だった。ウォッチでワイヤレスに通話したり音楽を聴いたりできれば、スマートフォンから解放される。その必然性から新しい製品を追求することになった。

ワイヤレスイヤホンの開発には長い冒険物語があった。エンジニアとバッテリーの専門家がデザイナーと会議を重ね、小さくて耳にはめても見た目に違和感のないものを作った。バッテリーのパワーに限界があり、ワイヤレス接続を可能にするブルートゥース技術の限界もある。頭の後ろにぶら下げたバッテリーをケーブルでつなぐデザインも検討された。その不様さに不満を持ったデザイン責任者のリコ・ゾーケンドーファーとエンジニアたちは、より小さく、もっと小さくとバッテリーの小型化を推し進めた。その探求が、パッシフ・セミコンダクターという小さな新興企業の買収につながった。ベン・クックとアクセル・バーニーという音楽に夢中のハードウェアエンジニア2人が率いる会社だった。彼らは何年も前から、真のワイヤレスヘッドホンを夢見ていた。そして、電力消費が少なく、ひとつのユニットであるように見えるのに、ふたつのヘッドホンがそれぞれ別の信号を受信するチップを開発した。買収後、ゾーケンドーファーとエンジニアリングチームはパッシフからヒントを得たデザインで醜い試作品の全面的な見直しを行った。ふたつのイヤホンをつなぐコードを切り、独立したヘッドホンを充電するためのケースを作った。ポケットサイズにするため、ゾーケンドーファーはジッポーライターくらい薄いケースをスケッチした。しかるのちにエンジニアと協力し、カチッと開いてパチンと閉まるマグネット式の開閉仕様を開発した。

そのケースに綿棒の先のような形の白いコードレスイヤホンを2個入れた。新開発のチップW1は、それぞれの耳に別々の音声を流せるようにした機能の高度化で159ドルという高価格を正当化した。このイヤホンはシラーが「ちゃんと動く、魔法のように」と表現した仕掛けで、ケースから取り出した瞬間iPhoneに接続される。

「これぞまさしく」彼は言った。「飛躍的発明です」

売り込みは失敗に終わった。何日かするとAirPodsはネット上でこき下ろされていた。シラーが口にした「勇気」という言葉も嘲笑の的になった。ジョブズがかつて口にした言葉を単純化しすぎ、ヘッドホン端子を廃止するという製品上の難しい決定をしたときジョブズだったら伝えたはずのニュアンスまで省略してしまったからだ。ジョブズは亡くなる1年前、フロッピーディスクなど普及している技術を捨ててCD-ROMドライブなどの新技術を採用してきた会社の歴史を強調したことがあった。顧客はアップルにそんな選択を求めていて、その選択が正しければ製品の購入で報いてくれると、彼は信じていた。「よく私たちはクレイジーと言われます。でも、少なくとも私たちには『これが〝すごい製品〟になるとは思えない』と言う勇気があります」

コメディサイト、カレッジヒューモアはアップル製品の変化を説明するジョニー・アイブのナレーションをイギリス訛りの俳優に演じさせて、iPhone 7のパロディ動画を作成した。「私たちは最初、直感と相容《あいい》れないことをし、そこから――」俳優が言う。「さらに間違ったことをした」

「私たちはヘッドホン端子を廃止した」眼鏡をかけた白髪まじりのティム・クック役が言った。「それだけです。それが今回の新しさです。そこにあったものが、いまはない。消えてしまった。もうそこにはないんだ。ジャジャーン！」

コメディアンのコナン・オブライエンもAirPodsを揶揄した。昔のiPodのCMに言及する形で、明るい黄色を背景に白いAirPodsを耳に装着した人たちがハイテンションな音楽に合わせて踊るシルエットを映し出した。彼らが頭を振るうち、159ドルのワイヤレスイヤホンが耳から勢いよく飛び出して道路の排水溝に落ち、新しいイヤホンを買わなくてはならなくなる。「アップルのAirPods。ワイヤレス。高価。紛失」とのキャッチフレーズでCMは終わる。

発売の数日後、クックはこの高価な新しいガジェットへの不安を払拭するため、「パパのネットワーク」ABCのニュースキャスター、ロビン・ロバーツと対談した。クックは以下のように語った。自分はランニングマシンに乗っているときやウォーキング中、電話中、音楽を聴くときにも耳に着けていたがなんの問題もなかった。「使いはじめてから落ちたことはいちどもない」と弁解するかのように言った。

クックは視聴者に真実を伝えなかった。鳴り物入りのAirPodsはまだ完成途上だったのだ。

クパティーノではエンジニアがスマートフォンにつなぐアンテナを機能させるべく試行錯誤を続けていた。問題の原因を突き止めようとして、ソフトウェアとハードウェアの両チームに不和が生まれた。それぞれ異なるテスト過程でアンテナの性能を改善しようとしたためだ。この不協和音はかつて円滑だったアップルの製品開発プロセスを蝕んでいる問題の象徴だった。秘密主義を旨とするアップルでは各部門が情報を隠し合っていた。ジョブズはそれを奨励しながら、各グループの成果をひとつの製品にまとめてのけた。しかしクックは関与を拒み、各部門のリーダーにジョブズの果たしていた役割を期待した。

現実は厳しかった。クリスマス商戦前の出荷期を迎えても、ＡｉｒＰｏｄｓの工学的な問題と製造の問題は解決を見ず、アップルは数百万ドルの売り上げをフイにした。この損失を受けて人事部はプロジェクトを解剖し、アップルの遺産「シンク・ディファレント」キャンペーンを土台に新たなコンセプトを打ち出した。個人より集団を優先することを奨励し、新しいスローガンを考案した。「違う考えを、ひとつに（Different. Together.）」と。

ｉＰｈｏｎｅ７とＡｉｒＰｏｄｓに対する世間の反発も、アップル最大のライバルを巻き込んだ混乱の渦ほどには目立たなかった。サムスンは欠陥バッテリーを搭載したスマートフォン２５０万台をリコールし、別のサプライヤーのバッテリーを入れたスマートフォンと交換した。その後、交換したスマートフォンも過熱を起こしはじめ、２度目のリコールを余儀なくされた。社内で「Ｎｏｔｅ７は触れるには熱すぎる話題」というダークな冗談が口にされたほどの失態だった。この手ぬかりでサムスンは50億ドル以上の損害を被ったうえ、大きなイメージダウンを負った。

何カ月か、全米の旅客機で離陸前にサムスン製スマートフォンなどの危険物に注意をうながすアナウンスが流された。結局、サムスンはＮｏｔｅ７を市場から撤去した。発売から２カ月で最新のＧａｌａｘｙは「期待の商品」から「手に入らない商品」になった。

クックは最大のライバルから最大の好機をつかんだ。それも、２度。

アップルは自社スマートフォンのラインアップが低迷した１年で、販売低迷を見越して先手を打っていた。ｉＰｈｏｎｅ７の生産を抑えたのは、前２機種とさほど変わらない新製品の需要が低調に推移すると予測したからだ。「在庫は悪」というクックのモットーに従い、経営陣は売れる台数以上の生産をリスクとして制限しようとした。ところが、ｉＰｈｏｎｅ７Ｐｌｕｓは発売されるや、顧客が背面のデュアルカメラとポートレートモードを求め、飛ぶように売れた。この需要に追いつくまで数カ月を要した。

クックはｉＰｈｏｎｅ７に対する顧客の期待を控えめに見積もったが、サムスンの凡ミスのアシストを受けて、アップルの最新作は世界でもっとも売れたスマートフォンになった。ＧａｌａｘｙＮｏｔｅ７はトップ５にも入れなかった。サムスンのスマートフォン事業は回復に苦しんだ。製品とイベントを模倣してきた報いを受け、いっときアップルの事業にもたらした脅威は薄れていった。


ｉＰｈｏｎｅ７の販売成績が予想を上回り、アップルの株価は上昇に転じた。中核事業ｉＰｈｏｎｅの燃料切れを投資家が懸念して、この数年株価は低迷していた。そこに目をつけたのが世界有数のバリュー投資家だ。

ウォーレン・バフェットの投資会社バークシャー・ハサウェイで資産運用を担当するテッド・ウェシュラーは、アップルの動きを何年か観察していた。忠実な顧客基盤を作るのにｉＰｈｏｎｅはコカ・コーラより効果的だと思った。いちどｉＰｈｏｎｅを買った人は新しいＯＳの使い方を覚えるのがいやで、めったに乗り換えない。アップルはこうした顧客を囲い込むことでｉＣｌｏｕｄへのデータ保存や、アップル・ミュージックの楽曲、アプリに料金を請求できた。クックがジョブズの生み出した収益構造からさらに収益を引き出し、ｉＰｈｏｎｅを今後何年にもわたって現金を生み出す定額制ベース事業へ変貌させようとしていることに、ウェシュラーは気がついた。また、ジョブズには考えられなかったことだが、クックが自社株買いを続けていることにも好感を持った。彼は1株27ドルほどだったころ、10億ドル相当のアップル株をそっとため込んでいた。

ニューヨークを訪れた際、ウェシュラーはバークシャー・ハサウェイの取締役デイビッド・ゴッテスマンに、アップルをどう思うか訊いた。90歳のゴッテスマンは投資顧問会社ファースト・マンハッタンを設立してバフェットと親交を深めたのちに億万長者になった。自分はどこへ行くにもｉＰｈｏｎｅを持っていくし、タクシーの後部座席に忘れてきたときはひどく落ち込んだ、と彼は語った。

「魂の一部を失ったような気がしてね」

ウェシュラーがその話をバフェットに伝えると、バフェットは驚いた。自分と同年代の友人がひとつの技術にそんな感情を抱いていることに衝撃を受け、アップルの事業を掘り下げてみることにした。「オマハの賢人」の異名で知られる彼はテック系企業への投資を嫌っていた。自分が理解できる事業に投資し、多くのテック系ビジネスモデルを異質なものと見なしていた。２０１１年に投資したＩＢＭの成績が良くなかったこともあり、この業界では良績を残していなかった。しかしゴッテスマンの話を聞いたあと、彼は自分の周囲で使われているｉＰｈｏｎｅに注意を払いはじめた。

ｉＰｈｏｎｅの所有者たちはよほどのことがないかぎり、バッテリー問題に苦しむサムスンに乗り換えることはないだろう、とバフェットは考えた。日曜日、孫たちを連れてデイリークイーン〔米アイスクリーム・チェーン〕へ行ったとき、彼らはずっとスマートフォンに夢中だった。ウェシュラーの言ったとおりだ。ｉＰｈｏｎｅはテクノロジーではなく、現代の「クラフトのマカロニ&チーズ」なのだ。ユーザーの心をつかんで離さず長い年月持ちこたえられる大衆文化だ。バフェットの指示でバークシャーはアップルへの投資を総額70億ドルまで増やし、最終的にアップルはバークシャー最大級の持ち株になった。

バークシャーによるアップル株の取得が報道されたとき、インフィニット・ループの反応はさまざまだった。バークシャーの利害がからむとなれば、会社が慎重になるのではないか、とプロダクトエンジニアは心配した。この先リスクを冒せなくなる。大きなリスクを取れなくなる。四角い穴に丸い釘を打てなくなる。大きな富を失いかねない。

しかし、クックは大喜びした。バークシャーの投資を自分の指導力の究極の証明と考えたからだ。バフェットを株主に迎えるのは「名誉であり特権である」と彼は表現した。世界一の投資家が自分と同じようにアップルを、消費者へのアピール度でコカ・コーラに匹敵する企業と見ているのだから。

ウォール街も同じ見方をした。バフェットは長期的価値を重視する投資戦略で、40年かけて17万４０００ドルを８００億ドルまで膨らませた人物だ。巷の投資家たちが同じような成功にあずかれないかと、バフェットの一挙一動を追ってはまねていた。彼らの多くがアップル株を買って投資活動を活性化させた。

株価の急上昇にクックは驚嘆した。彼はＣＮＢＣのインタビューで、バフェットの投資は最大級の賛辞だと語った。「軽い気持ちで言っているのではありません」彼は言った。「すごいぞ、ウォーレン・バフェットがうちに投資しているんだ、ということです」

アップル株の上昇を受け、クックは別のところへ注意を向ける余裕ができた。自動車への取り組み再開を目指し、かつてハードウェアチームのトップを張ったボブ・マンスフィールドの復帰をうながした。引退していたマンスフィールドは夏の時間を進行中の仕事の見直しに充てたあと、本社外会議を日程に組み入れた。

初秋、プロジェクト関係者数百人を乗せたチャーターバスがシリコンバレーのホテルへ向かった。彼らは列を作ってマンスフィールドが待つ大きな会議室に入っていった。この体格のいいエンジニアには半導体分野の経験があり、ＭａｃＢｏｏｋ Ａｉｒをはじめとする製品に大きな飛躍をもたらし、アップルのトップに上り詰めた。同社のヒエラルキー構造で一目置かれる存在だった。

マンスフィールドは「このプロジェクトはダメだ」とばっさり切り捨て、ほとんどの人がすでにわかっていたことを明らかにした。自身は自動運転車の技術的な難しさを完全には理解していないと認めながらも、剛腕で業務をしかるべき軌道へ戻そうとした。２００人ほどのスタッフを一時《レイ》解雇《オフ》して業務の効率化を図り、焦点をシフトすると発表した。運転手なしで道路を走れるようにする基本ソフトの構造が決まるまで、自動車の製造は進められない。彼の目にそれは明らかだった。きみたちはいろいろやりすぎている、と彼は言った。自動運転車を実現するＯＳの開発に焦点をシフトしろ。１年がかりの仕事になる——部屋の全員がそれを知っていた。

２０１９年の発売目標は断念された。全社的に、サニーヴェイルの取り組みは「アップル一ホットなプロジェクト」という位置づけから「終わりのない研究実験」へ移行した。

クックが5年にわたり続けてきたアップル帝国の拡大も壁に突き当たった。バフェットの信任投票やｉＰｈｏｎｅ ７の売れ行き改善があったにもかかわらず、同社は中国で苦戦を強いられていた。クックがチャイナ・モバイルと契約を結んだあと規模が3倍になったｉＰｈｏｎｅ事業は、利益の一部を手放していた。ステータスシンボルにこだわる顧客層が2年前に発売されたｉＰｈｏｎｅ６と見かけの変わらない６Ｓと７を買い控えたため、売り上げがピーク時から17パーセント落ち込んだのだ。アップルの成長を支えてきた市場がアップル縮小の要因になっていた。

問題は中国の消費者だけにあったのではない。中国政府がｉＴｕｎｅｓの映画・書籍の配信をとつぜん停止し、サービス事業の重要部分が閉鎖されたのだ。中国に駐在するスタッフは独裁的指導者習近平《シーチンピン》が欧米企業に強硬な姿勢を取りはじめている点を、クックとアップル首脳部に警告してきた。習は欧米の思想を厳しく取り締まり、華為技術（ファーウェイ）や騰訊（テンセント）など自分が管理できる国内のテック系大企業を優遇した。ｉＴｕｎｅｓのサービス停止直後、習近平は国内のテック系企業のトップたちを集め、オンラインコンテンツは健全かつ建設的な文化の創造を保証しなければならないと言い渡した。

ｉＴｕｎｅｓの一部サービス停止にクックはとまどった。10年をかけて中国で事業を構築してきたのに、現地スタッフから同国での将来展望が現実的でなくなる可能性を指摘された。中国政府はアップルを攻撃する準備をしていると、助言者たちは警告した。中国共産党は、大きすぎる、もしくは強力すぎると見なした外国企業を処罰することで知られていた。中国のソーシャルメディアでブランド世論を形成する政府支援インフルエンサー集団、網路水軍を解き放ち、見えざる手に仕事をさせることもよくあった。同じくらい大事なことだが、中国にはＭａｃ、ｉＰａｄ、ｉＰｈｏｎｅを量産する３００万人超の労働力がある。アップルはクックの指示で中国に製造拠点を集中させていた。製品の製造と輸出には政府の支援が必要だ。

反アップルの動きがこれ以上大きくならないよう、クックは中国政府との関係改善を図ろうと、社のポリシー（政策）チームと手を携えて中国事業の語り方を変える戦略を描いた。スマートフォンの販売台数を強調するのではなく、同社が支えている開発者や間接雇用の数を強調する中国国内向けメッセージの発信を開始した。クックは中国を訪問した際、こうした開発者に会い、アップルが中国経済とどう結びついているのかを明示するため個人にスポットライトを当てはじめた。

10月、クックは深圳へ飛んだ。４５００万ドルをかけて同地に研究開発センターを設立する計画を発表するためだ。中国指導層にオリーブの枝［和議の提案］としてこのセンターを差し出してはどうかと広報チームから提案があった。そうすれば、技術大国を目指そうとする国をアップルが支援していることが伝わるだろう。クックは滞在中、李克強《リーコーチアン》首相ら国家指導者に会った。

この投資と訪問は世界第2の大市場から、クックが是が非でも欲しかった好意を獲得した。クックはそのとき知らなかったが、世界経済における中国の地位は想像の及ばない崩壊の瀬戸際にあった。

共和党の大統領候補ドナルド・トランプがアメリカ全土でポピュリズム的な感情をあおり、中国に製造を委託している企業を激しく非難し、アメリカに雇用を取り戻すと公約していた。

第一の標的になったのがクックだ。

「アップルには、他国ではなくこの国でコンピュータやら何やらを作らせよう」バージニア州リンチバーグのリバティ大学で行われた選挙キャンペーンで、トランプは満場のアリーナに語りかけた。

「我々はアメリカをもういちど偉大な国にする！」

トランプにとって、アメリカが偉大な国になる道のりでクパティーノは避けて通れない場所だった。自分が大統領に選ばれたら中国からの輸入品に45パーセントの関税をかけると、彼は支持者に約束した。そうなったらｉＰｈｏｎｅ事業は麻痺してしまう。

政治について、クックは変幻自在だった。政治以外でも、彼が忠誠を捧げる対象は見極めがつきにくかった。90年代には共和党員に登録していたが、民主党と共和党両方に寄付をしていた。選挙戦でトランプの攻撃にさらされるとヒラリー・クリントンに肩入れし、カリフォルニア州ロスアルトスで資金調達パーティを共同主催した。彼女の選挙戦には26万８５００ドルを寄付している。アップルが中国で築いた効率的な製造マシンへの攻撃を４年間防ぐために、ヒラリーという壁を立てようとしたのだ。

選挙当日、最初の結果が入ってきたときクックは出社していた。直前１週間の世論調査はクリントンを大きく支持し、ニューヨーク・タイムズは彼女の勝率を85パーセントと割り出していた。トランプ陣営の関係者はＣＮＮに、彼が勝つには奇跡が必要だと語っていた。ところが、カリフォルニアで日が暮れたころ、予想が狂いはじめた。ノースカロライナ州とフロリダ州でトランプ票が予想以上に伸びたのだ。トランプ陣営は88年以来、共和党候補が勝っていなかったペンシルベニア州で、自分たちが優位に立ったと報道ネットワークに言いはじめた。オハイオ州でもトランプの勝利が確定した。戦いが終わったと見られた太平洋時間午後９時には、多くのアメリカ人と同様、クックも愕然としていた。

予測可能性と安定性と冷静さの象徴だったアップルＣＥＯはいま、予測のつかない大統領がいる不確実な未来と向き合っていた。究極の敵対者、混沌の王がホワイトハウスに乗り込んでくるのだ。

19

50歳のジョニー

The Jony 50

招集がかけられたのは2017年1月のことだった。10周年記念の新iPhoneにウォール街の期待が高まるなか、ジョニー・アイブは製品レビューのため、ソフトウェアデザインのトップたちを〈ザ・バッテリー〉に集めた。

午前11時ごろ、デザイナー20人とアップルのセキュリティ担当数人が未発表のiPhoneを入れた黒いペリカンケースを携え、サンフランシスコの高級社交クラブ5階のペントハウスへやってきた。およそ580平方メートルの部屋は鉄骨がむきだしになり、床から天井まである大きな窓からはサンフランシスコからオークランドまでの7キロ超をつなぐ巨大なベイブリッジを見晴らすことができた。窓の反対側には、くすんだ灰色の壁に埋め込まれる形でガス暖炉が置かれている。いかにもアイブ好みの、無駄をいっさい省いたモダンテイストだ。キャンディカラーのiMacを連想させる半透明のオレンジ色の椅子が、ガラスのテーブルを囲んでいた。

アップルから来た一団がデザイン案の大判プリントアウトを広げはじめた。何週間かアイブに披露するときを待っていたものだ。ホームボタンをなくしてフルスクリーンになったiPhoneをユーザーがどう操作するかを再定義している最中だった。アイブはボタンの代わりに画面下に白の細長いバーを置き、上にスワイプするとｉＰｈｏｎｅの最初のページが現れるようにしたいと考えた。これの実現には、ロック画面やホーム画面のデザイン、上部に黒いノッチがある画面上で動画をどう表示させるかなど、一群の未決事項が残っていた。アイブの指示を待ちながら、デザインの反復プロセス中にたびたび指針を与えてくれたスティーブ・ジョブズやスコット・フォーストールとの週例会議を懐かしむメンバーもいた。だが現実には、彼らはアイブのレビューでデザインが凍結されたりまったく新しい方向へ向かったりする不定期会議に慣れはじめていた。

デザイナーたちは作品の準備をしたあと、近くのソファに座ってアイブを待った。彼が現れないまま午後1時が近づき、お腹《なか》が空いて昼食用に用意された寿司をつまむ者もいた。ソフトウェアデザインの次席責任者アラン・ダイが「アイブは来る、すぐに来る」とチームに請け合った。何人かはラップトップをつつき、スマートフォンをいじりながら不安げに待っていた。多くが思っていた――どうしたんだ？

会議の開始予定時刻から3時間近く経った午後2時前、アイブがエレベーターでペントハウスへ上がってくると、ラウンジでソフトウェアチームがカウチを囲んでいた。アイブは遅れてきたことを謝りもせずに印刷された資料が置かれたテーブルへ向かい、作品に目を通しはじめた。アラン・ダイが進行役を務め、プロジェクトをひとつひとつていねいに説明していく。

アイブは時間をかけてつぶさに検討し、意見を提供したが、最終的な決断は下さなかった――考える時間が欲しいと言って。みんなで会議の始まりを待っていた3時間は、この先に待ち受けるもっと長い待ち時間の前触れにすぎなかったのだ。

この数カ月後、アイブは毎年恒例の本社外会議でアップル幹部たちに合流した。複数日にわたるこの会議には何十回と参加していたし、会場の雰囲気が将来の製品や現在の売り上げに左右されることを誰より理解していた。この年は自動車プロジェクトの頓挫やｉＰｈｏｎｅの販売鈍化で、会場が不安に包まれていた。

発表が始まったところで、アイブは新鮮な空気を吸いに外へ出ていた。彼が５つ星ホテルの入口近くをぶらつくあいだに、会場では最近採用されたピーター・スターンという男が前へ出て、ｉＣｌｏｕｄサービスの最新情報を提供した。タイム・ワーナー・ケーブルで加入者基盤の拡大に成功した彼を、アップルは定額制サービス開発者として何カ月か前に引き抜いてきた。アップル・ミュージックの配信サービスが始まり、クックはｉＰｈｏｎｅを媒体に自社サービスから売り上げを引き出す方法をさらに見つけたいと考えていた。その理由をスターンが説明した。

彼はみんなの前でマウスをクリックし、ハードウェアの利益率低下とサービスの利益率上昇を示すX字形のチャート画像を出した。現状、ｉＰｈｏｎｅの販売価格は横ばいで、カメラや部品の追加コストは上昇し、アイブともっとも関係の深いアップルの遺産的事業が業績の足を引っ張っている。他方、ｉＣｌｏｕｄなどの定額制サービスはコストが比較的固定されているうえ、月額料金を払う加入者が増えて収益を底上げしている。スターンの仕事は、楽に稼げる後者の方法をほかに見つけてくることだ。

この説明に警戒心を抱く者もいた。そこにはアイブや製品メーカーとしての社業の重要性が低下し、アップル・ミュージックやｉＣｌｏｕｄなどのサービス業をクックがますます重視する未来像が描かれていたからだ。

会社が変容するなか、アイブはチーム内に募ってきた不穏な空気とも闘いはじめた。リチャード・ハワースがデザイン担当バイスプレジデントに昇格し、結束の固い20人ほどのグループから彼がリーダーに就いたことで、緊張が生まれた。アイブはジョブズの下で10年以上働いたあと、社でもっとも影響力のある人物になった。彼の言葉が最終決定だった。しかし、ハワースにはその権限がない。アイブの不在によって、ほかのリーダーたちが引っ張り上げられただけだ。ハワースは才能あるデザイナーだったが、この激動期、彼はエンジニアたちの異議に直面すると自己防衛のため感情的になることがあった。オペレーションに熱心な幹部や古参のエンジニアがデザインへの影響力を強めようとするにつれ、こうした感情の爆発が増えていった。

ハワース率いるチームは1年でｉＰａｄのデザインを一新した。取り組みの先頭に立ったのはデザイナーのダニー・コスターだ。このニュージーランド人は半透明のｉＭａｃの開発に貢献し、オーストラリアのビーチから「ボンダイ・ブルー」という名称が生まれたのは彼のおかげでもあった。曲線の洗練度を高め、人々の手になじむ軽量ボディの新しいｉＰａｄを開発した。開発に携わったプロダクトデザイナーたちが「市場価格でも喜んで買う最初のモデル」と言ったくらい、優美なデザインに仕上がった。しかしオペレーションチームは、このｉＰａｄを作るにはいくつかの新しい機能を一から作る必要があると判断した。新しい機械、新しいロジックボード、その他の構成部品にかかる初回コストは数十億ドルに上り、投資の回収には何年もかかるだろう。このいわゆるＮＲＥ［1回限りの開発コスト］がネックとなり、アップルの事業部門はこのｉＰａｄの発売を棚上げした。

このようなコスト意識の強い判断に、製品開発を手がけるメンバーの一部は不満を抱いた。コスターはアップルを辞め、アクションカメラ会社ＧｏＰｒｏにデザイン責任者として迎え入れられた。アップルデザインチームの中核メンバーの退社とあって、これは世間の注目を集めた。彼は94年からアップルに在籍していた。デザインチームから離脱するのは彼が最後ではないだろう。

ＨｏｍｅＰｏｄの仕事が終わった時点で、このプロジェクトの主任デザイナーを務めたクリス・ストリンガーもアップルを離れるときが来たと判断した。95年入社の彼は、もはやこれまでの20年ほど仕事から活力を得られなくなっていた。２月にアイブに辞意を伝えた。興味が薄れてきたことに加え、ストリンガーはＨｏｍｅＰｏｄの仕事に不満を感じていた。アップルがこれを趣味的デバイス扱いし、ｉＰｈｏｎｅやｉＰａｄなど主力製品に惜しみなくそそいできた部門横断的な取り組みをしなかったからだ。開発が遅々として進まなかったのは、アップルのデジタルアシスタントＳｉｒｉが、競合するアマゾンＥｃｈｏのようには商品や食べ物、ウーバーを注文できなかったからでもある。もっと洗練されたスピーカーになる可能性を彼は思い描いていたのだ。アップルがそれを追求しようとしないことが彼にはわかった。スピーカーがティム・クックというハードルを跳び越えて、１００億ドル規模の事業になることはない。最終的にストリンガーは自身のオーディオ会社を立ち上げた。

同業者の多くと同じく、ストリンガーにも仕事をやめられる経済的余裕があった。この時点で52歳。アップル株が1ドルくらいのころから彼には株式が付与されていた。特に、クックがＣＥＯに就いてからは1株１３３ドル以上に値上がりしていた。会社の成功で億万長者になり、ベイ・エリアとレイク・タホと南カリフォルニアに家を持つことができたし、「ヴ《V》ェスト・イ《I》ン・ピ《P》ース」が可能だ。これはスタートアップ企業を大企業に売却してストックオプションの権利確定を静かに待ちながら安心して引退できる状況を意味する表現で、早期退職者が増えているアップルで冗談まじりにそう呼ばれていた。

iPhone10周年記念モデルの開発中、ソフトウェアデザインチームにも同様の不安が広がっていた。トップソフトウェアデザイナーの一人、イムラン・チョウドリが退社を画策しはじめた。95年にインターンとしてアップルに来て以来、iPhoneのマルチタッチ技術を開発したチームの一員として社での地位を揺るぎないものにした。スコット・フォーストールの下で何年か働いたあと、アイブの抜擢を受けてApple Watchのインターフェースを開発する小グループに加わった。最近社が行った開発者向けの基調講演にも登壇した。時が経つうち、彼も、アップルが革新的飛躍を遂げることが少なくなってきた状況に葛藤しはじめた。

創造面で満たされないものを感じ、アップルを去るときが来たと決断した。アイブとアラン・ダイに「2、3カ月後、報酬として受け取れる普通株を回収してから退社する」と告げた。このような取り決めはティム・クック率いるアップルで一般的になっていた。脱走者を罰して再雇用を拒否し、絶縁した恋人のように離脱者を蔑んだスティーブ・ジョブズとは対照的だ。

チョウドリは退社1カ月前、同僚に退職通知メールを書いた。デザインスタジオにはいなくなるが、最後の日までメールで連絡は取れると伝えた。これまでともにしてきた「人を元気にする製品づくり」に言及し、多くの人と仕事ができて光栄だったと振り返った。彼の好きな一節に、ペルシャの詩人ジャラール・ウッディーン・ルーミーの「魂から何事かを行うとき、あなたは自分の中を流れる川と喜びを感じるだろう」があった。この一節をもじってチョウドリは「悲しいかな川は干上がってしまうものだ。そのときは新しい川を探せばいい」と書いた。

このメールにアイブとダイはギョッとした。チョウドリの送ったメッセージは、アップルの最盛期は過ぎたという意味に解釈されるのではないか。アップルという川は枯渇した、と。もうアップルは革新的でなくなったと部外者が言うのと、iPhoneのマルチタッチ技術誕生に貢献した人物からその批判が発せられるのでは、まったく次元が違う。このままでは社内の士気が下がると判断し、彼らは被害の食い止めに打って出た。

このメールが出された直後、ダイはチョウドリを解雇した。

この手立ては経済的に大きな打撃だった。チョウドリはもう株を受け取れない。彼はこの解雇について友人たちに不平を漏らし、川についてのコメントはアイブとダイの誤解だと訴えた。あのメールはアップルについてではなく、仕事に喜びを失っている自分についての内省だったのだと。それでも、自信喪失と闘っている会社では攻撃と解釈されてしまった。

創造的頭脳の流出はアイブにとっても残念だったが、予想できる事態ではあった。去っていった同僚たちが口にしたのと同じ欲求不満を、彼も感じていたからだ。容易な決断でなかったのもわかっていた。20年ものあいだ会社に献身していれば、それはアイデンティティの一部になる。そこに背を向けるには強い精神力が必要だし、アイブはそれをかき集められずにいた。

2017年3月、彼は50歳の誕生日を祝うため、サンフランシスコのお気に入りのレストラン〈クインス〉で内輪の集まりを企画した。ミシュランの3つ星を獲得したこの有名な店で、彼はたびたび食事をしていた。妻のヘザーと息子たちを連れて、ジャクソン広場の石畳の道にひっそりたたずむ煉瓦造りの歴史的建造物にやってきた。店に入ると、一家はローレン・パウエル・ジョブズ、ジョブズの息子リード、デザイナーのマーク・ニューソンや東京を拠点に活躍する音楽プロデューサーのニック・ウッドら親しい友人たちを出迎えた。店のスタッフが彼らを、白いテーブルクロスとムラーノガラスのシャンデリアが印象的なダイニングルームへ案内した。シャンパンを載せたカートがそれぞれのテーブルを回り、アイブの好きな飲み物を無料で提供してくれた。その後みんなで記念撮影をしたとき、アイブは息子の首に腕を回し、大きく目を見開いてカメラを見つめた。

人は誕生日という節目に人生を振り返り、決断を下し、あるいは機会を逃がす。アイブがイギリスを離れアメリカへ来てから四半世紀が過ぎた。人生の半分近くをアップルで過ごし、カリフォルニアを故郷と考える2人の息子にも恵まれた。想像以上の財産を築くこともできた。1992年にアップルから受けた仕事の依頼に何週間も悩んだときは、このような生活は思い描いていなかった。以来、クリエイティブ・パートナーであり上司であり友人だった男を亡くし、その後の何年か、アップルならではの新しい製品づくりで陣頭指揮を執った。次の段階へ進みたかったが、もうひとつだけプロジェクトを成功させる約束をしていた。

静かな内省の夜のすぐあとに、もっと騒々しい出来事が待っていた。

17年春、アイブの友人と家族の元に招待状が届いた。ロンドンを皮切りに、コッツウォルズの石灰岩造りの邸宅で2日がかりのお祝いをし、ヴェネチアの運河沿いでランチを楽しみ、夜は24室のみの豪華ホテル〈アマンヴェニス〉の宿泊を楽しむという、複数日にわたる華やかな祝祭だ。

豪勢な旅だった。この企画に一役買ったコッツウォルズのマシュー・フロイトは、友人の50歳の誕生日を特別な時間にしたかった。心理学者フロイトの孫であり、メディア王の娘エリザベス・マードックの前夫で、世界的広報会社の創業者でもあるマシューは、このイベントのために「バーフォード・プライオリー」の呼び名で知られる700万ドルをかけた自身の22部屋の大邸宅を貸し与えた。招待客のリストにはロバート・ブルーナー、ジミー・アイオヴィン、ポール・ドヌーヴ、20人のインダストリアルデザインチームなど、アイブの仕事をアップルで支えてきた友人・同僚が名を連ねていた。経営幹部はほとんど招待されず、同社の創造面を支えた中核的人物だけが集められた。

　ジョブズが亡くなり、アイブがナイト爵位を授かったあと、アイブの交友関係はイギリスのコメディアンや映画監督、ミュージシャンにまで広がっていた。彼らはアップルの人々とともに、田園地方のカーニバル会場へと変貌を遂げたバーフォード・プライオリーに到着した。遊園地によくあるバンパーカーや紅白の模擬店《カーニバルブース》が置かれ、アイブの友人でアーティストのダミアン・ハーストがゲストの即席アートを審査するブースも設置されていた。やがて全員がテントに入り、ロースト料理を含むケータリングのディナーに舌鼓を打った。

　アイブとヘザーと息子たちはステージ上の円い革張りの椅子に座った。アイブはアップルの黄色いビンテージTシャツを着て、「チャビー」というこの夜限定の名札が付いた明るい青色のスポーツジャケットを羽織っていた。

　フロイトが壇上に歩み出てマイクに近づいた。「バーフォード・プライオリーでのジョニーの大パーティへようこそ」彼は言った。「巨大で、惜しみなく、華麗で、度を超え、善意にあふれ、何もかもが制御不能ぎみのパーティです」

　アイブの友人で俳優のスティーブン・フライが司会役としてステージに上がった。彼はアイブの父親が生まれて間もない長男を抱き上げたというチングフォードの話から、怪スピーチを開始した。

「それはもう、もう、美しくかよわい物体です。私たちはその子を抱きやすい大きさに作ったのです……おへそをひとつだけ付けて。この小さな枠組み《ベゼル》を磨き上げるには、それはもう大変な、大変な、細心の気配りが必要だったのです」

　アイブがアップル製品に行う想像力豊かな説明をパロディ化した語りに、聴衆は大笑いした。

「ジョニー――あるいは、彼好みの綴《つづ》りでは、ジョウニー」フライは一般的なJohnnyではなく

Jonyという名前の綴り方をからかうように言った。「いったいなぜ誰も、その点を問いただしたことがないのでしょう!?」

この冗談に当のアイブくらい大笑いした人はいなかった。アップルのイベントや仕事のときは真面目なアイブだが、友人に囲まれた彼はユーモアのセンスにあふれていた。タンジェリン社で白いトイレをデザインしていたころの話をフライがしたときも、アイブは爆笑した。その仕事がきっかけで彼はアップルでトイレをモチーフにした製品を作るようになったのだ、とフライは言った。「その後のアップル製品は基本的に白い板状のもので、厚みがあり、なめらかで、角が丸くなった。あのすばらしい浴槽や洗面台やビデは白く輝く曲線を描き、それが彼の熱に浮かされたような想像力をずっと悩ませ、苦しめてきた」フライは言った。「その後のことはご存じのとおりです」

フライが語りおえたとき、アイブもみんなといっしょに拍手を送った。続いて俳優のサシャ・バロン・コーエンがマイクとスライドショー用クリッカーを持ってステージに上がり、「ジョニー50モデル（幅20パーセント増、頭髪85パーセント減）」について、アップル風のプレゼンをしてみせた。

ステージ後方の大スクリーンでバラク・オバマ前大統領や俳優のベン・スティラーからの乾杯映像が流された。スティラーは白い壁の前に立って説明した。自分は2、3年前にアイブ一家と出会って大の仲良しになった。その過程でアイブの謙虚な姿勢と思いやりに感服した、と。

スティラーの話にアイブは心打たれた。ヘザーが手を伸ばして彼の左腕をつかんだ。

「きみに乾杯」とスティラーは言った。彼が壁の前を離れて角を曲がると、そこはアイブのカウアイ島の自宅キッチンで、夫妻はびっくりした。テキーラを探してアイブ家の冷蔵庫に近づくスティラーを見て、会場が笑いに包まれる。

「おい、リチャード、リチャード！」と、スティラーが大声で呼ぶ。

「はい、ミスター・スティラー」と、ハウスキーパーが答える。
「テキーラの残りはどこだ？」スティラーは尋ねた。
「夕べ、全部お飲みになりました」
買ってきてくれとスティラーは頼んだ。そのあと彼は勝手口からそっと出て、シャツを脱ぎ、ズボンを下ろした。そして、全裸でアイブのプールに飛び込んだ。

最後に、パロディと笑いは真摯な発言に道を譲った。ローレン・パウエル・ジョブズが優雅な黒のドレスで登壇した。「ジョニーとスティーブは並々ならぬ深い絆で結ばれていました」彼女は言った。「信頼で結ばれた二人の関係によって、スティーブは人生最高の仕事を目にすることができたのです」

彼女はひとつうなずいて話を続けた。「二人の創造的なひらめきの一例を私は目撃しています。彼らがわが家で仕事をしていたときのことです。夏の光が降りそそぐ庭をあちこち歩き、たくさんの花と果樹に縁取られた小道を散策していました。それから1年も経たないうちに、その花々から着想を得て、長い首と回転式画面を備えた最新のｉＭａｃのデザインが生まれていたのです」

彼女は微笑んでアイブを見つめた。「ジョニー、あなたがすばらしいデザインを大衆化したことに疑いの余地はありません」彼女は言った。「彼をすばらしい友人にした資質が、彼を卓越したアーティストにもしているのです。ジョニーがその比類なき能力で、抽象的なアイデアや技術的な概念を人間的で深く感動的な体験へ変えられるのは、彼自身の深い情緒のおかげです。彼がデザインした製品を使うと、自分自身がより良くなったように感じられる。モノづくりをするとき、彼はほかの人たちのことを考えている。だから特別なものが生まれてくるのです」

夕食が終わると照明が薄暗くなり、U2がステージに上がった。

ボノがマイクスタンドをつかんで肩に担ぎ、ジ・エッジがギターをかき鳴らす。アイオヴィンが制作した8枚目のアルバム〈魂の叫び〉収録の〈ディザイアー〉だ。このアルバムがリリースされたとき大学生だったアイブが身を乗り出して、息子の耳元で何事かささやいた。やがて彼はまわりの友人たちといっしょに飛び跳ねながら歌いだした。アップルの外での生活が充実している証だった。

ヒット曲満載のコンサートの後半でボノはひと息入れ、バンドが音楽の岐路に立ったとき授かったという曲の紹介をした。90年代の初め、自分とジ・エッジはエレクトロニック・ダンス・ミュージック色を帯びた曲を作りたくなった。いっぽうベーシストのアダム・クレイトンとドラムスのラリー・マレン・ジュニアはロックにこだわった。この緊張でバンドは崩壊の危機に陥った。ある日スタジオで、ボノが歌詞をつけたメランコリックなコードをジ・エッジが弾きはじめた。「この曲が俺たちをひとつにしてくれたんだ」ボノは言った。「人間関係がいかに難しいかを歌っている」

ボノがそう言いおえると、ジ・エッジがギターをかき鳴らし、マレンがシンバルを叩きはじめた。オルガンがブルース調のバックビートを刻み、ボノが〈ワン〉を歌いはじめた。

僕は多くを求めすぎたかい？　あまりに多くのことを？

きみは何ひとつくれなかった。でもひとつだけもらったものがある。

アイブの友人たちとアップルで創造的作業を分かち合った仲間たちが、ステージ前で体を揺らしていた。ジョブズの後継者はばらばらになりはじめていたが、彼らは目の前のバンドをひとつにまとめた曲に酔いしれていた。

アップルの経営幹部は何十年もアイブと仕事をしてきたが、ここにはいなかった。エディ・キューも。フィル・シラーも。ティム・クックも。

20

政権交代

Power Moves

ドナルド・トランプが連邦議会議事堂の階段で大統領就任の宣誓をしていたとき、ティム・クックはクパティーノで目を皿にして、未来についての手がかりを探っていた。オフィスは彼の価値観を体現するかのように整然としていた。机の後ろのファイルキャビネットに立つブロンズの胸像からロバート・F・ケネディの目が彼の肩越しに部屋を見渡し、ドアの近くの壁に掛けられた写真からマーティン・ルーサー・キング・ジュニアが彼を見つめていた。クックは彼らを、１９６０年代に正義を求めて闘ったアメリカを代表する最高の人物と考えていた。二人の伝記を読み、演説を分析し、スタッフに送るメールに引用した。ひび割れた不完全なアメリカを明るい未来へ導いた彼らの理想の追求と、打たれ強さにあこがれていた。しかしそれから50年近くが経ったいま、気がつけば彼は、リアリティ番組の主人公だった男がこの国の現在を描く、暗い言葉を追っていた。

曇り空に寒風が吹きつけるなか、新大統領は息を切らし、つっかえつっかえ語った。彼の描くアメリカは、錆《さ》びついた工場が墓石のように点在し、強欲な実業家が労働者階級の仕事を海外に流出させ、ギャングと暴力、ドラッグと貧困が蔓延《まんえん》する国だった。ホラー映画のような殺伐とした恐怖の世界だ。「アメリカ国内で起こっているこの殺戮《さつりく》劇は、いまここで終わりを告げる」トランプが険しい顔でそう言うと、この不吉な言葉に聴衆が歓声をあげた。雇用を回復し、経済的機会を復活させ、いつなんどきもアメリカを第一に考える、とトランプは誓った。

「我々の製品を作り、我々の会社を盗み、我々の仕事を破壊している外国の侵害から、我々は国境を守らなければならない」と、彼は語った。

アメリカ最大の時価総額を誇る企業のＣＥＯにとって、この演説は他人事でなく、自分の身を滅ぼしかねない黙示録のように聞こえたことだろう。アップルの事業力は、中国から無限に供給される安価な労働力から得た莫大な利益に基づいている。その外注の仕組みを築いたのがクックだ。トランプの就任演説で指弾された、「アメリカの製造業務を外国へ輸出する強欲な実業家」という人物像に彼はぴったり当てはまった。彼は政治家たちに、アップルが販売するｉＰｈｏｎｅの量産に何十万人もの季節労働者を雇える工場は世界でも中国にしかないと説明することで、そうした商慣行を正当化してきた。それだけの数の労働者や製造技術者は国内にいないのだとバラク・オバマ大統領らを説得した。しかし、新大統領はそうした現実的な考えに動じなかった。彼の演説は「アップルにはアメリカ国内に工場を建設するよう要求する」という選挙公約を思い起こさせた。クックが築いた仕組みを壊してアップルの株価を急落させようとする、現実的脅威だ。

破滅的な大統領令がもたらすリスクを回避するには、トランプとの関係を強化する必要がある。実業家のクックが自分の企業国家を守るには、闘う相手である政治家に負けない狡猾《こうかつ》さと魅力を備える必要があった。

アップルを率いて6年、彼のスプレッドシートのマス目は手狭になっていた。ＦＢＩとの対立で危機対応力の強化を余儀なくされた。中国でｉＴｕｎｅｓが打撃を受けたときは外交官の役割が求められた。ニューヨークのメットガラでは芸術の後援者になった。これらの状況を通じ、彼は法的闘争から地政学的紛争、赤絨毯デビューと、多能ぶりを見せてきた。それでも、ｉＰｈｏｎｅに依存する状況を不安視する投資家や批評家に付きまとわれ、いまなお「次は何を？」という問いに悩まされていた。

それでなくても２０１７年には、クックが初めて直面する難しい状況が形成されはじめていた。物柔らかな話し方をするＣＥＯは、かつてない「力のゲーム」に踏み出さざるを得なくなった。ホワイトハウスで最大の破壊者がつぶやく「存亡の危機」だけではない。それらの脅威と、中国共産党指導者の要求とのバランスを取る必要があった。中国政府はその気になれば、一瞬にしてアップルのサプライチェーンを凍結できる。キッシンジャー並みの外交術を駆使して、アメリカ大統領と中国政府両方をなだめなければならない。

同時にもうひとつ、一見不可能と思われる仕事をやり遂げる必要があった。もういちど世界を変えるデバイスを開発して、アップルに絶え間なくのしかかる圧力を和らげる方法を考え出さなければならない。非現実的で無慈悲な要求だが、特に最新の数字が出たあと、その声は高まるばかりだった。年初、ｉＰｈｏｎｅ事業の売り上げは立ち直りの兆しを見せたが、２年前のピークにはまだ及ばない。２０１５年度上半期のｉＰｈｏｎｅ売上高を４パーセント下回る見込みだった。ＡｐｐｌｅＷａｔｃｈの売り上げは伸びていたが、この差を埋められるほどではない。アップルは今後も総売上高を伸ばしていけることをウォール街に示す必要があったが、およそ２２００億ドルの年間売上高を考えるとかなりの難問だ。事業全体を見渡して解決策を模索するうち、完璧と思える答えが見つかった。事業戦略全体を見直すという思いきったアイデアだ。魅力的な製品を生み出すところに自社のアイデンティティを定めず、製品を通じて提供するサービスの可能性にもっと目を向けよう。

この時点ですでにＡｐｐ Ｓｔｏｒｅは収益の主要パイプラインになっていた。アプリ販売と定額料金の手数料収入のほか、これらのアプリを厳しく審査する効率的なチームを維持することでアプリの配給コストを低く抑えていた。アプリ開発者がフォートナイトのようなモバイルゲームを普及させ、顧客は武器やスーパーヒーローの力を買うためにお金を使う。アップルはそのアプリ内課金からも分け前を得ていた。およそ8割が純利益と推定される。ｉＰｈｏｎｅに取り込まれるアプリの数は衰えの気配を見せていない。このままいけばＡｐｐ Ｓｔｏｒｅがサービス事業を2倍の規模にするとクックは見た。この価値をウォール街にはっきり認識させよう。

この時点で投資家はアップルを「ｉＰｈｏｎｅの会社」と見ていた。すでに事業は成熟していて、売り上げの縮小にともない製品原価が上昇する。そのため、この組み合わせで株価収益率、つまり将来の利益予測に対する株価の相対的な比率が低くなる。アップルのようなハードウェア企業はヒット志向の事業であるため、ソフトウェア企業に比べて評価倍率《マルチプル》が低い。ｉＰｈｏｎｅ６のような人気製品が売り上げを急増させる可能性があるいっぽうで、ｉＰｈｏｎｅ６ｓのような失敗作が利益を激減させる可能性もある。ひとつの失敗作で価値がガタ落ちになる恐れがあるため、株価収益率は15倍と、グーグルやフェイスブックの半分以下だった。会社の市場価値を下げることになり、これが悩みの種だった、クックはこのとき６５００億ドルだった市場価値を1兆ドルにしたいと考えていた。

1月、クックは成長を続けるソフトウェアの売り上げに投資家の目を向けさせることで、アップルの評価を縛るハードウェアの縄を外そうとした。そうすることでマルチプルが上がる。アナリストたちとの電話会議でｉＰｈｏｎｅ７の好調ぶりを説明したあと、彼はサービス事業の売り上げが72億ドルだったと伝えた。その3分の1をＡｐｐＳｔｏｒｅが占める。残りはｉＴｕｎｅｓ、アップル・ペイ、アップル・ミュージックなどだ。今年末までにサービス事業はフォーチュン１００事業になり、アップルが配給するアプリのひとつ、フェイスブックとほぼ同じ２７０億ドル近い売り上げを計上するだろうとクックは述べた。「私たちの目標は今後4年間でサービス事業の規模を倍にすることです」と、彼は説明した。

この約束はインフィニット・ループに波紋を広げた。クックが公然と財務目標を掲げた記憶はない。かつてジョブズが革命的な新製品を発表して世間一般《メインストリート》を喜ばせたのに対し、クックはマーケティングのノウハウを活用して既存の成長事業にスポットを当てることで金融街《ウォールストリート》を喜ばせようとした。この約束をどう果たすつもりか、社内に知る人はほとんどいなかったが、彼は約束を果たすだろう。疑う者はどこにもいなかった。

新たな財務目標を掲げたあと、クックは元タイム・ワーナー・ケーブル経営幹部のピーター・スターン、サービスチームの責任者エディ・キューに会い、今後の青写真を策定した。当時、アップル最大のサービスはｉＣｌｏｕｄで、写真のバックアップに月99セントしか徴収していなかった。ｉＣｌｏｕｄ事業を率いるスターンは、ｉＣｌｏｕｄをほかの定額制アプリとひとまとめ《バンドル》にして加入者数を増やし、支払い金額を増やしてはどうかと提案した。アマゾンが宅配サービス、プライムを立ち上げ、テレビ番組や映画が見られるプライム・ビデオを特典にして加入者を増やしたのと同じ戦略だ。スターンはアップル版バンドルのアイデアを推した。

サービスの可能性が無限であることはクックも認識していた。ヨガ教室と提携してフィットネスアプリを作ったり、雑誌と提携してニュースサービスを作ったり、アップル自身のNetflixを作ったりもできる。こうしたアプリはアップル自身の開発コストが比較的低く、にもかかわらず定額サービスの加入者を何百万人も呼び込み、金融世界で言う「経常利益」を生み出してくれる。毎月継続して支払われ、アップルの貯金箱を着実に満たしてくれる。加入者は加入期間を通じてiPhone1台の価格1000ドルより多くを支払ってくれる。飛躍的な成功を収められる可能性があった。

会議中、クックはスターンの戦略に好感触を持ちながらも、出席者にひとつの質問を投げた。

「このバンドルに持ってこいのものが、何かないか?」

クックの問答方式に慣れている出席者は、彼の言わんところを理解した。この取り組みに手抜きは厳禁で、真に価値あるサービスを作れ、ということだ。

クックは財務チームとの一連の会議では異なるメッセージを発した。まず月1回のペースで会議を行い、iPhone、AppStore、iCloud、アップル・ミュージックの業績を評価した。かつてiPhone、iPad、Macの売り上げを評価するために行われた毎週金曜日の「ティムとの夜デート」マラソンに匹敵する過酷な会議になった。アップル・ミュージックの加入者数増に対し、iTunesの売り上げが減少しているのはなぜか、iCloudのコストは定額制サービスの収益と比べてどうか、どういうベストセラーアプリがAppStoreの売り上げを伸ばしているのかなど、財務スタッフは数々の質問に答えられるよう準備した。発売間近のアプリ一覧表を作成し、収益が見込める新しいソフトをクックが常時チェックできるようにした。

この作業の結果、ジョブズのAppStore観からの脱却が完了した。ジョブズが採用した

３割の手数料は、アプリの保管・配信費用をカバーするためのものだった。前ＣＥＯはＡｐｐＳｔｏｒｅがいわゆる「利益を生み出す部門《プロフィットセンター》」になるとはまったく期待していなかった。ｉＰｈｏｎｅをより多く販売するためのツールにすぎなかった。

しかしクックの下で、その焦点はシフトした。彼はデバイスの販売ではなく、数多くのソフトを売ることでｉＰｈｏｎｅからさらに利益を引き出す手法に大きく重点をシフトする未来へと、アップルを方向転換させたのだ。

クックがワシントンＤＣを訪れた1月下旬、首都は論争に揺れていた。トランプ新大統領はホワイトハウス入りしてからの何日か、就任式に集まった人数をめぐってメディアとやり合い、ヒラリー・クリントンに３００万票の不法票が投じられたと虚偽の主張をし、メキシコに仕事を外注しているとしてゼネラルモーターズ（ＧＭ）を激しく非難した。

喧嘩っ早い大統領に気に入られようと、クックは高級イタリア料理店〈リストランテ・トスカ〉での夕食に大統領の娘イヴァンカとその夫ジャレッド・クシュナーを招く段取りをつけた。アップルの政府担当バイスプレジデントで、バラク・オバマ政権下で環境保護庁長官を務めたリサ・ジャクソンも同席した。政界の情報通で、国の官僚機構に深い専門知識を持つやり手だ。クックはトランプに近い人々から、大のアップルファンとして知られる大統領の娘夫妻とは手を携えられるとの助言をもらっていた。

このワシントンへの旅は前任者の姿勢と対照的だった。スティーブ・ジョブズは政治嫌いだった。「すごい製品」を作ることで、政治と文化への影響力は大きくなると信じていた。そのため、長年にわたりワシントンにスタッフは2人しかおらず、スタッフが外部ロビイストを雇うことも控えさせていた。２０１０年、ローレン・パウエルがオバマ大統領との面会を実現させようとしたときも、ジョブズはそれを望まなかった。彼は伝記作家のウォルター・アイザックソンに、「どこかのＣＥＯに会ったなんて形ばかりの面会を報道させて、満足させてやる気なんてさらさらなかった」と語っている。しかし、彼の妻は粘り強く主張した。結局ジョブズはホワイトハウスを訪れ、中国には簡単に工場を建設できるのに、アメリカで何かを建設するときは果てしないお役所仕事が必要になると、ビジネスに不都合な状況をオバマに説いて聞かせた。

いっぽうクックは好んでワシントンへ出かけた。数年前の公聴会で政治的影響力の重要性を学んだからだ。以来、定期的に議会に足を運び、上院・下院両議員と個人的に会うことを優先事項としていた。ジャクソンと頻繁に出かけ、彼女を側近の一人にした。アップルのＤＣオフィス開設に向けた彼女の努力を支援し、そのチーム規模を着々と拡大し、いまでは１００人以上になっていた。クックの現実主義を反映する拡大だ。アップルは大きくなるにつれ、ｉＰｈｏｎｅのセキュリティ問題から税金問題まで、同社の姿勢に不満を持つ連邦政府関係者の標的になっていた。

クックとジャクソンは〈トスカ〉に入ると、店主の案内でテーブルに着き、そこへクシュナー夫妻が合流した。夫妻はロブスターのビスクや素朴なラム肉のラグーを味わいながら、どうやってワシントンに順応しているかを語り、そのあと政策問題や政権の優先事項に話を転じた。このときの歓談から、この夫婦とも政権ともうまくやっていけるとの確信をクックは得た。

ところが翌日の午後、トランプはイスラム教徒が多数を占める７つの国からの移民を禁止する大統領令に署名した。全米で抗議デモが起こり、シリコンバレーでもグーグルの共同創業者セルゲイ・ブリンと社員２０００人以上が複数のオフィスから抗議活動を繰り広げた。

クックにとっては不意打ちだった。夕食の席で、クシュナー夫妻は移民問題に触れていなかった。

数十年前にこの禁止令が施行されていたら、シリア移民の息子ジョブズは生まれておらず、アップルも存在しなかった。状況を不安視したスタッフのメールがクックの受信トレイにあふれた。クックは急いで全社員宛てのメールを書き、彼らの心配は耳に届いていると安心させた。「アップルはオープンだ」彼は書いた。「出身や言語、誰を愛しどんな信仰を持つかに関係なく、すべての人に開かれている」

クパティーノに戻ったクックは大統領令の副次的影響についてスタッフから説明を受けた。アップルには特殊技能職を対象とするH－1B就労ビザで働く社員が何百人かいて、世界各地に配置されてもいた。人事、法務、セキュリティのチームが大急ぎで彼らと連絡をつけた。みんな動揺していた。禁止リストに載せられた国の出身者は、本人や旅行中の家族がアメリカへ戻れない可能性を心配していた。彼らは途方に暮れ、アップルに強い姿勢を望んだ。人事部からクックに、影響を受ける小グループに会って彼らの気持ちを認識してほしいと要請があった。今回の命令がどれほど大きな打撃になるか、12人から聴き取りをした彼は、行動を起こすことを決意した。

ホワイトハウスに連絡を取って「この命令は断固、取り下げるべきだ」という明確なメッセージを伝えると、クックは請け合った。

移民に関する大統領令が出されたあと、中国に仕事を外注している企業への攻撃計画が具体化しはじめた。

政権は二人の保護貿易論者に政策を主導させた。ロバート・ライトハイザー通商代表は高関税をかけて中国の技術盗用を阻止しようと考え、ピーター・ナバロ通商政策顧問は中国を「経済の寄生虫」と呼んだ。彼らは国際的サプライチェーンの一部をアメリカに取り戻そうとしていた。アップルにとってはきわめて危険な展望だ。

iPhoneの製造に必要なのは中国工場での組み立てだけではない点を、トランプに明示しなければならない。その方法を見つける必要があった。じつは、iPhoneの重要部品の多くはアメリカ企業から供給されていた。広報チームからひとつのアイデアが浮上した。アップルは国内メーカーの新しい機械や組み立て工程に毎年数十億ドルを投じていて、そこから未来の製品の重要部品が生産される。この支出計画の一部を、国内製造業を支えるための特別基金から拠出されるものとして宣伝してはどうだろう？

こんな見出しを躍らせるのだ――「アップル、国内工場の雇用に数十億ドルを投入」。一種の粉飾だが、こうやって上辺を飾ることでトランプを納得させられるのではないかと社内の人々は考えた。

5月下旬、広報チームはCNBCのアンカー、ジム・クレイマーをインフィニット・ループ1番地へ招き、特別ニュースを伝えた。同局の投資情報番組『マッド・マネー』で司会を務めるクレイマーが中庭でクックにインタビューした。クックはスツールに腰かけてクレイマーと向き合い、あらかじめ仕組まれていたと思われる質問に答えた。国内の雇用創出にアップルはどう貢献するのか？

アップルはアプリ開発者150万人とサプライヤーの従業員約50万人など、アメリカ人200万人の雇用を担っていると、CEOは誇らしげに語った。工場労働者300万人と開発者150万人を含むおよそ450万人の雇用を支えている中国に比べて数字が見劣りする点を、クレイマーはあえて指摘しなかった。代わりに国内の状況に焦点を当て、雇用の創出に資金を投入するおつもりですかと質問した。

「私たちはそうしたいし、そうするつもりです」とクックは言った。そして、国内のサプライヤーに投資する10億ドルの「先進製造業ファンド」の創設に取りかかっていると言い足した。「私たちは池のさざ波になれるのです」

クックの高尚な言葉は社内の一部が真実と考えていることを隠していた。「先進製造業ファンド」はPRのためのごまかしにすぎない。すでにアップルは国内のサプライヤーに10億ドルを投じる計画を立てていた。それどころか、何年も前からそれ以上の金額を国内に投じていた。しかし、ホワイトハウスにとっては細かな事実より、見てくれが大切なのだ。同社は継続的な業務を画期的な計画と演出してのけた。

怒濤《どとう》の成長により、アップルの社員は12万人以上に膨れ上がっていた。iPhone帝国の規模はクックが引き継いだときから2倍になっていた。国内外に支社が点在している。そのすべてを維持するのは並大抵のことでない。コスト意識が高いクックは民間の定期便であちこちへ飛ぶ傾向があったため、取締役会が介入した。

2017年、クックは民間旅客機でなくプライベートジェット機での移動を求められるようになった。彼の時間は貴重で、空港のセキュリティを抜けるのに何分も無駄にできない。加えて、新大統領がもたらした難題でそれまで以上にワシントンへの出張が増えた。

6月中旬、クックはホワイトハウスへ呼び出しを受けた。トランプが自国でもっとも影響力が大きい産業への支配力を示すために企画された、テック系サミットだ。アップルの先進製造業ファンドのニュースは政権にも届き、この国でいちばん有名な外注型企業への見方は改善されていた。1カ月後、ハイテク企業のトップたちが〈ステートダイニングルーム〉に集まったとき、クックはトランプの右に座った。

しかし、大統領にすり寄りすぎという印象を避けるため、アップルはその日の朝、ニュースメディア、アクシオスが「クック、移民令をめぐり大統領と対決」という見出しの記事を出すよう画策した。クックが口を開くたび、ホワイトハウスの側近たちは口やかましいボスとの対決が始まるのではないかと心配して身を乗り出した。だがクックはその類いのことをひと言も発せず、彼らを安堵させた。

討論が終わったとき、クックはトランプにそっと近づき、「移民政策にもっと心を砕いていただけるよう願っています」と伝え、そそくさと退場した。早口だったため、ほとんどトランプには伝わらなかった。だが、この短いやり取りはすぐアクシオスに漏らされ、同サイトは「ティム・クック、トランプに『移民問題にもっと心を砕け』」という見出しで、このやり取りを対立の構図に仕立てた。

ホワイトハウスのスタッフはクックの工作に驚嘆した。会に出席して大統領の右に座り、大統領のメンツを立てた。そのうえで、ほかの誰にも聞かれないようそっとではあったが、移民問題でトランプに苦言を呈したことを巧みに漏らし、クパティーノのスタッフへの面目も保った。

だが、最終的な決定権を持つのはトランプだ。後日、大統領執務室で行われたウォール・ストリート・ジャーナルとのインタビューで、トランプはクックの話を持ち出し、アップルのCEOは製造業の一部をアメリカに戻すと約束したと述べた。

「彼は私に3つの大きな国内工場を約束した——大きな、大きな、大きな工場を」と、トランプは言った。

「本当ですか?」記者が尋ねた。「どこに?」

「先のことだからわからない」トランプは言った。「彼に電話してみろ。しかし、私はこう言った。ティム、きみが国内工場の建設に着手しないかぎり、私は自分の政権が経済的に成功したとは思わない、いいか？　すると、彼は電話をよこしてこう言うんだ。大きな美しい工場を３つ建設する。電話してみろ。私の言葉どおりには言わないかもしれないが、彼が実行することを私は信じている」

この主張にアップル首脳は狼狽した。クックは「大きな工場を」などと、ひと言も言っていなかったが、記者たちから電話でコメントを求められたとき、広報はあえて反論しなかった。クックも顧問たちも、トランプを嘘つき呼ばわりしたら「ツイート戦争」に火をつけ、アップル製品への関税という脅しに拍車をかけ、最悪の場合、不買運動を呼びかけられると考えて、沈黙を守ったのだ。クパティーノには静かに不安が広がっていった。トランプがああいう嘘を平気でつくとしたら、今後、何をしてくるかわからない。

クックがトランプとの関係を改善する方法を探っていたころ、アップルのロビー活動担当者がトランプ政権の裏へ回って税法の書き換えをうながしていた。国外での利益に対する法人税率が高すぎるため、企業は海外に資金を保管している。その税率を軽減させることが彼らの目標だ。２０１７年末に税制改革法案の可決と署名がなされ、税制をめぐる長年の闘いに終止符が打たれた。これが別の機会で大統領をおだてるネタになるのだが。

クックは財務と広報、両チームの協力を得て、アップルは国内経済にどんな貢献を確約できるか探った。トランプ大統領の目を引くものが欲しい。新しい税制によれば、アップルは海外で生まれた利益の15・5パーセント、約３８０億ドルの税金を一括して支払わなければならない。国内では顧客サポート用キャンパスとデータセンターの新設など、およそ300億ドルを投じて工事を開始する予定だった。これにプラス、国内のサプライヤーのために年間550億ドルほどを使い、国内で年間5000人ほどの新規雇用を行う。つまり税制改革を機に、今後5年間でアメリカ経済に3500億ドルの直接投資をし、2万人の新規雇用を創出するという主張が可能になる。トランプが大好きな類いの、大きくてシンプルな数字だ。

クックはトランプに電話をかけてこの大きな貢献を伝えたが、トランプはつまらなそうだった。拠出額を「3億5000万ドル」と聞き違えたためだ。それなりに大きいが、最高ではないと思ったのだ。そこでクックは「3500億ドル」と繰り返した。

「そいつはすごい」と、トランプは言った。

2018年1月17日、「アップル社はアメリカ国内への投資と雇用の創出を加速させ、アメリカ経済に今後5年間で3500億ドルの貢献をします」という見出し付きのプレスリリースが出された。金額のおよそ8割は税制改革の有無にかかわらず継続的な事業の一環として行われたはずのものだったが、報道発表はその点に触れなかった。トランプにとって細かな話はどうでもいい。きっちり計算したりはしないだろう。

トランプは一般教書演説で、アメリカ第一主義政策が順調な証拠としてアップルの3500億ドルの貢献を挙げた。

ワシントンから飛んでくる鞭にクックは用心を続けた。彼が一歩前へ踏み出すたび、政権は後ろへ下がらせた。2018年春の難題は彼の手に負えない方向へ向かった。

ワシントンDCで行われた貿易協議でアメリカは中国に対し、貿易黒字を1000億ドル減らし、知的財産の盗用をやめ、国有企業への政府補助を廃止するよう要求した。米中の交渉官は激しく衝突した。これは中国経済への直接攻撃であるとして、２００ページにも及ぶ抗議報告書が添えられた。本格的な貿易戦争に発展する恐れがあった。

　トランプは記者会見で中国からの輸入品６００億ドル相当に25パーセントの関税をかけると脅した。株式市場は激震し、ｉＰｈｏｎｅの生産に支障が出るのではないかと投資家が不安視して、アップルの株価は６パーセント下落した。

　クックが築いた帝国は中国政府との良好な関係の維持に依存していた。アップル製品のほとんどが製造される生産拠点だ。特にクックがチャイナ・モバイルと契約を結んでからは、人口14億人がアップル最大の顧客になった。ワシントンと北京の貿易戦争でアップルのビジネスモデルは危険にさらされた。トランプ政権が中国からの輸入品に高い関税をかければ、ｉＰｈｏｎｅの製造コストが上昇しかねない。習近平率いる中国が報復に出れば、フォード車の輸入に足止めをかけたときのようにｉＰｈｏｎｅの出荷を止めたり遅らせたりすることも可能だろう。顧客サイドでは網路水軍を放ってソーシャルメディア上で反アップル世論を誘導することもできる。アップル中国法人の最高幹部層はクックに警告を発した——事態がこじれかねない。アメリカのリアリティ番組の人気者と中国の予測不能な独裁者の間でうまくバランスを取ってほしいと、彼らはロボットのように超然としたＣＥＯに懇願した。

　論争の真っただ中、クックは中国開発フォーラム２０１８のため北京に降り立った。ダボスで開催される世界経済フォーラム年次総会に対する、中国共産党の回答の場として設計された年次イベントだ。クックを乗せた車が北京の交通渋滞を縫って、１９７２年にリチャード・ニクソン大統領と周恩来《チョウエンライ》首相を迎えた迎賓館〈釣魚台国賓館〉へ向かうあいだにも、地政学的な緊張は高まっていた。クックは彼自身の外交使命を帯びてこの地に乗り込んだ。3日がかりのフォーラムで共同議長を務め、3度スピーチする予定だ。寡黙なサプライチェーン効率化の達人は、世界最重要のビジネスリーダーになっていた。彼くらい貿易自由化から得るものが多く、貿易戦争で失うものが多い人間はいない。この貿易戦争で彼の忠誠心は中国とアメリカのどちらにあるのか？　自分の発言が太平洋の両側で追跡される点を彼はわきまえていた。

日曜日、クックは赤い背景の前に置かれた見台へ歩み寄り、開会を宣言した。共産党幹部やグーグルのサンダー・ピチャイら企業のトップで埋め尽くされた舞踏室を見渡し、自由貿易を支えるための団結を呼びかけた。

アメリカ実業界のリーダーでこの話題に触れた人はいなかったが、クックはサミット期間中、毎日この話題を取り上げた。米中両国の当局者に「冷静な判断が重要」と訴えた。パネルディスカッションではドナルド・トランプにどんなメッセージを送るのかと問われた。「開放性を受け入れ、貿易を受け入れ、多様性を受け入れる国こそが並外れた成功を収めます」彼は言った。「そうでない国は成功を得られません」

フォーラム最終日、李克強首相が会場のビジネスリーダーたちに自由貿易の維持と保護主義反対を呼びかけた。「貿易戦争に勝者はいない」

李克強とクックの発言は同じ覚書から生まれているように思われた。誰が聞いてもクックが中国共産党の路線に寄り添っているのは明らかだった。

貿易戦争の勃発により、クックが事業戦略を転換する緊急性が高まった。サービスを充実させて収益を多様化すれば、ハードウェアへの関税が及ぼす影響を軽減できる。ロサンゼルス近郊のオフィスで、彼の未来展望は新たな様相を帯びた。

アップル首脳でもっとも落ち着きのないジミー・アイオヴィンはアップル・ミュージックの独自性を強化する方法を模索していた。このサービスは開始から2年が経っていたが、加入者数はスポティファイの半分ほどで、ライバルとの差別化に苦しんでいた。ラッパーのドレイクなどの独占アルバムで加入者集めを図った初期の作戦は、「音楽業界をめちゃくちゃにした」というカニエ・ウェストの非難で大炎上した。レコード会社とアーティストは、自分たちの音楽を可能なかぎり広く提供することがファンに対する義務だと考えた。独占配信を廃止すればアップル・ミュージックとスポティファイは同じ楽曲カタログを持つ色違いのアプリでしかない。独自性を加味しないとライバルを飛び越せない。アイオヴィンはその解決策として、オリジナルのテレビ番組を追加しようと決意した。

音楽業界の大御所は彼がロサンゼルスに持つ広大なネットワークを駆使して、ハリウッドのエージェントたちに連絡をつけた。クックとキューにも番組づくりに着手するよう働きかけを始めた。「彼らをせっついている」彼は言った。「コンテンツ屋になれ、コンテンツ空間《スペース》に入れって」

具体例を示そうと、アイオヴィンはドクター・ドレーを主人公に半自伝的番組を6話制作した。毎回一人の人物を取り上げて、怒りなどの異なる感情にスポットライトを当て、ドレーを演じる人物がそれにどう対処するかに焦点を当てる。アイオヴィンとドレーはサム・ロックウェルら有名俳優の協力を得て撮影を開始した。アイオヴィンはそのひとつを見てほしいとクックに求めた。

それを見たクックは不安を覚えた。登場人物はコカインのラインを鼻から吸ったり、銃を手にしていたり、擬似セックスとはいえハリウッドの邸宅で延々と乱交シーンを続けたりしていた。控えめな性格のCEOが好きな政治ドラマ『マダム・セクレタリー』や、家族向けの『フライデー・ナイト・ライツ』とは、かけ離れた内容だ。アップルから出せるわけがない。同社にはiPhoneやMacの販売に欠かせない清廉なイメージがある。セックスとバイオレンスに満ちたドラマはブランドに火を放つようなものだ。

クックはアイオヴィンに言った。「これはダメだ。暴力的すぎる」

アイオヴィンはがっかりしたが、あきらめはしなかった。そして『アプリケーションの世界』というもっと家族向けのリアリティ番組を提案した。『シャーク・タンク』を手本にしたこのリアリティショーでは、起業家の卵たちがモバイルアプリを創り、セレブ審査員たちから資金を調達する。クックがこの企画を支持したのは、アップルの事業に大きく貢献してきたアプリ開発者を称えている点が気に入ったからだ。最初のほうのエピソードは重圧にさらされた開発者がイライラして悪態をつく、野卑な言葉と緊迫の場面が見どころだ。クックもエディ・キューらも、汚い言葉の削除を求めるメモを送り返した。攻撃的な台詞に汚されない、感動的で前向きな番組を求めていたからだ。

ドラマが初公開されたとき、テレビ評論家たちはリアリティがないと酷評した。ハリウッドを代表する業界誌バラエティは、「『シャーク・タンク』をまねただけの、さっぱり面白くない、まがい物」と評した。ガーディアン紙は「耳ざわり」と評し、アップルにはオリジナル作品の先駆者であるNetflixを超える高い水準を求めた。

完璧な製品を作って称賛されることに慣れている企業にとって、こうした厳しい評価は初めて味わう屈辱だった。テレビへの進出は社の評判を落とす危険性があることをクックは認識していた。ハリウッドでの番組制作はアップルのサービスにスター性を加味してくれる可能性もあったが、社としては単なる実験で終わらせるわけにいかない。ここ何年か、アップル首脳はディズニーや、Netflix、HBOを持つタイム・ワーナーの買収をさまざまな局面で検討してきたが、紆余《うよ》曲折を経て実現したビーツとの融合からアップルの厳格な文化を他社に浸透させるのがいかに難しいか、身に染みていた。アップル単体で進めるほうがいいとクックは判断した。その結果、アップル内で生まれたのが「プロジェクト・ノーススター」と呼ばれる取り組みだ。アップル独自のＮｅｔｆｌｉｘを作ろうという10億ドルの賭けだった。

クックはハリウッドについて学べるだけのことを学ぼうとした。業界、業界人、仕事のプロセス、何が成功し何が失敗するかを理解したい。クックとキューは、クリエイティブ・アーティスツ・エージェンシー（ＣＡＡ）の代理人チームら、さまざまな専門家をクパティーノに招いた。重役用会議室でＣＡＡのチームと会い、エンターテインメント業界について学んでいるところだと説明した。クックはゆるやかに足を組んだ、瞑想《めいそう》を思わせるくつろいだ姿勢でＣＡＡを安堵させた。クックはキューとともに質問を開始した。テレビ番組の制作費はどのくらいか？　番組はどう作るのか？　俳優の報酬は？

テレビが変革期を迎えていることは、集まった全員が知っていた。人々はケーブルテレビを捨ててＮｅｔｆｌｉｘやＨｕｌｕに移行している。言葉に出されない疑問はただひとつ――アップルはそこに参入できるのか？――だった。

ＣＡＡチームは業界がどのように機能し、Ｎｅｔｆｌｉｘが成功するために何をしたか説明した。ＤＶＤのレンタル業から始まった同社は定額制ストリーミング事業を立ち上げ、２０１３年、オリジナル作品として政治ドラマ『ハウス・オブ・カード　野望の階段』と刑務所ドラマ『オレンジ・イズ・ニュー・ブラック』をリリースし、高い評価を得た。エッジの利いた番組制作はテレビ界の空白を埋め、加入者が急増した。ＨＢＯを楽しみたい人がケーブルテレビに料金を支払ったときのように、大勢のブロードバンド利用者が、アプリからテレビ番組の視聴料を払うことが証明された。

オリジナル作品のデビューから４年、Ｎｅｔｆｌｉｘの市場価値は４倍の８３０億ドルに急騰した。成功の方程式は単純だ。「必要なのはヒット番組２本」と、ＣＡＡの一人は言った。

　エンターテインメント業界で成功するにはハリウッドの経験豊富な人材が必要になることを、クックは理解した。アップルに救いの手が必要だったまさにそのとき、ソニー・ピクチャーズの業界トップ二人が契約更新年に入っていた。

　ザック・ヴァン・アンバーグと、ジェイミー・エーリクト。アイオヴィンはこの二人を知らなかったが、友人たちから勧められた。自分の大好きなドラマ『ブレイキング・バッド』を制作したというのも気に入り、アイオヴィンはホルムビー・ヒルズの自宅に彼らを招いた。ロサンゼルスのウエストウッド地区にあるこの高級住宅街には１０００万ドルの豪邸が立ち並び、邸内には瑞々《みずみず》しい緑の芝生が広がり、プライバシーを守るゲートが高々とそびえている。

　ヴァン・アンバーグとエーリクトはどんな用件かよくわかっていなかった。アイオヴィンに会ったこともなかったし、『アプリケーションの世界』にも特段の感銘は受けていなかった。アイオヴィンは二人を自宅のリビングに迎え入れ、アップル・ミュージック内にＭＴＶの類いを創設する展望を語った。この二人が適任かどうかはわからないが、自分よりエンターテインメント業界をよく知る人材が必要だった。ヴァン・アンバーグとエーリクトはソニー・ピクチャーズでどんな取り組みをしてきたかを語った。ＮＢＣの『ブラックリスト』やＦＸの『レスキュー・ミー　ＮＹの英雄たち』といったドラマの制作に重要な役割を担ってきた。二人とも自分の成功については控えめで、大きなエゴを持つ外部人材にあまり寛容でないアップルにふさわしい態度だと、アイオヴィンは感じた。

　このあとアイオヴィンはエディ・キューに電話をかけ、この二人に会うよう勧めた。キューも二人に感銘を受けた。ソニーとの契約が切れた時点でキューは二人と契約を結び、「プロジェクト・ノーススター」の指揮を託した。

数カ月でこの二人はリース・ウィザースプーンとジェニファー・アニストン主演の『ザ・モーニングショー』という連続ドラマの契約を結んできた。テレビの朝のニュース番組が舞台で、スティーヴ・カレルがセクハラスキャンダルに巻き込まれた朝のキャスターを演じる。スター勢ぞろいの番組づくりにはアップルの本気度が表れていた。アップルはアニストンとウィザースプーンに1話100万ドル超を支払い、総製作費は1億ドルに上った。

才能はより多くの才能の呼び水になる。クックはそう考えてチームに発破をかけ、アップルの新サービスのため、オプラ・ウィンフリーのテレビ復帰を働きかけた。彼らは2018年の中頃、オプラがアップル・パークを見学に来る段取りをつけた。オーバーン大フットボールチームの大ファンであるクックは、スカウトしたい選手に施設を案内する大学コーチの役割に全力を尽くした。最後に彼女をスティーブ・ジョブズ・シアターへ連れていき、ほかの幹部たちといっしょにその空間を見せたあと、ビデオを見てほしいと言った。暗くなったシアターに心にしみる音楽が流れ、スクリーンに文字が躍った。そこには「激動の世界は、人の心を鼓舞するあなたの声を求めている」とあった。テレビに戻ってきてほしいという呼びかけに心を揺さぶられ、彼女は涙した。ほどなくして、彼女はアップルチームへの参加を了承した。

資金力豊かなクックは、サービスを最大限充実させるために必要とあらばカネでスターを買うことも厭《いと》わない、という意気込みを示したのだ。

世界の二大経済国、米中の貿易摩擦という頭痛の種を抱え、クックは2国の首都の行き来に時間を費やした。北京で公式の場に登場した1カ月後の2018年4月、彼はアメリカ大統領に内謁する段取りをつけた。

トランプの就任から1年以上が経ち、暗黙の不信が二人を分断していた。規律を重んじるクックは大統領の定まらない発言や優先順位の変動に困り果てていた。気まぐれ王トランプは自分の思惑を妨害しようとするシリコンバレーのリベラルなリーダーたちとクックを十把ひとからげにした。この溝を埋めるべく、クックは新たに国家経済会議（NEC）委員長に就いたラリー・クドローに接触し、謙虚に「助けていただきたい」と願い出た。

CNBCで長年コメンテーターを務めたクドローはクックのビジネス感覚を高く評価していて、彼の立場に同情的だった。彼はアップルの中国での奮闘ぶりにも感心していて、面会を果たせるよう協力してくれた。

その春、クックがホワイトハウスを訪れたとき、貿易摩擦はエスカレートするばかりだった。訪問直前の何日かで、トランプは自動車、スマートウォッチ、スマートフォンなど、さまざまな輸入品に1000億ドルの関税を上乗せすると脅しをかけていた。中国側もアメリカからの輸入品500億ドル相当にかける関税リストを作って反撃に出た。クックが恐れていた報復合戦だ。

彼は人のひしめく狭い廊下を歩いて、西棟2階のクドローのオフィスへ向かった。取り巻きは連れず、スタッフの手を焼かせないよう気を配った。

彼は木製パネルが張られたクドローのオフィスに入り、「ここには前にも来たことがある」といった静かな自信を漂わせつつ、NEC委員長の向かいにゆったりと身を沈めた。リラックスして形式張らず、そのなめらかな振る舞いにクドローは感心した。大統領との対面を不安がる強張《こわば》ったCEOたちに慣れていたからだ。クックは対外直接投資の規制があるためにアップルが出店できないインドの問題を含め、話したい事柄にまっすぐ飛び込んだ。アイルランドにおける税務問題についても話し合った。同国での課税状況をめぐり、規制当局と1年にわたる闘争が続いていたからだ。最後にクックは知的財産盗用問題を提起した。クドローはこのCEOが政権と懸念を共有し、政策姿勢にも同意していることを改めて認識した。意外にもクックは、アップルに限り中国は知的財産の問題を起こしていないと述べた。その点では中国よりインドを懸念しているという。

CEOは政治的な駆け引きに長けていた。トランプの取り組みに賛同している点を示しつつ、アップルのビジネスモデルを揺るがしかねない対中関税戦争の激化とは距離を置く。

クックがトランプ政権に寄り添う姿勢を見せたのは、中国で新たな問題が発生していたからだ。中国政府が携帯電話の顧客データをすべて国内に保管することを義務づけるサイバーセキュリティ法を可決した。そのため、アップルはデータセンターを開設予定の貴州省で、国営企業と交渉を始めなくてはならなくなった。アップルのプライバシー・セキュリティチームにはこの計画に憤りを覚える者もいた。サンバーナーディーノ事件でFBIへの協力を正式に拒否した姿勢と、波風を立てず中国方式に従っている状況には矛盾がある。顧客のプライバシーを守るという高邁な約束を掲げていながら、市民監視体制で知られる政府の要求には屈している。挙げ句、かつて反抗したアメリカ政府に助けを求めていた。現実主義者のクックは自分が築き上げた市場への圧力に直面すると、道徳心を失ってしまうようだ。

会談後、クドローがクックを大統領執務室へ案内すると、大統領は机に向かっていた。トランプと向き合う形で並べられた椅子へ二人は向かった。クックは笑顔で口を開き、「税制改革に感謝いたします、大統領閣下」と熱意を込めて礼を言った。

これで場の緊張が解けた。税制改革とそれがもたらす経済効果を熱く語る大統領の声に、クックはじっと耳を傾けた。

この会談がその後大統領と接するときの雛形になった。終了後、クックはトランプに直接電話をかけた。トランプがホワイトハウスの会合で彼のことを「ティム・アップル」と言ったときも、あえて批判や訂正をしなかった。のちにある記者から、ほかのCEOたちには冷淡なのにクックとは気脈が通じているように見えるのはなぜかと問われたとき、トランプは、「彼は私に電話をかけてくるが、ほかのやつらはかけてこない」と答えた。


貿易戦争が激化してもアップルの事業は順調だった。7月下旬、クックはふたたび記録的な四半期を報告し、今後何カ月か好調な売り上げを見込んでいると投資家に請け合った。サービス事業からの収益は40パーセント増、主力製品iPhoneも2015年のピーク時に近い売り上げを記録。その結果、同社は過去最高益を記録した。

それ以上に大事なことかもしれないが、クックはウォール街のアナリストに、アップルは新しい関税から悪影響を受けていないし、今後受けるとも思わないと語った。ホワイトハウスを訪問したばかりの彼は、米中貿易摩擦の解決に楽観的だった。

勇気づけられた投資家たちは次の2日でアップルの株価を9パーセント押し上げた。アップルの市場価値は1兆ドルへじわじわ近づいていった。そして2018年8月2日、同社はアメリカ企業として初めてその一里塚に到達した。クックは7年で社の価値を3倍にし、かつて倒産の危機に瀕していた企業を、エクソンモービルとプロクター・アンド・ギャンブルとAT&Tを合わせたほどの価値を持つ企業へ変貌させた。彼はこの偉業に興奮し、記念の短いメールを社員に送った。

9月、トランプ政権が発表した最新の関税リストにApple WatchとAirPodsがあるのを見て、投資家たちが警戒した。株価は急落。法務チームは通商代表部に抗議書を提出するために奔走した。ウォール街のアナリストは売り上げ急落を予想した。

そんな騒ぎの中でもクックは落ち着いていた。彼はホワイトハウスに連絡を取り、大統領と話をした。数日後、トランプ政権が更新した関税リストにアップル製品はひとつも載っていなかった。

21

機能不全

Not Working

映像はアップル最上層部の審査を受けた。

２０１７年９月上旬のある夜、ジョニー・アイブとティム・クックは新シアターの地下で合流した。スティーブ・ジョブズの肉声を使った映像を新シアターのこけら落としに使うかどうか、重大な決断を下すためだった。暗くなった空間に二人が腰を落ち着けると、「スティーブ・ジョブズ・シアターへようこそ」という文字がスクリーンに映し出された。

それから声が聞こえてきた。

「人にはさまざまな生き方があり」ジョブズは語った。「それぞれの方法で人への感謝を伝えます。人類への深い感謝を伝える方法のひとつは、すばらしいものを作って世に送り出すことだと私は信じています。人と会わなくても、手を握らなくても、相手の話を聞かなくても、自分の話を語らなくても、細心の注意を払い愛情を込めてモノづくりをするうちに、自然と何かが伝わっていく。それがほかの人たちに深い感謝を伝える方法です。だから私たちは自分に正直になり、本当に大切なものは何かを常に心に刻んでおかなくてはいけません。それがアップルをアップルたらしめ、私た

ち を私たちたらしめることだからです」

アイブとクックには下さなければならない重大な決断があった。ジョブズの名を冠したシアターのこけら落としの冒頭に、この映像を流すかどうか。

前日までの数日で、映像はミリ秒単位まで編集され、制作チームが最適と判断するまで音声の速度を調整していた。それでもアイブとクックはこの映像を使うかどうか悩んでいた。

二人の迷いは、彼らが敬愛する人物の遺産を大切に守っていく難しさを表していた。1997年、ジョブズは有名な「シンク・ディファレント」キャンペーンに自分の声を使うアイデアを拒否した。自分の声を使えばCMはアップルの考えでなく自分の考えを伝えるものになると思ったからだ。20年後、後継者たちはその判断を思い出し、案じていた。ジョブズの声で映像を流せば、シアターのこけら落としは彼の夢想したキャンパスでなく、亡き創始者に焦点を当ててしまうのではないか。

最終的に二人は合意に達した――ジョブズに彼自身のシアターを開いてもらい、彼とアップルの信念を改めて世界に伝えよう。

イベント当日の朝、目を覚ましたアイブは活力に満ちていた。デザイン責任者の彼とそのチームは10年近くかけて、ビーズブラスト加工の天井から階段の凹形手すりまで、新シアターのあらゆるものをデザインしてきた。内部で回転しながら下りていき、入ったのと反対側で扉が開くガラスの回転エレベーターを強く推したのも彼らだった。製品を世に出すとき不安を感じることの多いアイブだったが、この建物の披露にはわくわくしていた。

群衆が到着する前、彼はルイ・ヴィトンのメンズウェアのディレクターであり、すばらしい影響力と感性を持つヴァージル・アブローを迎えて会場を案内した。アイブがファッション界に飛び込んだのを機に、二人は友人になった。スペースグレーの円い天井の下、彼らはテラゾー仕上げの床を通っていった。地下ホールに入ると、湾曲したオーク材の床とポルトローナ・フラウ社製の革張りの座席が見えた。アイブは建築とインテリアの細かなところまで知り尽くしていた。

　近くの来場者用エントランスの外に招待客が集まりはじめた。人工の丘を曲がりくねった道が続き、その左右にはオークの木々が植わり、黒い根覆い《マルチング》が広がっている。道を上りきったところで初めてキャンパスの宝石が見えてくる。高さ約６・７メートルのガラスの円筒にカーボンファイバー製の屋根を載せた、完全透明の建物だ。

　群衆の中にいたアップル共同創業者スティーブ・ウォズニアックも、この建物には唖然とした。立ち止まって見上げたとき「これはふつうじゃない」と思った。外壁を見渡すと、ガラスの壁をつなぎ合わせて電線やデータケーブルやスプリンクラー装置を隠し、ガラスの環が途切れなく続いているかのように見せていた。ジョブズのデザイン感覚を完璧なまでに反映した作品だと、ウォズニアックは思った。

「信じられないのは、目に見えない部分だ」彼は金属製の屋根で影になったところに立ち、そう言った。「窓の美しさと開放感はドイツの設計スタイルを思わせる。汚れひとつない。これぞミニマリゼーションだ」

　ウォズニアックは建物に感服したあと、この日の午前中にアップルから発表があると思われる10周年記念ｉＰｈｏｎｅについて記者団に語った。同社の主力製品は若返りの必要がある。売上高は２０１５年のピーク時から９パーセント下落。ウォール街のアナリストは新ｉＰｈｏｎｅでその落ち込みを食い止められると予想していたが、ウォズニアックは懐疑的だった。スマートフォンはピークを打った。新しく売り出されるｉＰｈｏｎｅの外観はどれも先行機種と変わらず、魅力的な新機能も少なくなっている。今回、初めて最新機種を買わないかもしれないと、彼は言った。

アイブは例によってステージのすぐ近くの、ローレン・パウエル・ジョブズの横に腰を下ろし、彼が承認した映像の再生が始まると、じっと耳を傾けた。クリエイティブ・パートナーだった友人の肉声が会場に響き渡り、ジョブズのモノづくりに献身する姿勢を聴衆に改めて思い出させた。映像が終わったところでクックがステージに足を踏み入れて、中央へ向かい、みんなの前に立った。「スティーブのシアターは彼が開くしかないと思いまして」彼は笑顔で言った。そして目から涙を拭き、こう続けた。「時間はかかりましたが、いまは悲しみではなく喜びをもって彼を振り返ることができます」

ジョブズの遺産を表現するにあたってクックは自分なりの工夫を凝らした。「彼の最高の贈り物、彼が感謝の思いを表す最高の表現は、ひとつの製品ではありません。むしろアップルそのものでしょう」

次の2時間、アイブが見守る中で、クックは亡きボスの魔法を呼び起こそうとした。アップルはイノベーションを起こせるのかという問いに、会社はふたたび直面していた。ウォッチプロジェクトで疲弊し、自動車製造の複雑さに前進を阻まれたアイブは、新領域をもたらすことで懐疑論者に反論することもアップル信者たちに活力を甦らせることもできずにいた。だから、年月を重ねてきたデバイスに新風を吹き込む役割はクックにまかせた。

「iPhoneくらい世界にインパクトを及ぼしたデバイスは、ほかにありません」と、クックは語った。そしてタッチ画面からApp Storeまで、iPhoneが取り入れてきた機能を並べ立てた。「10年後のこの日、この場所に私たちがいるのは当然の成り行きでしょう」クックはここでいちど言葉を切った。そのあと叫び声に近い声を張り上げた。「それでは、次の10年にテクノロジーの道を切り開く製品を発表します！」

彼は高らかな声で、新しい「ガラスの長方形」を見る観衆を鼓舞しようとした。背後のスクリーンに映し出されたiPhoneはフルスクリーンで、デュアルカメラとレーザーと小型プロジェクターで構成される顔認識システムが、画面上部のノッチに隠されていた。3万個の見えないドットをユーザーの顔に吹きつけてインスタント写真を撮影し、それを実際の顔と照合する。両者が一致すればロックが解除される仕組みだ。

アイブは映像の中で、このデバイスはデザインチームが長年取り組んできた目標のひとつ、「フルスクリーンで体験へ没入させてしまうiPhoneの開発」を達成したものだと述べた。

iPhone Xはホームボタンを廃止し、アイブのソフトウェアチームが開発したスワイプ・システムに置き換えた。ただし先行モデルのときと異なり、アイブは外観のデザインや素材の話をほとんどしなかった。代わりに、カメラシステムやA11バイオニックチップについて語った。これはジョブズ復帰以前のアップルで、製品の見た目の美しさよりいかに強力なチップを搭載するかを重視する会社にアイブが絶望した日々を思い起こさせた。あれからおよそ20年の歳月が流れ、いまはアイブ自身がエンジニアリングを強調していた。

続いてマーケティング責任者のフィル・シラーが登壇し、iPhone Xの価格が999ドルであることを明らかにすると、値段の高さに聴衆は仰天した。

前年のiPhone 7発売時から5割増の価格設定だ。製品が成熟するにつれて価格は下がっていくというテクノロジーの法則に逆らっている。iPhoneの販売台数が減少しているいま、クックは最重要製品からより多くの収益を引き出そうと、1台につき350ドル高い価格を設定したのだ。この値上げは高価なディスプレイと高価な顔認証システムがもたらしたコスト増を埋め合わせて余りあった。抜け目のない戦略であり、メインストリートを落胆させてウォールストリートを活気づける種類の戦略でもあった。

新iPhoneの発売は9月下旬ではなく11月になる。シラーは理由を説明しなかったが、会場の幹部たちは製造上の問題が原因であることを知っていた。エンジニアが新機種の顔認証システムの性能に問題を発見して見直しを余儀なくされた結果、発売を遅らせることになったのだ。「ロミオとジュリエット」という暗号名をつけた顔認証パーツふたつの供給バランスも崩れていた。プロジェクターのロミオは組み立てに時間がかかり、カメラ装置ジュリエットを待たせていた。これらの問題でアップルは6週間分の売り上げをフイにすることになった。

アップルは9月下旬にもうひとつの新モデルiPhone 8を発売することで被害を軽減した。ホームボタンを搭載し、前年モデルに似たデザインが採用された。2015年から有事用のスマートフォンとして計画されていたもので、満を持してセーフティネットの役割を果たすことになった。

イベント終了後、アイブはシアターの外でクックに歩み寄り、固い結束の瞬間を演出した。クックの肩越しに新しいiPhoneをのぞき込むアイブの姿を、カメラマンたちが撮影した。この中身のない光景に苦笑する同僚たちもいた。

アイブの非常勤の取り決めと、それをクックが承認したことに、アイブの同僚たちは悩まされた。シリコンバレーのどの会社より「社員がオフィスにいること」を優先する企業文化からも外れていた。何度かあった製品の遅れは、どれもアイブが非常勤になってからだ。これらの失敗から、業務プロセスに対する監視の目が厳しくなった。かつて効率的だった業務を妨げている最大の要因は、最重要テイストメイカーの不在だった。

新ｉＰｈｏｎｅの発売によりアップルは11月に過去最高の売り上げを記録した。クックはウォール街アナリストとの電話会談で、ｉＰｈｏｎｅ Ｘの初期受注はもっとも収益性の高い１年が見込めるくらい好調と語った。

しかし、このスマートフォンの成功も、クックとアイブの取り決めについて高まる不安を和らげてはくれなかった。〈ザ・バッテリー〉で行われるアイブの会議とそれに関連する仕事の遅れから、ほかの誰より少ないアイブの仕事に多額の報酬が支払われていると、上層部全体がいらだちを募らせていた。アイブの報酬は長らく不満の種だった。ジョブズとクックの時代を通じて経営陣10人には均等に、およそ年間２５００万ドルの報酬が支払われていた。証券取引所法第16条で特定の事業部門を監督する役員の報酬には報告義務があり、彼らの報酬は公に報告されている。ところが、アイブはほかの役員を上回る報酬パッケージを受け取っていながら、非常勤のため16条の役員に該当せず、ただ一人、報酬の公開義務を免れていた。

アイブが立場を悪用した例はほかにもあった。ガルフストリームⅤの改装にともない、特注のアルミ製ソープディスペンサーを取り付けたところ、そこに欠陥が見つかった。彼はアップルのエンジニアたちに解決策を探らせた。結果、未来のＭａｃに取り組んでいたチームの一人がその仕事をわきに置き、何週間かかけてアイブのソープディスペンサーを修理することになった。「株主たちは知らないけどね」と、同僚たちは冗談めかした。

デザインスタジオの出費もかさんでいた。写真家のアンドリュー・ザッカーマンが２０１６年出版の写真集『Designed by Apple in California』の仕事を終えたところで、アイブは計画中のドキュメンタリーのため、彼にアップル・パークの開発状況を映像と写真に収めてほしいと依頼した。ジョブズがＦａｃｅＴｉｍｅのＣＭ撮影にザッカーマンの起用を承認した２０１０年から、彼はずっとアップルで仕事をしていた。この写真家の作品がアイブとジョブズの心に響いたのは、完璧さとミニマリズムへのこだわりを彼らと共有していたからだ。ギャラリーや美術館のため、被写体の色や質感を際立たせる白を背景に、人物や動物や花などの人目を引く作品を撮影していた。友人のマギー・ギレンホールやピーター・サースガードを使った短編などで映画監督も務めている。

アップル・パークのドキュメンタリーで、アップルは年間３５０万ドルの支払いに同意した。ジョブズならそんな数字は意に介さなかっただろうと、チームの面々は口にした。ジョブズの関心は「写真や映像の出来」にあったからだ。彼なら商業的報酬より芸術的スキルを優先させただろう。しかし、いま財布の紐を握っているのはジョブズではない。

やがて彼の請求書に財務チームが目を留めた。クックとルカ・マエストリＣＦＯの後押しに勇気づけられた彼らは、外部委託先への支出を厳しくチェックするようになっていた。ザッカーマンの仕事のやり方が、彼自身を標的にすることになった。

ザッカーマンは長年にわたりデザイナーやアイブと親交を深めていた。アップルのデザイナーを含めたメッセージのやり取りで、ザッカーマンのある発言が一部の人を不快にした。アップルは社員の電話記録やメールを監視していて、ザッカーマンの発言は注意を引いた。財務チームはこの発言をひとつの理由としてザッカーマンの業務監査に着手した。契約上認められているプロセスで、数年分の請求書が調査の対象になり、重箱の隅をつつく作業は疲弊もともなった。あるコンサルティング業務に行われた同様の会計監査では、なんの不正も見つからなかったにもかかわらず、対象会社のＣＥＯが監査中に心臓発作を起こしたくらい精神的に過酷なプロセスだった。

調査の結果、アップルの財務スタッフはザッカーマンに過剰な報酬が支払われていたと判断し、彼の長年にわたる請求から2000万ドルの返還を求めた。ザッカーマンが写真集その他のプロジェクトで得た報酬の大半を占める、莫大な金額だった。財政危機を回避すべく、ザッカーマンはアイブに助けを求めた。

「すまない」とアイブは言った。この監査の背後にはクックがいるのだと、彼は説明した。「私にはどうにもならない」

財務チームの振る舞いにアイブが謝罪したのはこのときだけではない。2000億ドル以上の現金を保有しながら、アップル・パークやアップルストアを手がけた建築事務所フォスター＋パートナーズが提出した正当な請求書を却下したのだ。共同経営者の一人がアイブに伝えたところ、彼は怒り心頭に発して反撃に出た。なぜ取引先にケチケチするのか、アイブには理解できなかった。しかし、彼の闘争心は萎えていた。

アイブが自分の力の限界を受け入れはじめたころ、クックは日々の経営にアイブが携わっていない状況に懸念を募らせていた。非常勤契約は機能不全に陥っている、とクックは伝えた。

アイブがいないと、残された人たちは自分たちで決断しなければならないと思う。アイブがいれば、彼に任せられるとみんなが安心できる。しかし、この2年間に根づいた中途半端な関与状況で、製品開発の現場はリーダー不在の煉獄状態に陥っていた。アイブにまたデザインチームを日常的に管理してもらう必要があるのは明らかだった。

同じころ、アイブのチームが見かねて行動に出た。デザイナーたちが復帰してほしいとアイブを説得し、この体制に改善がなければ自分たちが辞めると言ってきた。アイブは説得を受け入れた。

少し前にダニー・コスター、クリス・ストリンガー、イムラン・チョウドリの3人が離脱し、アイブの不在でチームが苦境に立たされているのは明らかだった。復帰して、失われた秩序を回復しよう。

２０１７年末、彼はスミソニアン協会が主催するイベントでデザインの未来について講演することになり、20人のデザイナーから成るチームの多くを空路ワシントンＤＣへ送り込んだ。スピーチを依頼されたのはアイブだったが、これまで彼らが作ったもの、成し遂げたことはすべてチームでやってきたことなので、みんなにそこにいてほしかった。彼は終始この集団を指差しながら、いっしょに創ったものより、みんなで力を合わせてきた時間のほうが懐かしく思い出されると語った。

「ひとつのチームとして信頼し合っているので、緊張したり批判を恐れたりしてアイデアを引っ込めることはありません。信頼関係があるとき、そこに競争はない。チームとしての興味は、可能なかぎり最高の製品を作るにはどうしたらいいかを純粋に考え出そうとすることにあるのです」

公の場への登場がアイブ復帰の合図となった。カリフォルニアに戻った彼は自分の思いどおりに活動を開始した。デザインスタジオを定期的に訪れるスケジュールを立て、デザイナーたちとクパティーノでなくサンフランシスコのあちこちで定期的に会うようになった。

アップル経営陣はアイブの復帰を歓迎した。彼が日常的に監督してくれれば意思決定が速くなり、製品開発が進むと、彼らは楽観していた。社外の友人たちにも、すぐに改善の兆しがあったと話していた。

アイブは復帰後すぐ、近々発売されるｉＰｈｏｎｅ 11のデザイン変更を推し進めた。11 Ｐｒｏには背面に超広角カメラを追加する予定で、初期デザインでは細長いＩ字形バンプにカメラが3段に積み重ねられていた。アイブは小さな正方形の中にレンズを配置し、左側にカメラをふたつ重ね、その右にもうひとつ配置して正三角形にしてはどうかと提案した。その結果、ハードウェアの厚みを最小限に抑えるバランスが実現した。

　まさにアイブの真骨頂と言える手際だった。


　２０１８年、アイブ最新の製品がスタッフに披露された。社員はインフィニット・ループの旧キャンパスから、未来的なアップル・パーク新キャンパスへの引っ越しを開始した。４階建ての巨大な環には7年の歳月と推定50億ドルの建設費がかけられていた。これまで建設された社屋でもっとも高価な、もっとも大きな話題を呼んだひとつとなった。要するにこれは、60階建ての超高層ビルを連続円の形に曲げてつなげた、４階建て・周囲１・６キロの建物だ。どの階も継ぎ目のない曲面ガラスの外壁が床から天井まで続き、歩行用通路には陽光が降りそそぐ。窓の向こうに見えるなだらかな丘はアプリコットや、林檎、サクランボの木々に覆われている。環の中央にあるさざ波《リップル》プールではジャガイモ大の石にゆるやかな波が打ち寄せて、瞑想に誘われそうな音を奏でていた。

　エレベーターのボタンの曲線からオフィスドアの外に取り付けたバッジリーダーまで、アイブとデザイナーたちは何年もの時間をかけて建物内のありとあらゆるものを定義してきた。いたるところにアップル製品の木霊が聞こえた。一般的な建物は90度の角度でできているのに対し、アップル・パークは終わりのない曲線で構成されている。建物の周囲を取り巻く８００枚のガラスパネルは完璧なカーブで１・２キロの円を描いていた。エレベーターの中は四角でなく丸くなっている。大理石のような見かけをした特注の白いコンクリート造りの階段は、最後にわずかな弧を描いて段が終わる。あらゆる曲線、曲面が入念に考え抜かれたｉＰｈｏｎｅのカーブを想起させ、無限に環《ループ》を描いていく。世界のどこにもこんな職場はない。

その環は透明なガラス扉で仕切られた8つの区画に分けられ、ガラスの透明度が高いため永遠に環が続いているかに見えた。社員にとっては「鏡の間」のようだ。引っ越してきて間もなく、Ｓｉｒｉチームのエンジニアがガラス扉にぶつかり鼻の骨を折った。顔から大量の出血があった。だが、建物の犠牲になるのは彼が最後ではなかった。

次の何週間か、アップル・パークの警備員から911番へよく似た事件が多数報告された。ある社員は眉を切った。別の社員は脳震盪《のうしんとう》を起こして頭から血を流した。別の一人は救急医療隊員の助けを借りるはめになった。このような通報が日常茶飯事になったため、警備員が911番の通信指令係と負傷者を直接つなぐ方法を覚えたほどだ。

「何があったのか、正確に教えてください」

「ええと、アップル・パークの1階で外に出ようとして、ガラスの扉にぶつかったんです。まぬけなことをした」と社員は言った。

「ガラスの扉を突き抜けた？」通信指令係が尋ねる。

「突き抜けたんじゃない」社員は言った。「ぶつかったんです」

「わかりました、ちょっとお待ちください。頭を怪我したんですね？」

「頭からぶつかって」

リングから下りたボクシング選手のような顔にならないよう、社員はゾンビのように両手を前に伸ばして歩くようになった。顔より先に指がガラスに当たれば激突は避けられる。アップルは急いでこの問題に対処すべく、建物周囲に貼る黒いステッカーを何キロメートル分か注文した。社員に「緊急ステッカー作業」と呼ばれた作業では、ひと足先に新社屋に移っていた上級役員と経営戦略チームが保全スタッフの手伝いをした。

エンドレスガラスのおかげで屋内と屋外の境界が判然としない空間を、唯一目に見える瑕瑾《きず》として黒い点々が際立てた。スタッフはこのステッカーを「ジョニーの涙」と呼びはじめた。

この野心的な新本社ビルについてはスタッフの間で意見が分かれた。大好きな人たちもいた。彼らはリップルプールのまわりに群がり、目の前を流れる水を見ながらソフトウェアのコードを入力した。4000座席あるカフェテリアに長居し、逆光を浴びながらカフェに架かった橋を空中散歩のように進んでいく同僚たちのシルエットに驚嘆する人たちもいた。散歩を奨励するために造られた小さな道、ジョブズがパロアルトの丘で同僚たちと歩いた散歩道のような道を、人々がゆったりと歩いていた。床から天井まで囲われたトイレの個室が提供するプライバシーなど、小さな心遣いに喜びを見つける社員もいた。よそで働くなんて考えられない。

だが、その愛着は万人共通でなかった。このキャンパスには機能より外見を好むこの時期のアイブの傾向が投影されていると考える人たちもいた。妥協なき美の中に我慢を強いる不要の困難が作り出されていた。アップル・パークはみんなをひとつの空間に集め、異なる部門の人が思いがけなく出会って協力し合えるように造られた場所だと、アイブとクックは言っていた。しかし、大きなカフェテリアと公園の風景が社員の交流をうながしたのは確かでも、建物の内部は交流を妨げた。建物内の区画はバッジでしか行き来ができない楔形のオフィス空間に切り分けられ、それぞれが自己完結していた。同じ階でも異なる一画で行われる会議へ行くには、階段を2階分下りて別の階段を上がらなくてはならず、直線距離的には隣り合っているはずの会議室へ行くのに面倒な思いをしなければならない。その点に不満を漏らす人たちもいた。まるで一方通行の通りでできた街のようだ。この閉ざされた迷路を彼らは「空間監獄《スペースプリズン》」と呼んだ。

それ以上に彼らは騒音に悩まされた。建物内の通路には湾曲したガラスパネルが並び、科学館の回音壁のように遠くまで音を運んでくる。そのため、パネルとパネルの継ぎ目からオフィスに雑談の声が入り込み、色付き発泡スチロールで隙間を埋める社員もいた。最終的にアップルはホワイトノイズ発生装置を設置して廊下の騒音を消した。

新築プロジェクトのご多分に漏れず、初期段階には頭の痛いことがあった。ヒューレット・パッカード旧本社の残骸にネズミがすみついてキャンパス最初の住人となり、敷地内を走り回っていたのだ。建物の中では打ちっぱなしのコンクリートから蒸気管が止めどなく水を押し出し、壁に錆《さび》のしみを残していったため、エンジニアたちは冗談まじりに「この建物には工業サイズの〝成人用おむつ〟が必要だな」などと言っていた。

ブラックユーモアが逆境をやり過ごす手立てとなった。あるエンジニアは「今日のアップル・パーク」というミーム共有システムを作って不条理を訴えた。自分の席まで約70万平方メートルのキャンパスを歩くため、以前より通勤時間が15分長くなったと自嘲ぎみに言う人もいた。敷地内の木から果物を取ることを禁じたことでクックはひと儲けする新しい方法を見つけた、と冗談めかす人たちもいた。会社の誰かが果物を集めて社員用カフェテリアのパイの材料に使うにちがいない、というわけだ。建物の唯一の欠点は、なんとデザインスタジオの上にあると言う人たちもいた。傾斜した屋根部分から、塗料の臭気を排出するパイプが突き出ているのだ。建築基準法上必要な措置で、アイブと建築家が抵抗したものの、覆すことができなかった。社員交流会のコーディネーターを務めるエンジニアからは、盲導犬をトイレに連れていける場所がないという失望の声も出た。彼は、造形された丘陵のスロープで、ラブラドール犬が人に付き添っている姿を見るのが楽しみだったそうだ。「心温まる光景だったのに」と、彼は言った。

新キャンパスは幽霊屋敷ではないかと言う人もいた。通路の騒音からガラス扉で負う怪我まで、何もかもがこの世のものでない気がした。

ジョブズの時代、アップルはアートとテクノロジーのバランスを取って美しい革新的な製品を生み出していた。初代ｉＭａｃからフロッピーディスクドライブを除去してＣＤドライブを導入したのは、ジョブズの判断だった。あの選択でデザインのプロセスが簡素化され、製品は一大センセーションを巻き起こした。また、初代ｉＰａｄの底面にカーブが必要という彼の直感は、アップル初のタブレットをテーブルから持ち上げやすくした。不完全な試作品や当たらなかったＣＭの責任者に投げつける「お前は最低だ！」という厳しい言葉が、アップルを偉大な会社にするすばらしい仕事の原動力となった。ジョブズなら非難したり改良したりしただろうと思われる機能を無視して、彼が夢見たこのキャンパスを歩き回ることはできなかった。美しいのは確かだが、完璧とは言いがたい。

社員が引っ越し準備をするあいだに、クックはこの社屋にもっとたくさん社員を詰め込むことにした。スタッフの数を当初の1万２０００人から1万４０００人まで増やそう。同じ広さにより多くの社員を押し込むのは経営効率を上げる一策だ。建設が始まってからの3年でアップルの社員数は3割以上増え、９万２６００人から12万３０００人になった。同じ空間に3割以上増えた人数を配置すればフロアに席が増え、エンジニアの仕事のスペースが減る。窮屈な間取り図は、アップルがハイテク林檎圧搾機になったことを日常的に思い起こさせた。

キャンパス外でアップル・パークは好奇の的となった。学者や歴史家は、ハイテク大企業による一連の建築プロジェクトでも最高の贅沢と考えた。グーグルとフェイスブックとアマゾンもシリコンバレーで一般的だった低層オフィスビルを、急上昇中の市場価値にふさわしい社屋へ建て替えようとしていた。

ジョブズが建築ブームに火をつけたのは、建築事務所フォスター＋パートナーズを起用してアップルの秘密主義と管理主義を体現するかのような「閉じた環」に取り組ませはじめた、２０１０年のことだった。フェイスブックがそれに続き、フード付きスウェットシャツを着たマーク・ザッカーバーグCEOへの非公式オマージュとして、建築家フランク・ゲーリーが、ベニヤ板をふんだんに使ったコーヒーショップやオフィスを配した新キャンパスを設計した。グーグルの親会社アルファベットはデンマークの建築家ビャルケ・インゲルスを起用し、歩道上に高くそびえるガラスの天蓋をデザインした。同社の検索エンジンが可能にする「情報の使いやすさ」を表したものだ。

こうしたきらびやかな本社ビルは古代エジプトの王たちが誇った富と権力のモニュメントを端緒とする、長い系譜に連なるものだ。ウォール街の銀行家にとってもバングラデシュの村人にとっても不可欠な社会基盤づくりで現代資本主義の支配者となった企業にとって、その地位への到達は当然とも思われた。彼らの成長に限界はない。スマートフォン、検索エンジン、ソーシャルメディアから、金融や健康といった一見無関係に見える業界にまで、彼らの触手は伸びていく。目を引く建物で強まるうぬぼれをほしいままにするのは、彼らにとって自然なことだ――たとえ、あらゆる神殿が墓碑にもなり得ることを知っていたとしても。

資本主義の聖堂はこれまで、企業の幸運が反転する前触れだった。好景気中に潤沢な現金を持つ企業が虚勢を張って大きな建物を造るのはよくあることだが、絶頂期に浮かれていただけのこととあとから気づくのがオチだった。１９７０年、製缶大手アメリカン・キャンはコネティカット州グリニッジの約63万平方メートルの広大な敷地へ移転後、一連の人員削減と売却に手をつけるはめになった。エネルギー大手エンロンは50階建て本社ビルの建設途上で破産申請した。

破壊的な勝利と迅速な衰退が繰り返されるシリコンバレーという事業環境で、この傾向は顕著だった。アップルが購入した70万平方メートルの土地は、パソコン市場の低迷後にヒューレット・パッカードが手放した土地にあとからさらに買い足したものだ。サン・マイクロシステムズの化石化した本社ビル（２０００年完成）をフェイスブックは引き継いだが、それはドットコムバブルの崩壊でサンの事業が壊滅的打撃を被ったときだった。マーク・ザッカーバーグは２０１１年、この敷地を引き継ぐにあたり、成功に安住する危険を社員が忘れないようサンの看板をそのままにした。

アップルが巨額を投じた新キャンパスは、ここにも同じことが起こりかねないという不安をかき立てた。ｉＰｈｏｎｅが建てたパークはこのベストセラー製品のデビューから10年後に完成した。このデバイスはいまなお同社の売り上げの3分の2を占め、ＡｐｐｌｅＷａｔｃｈやＡｉｒＰｏｄｓその他の新製品はこれに比肩する販売台数を達成できていない。学者たちはいぶかった――アップルの宮殿もいつか、愚かだったとわかる日が来るのだろうか？

デザインチームが新キャンパスへ移転する準備をしているさなか、ニューヨーク・タイムズに「テクノロジーとファッションの融合」の訃報が掲載された。2業界の融合はもっぱらアイブとＡｐｐｌｅＷａｔｃｈがもたらしたものだが、同紙のファッションエディター、ヴァネッサ・フリードマンは「道ならぬ恋は冷めた」と書いた。そのうえでＡｐｐｌｅＷａｔｃｈを「退屈」と一刀両断した。

この批判は新しい仕事場に落ち着いたアイブとデザインチームへの重圧をいっそう増大させた。

アップル・パークに移ったのは彼らが最後だった。ネズミが駆除されてから引っ越したかったからね、とスタッフは冗談めかした。本当は、試作品づくりに使う重機の設置に時間がかかったからだ。誰も驚きはしなかったが、デザインチームはキャンパス内でも最高の眺望を手に入れた。パークを見晴らす4階の高みだ。

新しい仕事場には部門を超えた協力関係を育んでほしい。そうアイブは願っていた。ソフトウェアデザイナーとインダストリアルデザイナーが初めて同じフロアで共通の区画を分かち合う。彼らがぶつかり合い、アイデアを出し合うことで、デバイスの外観や人的な相互作用を改善する意見交換が進むのではないか。しかし、その目標の実現に時間がかかるのもわかっていた。秘密主義の会社で何年も別々に仕事をしてきた別々の集団が、相手を同じチームのメンバーと認識するには力づけが必要だ。それでもアイブはその可能性を信じていた。

新しいデザインスタジオで過ごしはじめた、ある日の夜、パークを望む大きな窓の前にデザイナーが集まっていた。何を見ているのだろうとアイブが近づくと、彼らが見ているのは夕焼けだった。彼らのそばに立って見るうち、空の色が変わってきた。何十年もいっしょに仕事をしてきたが、空を眺めるために仕事の手を止めたのはこれが初めてだった。

6月下旬、アイブはロイヤル・カレッジ・オブ・アートで催されるイベントのため、ロンドンへ向かった。少し前にそこの総長に指名されていた。この名誉職に就いたおかげで、イギリスを代表する造形芸術大学院の学生と支援者が集まる恒例の晩餐《ばんさん》会に出席を余儀なくされたのだ。パウダーブルーのスーツとスエードのワラビーに身を包んだ彼は、ローレン・パウエル・ジョブズ、マーク・ニューソン、ナオミ・キャンベル、影響力の大きなデザイン系雑誌ウォールペーパーの前編集長トニー・チェンバーズが同席する、まさにテクノロジーとファッションが出合うテーブルに着席した。

全員が椅子に落ち着いたところで、ニューソンがウェイターをつかまえ、シャンパンフルートを飲み口の広いワイングラスに取り換えてほしいと言った。ニューソンとアイブとチェンバーズはドンペリニヨンの醸造最高責任者《シェフ・ド・カーヴ》と親交があり、このシェフから「フルートはシャンパンの豊潤さを殺す」と教わっていた。伝統的なワイングラスのほうがシャンパンの呼吸をうながし、味わいとアロマを解放してくれる。彼らはテーブルのみんなにそう伝えた。これもデザインへのこだわりのひとつと考えていたからだ。

ワイングラスが運ばれてきてシャンパンが注がれたところで、アイブはチェンバーズに目を向けた。チェンバーズはアップルの新製品発表後、定期的にアイブにインタビューしていたため、知り合って何年にもなる。２０１７年にはアイブが同誌のゲストエディターを務めたことがあり、真っ白な表紙に雑誌のバナーだけを虹色でデザインした。

チェンバーズは少し前に同誌を去っていたので、アイブは何をしていたのか尋ねた。

「専門家に相談したり、自分であれこれ調べたり」とチェンバーズは言う。

耳を傾けるアイブにチェンバーズは、自分の事務所を開いて小さなビジネスを始めたところなのだと説明した。美大卒業時、グラフィックデザイン事務所を開くことを夢見ていた。しかし、気がつけばウォールペーパーにいて、そこで編集長まで上り詰めた。ある日、若いころの夢が頭をもたげ、「手遅れになる前に雑誌を辞めるべきだろうか？」と考えはじめた。

迷いに迷った、と彼は告白した。職業の安定を優先し、引退のときまで雑誌の切り盛りを続けることも可能だ。だが、新しいことをしたいというクリエイティブな衝動に駆られ、編集長の仕事から身を引いて1年間非常勤で働くことにした。そしてある日、辞意を告げた。

アイブは驚きと納得が同居した表情でチェンバーズを見た。「そうか」彼は言った。「じつは私もそういうわがままをしたいと思っているんだ」

22

10億のポケット

A Billion Pockets

ユタ州の片隅、風が削り出した台地《メサ》に溶け込む形で現代的なホテルが建っていた。鋭角的な石壁がまわりの砂漠の風景を引き立てている。

11月下旬、ティム・クックはそこに一人でやってきた。

リゾートホテル〈アマンギリ〉は裕福な冒険家たちあこがれの場所だ。34室あるスイートルームの料金は1泊およそ2200ドル。どの部屋にも暖炉付きのプライベート・パティオがあり、晴れた夜には澄みきった星空がどこまでも続く。

自然はクックに着想と刺激を与えてくれた。ハイキングは究極の瞑想だ。国立公園めぐりは仕事以外の数少ない趣味のひとつだった。自分のオフィスそばの「グランドキャニオン・ルーム」など、会社の新しい会議室にアウトドアのメッカにちなんだ名前もつけていた。アマンギリからお気に入りのザイオン国立公園へ足を延ばせば、赤やピンク、サーモンピンクの砂岩の峡谷を青い空と緑鮮やかなハコヤナギの木が縁取っている景色を楽しめる。ヴェネチアの〈アマンヴェニス〉でアイブが友人たちと50歳の誕生日を祝ってから1年余り。クックはユタ州にあるその姉妹ホテルで一人くつろいでいた。

感謝祭の日、彼はダイニングルームのテーブルに着き、天井まで続く大きな窓から何もない平原を見渡した。立てて置かれたメニューには、アメリカ南西部の伝統料理をメインに、放牧で育てられた鶏肉のコンフィやサーモンのサフランクリーム煮などの料理が載っていた。クックが黙々と料理を口に運んでいると、彼が一人であることに、近くに座っていた少女が気づいた。

「誘ってあげる？」少女は母親に尋ねた。

娘の気遣いに感心した母親はクックを見やり、同席しないかと声をかけようとした。しかし、口を開く直前に気がついた。あの人、見たことがある。それどころか、みんなが知っている人だ。ティム・クックよ。

世界最大の企業アップルのCEOは結局、一人で食事を終えた。仕事一途《いちず》の謙虚な男は残りの日々をこの辺境の地で過ごし、心静かに自然の中を歩き、スパを訪ねて充電した。この先には大変な時期が待っている。感謝祭直後のクリスマス商戦はアップル最大の繁忙期で、iPhone、iPad、Macの売り上げの3分の1が計上される。〈アマンギリ〉周辺でのハイキングは、その喧騒を迎える前に心の安らぎを与えてくれた。「ここには世界一のマッサージ師がいるんだ」彼はほかの宿泊客にそう言っている。

クパティーノから緊急指令が発せられた——至急、生産を減らせ。

2018年末、アップルは最新のiPhone3機種に使う部品の発注を大幅に削減した。前年のiPhone Xは高価格ながら売り上げの新記録をもたらし、iPhoneフランチャイズに命を吹き込み直したものの、後継機のXS、XS Max、XRは見た目も価格も代わり映えがしなかった。XSの価格は1000ドル。XRはディスプレイの品質が劣るため749ドルで、前年発売のエントリーモデルから100ドル増。クックとアップルはXRに大きな期待を寄せていた。特に中国では、クックがツイッターに相当する同国の微博《ウェイボー》で「中国の多くのみなさんに新製品iPhone XRをぜひお楽しみいただきたい」と100万人のフォロワーに売り込んでいたからだ。メッセージには世界最大のスマートフォン市場でこの機種が広まることへの期待が込められていた。だがそれは不発に終わった。

中国市場の勢力図は変化していた。最大のスマートフォンメーカー、ファーウェイはXRの3分の1の値段で、ストレージが大きくカメラの性能が高くバッテリー容量が大きいP20など、アップルより機能に優れた低価格スマホを次々市場に投入していた。コスト意識の高い中国の顧客はこぞってファーウェイ製を買っていた。中国の携帯電話ユーザーの暮らしは微信《ウイーチャット》というスーパーアプリに支えられていて、メールの送受信からソーシャルメディアや配車の支払いまであらゆることに使えるため、アップルの洗練されたソフトの必要性は低下した。また、米中貿易摩擦の激化が、もうひとつの難題をもたらした。関税関連のニュースに並ぶネガティブな見出しでアップルブランドは傷ついていた。かつて中国市場をリードしたアップルもスマートフォンの販売台数はその後数年で5位まで落ち込むことになる。

XRが売れ残ったため、クックとアップルは至急、iPhoneの製造計画を大きく見直した。減産の指示はさざ波のようにサプライチェーンに波及した。鴻海はスマートフォン需要が落ち込んでいると投資家に警告し、最終損益を守るために29億ドルのコスト節減に奔走した。チップメーカー、ディスプレイの調達先、レーザー関連のサプライヤーがこぞって四半期の損益予測を下方修正した。予測の下方修正は1社でも稀《まれ》だが、これほど多くの企業がいっせいに行うのは前代未聞のことだ。iPhone帝国は崩壊するかに見えた。

クックはセールスチームとマーケティングチームに解決策を求めた。調査の結果、iPhoneの苦戦は中国だけでなくヨーロッパとアメリカにも及び、これまで2年ごとに新機種に買い替えていた顧客が買い控えていることがわかった。購買習慣が変化した背景には、顧客の所有するiPhoneがおおむね必要な機能を備えているうえ、キャリアが新機種への買い替えに補助金を出さなくなったことがあった。アップルは独自の補助金を提供することでiPhoneの「正規価格ショック」への対応を試みた。古いiPhoneを下取りに出すと新しいiPhoneの価格が何百ドルか安くなるプログラムだ。古い機種を中間業者に売り、業者はそれを海外で売りさばく。

12月上旬、アップルはiPhone XRを449ドルとする広告を開始し、割引価格は古いiPhoneを下取りに出した人のみが対象と、＊印付きで併記した。マーケティングチームは旧型iPhoneの下取り価格を25ドルアップさせることで魅力を高めた。実質、アップルは新しいiPhoneを買ってもらうためにお金を払っていたのだ。この動きでふだんのんびりしていたアップルストアがまるで自動車販売店のような雰囲気になり、店員はXRの写真と「期間限定」の割引価格をモニターに出して下取り割引をアピールするよう命じられた。

この影響はたちまちウォール街に波及し、大きな痛手となった。アップルは2018年の後半に市場価値を3000億ドル以上減らし、年明け時点でウォルマートをわずかに上回るにとどまった。10年近く続いた時価総額世界最大企業の地位は、かつての宿敵マイクロソフトに奪われた。

クックは市場を見誤った。クリスマス商戦期の販売予測をウォール街に提示したときに予想していた数のiPhoneを動かすことができなかったのだ。販売台数を日々精査するうち、請け合った台数と現実とのギャップが広がっていった。証券取引法でこのギャップは開示を義務づけられている。

２０１９年1月2日の市場取引終了直後、アップルはクックから投資家への手紙を公開し、16年ぶりに四半期の業績予想を下方修正した。売上高は前年11月の業績見通し時の８９０億ドルではなく、８４０億ドルと予想。増収の見込みから一転、驚きの４・５パーセント減収となった。クックはｉＰｈｏｎｅの需要薄と中国経済の減速が原因とし、アップルは減速の大きさを予想していなかったと付け加えた。

「中国の経済環境はアメリカとの貿易摩擦の高まりでさらに影響を受けていると考えます」彼は書いた。「不確実性の高まりが金融市場を圧迫するなか、影響は消費者にも広がる様相を見せ、中国では小売店と販路パートナーへの来店者数《トラフィック》が四半期終盤にかけて減少を見せました」

クックにとっては、顧客がｉＰｈｏｎｅの漸進的改良に飽きてきた現実を認めるより、経済や貿易制裁のせいにするほうが簡単だった。ｉＰｈｏｎｅの売り上げ減少の半分近くを中国が占めている点はあえて省略した。欧州とアメリカでも売り上げは減っていた。しかし投資家たちは、同社が公表した数字を熟読して初めてそれを知ったのだ。90億ドルというｉＰｈｏｎｅの収入減は１四半期としては２００７年以来の落ち込みだ。同社の最重要製品は息切れを起こしていた。

同日午後、クックはアップル本社でＣＮＢＣのジョシュ・リプトン記者を前に、何が悪かったのか説明した。テレビインタビューでは笑みを浮かべ、ジョークを口にしながら精力的に話すことが多い彼だが、この日はスツールに腰かけて前かがみになり、口をぎゅっと引き結んだあと、アップルが直面している問題についてゆっくり重々しく語りだした。

「四半期が進むにつれ、小売店と販路パートナーへのトラフィックの減少、スマートフォン業界の縮小が報告されてきました」と、彼は語った。そのうえで、アップルには売り上げを強化する計画があると語り、投資家を安心させようとした。「マクロの変化をじっと待つつもりはありません。変化を願っているし、実際、楽観していますが、自分たちで制御できる物事に努力を集中させていくつもりです」

翌日、アップルの株価は10パーセント下落し、価値にして750億ドルが失われた。1日の下げ幅は過去6年で最大となり、時価総額は2017年2月以来の水準に沈んだ。この数字にアメリカ経済は揺れた。アップル株はもっとも広く保有されている機関投資家向け銘柄のひとつで、投資信託や確定拠出型年金401kとも深く紐付いていた。ウォーレン・バフェットとバークシャー・ハサウェイのおかげもあり、フロリダのおばあちゃんから中西部の自動車労働者まで、アップルの事業はみんなの関心の的だった。そんな人たちが全員頭を抱えたのだ。

クックはアップルストアへの客足を回復させることで流れを変えようとした。リテールチームの責任者アンジェラ・アーレンツら経営陣と、充分な集客ができていない店舗について何度も会議を開いた。バーバリーの元CEOアーレンツはアップルに来てからの5年間で、その評価が大きく分かれていた。当初こそ男性ばかりのアップル経営陣に華やぎをもたらしたと評価されたが、このファッショニスタ・エグゼクティブは一部同僚から不評を買っていた。彼女の報酬パッケージにはヘアスタイリストと高級車のお抱え運転手への多額の支払いが含まれているという噂が、同僚の間に広まっていたのだ（彼女のスポークスパーソンは事実関係を否定している）。アメリカの実業界ではよくある特典だったが、ジョブズ存命中のアップルにそのような特典はなかった。彼女は同僚の説得にも苦労した。アップルストアの移動販売車として中国全土をめぐるバス軍団を創設するアイデアに1年間取り組んだが、返ってきたのは冷笑だけだった。クックに直接持ちかけたが、話を遮られて、必要ないと言われた。彼は現実的でないと判断してこのアイデアを封印した。

同僚たちによれば、彼女はアップル移籍後、経営幹部として「長期的な展望」と「きめ細かな配慮」を両立させてほしいというクックの期待に応えられていなかった。クックから次々と質問を浴びせられながらこのふたつを両立させるのは、至難の業だ。ある会議のあと、彼女は女子トイレに入り、ドアを閉めて深呼吸した。ある日は尋問を受けて疲れ果て、大きく見開いた目で同僚を見て、「あなたならどうする？」と訊いた。

iPhone事業がエンストを起こしているあいだに、クックはリテールの状況についての質問を強化した。なぜ客足が遠のいたのか、それを回復するために何をしたのか。アーレンツと仕事をしていた人たちによれば、彼女はふだんから数字を用意していたわけでも、クックが要求する細かな数字を深く理解していたわけでもなかった。

2019年の初めに何度か続けて議論が紛糾したところで、二人は袂《たもと》を分かつことにした。彼女の退社が2月にとつぜん発表され、解雇ではないかとの噂に火がついた。アップル広報チームはこの噂を封じ込めるべく、退社は予定されていたことと説明した。実際、アーレンツは辞任の意向を友人たちに話していた。5年間で1億7300万ドル稼いだ。近寄りがたいCEOが社員を尋問にかける帝国に、別れを告げる準備はできていた。

この穴を埋めるため、クックは長年の右腕ディアドレ・オブライエンに白羽の矢を立てた。クックが来た1998年にはすでにアップルにいて、新製品の需要を巧みに予測し、オペレーションチームのキーパーソンとして頭角を現した。アーレンツとは多くの点で真逆だった。黒髪を短く切りそろえ、地味なブレザーと暗い色のデニムに身を包んでいた。数字や細かなところに目が行き届く。

クックの指揮下に入り出世の階段を上がる中で培われた能力だ。彼女はさっそくクックやCFOのルカ・マエストリと協力してiPhoneの不振対策に乗り出し、世界中で価格調整を行った。

アーレンツの退社が発表されたのちに、ジミー・アイオヴィンも会社と袂を分かつ意向を明らかにした。彼が構築に一翼を担ったアップル・ミュージックは順調に加入者数を伸ばし、彼が推進したハリウッドのコンテンツは元ソニー幹部のザック・ヴァン・アンバーグとジェイミー・エーリクトが開発に当たっていた。アップルは肥大化し官僚的になりすぎていて、ポップカルチャーについていくのは難しい、とアイオヴィンは考えた。ビーツを30億ドル超で売却してから4年、64歳の彼は引退を決意した。

サービスチームを統括するエディ・キューはアイオヴィンの代わりに、長年アップル・ミュージックを担当してきた人物を抜擢した。インターナショナル・コンテンツを担当していたオリバー・シュッサーは、ブルックリン生まれのエネルギッシュな前任者とは真逆だった。15年近くアップルに勤めてきた控えめで有能なドイツ人は、音楽配信チームに洗練された効率性をもたらした。

短いあいだに、創造的業務に携わってきた最高幹部二人が社を去った。一人はファッション、もう一人は音楽に精通した人物だ。ジョニー・アイブの不満を受けてアップル役員会を再編したときのように、クックは社の再編に着手した。アップルが危機から抜き出せずにいるいま、彼は自分がもっともよく知る仕事、つまり「オペレーション」に長けた規律正しい幹部に目を向けた。

美しい春の夕暮れ、アップル・パークにスターたちが降臨した。何年もかけて達成した勝利を祝うためにやってきたのだ。

クックは今回のiPhone危機のずっと前から、自身が取り組んできた新製品をカーテンを開いて世に送り出す計画を立てていた。3月下旬の時点で、長年約束してきた新サービスを披露する準備が整った。

その日曜日の夕刻、オプラ・ウィンフリーとジェニファー・アニストンとリース・ウィザースプーンはカフェテリアへ向かう途中、巨大な本社施設をひと巡りした。J・J・エイブラムスやジョン・チュウら映画監督も同じ道を歩いた。エンターテインメント業界のエージェントやプロデューサーもやってきて、カッフェ・マックスのアトリウムは映画のプレミア上映会やテレビ番組の試写会でおなじみの派手な世間話でにぎわった。

その場にいる全員に見覚えがあるくらい豪華な顔ぶれだった。何か食べに行けば、ジェニファー・ガーナーやユアン・マクレガーとすれ違うかもしれない。バーへ行けば『ブレイキング・バッド』のアーロン・ポールや『ダウントン・アビー』のミシェル・ドッカリーと隣り合わせになるかもしれない。ほとんどのゲストにとって、有名人との交流は身近なものだった。しかし、〈レジデンス・イン・バイ・マリオット〉や〈ベッド・バス&ビヨンド〉から1・5キロの会社敷地内で有名人と時間を過ごすというのは、あまりなじみのないことだ。

この環境はハリウッドの人たちに軽いいらだちを呼び起こした。彼らはショーへの参加に慣れている。それが今回は、アップルが頑として詳細を明かさない秘密イベントのために500キロを旅してきた。映画監督のM・ナイト・シャマランはペンシルベニア州から空路やってきたが、自分が基調講演に参加するのかどうかもわからない。アップルがすべてを秘密にしていたため、ゴシップ好きな業界はいらだっていた。

談笑中、4階建ての建物に負けない大きな観葉植物に目を丸くするゲストもいた。50億ドルをかけた贅沢な環境と、ワインとビールしかないドリンクメニューのずれに、ツッコミを入れる人もいた。軽めのカクテルやウォッカソーダ、ライム付きのジントニックがハリウッドの人たちの好みだ。ここに来ていることを漏らさないでほしいという要請と並んで、安上がりの結婚式的な雰囲気も謎のひとつだった。

カクテルパーティが終わる前に、大勢の映画俳優と監督たちはキャンパスを渡ってスティーブ・ジョブズ・シアターに集まった。アップルはそこにアート・ストレイバーを招き入れた。ヴァニティ・フェア誌の重要人物特集でよく撮っている有名写真家だ。彼がシアターの円形ロビーのあちこちに置かれた台に31人のセレブを配置した。クックは襟の高い黒のジップアップセーターに黒いズボンという服装で、スターたちの真ん中に陣取った。組み立てラインの監督のように腕組みをし、そっけない笑みを浮かべてカメラを見つめた。右隣には晴れやかな笑顔のオプラ・ウィンフリー、左隣にはくつろいだ様子のJ・J・エイブラムス。アニストンとウィザースプーンも近くにいた。クックは自信と確信に満ちていた。自腹を切ってハリウッドの人たちを招き、世界的帝国の財力を証明したのだ。

翌朝、基調講演にやってきたハリウッドのゲストらがスティーブ・ジョブズ・シアターへ向かう小高い丘を登っていくと、アップルのロゴ入りTシャツを着た元気な出迎え係たちが「おはようございます!」「こんにちは!」と声をかけてきた。５００人以上の報道陣が行き交うなか、前夜にカクテルパーティが行われた宇宙船のような本社ビルを、ロサンゼルスから来たエージェントやプロデューサーが写真に収めていた。完成から1年経ったいまも、このガラスの環は「世界8番目の不思議」的な扱いを受けていた。

ハリウッドの人たちはシアターに集まったさまざまな人々に加わった。アップルのイベントにいつも参加しているテック系の記者とアナリストに加えて、エンターテインメントやゲームやクレジットカード関連の記事を書いている新顔の記者たちもいて、会場はにぎわっていた。スタッフがコーヒーを注いでいる円形バーにゲストが群がっていた。デイビッド・ソロモンCEO率いるゴールドマン・サックスの銀行員たちが人混みをかき分けている。エージェントやプロデューサーは用意された朝食をかじりながらショーの始まりを待っていた。

クックは階下の控え室で登壇の準備をしていた。ソファがひとつとメイクアップ・エリア。こぢんまりとして落ち着いた空間だ。前回のイベントの何日か前、彼は近くの発電機から聞こえてくるかすかなハム音を消すよう求めた。エンジニアと保全スタッフが巨大な発電機の下にゴムパッドを敷いた。以来、およそ23平方メートルの部屋は静かになった。

群衆が1脚1万4000ドルの革張りの座席に落ち着いたところで、クックがステージに上がり、スタッフの盛大な拍手と歓声に迎えられた。「ありがとう！」彼は手を振って応えた。そして祈るように両手をあごの前で握りしめ、今日はいつもと大きく異なるイベントになると聴衆に請け合った。

「何十年にもわたり、アップルは世界水準のハードウェアと世界水準のソフトウェアを生み出してきました」彼は言った。「また、世界水準のサービスを創出し、その数は増えつづけています。それが本日の目玉です」彼はいちど言葉を切った。「では、そもそもサービスとはなんでしょう？辞書で調べると……」背後の黒いスクリーンに「サービス」の定義が白抜きで表示された。

サービス──名詞：誰かの手助けをしたり、誰かのために仕事をしたりすること同社にとって、辞書を頼るというのは小学生並みの発想だった。ジョブズのプレゼンが人々を魅了したのは、説明の必要がないくらい直感で理解可能な「ちゃんと動く」デバイスが中心にあったからだ。箱から出すだけで魔法がかかった。しかし、クックが導入しているのは製品ではなく金融の概念だった。彼が「サービス」という言葉を使いはじめたのは2014年、アップルが四半期報告書の商品ラインを「iTunes、ソフトウェア、サービス」から、単に「サービス」に変更したあとだ。iTunesの売り上げが細り、アップル・ミュージックが開発途上だったため、カテゴリーを変更したのだ。2年前、アップルは2021年までに「サービス」の収益を2倍にするとウォール街に約束したあと、彼は「サービス」を投資家向け最新情報の焦点に据えた。アプリに毎月お金を払う加入者の数を挙げ、アップル・ミュージックの業績を誇張した。「サービス」が声高な宣伝文句になったのだ。

　ある意味、この戦略は必要から生まれたものだった。クックにはサービスの生命線であるApp Storeが枯渇する未来が見えていた。iPhoneユーザーに製品を販売するため開発者に課している30パーセントの手数料が、非難を浴びはじめた。2週間前にはスポティファイが、アップルに手数料を払わないとiPhoneユーザーにサービスを売るのは難しく、これは不当に競争を阻害しているとして、EUに提訴した。その後行われた反トラスト法［独占禁止法］の調査は、フォートナイトのメーカー、エピック・ゲームズがアップルの手数料をなくすことを目的に同様の訴えを起こして裁判に持ち込む未来を予見させるものだった。この圧力はApp Storeの売り上げを減らしてバランスシートを悪化させ、株価を下落させる可能性があった。自衛のためには一連の独自アプリを導入するしかないと、クックは判断した。

　この戦略は同社の系譜に刃向かうものだった。これまでアップルの強みは洗練されたソフトを入れた「すごいデバイス」を作ることにあった。サービスの実績はまちまちだった。iＴｕｎｅｓは大成功を収めて音楽業界を一変させたが、マップは失敗した。２００８年にスタートしたメール、連絡先、カレンダーのクラウドサービス、ＭｏｂｉｌｅＭｅも成果を上げられず、アップルの新しい音声アシスタントＳｉｒｉは性能でライバルたちに後れを取っていた。次の革新的なデバイスが不在のいま、クックは、顧客をデバイスそのものにつなぎ留めてきたように、アップル・ミュージックなどのサービスにつなぎ留めることでiＰｈｏｎｅ離れを食い止められると考えていた。第二の堀を築いていたのだ。

クックはアップルの従来のプレゼン方式に従って次々とサービスを紹介しながら、今回のショーでいちばん大事な発表へつなげていった。まず、新サービス、アップルニュース＋を紹介した。月額９・９９ドルでヴォーグやニューヨーカー、ナショナル ジオグラフィックなど３００以上の雑誌が読み放題になる。次はゴールドマン・サックス、マスターカードと共同開発した新しいクレジットカード、アップルカード。さらに、月額制のゲーム配信サービス、アップルアーケード。

クックの話が続くうち、ハリウッドの観客は落ち着きを失い、退屈してきた。ジョブズが世界を一変させるデバイスを披露した年月に彼らは慣れていて、雑誌やクレジットカードやビデオゲームにはそのころの刺激と興奮が欠けていた。

盛り上がりを欠く会場で、クックはステージ中央から、アップルは映画監督が編集に使っているＭａｃを作るだけにとどまらず、エンターテインメント分野に仕事を拡大すると宣言した。ハリウッドの物語を伝える直接的役割を担うつもりでいる、と。「これまでになかった新しいサービスを創出するため、もっとも思慮深く、洗練され、受賞歴豊富で、創意にあふれる方々と提携し、そのみなさんに一堂に会していただきました！」

クックの声が高まった。アップルは真に革新的なことをしていると伝えて、会場を盛り上げようとするときによく使う叫び声だ。だが、ハリウッドの住人は心を動かされなかった。彼らの業界は100年以上にわたり物語を語り継いできた。張り上げた声と独自のサービスという約束の裏には、すでにエンターテインメントがあふれている世界にテレビドラマや映画を付け足そうとしているハイテク企業の姿が透けて見えた。

クックの背後のスクリーンに白い雲がうねるように押し寄せ、それがアップルのロゴと「TV＋」の文字に変わったとき、彼らの印象は固まった。観客の多くは、まるでHBOの番組のイントロのようだと思った。

製品の輝きを失った会社に星くずを振りまく雇われタレントたちに、クックはステージを譲った。元ソニー幹部のザック・ヴァン・アンバーグとジェイミー・エーリクトが、スティーブン・スピルバーグ、ソフィア・コッポラ、ロン・ハワード、デイミアン・チャゼルら映画監督がどのように物語を語るかを示す映像を流しながら、Apple TV＋の使命を説明した。映像がおしまいになると、スピルバーグが登壇してスタンディングオベーションを受け、Apple TV＋で配信される彼の制作会社のドラマ『アメージング・ストーリー』について語った。次に、リース・ウィザースプーン、ジェニファー・アニストン、スティーヴ・カレルが連続ドラマ『ザ・モーニングショー』の詳細を語った。

この台本にはなじみがあった。エンターテインメント業界の人たちはテレビ局が広告主のために行うアップフロント・イベントを思い起こしていた。CM時間枠の売り込みを目指し、局幹部や俳優が番組の次シーズンについて説明する会だ。しかし、アップルのサービスにはCMがない。月額料金はかかるが、値段は未定で、サービス開始の時期も決まっていない。詳細が不明なため、観客は不満を募らせた。

しかし、それでもクックは止まらなかった。彼はステージに戻り、もう一人すばらしい語り手がいると告げた。

会場が暗くなり、黒いスクリーンに白い文字で映像が流れだした。「壊れた世界にはつながりを生み出す声の持ち主が必要だ。ずっと欠けていた声が必要だ」

照明が明るくなり、オプラ・ウィンフリーがステージに立った。白いブラウスに黒いパンツという服装だ。会場がどっと沸いた。みんなが立ち上がり、叫び、拍手を送った。ウィンフリーはしばらくその熱気に浸った。「オーケイ」彼女はようやく口を開いた。「お久しぶり」彼女の親しみやすい口調が会場を満たし、観客が笑った。

「私たちはみな、つながりを切望しています」彼女は言った。「共通の基盤を探しています。人に話を聞いてほしいけれど、人の話に耳を傾け、心を開き、受け入れの姿勢を示し、貢献することも必要です」それがTV＋で番組司会の契約を結んだ理由だと、彼女は語った。アップルは自分が長年やってきたことを、またやらせてくれる。それも、「まったく新しい方法で」。

「だって」彼女は肩をすくめ、両手を上げて降参のポーズを取り、そのあと秘密を打ち明けるかのように身を乗り出した。「彼らは10億のポケットの中にいるんです、みなさんの」彼女は首をひと振りして言った。「10億のポケットの中に」

彼女が言いおわると、クックがステージに上がって拍手をした。それから身を乗り出すように彼女をハグした。そして「あなたは本当にすごい人だ」と、小声で言った。

オプラが彼の腰に片腕を回すと、彼は目の端から涙をぬぐった。クックの同僚たちは推測するしかなかった。このアラバマ州の小さな町の出身者は、世界に届けたいテレビ番組の顔としてオプラを獲得できたことに感激しているのだろうと。彼女はにっこりし、笑い声をあげた。オプラ・ウィンフリーには人の心の奥にひそむものを引き出す超常的な力があった。これまでも数えきれないくらい人を泣かせてきた。めったに考えや感情を表に出さないCEOの心を解き放ったことで、彼女の魔法にまた新たな1ページが加わった。

「このことは一生忘れません」とクックは言い、笑った。また目頭を押さえる。そして「すみません」と、観客に向かって言った。

彼の背後に白黒写真が映し出された。前夜、写真家ストレイバーが撮ったもので、一人を除いたアップルのスター全員が写っていた。アップルが選んだのは、クックがハリウッドの語り部たちといっしょに写っていないバージョンだった。その代わり、彼はステージ上で、自分の集めたアンサンブルを完璧に指揮していた。

「ここにいるのは、すばらしい声と驚異的な創造性とすばらしく多様な視点を持つ、私たちが尊敬してやまない方々です」クックは言った。「彼らは私たちの文化と社会に影響を及ぼしてきた方々で、私たちはとても興奮しています」声がひび割れ、しばし話が途切れた。「そして、彼らと仕事をごいっしょできることを心より光栄に思います」

シアターをあとにしはじめた観客の一部はとまどっていた。ハリウッドの使者たちはこのテレビの計画をもっと知りたいと思った。金融界は先を争うようにクレジットカードの詳細を要求した。出版業界もニュースアプリのさらなる情報を求めた。どの分野も限られた視野でしか状況を見ていなかった。その結果、革命はほとんど気づかれることなく見過ごされた。

「次の新しいデバイスはなんですか？」という同じ質問に何年も悩まされてきたクックは、ついにその答えを言い渡したのだ――ない、と。

彼のメッセージはメインストリートでなくウォールストリートに向けたものだった。アップルが大きく変わろうとしていることを投資家に知ってほしかった。製品が栄光を生み出す未来ではなく、他者の栄光の恩恵に浴する未来を、彼は描いてみせた。ｉＰｈｏｎｅを毎年アップデートするだけでなく、ｉＰｈｏｎｅで観た映画の視聴料をアップルに払ってほしい。デジタル決済を可能にするだけでなく、すべての取引をアップルで処理したい。人が記事を読む画面を作るだけでなく、雑誌へのアクセス権を売りたい。

この数年で、クックはこうした事業それぞれに新たな収益の好機を見いだしてきた。２０１４年にビーツを買収し、その後の何年かでハリウッドのエージェントや監督を口説き、その間《かん》ずっとゴールドマン・サックスとの強い絆を結び、ここへ至る道筋を描いてきた。そのすべてに、燃料切れを起こしたデバイス事業の重荷を捨てて、無限の成長が約束されたサービス業の世界へと踏み出す方法を見いだした。

ウォール街がこの戦略を理解したところで、アップルの株価は急騰した。年末には2倍近くまで上昇した。長きにわたりメインストリートの寵児だったアップルは、ウォールストリートの寵児となったのだ。クックの征服は完了した。

23

イエスタデイ

Yesterday

張り込みが始まったのは夜明けの直後だった。2019年の春、テック系ニュースサイト、ジ・インフォメーションの記者がサンフランシスコの大邸宅の陰に黒い日産のセダンを止めた。通りの反対側、緑色のガレージが付いた2階建て煉瓦造りのキャリッジハウスを見つめる。かつて馬車を収容していた離れを居住用に改修したものだ。記者は目を凝らして辛抱強く待った。

ジョニー・アイブがアップルを離れたという噂がまたシリコンバレーを駆けめぐっていた。デザインチームに近い関係者によれば、彼は社に出勤しておらず、仕事の大半をパシフィックハイツの自宅から何ブロックか離れたキャリッジハウスのスタジオへ移した。その300万ドルの建物には大きなガレージの上に寝室ひとつのアパートメントがあり、アイブはそこにガラス製の会議用テーブルを置いて製品レビューをしている。アップルのスタッフが出入りするようになって、閑静な住宅街で許可なく営業をしていると、近隣住民から苦情が出ているという。

記者が来たのは、それがすべて真実かどうか確かめるためだ。アイブはアップルを引き払ってもなお、権力を手放さずにいるのか?

何分かすると通りが活気づいてきた。近所の家で工事をしている人たちが、少し前に駐車したトラックから道具を運んできた。女性の清掃員がやってきてキャリッジハウスへ入っていった。しばらくして、宅配の配達人が玄関に荷物を置いていった。

記者はそんな状況を全部見ながら、アイブかクパティーノの関係者の姿をとらえたいと願っていた。彼は意を決して車を降り、通りを近づいてみた。建物に目を凝らし、監視カメラを確かめ、上階のアパートメントに明かりがついていることに気がついた。中の誰かがブラインドを閉めた。

5月上旬、Eメールで関係者に招待状が届いた。描かれた原色の輪が目を引いた。そのあとに6行の文章が続いていた。アップル設立当初のロゴの青、紫、赤、オレンジ、黄、緑の6色でそれぞれの行がしたためられていた。

ティム・クック、ジョニー・アイブ、ローレン・パウエル・ジョブズの3人は
アップル・パークでスティーブ・ジョブズを称える
特別な夕べに皆様をご招待いたします
音楽と食事と祝賀のひとときに
ぜひご参加ください

2019年5月17日

スティーブ・ジョブズが新キャンパスの構想を口にするようになってから15年近くが経ち、彼の

いちばん身近にいた3人が彼の最後の製品をグランドオープンして構想の実現を祝おうとしていた。イベント開催までの何週かで、建設作業員がアップル・パーク内に虹色の半円形アルミフレームを6本設置した。アイブがデザインしたステージの上にアーチを架けるためだ。一人の機械作業員が12日間かけて一本一本アルミ素材を圧延し、特注の台車に載せて新キャンパスへ運び込んだ。それぞれがネオンめいた色を放っていた。小さなものから大きなものへ立ち上げていくと、ハリウッドボウルを思わせる屋外音楽堂が出来上がった。これはアップルステージと名づけられた。

このステージについて、アイブはスタッフ宛てのメールで「ひと目でわかるものを創りたかった」と述べた。「虹をかけるアイデアは、初期の構想がうまくいっためずらしい例です。長年にわたり私たちのアイデンティティの一部になっている虹色のロゴとも共鳴する。虹は多様性という私たちの価値観を前向きに楽しく表現するものでもあり、このアイデアが私たちの心にたちまち深く共鳴したおもな理由は……半円形が環の形と美しく必然的に共振するからではないでしょうか」

アイブはこのイベントを楽しみにしていて、妻のヘザー、十代の双子の息子ハリーとチャーリーも同行させるつもりだった。ところが前日になって恐ろしい知らせが届いた。父親のマイク・アイブが重い脳卒中を起こして倒れたのだ。サマセットの自宅近くの病院に運ばれ、その後ロンドンへ移送された。医師たちは命の心配をしているという。

アイブはすぐイギリスへ飛んだ。自分がこういう人生を送り、こんな仕事に就いているのは父親のおかげだ。幼いころのホバークラフトから、十代のころの「物はどのように作られているか」という話まで、アイブの「モノづくり」への関心は父親の手で育まれたものだ。製品の素材に対する深い理解を授け、想像したものをひと筆で具現化できる優れた製図家《ドラフター》へと成長させてくれた。そのおかげでアイブはニューカッスル・ポリテクニックを首席級で卒業し、ロバート・ブルーナーの目に留まり、アップルに入社してジョブズと手を携え、ｉＭａｃとｉＰａｄとｉＰｈｏｎｅを生み出すことができた。

アイブは自分の仕事の話を父親にしたかったたが、アップルのカルト的な秘密主義のおかげで思うにまかせなかった。父マイクもここ何年か、友人たちからアップルの次の製品についてよく質問された。しかし、肩をすくめるしかなかった。「わからない。ジョニーが教えてくれないんだ」その代わり、アイブは父親がサンフランシスコを訪れるのを楽しみにしていた。アップルストアへ連れていっていっしょに店内を見て回り、展示されているものすべてについて議論した。何十年か前、父が息子を連れてイギリスの店を回り、製品がどのように作られているか説明したときと立場は逆転していた。かつての弟子は巨匠になっていた。

最後にアイブはレジへ向かい、最新のｉＰｏｄやｉＰｈｏｎｅを父親に買い与えた。それがアップルと外の世界を隔てる壁、家族にまで及ぶ壁を乗り越える方法だった。

飛行機が母国に着いたとき、アイブは複雑な心境だった。カリフォルニアでは、「美しい製品を作りたい」という夢を現実にしてくれたクリエイティブ・パートナーの追悼イベントを放り出してきた。イギリスに着いたときは、その夢を追う技術《スキル》を授けてくれた男を失うかもしれない不安にさいなまれていた。

アップル・パークではフットボール場ほどの広大な芝生を社員たちが全速力で駆け、アップルステージに架けられた虹の端へ向かっていた。夜の新キャンパスグランドオープン記念にレディー・ガガが出演するという情報が入り、できるかぎり近くで見たいと思ったのだ。

ティム・クックは黒い服で登壇した。果樹とリップルプールがあるなだらかに起伏した一帯の向こうで、ジャンボトロン〔ソニーの巨大ディスプレイ〕がクックの拡大映像を映し出した。彼は歓迎の挨拶をし、彼らの注意をビデオスクリーンへ向けた。スティーブ・ジョブズの映像が現れた。いまは亡きアップルの共同創業者の肉声が、きらびやかな会社内コロシアムに響き渡る。

「人間は道具を作る生き物で、その道具で自分の生来の能力を増幅することができる」ジョブズは言った。「それこそ私たちがここで目指していることだ。私たちがここでしているのは、人の能力を増幅させる道具を作るという営みなのだ」

やがて観衆の耳には、聞き慣れたアイブのイギリス訛りが聞こえてきた。イギリスへ向かう前の何日かで、この特別な日のための映像を録画したのだ。彼が語るあいだに、50億ドルをかけて実現したアップル帝国の記念建築物がスクリーンにひらめいた。

「朝、目が覚めて、まだ半分ぼやけた頭で、今日はめったにない一日になりそうだと思うことがあります」アイブは言った。「きっと忘れられない一日になると。今朝はまさにそんな気分でした」

この場にアイブがいないことを知る観衆はほとんどいなかった。２００４年にロンドンでジョブズとハイドパークを散歩したときのことを振り返るアイブの声に、彼らは耳を傾けた。「驚くことではないでしょうが、私たちは散策や公園や樹木について話しました。いちばん最初のころ私たちが考えていたのは、人と人、人と自然の強い結びつきを可能にする空間でした」

その構想がアップル・パークの土台になったと、アイブは語った。長年、人のために製品を作ってきた自分とジョブズは、自分たちのために製品を作るチャンスに喜びを感じていた。このキャンパスは設計、試作、運営、建設に長い年月を投じた「野心作」なのだ。

「プロジェクトの最後に、一生忘れられない出来事がありました」彼は言った。「ささいなことに見えて、きわめて意味深いことが」彼はデザインチームと夕焼けを見たときのことを振り返り、こう述べた。自分とジョブズがアップル・パークに求めたものが、あの瞬間にすべて凝縮されていた。人と人、人と自然が一体となった瞬間だ。このような美しい場所でともに仕事ができることを心から幸せに思う。

スピーチが終わったあと、レディー・ガガがクロムめっきのヘルメットをかぶってステージを練り歩いた。その後ろをダンサーたちが続き、体にぴったりのジャンプスーツにミラーボール風照明の光をきらめかせた。

「準備はいい？　さあ、スティーブ・ジョブズを称えよう！」ガガがステージから叫んだ。「彼の才能を！　彼の優しさを！」

彼女のバンドが初期のヒット曲〈ポーカー・フェイス〉をシンセポップのビートで演奏しはじめると、観客から歓声が上がった。続く何曲かと衣装の入れ替えで、彼女はアップルのエンジニアたちを熱狂の渦に巻き込んだ。そのあと彼女はペースをゆるめて真顔になった。「こんな美しい場所を設計してくれたジョニーにも、ありがとうと言いたい」彼女は言った。「ティム・クックに、みなさん全員に感謝します」

最後を締めくくるのは『アリー／スター誕生』のために書いたバラード〈シャロウ〉。彼女はピアノの前に座り、アコースティックギターの伴奏で、人生に疲れたカップルの歌を口ずさみはじめる。彼らは責任の重荷を逃れたい。匿名性という避難所を渇望する。サビに入ったところで声が一気に高まり、二人の思い描く安寧の場所へと舞い上がっていく。

――水面を突き破り、傷つけられずにすむ場所へ

うわべだけの関係ではもういられない

大西洋の向こう側で、アイブはロンドンの病院に近いホテル〈クラリッジズ〉に泊まり、父親の看護に努めていた。無念と不安にさいなまれ、夜遅くまで眠れなかった。クパティーノにいてアップル・パークの完成を祝えない無念、脳卒中を生き延びた父親がこの先長く見舞われる障害への不安。別々の感情にさいなまれているあいだに、彼のスマートフォンにはレディー・ガガのステージを取り上げた同僚たちのメールと動画がたくさん入っていた。ガガが自分に感謝している映像を見て胸が押しつぶされそうになり、自分が設計したステージでスポットライトを浴びる彼女を見るうち泣けてきた。

仕事と家庭の板挟みで何年も葛藤してきた。2008年にはアップルを辞めて両親と過ごす時間を増やし、故郷で息子たちと過ごそうとも考えた。だが、ジョブズのがん再発でアップルにとどまり仕事を続けることにした。ジョブズが亡くなったあとも、師の会社の存続を願ってそのための努力を続けてきた。時の経過とともに、イギリスで過ごせる可能性は消え、アップルへの思いは「責任」から「手間のかかる雑事」に変わった。父の脳卒中で、カリフォルニアを早く離れていれば共有できたはずの時間も、もう得られなくなった。新時代の腕時計職人は自分が再定義しようとしたもの、つまり時間に敗れ去ったのだ。

アイブは別人のようにやつれた姿でカリフォルニアへ戻ってきたが、アップルでの責任はまだ残っていた。新キャンパスでジョブズの「コラボレーション」という夢を実現すべく、彼は仕事場を共有することになったソフトウェアチームとインダストリアルデザインチームの一体化を目指した。

6月下旬の火曜日の夜、アイブはサンフランシスコの特殊効果制作スタジオ、インダストリアル・ライト&マジックに両チームを集めた。『スター・ウォーズ』の生みの親ジョージ・ルーカスが設立し、『ジュラシック・パーク』や『ジュマンジ』の魔法を生み出したスタジオだ。アイブはここの全400席の劇場を予約し、映画『イエスタデイ』のプライベート上映会を開いた。

シンガーソングライターが事故に遭って目を覚ますと、ビートルズを覚えているのは世界で彼一人になっていた、という筋立てだ。アイブは『ラブ・アクチュアリー』や『ノッティングヒルの恋人』を手がけた脚本家のリチャード・カーティスと親交があった。彼の書いた『イエスタデイ』のコンセプトが心に響いた。ジョブズが社名をアップルとしたのは、ビートルズのレーベル、アップル・レコードへのオマージュだ。仲間が集まってすばらしいものを共創したあのバンドのように、ジョブズは会社を育てたかった。

劇場の照明が薄暗くなり、スクリーン上でジャック・マリックという売れないミュージシャンがパブで小さな聴衆を相手に、ほとんど無視されたまま演奏するシーンが映し出された。いわゆる「2000年問題」でビートルズが歴史上から消滅したあと、マリックは彼らの音楽を残すため奔走した。ビートルズの曲のデモを作ったところ、レコード会社の幹部の目に留まり、ボブ・ディラン以来最高の作詞家と見込まれた。やがて彼はロサンゼルスでスターになり、アルバムのセールス記録を打ち立てるというレコード会社の商業的な期待に応えなければならなくなった。彼はそのいっぽうで、他人の曲を演奏している詐欺師であることを誰かに暴露されるのではないかと恐れていた。

この映画の根底には、アートと商業を取り巻く永遠の葛藤があった。ビートルズの芸術性に忠実でありたい、成功は彼らの音楽の偉大さにまかせたいというのがマリックの思いだ。いっぽうレコード会社は彼をロックの天才と売り込んで利益を確保したい。ある場面、マリックが会議室に入ると、40人近いマーケティング幹部が彼を見つめていた。アルバムのタイトルをどうしたいか伝えるために来たのだ。会議冒頭、マーケティングチームのトップがマリック案をいくつか却下した。〈サージェント・ペパーズ・ロンリー・ハーツ・クラブ・バンド〉は長すぎる。〈ホワイト・アルバム〉にはダイバーシティの問題がある。マーケターたちは完璧なタイトルを選んできたと言う。〈ワン・マン・オンリー〉だ。ビートルズに敬意を表した案が商業組織につぶされ、マリックは顔を曇らせた。

　会場のデザイナーの中には、これをアイブ自身の歩みに重ね合わせる者もいた。アップル入社後、彼は自分の思い描いていた「創業20周年記念マッキントッシュ」をなかなか発売してもらえなかった。その後は、破産の瀬戸際に立たされた会社の不確実な状況に対処した。しかし、そうした苦難の連続が嘘だったかのように、彼とジョブズはiMac、iPod、iPhone、iPadと数々のヒット商品を開発した。完璧主義のアイブは詐欺師《インポスター》症候群を患ったかのようだったと、同僚たちは言う。自分を過小評価するあまり、実力や業績に自信を持てなくなる状態だ。詐欺師であることがばれるのではないか——そんな潜在的不安を抱えている感じがした。その後、クックに率いられたアップルが世界最大の企業へ成長すると、彼も商業優先的な重圧の中に身を置いた。かつてはジョブズと二人で膝を交えて相談していたが、会議室に幹部が集まって自分の作る製品にそれぞれ意見するようになった。会社が大きくなるにつれて抽象的な表現が多くなり、新しい製品を作る彼の仕事とそれを使うユーザーの間にずれが生じてきた。

　ジョブズが亡くなったあと、アップル版ビートルズとも呼ぶべき亀裂が生じた。才能ある人材が次々と社を去った。失われた人材の中にはハードウェアチームを率いたボブ・マンスフィールドや、ソフトウェアの魔術師と呼ばれたスコット・フォーストールもいた。アイブのチームの多くもあとに続いた。ダニー・コスター、クリス・ストリンガーが離脱し、アイブと車を相乗りしていたダニエレ・デイ・ユーリス、ＡｐｐｌｅＷａｔｃｈとＡｉｒＰｏｄｓの指揮を執ったリコ・ゾーケンドーファーとジュリアン・ヘーニッヒも辞め、デザインチームにほころびが出はじめていた。10年以上をともに過ごしてきた仲間の3分の1を2年間で失ったのだ。デザインチームというバンドは崩壊しかけていた。

映画が終わったとき、アイブはみんなの前に出て語った。この映画に触発され、みんなに見てもらいたいと思ったわけを、伝えずにいられなかった。いつもいっしょに働いて芸術や創造性を発揮できる環境を社内に育むことが大切なのだと、彼は語った。

「芸術を育むためには、しかるべき空間と支援が必要だ」彼は言った。「特に、会社が大きくなったときにはそれが大事になる」

翌日、デザイナーたちの元に通知が来た。アイブとの会議があるので入っている予定を空けるようにと。まったく異例のことだ。いきなりほかの予定をキャンセルしろなんて、過去に記憶がない――まして、なんの理由も告げられずに。全員がいっせいに入っていた予定を空けた。

突然のキャンセルは本社全体に飛び火し、デザインチームのメンバーと会う予定を組んでいたエンジニアや運営担当者を怒らせた。スタジオの承認がないと仕事を進められないし、仕事を遅らせる余裕はない。

「キャンセルだって？　信じられない！」あるエンジニアは返信した。

「申し訳ない」スタジオのスタッフは返答した。「ジョニーがらみなんだ」

２０１９年６月27日の会議当日、アイブはソフトウェアとインダストリアルデザインの新合同スタジオに近い４階の開放空間にデザイナーを集めた。灰色の低いカウチを集めた一画で１００人以上が肩を寄せ合っていた。ガラス越しに夏の日射しが降りそそぎ、天井を温かな黄色に輝かせている。

アイブは自分が受け継いだときより何倍も大きくなった集団を見つめた。政治力を振るい、あるいは運営上の判断から少しずつチームを拡大してきた。材料科学の専門家や人間工学の研究者、テキスタイルエンジニアもいる。アップルのアイコンの見栄えやデバイスの動作に携わる１００人以上のソフトウェアデザイナーを監督する仕事も引き受けてきた。ジョブズの時代より製品の主導権を握れるようになったが、その分、時間の制約も増えた。チームを管理するお役所的な責任が墓穴を掘る一因にもなった。

アイブはこの集団に告げた。自分の最重要プロジェクトであるジョブズ最後の製品、アップル・パークが完成した。デザインチームは将来の成功を担う立場にあるが、それを率いる自分の役目は終わった。

みんな真っ青になった。目がうつろな人たちもいた。背筋が凍りついた感じの人たちもいた。湧き上がってきた「噓だろ！　信じられない！　そんなばかな！　信じられない！」という驚きのコーラスを沈黙が抑えつけていた。

アイブの言葉を聞いた瞬間、彼らの多くは時間が止まった心地がした。会社を去る理由としてアップルのお役所的体質に嫌気が差してきたことをアイブが挙げたときは、涙を流す人もいた。仲間内で話題にすることはまずなかったが、アップル設立当初の文化が褪《あ》せたことは誰もがわかっていた。ジョブズを喪って、アップルは非情な機構と化したと考えている人もいた。

クックの後押しで、アップルの財務チームは勢いづいた。意思決定にあたり、クックは財務チームやオペレーションチームの発言力を強めた。作られずに終わった2016年のiPadや、写真家のアンドリュー・ザッカーマンら長年のパートナーへの会計監査、建築事務所フォスター+パートナーズの請求書却下に、彼らの影響力が見て取れた。弁護士と会計士は社の創造的中核が下した決定を遂行するためにいる、という考えをジョブズは貫いた。しかし時を経て、列車の最後尾にいた官僚的車両は社のエンジンになっていた。

会議の問題もあった。アイブはサンフランシスコのスタジオで仕事をするようになったが、これは自分の予定表が時間制限の雲に覆われないようにするためでもあった。本社では会議の規模が膨らみ、映画『イエスタデイ』のように、会議室をぎっしり人が埋め尽くす状況になった。意思決定が遅くなり、麻痺状態に陥ることもしばしばで、それにアイブは耐えられなくなった。

「あんな会議にはもう出たくない」と、彼はチームに告げた。

アイブはアップルの現状を嘆きながらもチームを称え、アップルらしさを失ってはいけないと訴えた。明確な意図を持て。断固たる姿勢で臨め。世界を驚かせ、大喜びさせるための努力を怠るな。全デザインチームがアップル・パークに集結したいま、どんなことが実現できるのか、その可能性にわくわくしている。きみたちには新しいリソースと設備がある。共有空間は協力関係を育むだろう。自分がここにいることはなくなるが、友人のマーク・ニューソンと独立したデザイン事務所を立ち上げてアップルとの仕事を続けていく。

アイブはジョブズに敬意を表して、新しい事務所の名前をつけた。スティーブ・ジョブズ・シアターのオープニングで流した映像で、ジョブズは細心の注意と愛情を込めて製品を作ることで、人類への感謝を表すべきだと語った。アイブはその信条を2語に凝縮し、自分の全製品に込めたい思いを社名にした——LoveFrom（ラヴフロム）と。

事務所初のクライアントになるアップルが1億ドル超の退職パッケージに同意した点に、アイブは触れなかった。アイブの競合他社への移籍を防ぎ、彼とラヴフロムを確保して、将来のプロジェクトに貢献してもらうための契約だ。アイブが手にする報酬は、多くの企業が退任するＣＥＯに支給する高額退職金《ゴールデンパラシュート》に匹敵した。

その日の午後、株式市場の取引終了後、アップルはプレスリリースでアイブの退社を発表した。社の新体制も概略された。15年間ＣＥＯの直属だったアイブの旧デザインチーム、かつて社内で神格化されていた審美家集団は、ＭＢＡ取得者で機械工学者のＣＯＯジェフ・ウィリアムズの直属になる、と。

エピローグ

Epilogue

アップルの錬金術は長らく、先見性を備えた「二人組」に支えられてきた。それはスティーブ・ウォズニアックとスティーブ・ジョブズによって誕生し、ジョブズとジョニー・アイブによって復活し、アイブとティム・クックによって維持されてきた。

ジョブズの死後何年か、シリコンバレーはアップルの事業の行き詰まりを予想した。ウォール街もその前途に不安を抱いた。忠実な顧客たちは愛する製品イノベーター、アップルの未来を心配した。

10年後、アップルの株価は過去最高を記録した。時価総額は8倍以上の3兆ドル近くまで上がり、世界のスマートフォン市場を支配する勢いに衰えは見えない。破壊的イノベーターとしての輝きは失われつつも、ウォール街の寵児となった。もっとも重要なことだが、同社はジョブズがかつて恐れたソニー、ヒューレット・パッカード、ディズニーのような運命をたどらずにすんだ。

その耐久力と財務的成功は、アップルを前進させるためにジョブズが抱えた人たちの努力の賜物だった。業務執行人《オペレーター》クックはアップル帝国を中国とサービス業に拡大し、自分の築いた企業国家に立ちはだかる外交問題を巧みに切り抜けてきた。芸術家《アーティスト》アイブはジョブズの死後に始まったＡｐｐｌｅ Ｗａｔｃｈの開発とアップル・パークの完成という大きな新規事業を主導して手腕の確かさを見せつけた。

ローレン・パウエル・ジョブズは二人の統率力を回顧するメールの中で、二人の貢献なしに会社の存続はあり得なかったと述べている。二人はたがいの強みを活かしながら、「スティーブとアップルへの共通の愛」を決して失わなかった。

だが、彼らの成功は社内離婚という失望で暗転した。二人の協力体制の解消は必然だった。アップルへの愛以外に共有するものがほとんどなかったからだ。ｉＰｈｏｎｅの爆発的普及で会社が大きくなると、クックはその規模をマネジメントする必要に迫られ、社の構造改革に着手した。アップルは彼の指示で製品数を増やし、お金の使い方を細かくチェックし、ハードウェアからサービスへ社業の軸足を移した。そこでクックとアイブをつないでいた糸はほつれた。

超然としてとらえどころがないクックは、全製品に共感をもたらそうとするアーティストにとっては不完全なパートナーだった。クックの同僚たちによれば、彼はアイブを満足させて創造性を存分に発揮させるにはどうすればいいかという彼らの助言に、限られた興味しか示さなかった。デザインスタジオへ足を運んでアイブのチームの仕事ぶりを見てくるよう彼らは繰り返し勧めたが、それが実行されることはめったになかった。ジミー・アイオヴィンら、アーティストのマネジメントに実績を持つ社内の人間に意見を求めることもなかった。２０１５年、アイブが初めて退社の話を切り出すと、クックは後継者育成計画の策定に注力した。クックの関心は個人ではなく会社を守ることにあったというのが、彼と仕事をしていた人たちの感想だ。ともあれそれは、株主にとっては正しいことだった。

アイブに非がなかったわけではない。何十年にもわたる仕事に疲弊し、ジョブズの死後は悲しみに打ちひしがれて、アップル精神の継承者と目されていた彼の炎は揺らいでいた。その過程で誤りも犯した。フォーストールの解任後、ソフトウェアデザインチームの責任とマネジメントの重荷を背負い込み、たちまちそれがいやになった。ウォッチの開発とアップル・パークの設計を兼任しているあいだに、ライカのプロジェクトまで引き受けた。彼は燃え尽きてしまった。彼が2015年に非常勤に退いたことで会社は短期的な株価下落を免れたが、そこから彼自身と彼のチームと彼の愛する会社にとっての不健全な取り決めが作り出された。

クックはジョブズなら想像もしなかったような形で会社を作り替え、アイブは最終的にそれに耐えられなくなった。

ジョブズがボブ・ディランを敬愛したのは、たえず自己改革を続けていたからだ。いまは亡きCEOはその精神を社に持ち込み、iMacでパーソナルコンピュータを改革し、iPodでアップルをコンピュータメーカーから家電大手へ変身させ、iPhoneでその優位を固めた。このイノベーションのハットトリックで、彼は「現代のレオナルド・ダ・ヴィンチ」になった。

クックにその再現を期待した人はいなかったし、クック自身ですらそうだった。この経営工学者はイノベーションを育むのでなく、自分の強みを活かして、受け継いだ事業からより多くの売り上げを引き出すことで、史上もっとも成功した事業継承例のひとつを作り上げた。それは魔法《マジック》に対する方式《メソッド》の勝利、完璧さに対する粘り強さの勝利、革命に対する改善の勝利だった。ジョブズが大躍進をうながし業界を根底からひっくり返すことでアップルにアイデンティティを与えたのに対し、クックは彼がジョブズの最高傑作と考える製品、つまりアップルそのものを絶やさないことに注力した。

彼は管財人の役割を演じ、「用心深く、協調的で、戦術的」という自分の個性を反映した会社を創り上げた。前任者の革命的発明を軸に、製品とサービスの生態系を構築し、ハードウェアとソフトウェアのラインアップにこの分野最高のアップデートを行うという評判を守り通した。その仕事を通じて2021年に660億ドル（負債控除後）のキャッシュを生み出し、全製品を店頭から撤去したとしてもアップルが長年存続できるだけの体制を整えた。そうすることで、アップルがもういちど世界を驚かせて大喜びさせられる可能性を持続した。

iPhoneの売り上げが順調なかぎり、アップル信者たちは秘密主義の会社でどんなプロジェクトが進行中なのだろうと思いを馳せることができる。追求していた自動運転車は実現するのか？　開発中のAR眼鏡は発売されるのか？　非侵襲的血糖値モニターは？　これらの製品がアップルストアに並ぶ日は来るのか？

2021年5月21日、クックはオークランドの裁判所を訪れ、アップルに対する反トラスト法裁判の最終日に初めて証言台に立った。フォートナイトを開発したエピック・ゲームズは、iPhone上に競合する外部企業のアプリ配信を認めず、アプリ開発者に30パーセントの手数料を課しているのは不当と、テック系巨大企業を相手取り訴訟を起こしていた。クックが築き上げたサービス事業の根幹を直撃する裁判だった。

クックはサービス事業の規模を倍にする公約を果たし、2020会計年度に530億ドルを売り上げた。収益はゴールドマン・サックスやキャタピラーに匹敵する。フィットネス向けサービスなど新しい定額制サービスの導入を続け、新型コロナウイルスのパンデミック中に自宅に引きこもった人々がＡｐｐ Ｓｔｏｒｅでの購入を急増させて、そこから恩恵を受けた。投資家は売り上げ増大に歓喜した。彼らはもはやアップルを、新発売したｉＰｈｏｎｅの人気で浮沈する「ハードウェアの遺産に頼った事業」ではないと考えはじめている。株価収益率はそれまでの平均16倍から、２０２０年には30倍台に跳ね上がった。あまりの劇的な変化に「暴力的」と形容する投資家までいた。

エピック・ゲームズの裁判が進むにつれ、クックは自分の築いたものへの脅威にいらだった。アップルの人々はこれを長年の宿敵マイクロソフトによる代理訴訟と見なしていた。法律はアップルの味方という自信がクックにはあった。アップルは国内スマートフォン市場で圧倒的シェアを誇っているわけでもなく、裁判所もｉＯＳの優位性だけを以《もっ》て独占的と判断することには消極的だ。それでもこの日は、Ａｐｐ Ｓｔｏｒｅの存続を確実にしてくる必要があった。

連邦判事とエピック・ゲームズの弁護士が4時間にわたり、アップルの事業についてクックに質問を浴びせた。尋問することに慣れているクックは、尋問される側に回るとうまく対処できなかった。競合他社のアプリ配信を禁じ、開発者に手数料を課すことでアプリを吟味するからこそ、セキュリティの欠陥からユーザーを守れるのだと、彼は主張した。Ａｐｐ Ｓｔｏｒｅの利益率をアップルは計算していたかとエピック・ゲームズの弁護団から問われたときは、収益性の議論は避けていると主張した。クックは財務チームと毎月会議を開き、サービス部門の収益を精査していたのだから、この回答は驚きだった。弁護士はクックの正直度を測ろうと、グーグルがｉＰｈｏｎｅのデフォルト検索エンジンにしてもらうため80億〜１２０億ドルを支払ったという話について質問した。「正確な数字は覚えていません」とクックは言った。１００億ドルを超えているかと訊かれたときは、とつぜん健忘症になった。毎朝起きて売上高を確認し、スタッフには全国の販売店がどんなキャンペーンを展開しているか把握しているよう求める彼が、グーグルの支払いについて「知らない」と言ったのだ。

　これには、クックの長年の崇拝者までが、とまどいを禁じ得ない発言と書き立てた。裁判中に発見された内部文書から、アップル自身が最近のＡｐｐ Ｓｔｏｒｅの営業利益率を75パーセント超とはじき出したこともわかったが、その文書は1度限りのプレゼンテーションで使われたもの、とクックは主張した。シリコンバレーが強い疑念の目を向けられていた時期だけに、これはテクノロジー寡占時代の主役の立場を手放すまいとする姿勢に見えた。

　それでも、評決はアップルの商習慣を正当化するものだった。オンラインゲームについてＡｐｐ Ｓｔｏｒｅは合法と見なされ、ほぼ全面的な勝利となった。だがこの勝利にはひとつ、但し書きがついた。アップルはもはや、ウェブサイトその他の外部決済システムへ顧客を誘導するアプリをブロックすることはできないとした。この裁定はＡｐｐ Ｓｔｏｒｅが今後直面する課題を物語っている。規制当局と開発者はジェンガゲームのように、かつて強固だった事業のブロックをゆっくり引き抜こうとしていた。Ａｐｐ Ｓｔｏｒｅ事業が縮小するのは時間の問題であるかに見えた。

　エピックの訴訟に加えて、アップルはヨーロッパでも同様の反トラスト法違反の嫌疑に直面した。音楽配信でスポティファイよりアップル・ミュージックを優遇したとの疑惑をめぐり、やはり反トラスト法の訴えを起こされた。米司法省もＡｐｐ Ｓｔｏｒｅが標的とみられる調査を開始した。3つの訴訟に挟まれ、クックが築いたサービス事業に改革の必要があるのは明らかだった。実際、同社は一部開発者の手数料を30パーセントから15パーセントへ引き下げるなど、譲歩を始めている。

　中国でもアップルの先行きは不透明だ。習近平国家主席の下、中国政府はけんか腰の姿勢を崩さず、国家主義的姿勢を強めていた。中国共産党は香港を支配下に置き、蘋果《リンゴ》日報など民主派新聞を排除した。北西部の辺境、新疆《しんきょう》では少数民族ウイグル人の再教育キャンプを開設した。伝えられるところでは、アップルと関係があるサプライヤー7社を含めた工場で、強制労働を強いられたウイグル人がいた。アップルは自社のサプライチェーンに強制労働の証拠はないと発表したが、この問題は、世界で2番目に大きな市場での事業を維持するためにはあえて妥協するのか、という新たな疑問を投げかけた。アメリカでキング牧師の言葉を引用して人権やプライバシーについて長々と語った経営者が、中国ではそのような立場を取っていない。

総体的に見れば、クックはサービス事業と中国事業の拡大で会社と株主のために莫大な価値を構築したが、過去10年間のアップルの成長の多くは、規制当局と独裁者の気まぐれに日常業務を左右される流砂の上に築かれていた。

批判や疑問にさらされたとき、クックはいつも数字を挙げることができた。２０１１年８月にCEOに就任してからアップルの時価総額は１兆５０００億ドル以上増え、再投資された分配金を勘定に入れた株主資本利益率は８６７パーセント、つまりおよそ５０００億ドルに達していた。21年9月末、アップル取締役会はクックに２０２０年後半から5年間の雇用延長に相当する報酬を与え、25年までにさらに１００万株を追加する業績連動型パッケージを提供した。11年から付与されてきた１１２万株の業績連動型報酬がすべて確定し、彼は億万長者になった。

この目玉が飛び出るような数字は、彼自身と同じくらい控えめで地味な書類にさりげなく記されていた。粘り強い歩みの証《あかし》だ。

ジョニー・アイブは退職を発表したあと、次の一歩を踏み出した。２０１９年9月、アップルが彼のキャリア最後の基調講演の場を設けたあと、彼とデザインチームはサンフランシスコのジャクソン広場に立つ2階建てレストラン〈ビックス〉でパーティを開いた。キャビアとシャンパンが振る舞われ、ゲストリストにはNBAのスター、コービー・ブライアントの名もあった。ニューヨークのバンド、LCDサウンドシステムのフロントマン、ジェイムズ・マーフィーがDJを務め、真夜中過ぎまで幅広いジャンルのハイエナジー音楽を繰り出した。長年アップルで働いてきたアーティストにとって、同社がらみの最後のパーティだった。

正式な退職はこの2カ月後で、アップル首脳陣のページからアイブの写真と名前がひっそりと削除された。大々的な発表もなければ、彼の貢献を称える記念式典もなかった。可能なかぎりアップル的な去り方と言えるだろう。ある日そこにいたと思ったら、次の日には消えていたという意味で。

彼はその遺産として驚異的な製品を残していった。彼とジョブズはiMacで会社を蘇生《そせい》させ、その後に続く製品のヒットで社会の形を作り変えた。アイブの美的感性はデザイン言語に対する社会の認識を高めた。アップルはディーター・ラムスのような先達が想像もしなかった形で、シンプルさという理念と素材の価値を世界に吹き込んだ。

Apple Watchとその双子のきょうだいAirPodsはアップルの収益に大きく貢献するようになった。2021年、同社のいわゆるウェアラブル製品の売り上げは25パーセント増の384億ドルに達した。コカ・コーラに匹敵する収益だ。iPhoneのようなヒット商品はもう作れないかもしれないという現実と折り合いをつけながら、この10年の大半を過ごしてきたアップルにとって、ウォッチの問題だらけの船出は屈辱的だった。

しかし、ジョブズが過去数十年で成し遂げたように、アイブは「新しい製品カテゴリー」という精神的岩盤に大きな事業を積み増してのけた。ウェアラブル事業の規模はクックが築いたサービス事業の半分ほどだが、その分野での圧倒的リードを確保し、今後何年か数十億ドルの売り上げを続けるものと期待されている。

自分の去り方は正しかったとアイブが主張することはないだろう。デザインチームの中にはいまでも、彼が後継者を育てずに去ったことを不満に思い、グループの結束力低下に落胆している人がいる。だが、25年以上勤めた会社を辞めるのは簡単なことではない。特に、クリエイティブ・パートナーを喪った悲しみを考えたときは。

会社の肥大化、会議の数、財務チームの圧力にいらだっていたアイブは、社内より社外からアップルの力になったほうがうまくいくことに気がついた。世の中に貢献できる新しい方法を見つけたくもなった。彼はマーク・ニューソンとともに、ソフトウェアデザイナーのクリス・ウィルソン、インダストリアルデザイナーのユージン・ワン、フォスター+パートナーズの建築家ジェイムズ・マクグラスらアップルの長年の同僚から成るチームをラヴフロムで結成した。このクリエイティブ集団は自分たちの関心に訴えるクライアントを見つけてきた。民泊仲介Ａｉｒｂｎｂはアプリの再設計や新商品の開発をアイブに託し、フェラーリは同社初の電気自動車の再設計や、高級アパレル業、旅行かばん業の拡大をアイブとニューソンに依頼した。ラヴフロムはアップルへの助言も続けている。

アップルを辞めたあとに手がけた最大の仕事のひとつに、チャールズ皇太子とともに持続可能性《サステナビリティ》に取り組む「地球憲章《テラカルタ》」というプロジェクトがあった。イギリスの大憲章《マグナカルタ》から名を取った皇太子主導のプロジェクトで、自然の資本を保護・活用することで気候変動に取り組むものだ。アイブは独特の書体を用いて緑の生物相を描いた認定シールをデザインした。サステナビリティに際立った取り組みをしている企業にこれを授与している。

アップルでは、自動車開発の新規取り組みやAR眼鏡の開発を含めた今後のプロジェクトに助言を続けている。次のアルバムを自慢するロックスターのように、彼はこうした未来の発明品が自分のキャリア最高の作品になるだろうと周囲に語っている。

「パラダイムシフトを起こしたインダストリアルデザイナー〝ジョニー・アイブ〟の物語はまだ書き尽くされていない」と、自動車プロジェクトに携わった長年の同僚は語っている。

アップルのデザインチームは大きな前進を遂げた。チームの中核メンバーに言わせると、彼らの仕事にアイブとラヴフロムが及ぼす影響は最小限でしかない。アイブは仕事を統括する指導者ではなく、尊敬を集める助言者となった。アイブの不在は、特にエンジニアやオペレーション担当者との協力関係を以前より友好的かつ民主的にした。アイブがコスト方面の圧力をかわしていたころより大きな圧力にさらされている点は認めている。しかしそれは、仕事が立ち行かなくなるほど深刻なものではない。いま自分たちはかつてない最高の仕事をしている、と彼らは主張する。

アイブが退社したいま、製品の方向性でデザインチームが主役の座に返り咲けるかどうかは不明だ。アイブとスタジオを権力の座に押し上げたのはジョブズで、結果として彼らはアメリカ実業界に類を見ないデザインへのこだわりを社内に浸透させた。近い将来、それだけの権力と影響力を持つ新しい統治者が出現するとはとても思えない。アイブでさえあれだけの権力を獲得するには20年近い歳月を要したのだ。

ジョブズのチームが解散したあと、そのメンバーたちは自分たちが去った会社について、徐々に見極めがつくようになった。ジョブズの遺産を振り返りながら、「彼は世界を変える製品を作った」とよく口にする。彼の後任のクックはどのように記憶されるか、ひいては、アップルのこの10年間はどう記憶されるかと問うと、何人かは微笑んだ。「ばかみたいに稼いだ、じゃないかな」

晩夏のある日の午後、ジョニー・アイブはアイボリー色のカウチに寝転んで昼寝をしていた。パシフィックハイツの自宅最上階は白一色の世界で、白いアーチ型の天井が白い壁を見下ろしている。小さなビュッフェカウンターの花瓶から、ピンク色のダリアとガーデンローズを使った前衛的な生け花が、あふれんばかりの生命力で部屋を彩っていた。この簡素さゆえに人々の注意は、北の湾を見晴らす天井までの大きな窓へ向かう。そこには彼が愛する街のランドマークであるゴールデンゲートブリッジの赤く塗られた鋼鉄構造からアルカトラズ島の刑務所跡まで、紺碧《こんぺき》の海が広がっている。

彼が眠っているあいだに、個人秘書の一人が簡単な昼食をトレイに載せて静かに階段を上がってきた。1時間後に電話がかかってくるので、その前に起こしてもらうことになっていた。秘書はトレイをカウチの横のテーブルに置き、「ジョニー、起きてください」とささやいた。声が聞こえず眠ったままでいると、肩を軽く叩かれた。ゆっくり瞬《まばた》きをして目を開き、窓のほうを見ると、真昼の陽光が射し込んで細く黄色い線を描いていた。

「すごい」彼は感嘆の声を発した。「部屋に入ってくる光の質の、なんと美しいことか!」

この観察に秘書は驚いた。振り向いて、彼の視線を追い、彼の目になったつもりで精いっぱい光を観察した。後日、彼女はこの静かな瞬間を思い返し、通常の人の100倍、色を見分けられる人がいることを思い出した。四色型色覚者《テトラクロマット》と呼ばれるその人たちの網膜には第4の光受容体があり、それが色覚を高めているという。

「すてきですね」彼女はアイブに言った。

彼女は電話が来ますからとアイブに注意をうながし、昼食を指差してから彼を残してそっと部屋を出ていった。新キャンパスを完成させる責任からも、コンピュータのアルミ部品についての悩みからも、Ａｐｐｌｅ Ｗａｔｃｈの次のレザーバンドにまつわる苦悩からも、彼は解放されていた。作りたいものがあるかぎりは、次に何を作るか自由に決められる。重荷にさいなまれることなく、心おだやかに。

謝辞

アップルの現役社員と元社員の協力がなかったら、本書の出版が実現したとは思えない。企業史におけるこの驚くべき時代を記録に残すため、彼らは「沈黙の掟《オメルタ》」という企業文化を超え、世界を変えた製品がどのように作られてきたかという物語を分け与えてくれた。彼らの寛大さへの感謝をこの先忘れることはないだろう。

本書の旅は私がウォール・ストリート・ジャーナル（WSJ）紙でアップルを取材していたとき、1杯のコーヒーと、ジョニー・アイブのことをもっと知りたいという提案から始まった。彼の物語を紡ぐにあたり、同紙のグローバル・テック・エディター、ジェイソン・ディーンは私を励まし、執筆を導き、紙面上の言葉を研ぎ澄ます驚異的な仕事をしてくれた。

ブラッド・オルソン、スコット・オースティン、ブラッド・レーガン、スコット・サーム、ジェイミー・ヘラー、マシュー・ローズ、タミー・アウディ、ジェイソン・アンダーズ、マット・マレーら、本書の土台となるアップル関連記事の舵《かじ》取りをし、本書の取り組みを支援してくれたWSJのエディターたちに感謝を申し上げたい。

ベッツィ・モリスは同紙で初めて私を担当したエディターで、アップル復活劇にまつわる人間ドラマへと本書の方向性を示してくれた。私にヒントを与えた『〈新版〉野蛮な来訪者――RJRナビスコの陥落』［パンローリング、2017年刊］の共著者ジョン・ヘルヤーは、アップルの物語から不要の要素を取り除くと同時に継続的な助言を与えてくれた。彼らのほかにもヴァレリー・マウアーライン、エアリアン・カンポフローレス、マイク・エスタール、ベッツィ・マッケイ、キャメロン・マクワーターら、アトランタの仕事仲間からいろいろご指導をいただいた。

本書の作業はヨウコ・クボタ、ユカリ・ケイン、ジョー・フリント、リズ・ホフマン、ジム・オーバーマン、エリック・シュワーツェルら、ＷＳＪの多くの同僚に支えられた。サンフランシスコの同僚たち、特にティム・ヒギンス、アーロン・ティリー、ジョージア・ウェルズに感謝を申し上げたい。

アイブの退社に関するＷＳＪの２０１９年の記事を読んだマウロ・ディプレタから、私はこの本を書くよう説得された。彼はそれが世界最大の企業をめぐる一大叙事詩になるとにらみ、思慮深い編集作業で物語に命を吹き込んでくれた。エージェントのレヴィン・グリーンバーグ・ロスタン・リテラリー・エージェンシーのダニエル・グリーンバーグには、企画書から最終稿まで数々の助言をいただいた。ヴェディカ・カンナやリン・アンダーソンをはじめ、ウィリアム・モローのチームがすべてをまとめ上げてくれた。

トーマス・フレンチは私の最初の読者であり、ときにセラピストとなり、辛抱強いコーチを務めてくれた。ささやかなディテールに可能性を見いだし、あらゆる逸話にテーマの好機を見つける――まさに、彼なしで本書を書き上げることはできなかっただろう。

ファクトチェックを担当してくれたショーン・ラベリーはプロ中のプロで、言葉を吟味し、事実を確かめ、複雑な状況を乗り切らせてくれた。調査助手のジョン・バウアーファインドはジョニー・アイブとティム・クックに関する細かな事実を発掘し、重要な道筋を切り開いてくれた。

オールスターの支援チームが、あるときは電話をさばき、あるときは編集作業をするなど、惜しみない支援で私を正気に保ってくれた。ローラ・スティーブンズは48時間で原稿を読み通して改善し、エリオット・ブラウンは構成を決めて原稿に磨きをかけ、ジャスティン・カタノソは大筋の構築に救いの手を差し伸べ、ジョン・オーランドは誰に電話をかけるかの戦略を練り、ロブ・コープランドは取材を後押ししてくれた。その手並みの見事さはもちろんだが、それ以前に彼らは何よりかけがえのない友人である。

テクノロジー業界は複雑で、学ぶには案内役《ガイド》が必要だ。たくさんのガイドに恵まれたが、ジョン・マーコフとタラル・シャムーンくらい貴重な人たちはいなかった。

義理の両親サリーとマーク、クーパー家のジェニファー、ジョシュ、マデリン、ナサニエルをはじめ、私を励ましてくれた家族には特別の感謝と愛を伝えたい。母マリリンと父ラスは私のジャーナリズムへの関心を温かく見守り、好奇心を持って人の話を聞き書かれた言葉を評価するといった、日常的に必要とされるスキルを身につけさせてくれた。

楽観と絶望が交差するジェットコースターに同乗して本書を結実させてくれたアマンダ・ベルに、何よりも深い感謝を捧げたい。私には過ぎた存在だといつも思っている。

情報源について

アップルでは現役社員も元社員も「沈黙の掟《オメルタ》」を厳格に守っている。自衛のためにこの言葉を創り出したイタリアン・マフィアに似て、iPhoneシンジケートも結束して業務上の秘密を守っている。スタッフは6色のオリジナルロゴに血判を押して社の一員となり、クパティーノの境界をいったん越えたら仕事について誰にも話さない姿勢を叩き込まれる。

多くの会社にも同じような方針はある。だが、アップルではその方針が社の文化として浸透している。情報を守るよう構造化されているのだ。プロジェクトには暗号名があり、事業戦略を知るのは最高幹部に限られ、部下たちは間を仕切る衝立《ついたて》で未来の製品についての知識を制限され、秘密厳守は競合他社によるアイデア盗用を防ぎ、謎を堅持するからこそ華々しいイベントが報道されて何億ドルもの無料広告を確保できるのだという考えを、みんなが受け入れている。

成功は秘密主義にかかっているという信念が共有されている。メディアに話を漏らす人間は会社に不利益をもたらすと、みんなが信じている。アップルを辞めたあとでも、記者に話した者は仲間はずれに遭う。解雇された者や、訴えられた者もいる。

こういう文化があるおかげで、アップルにまつわる報道は非常に難しい。社員どうしでもたがいに固く口を閉ざしてしまうことがある。夫婦であっても異なる部署にいれば、何年も仕事の話をしない。ある夫婦は退職して長い時間が経ってようやく、自分がどんなことをしていたかを打ち明けたという。それだけ勇気が必要なことなのだ。

449 【オンラインゲームについて】 Ben Thompson, "The Apple v. Epic Decision," Stratechery, September 13, 2021, https://stratechery.com/2021/the-apple-v-epic-decision/
449 【北西部の辺境、新疆では】 Wayne Ma, "Seven Apple Suppliers Accused of Using Forced Labor from Xinjiang," The Information, May 10, 2021, https://www.theinformation.com/articles/seven-apple-suppliers-accused-of-using-forced-labor-from-xinjiang
450 【2011年8月にCEOに】 "Apple Inc. Notice of 2021 Annual Meeting of Shareholders and Proxy Statement," Apple, January 5, 2021, https://www.sec.gov/Archives/edgar/data/320193/000119312521001987/d767770ddef14a.htm
450 【21年9月末、アップル取締役会は】 Anders Melin and Tom Metcalf, "Tim Cook Hits Billionaire Status with Apple Nearing $2 Trillion," Bloomberg, August 10, 2020, https://www.bloomberg.com/news/articles/2020-08-10/apple-s-cook-becomes-billionaire-via-the-less-traveled-ceo-route ／ Mark Gurman, "Apple Gives Tim Cook Up to a Million Shares That Vest Through 2025," Bloomberg, September 29, 2020, https://www.bloomberg.com/news/articles/2020-09-29/apple-gives-cook-up-to-a-million-shares-that-vest-through-2025#xj4y7vzkg
451 【2021年、同社のいわゆる】 Apple Inc. Form 10-K 2020. Cupertino, CA: Apple Inc, 2020, https://s2.q4cdn.com/470004039/files/doc_financials/2020/q4/_10-K-2020-(As-Filed).pdf
452 【このクリエイティブ集団は自分たちの】 Dave Lee, "Airbnb Brings in Jony Ive to Oversee Redesign," *Financial Times*, October 21, 2020, https://www.ft.com/content/8bc63067-4f58-4c84-beb1-f516409c9838 ／ Tim Bradshaw, "Jony Ive Teams Up with Ferrari to Develop Electric Car," *Financial Times*, September 27, 2021, https://www.ft.com/content/c2436fb5-d857-4aff-b81e-30141879711c ／フェラーリ社プレスリリース "Exor, Ferrari and LoveFrom Announce Creative Partnership," Ferrari, September 27, 2021, https://www.ferrari.com/en-EN/corporate/articles/exor-ferrari-and-lovefrom-announce-creative-partnership ／ Nergess Banks, "This Is Ferrari and Superstar Designer Marc Newson's Tailored Luggage Line," *Forbes*, May 6, 2020, https://www.forbes.com/sites/nargessbanks/2020/05/05/ferrari-marc-newsons-luggage-collection/?sh=248a8e762d11
454 【小さなビュッフェカウンターの】 カミーユ・クロフォードへのインタビュー。
454 【振り向いて、彼の視線を追い】 カミーユ・クロフォードへのインタビュー／ Alexa Tsoulis-Reay, "What It's Like to See 100 Million Colors," *New York*, February 26, 2015, https://www.thecut.com/2015/02/what-like-see-a-hundred-million-colors.html

23 イエスタデイ

431【その300万ドルの建物には】"Pac Heights Carriage House in Contract at $4K Per Square Foot," SocketSite, June 10, 2015, https://socketsite.com/archives/2015/06/3-5m-carriage-house-in-contract-at-4k-per-square-foot.html

432【中の誰かがブラインドを】Aaron Tilley and Wayne Ma, "Before Departure, Apple's Jony Ive Faded from View," The Information, June 27, 2019, https://www.theinformation.com/articles/before-departure-apples-jony-ive-faded-from-view

432【5月上旬、Eメールで関係者に】招待状のコピー。

433【このステージについて、アイブは】Lewis Wallace, "How (and Why) Jony Ive Built the Mysterious Rainbow Apple Stage," Cult of Mac, May 9, 2019, https://www.cultofmac.com/624572/apple-stage-rainbow/

433【アイブはこのイベントを楽しみに】ジョニー・アイブの元個人秘書、カミーユ・クロフォードへのインタビュー。

434【父マイクもここ何年か】マイク・アイブの長年の友人でミドルセックス・ポリテクニックの同僚でもあるジョン・ケイブへのインタビュー。

436【「準備はいい?　さあ】Sina Digital, "Apple Park, Apple's New Headquarters, Opens Lady Gaga Rainbow Stage Singing," (translated), Sina, May 19, 2019, https://tech.sina.com.cn/mobile/n/n/2019-05-19/doc-ihvhiqax9739760.shtml

436【「こんな美しい場所を】Monster Nation, PAWS UP, "Lady Gaga Live at the Apple Park" (video), Facebook, May 17, 2019, https://www.facebook.com/MonsterNationPawsUp/videos/671078713305170/

436【彼らは責任の重荷を逃れたい】Peggy Truong, "The Real Meaning of 'Shallow' from 'A Star Is Born,' Explained," *Cosmopolitan*, February 25, 2019, https://www.cosmopolitan.com/entertainment/music/a26444189/shallow-lady-gaga-lyrics-meaning/ ／ Lady Gaga, Mark Ronson, Anthony Rossomando, and Andrew Wyatt, "Shallow," *A Star Is Born*, 2018, https://genius.com/Lady-gaga-and-bradley-cooper-shallow-lyrics

438【仲間が集まってすばらしいものを共創した】Paulinosdepido, "Steve Jobs My Model in Business Is the Beatles," YouTube, December 13, 2011, https://www.youtube.com/watch?v=1QfK9UokAlo

443【アイブが手にする報酬は】"10 of the Largest Golden Parachutes CEOs Ever Received," *Town & Country*, December 6, 2013.

443【15年間CEOの直属だった】Tripp Mickle, "Jony Ive's Long Drift from Apple—The Design Chief 's Departure Comes After Years of Growing Distance and Frustration," *Wall Street Journal*, July 1, 2019.

エピローグ

444【ジョブズの死後何年か】Tripp Mickle, "How Tim Cook Made Apple His Own," *Wall Street Journal*, August 7, 2020, https://www.wsj.com/articles/tim-cook-apple-steve-jobs-trump-china-iphone-ipad-apps-smartphone-11596833902

445【ローレン・パウエル・ジョブズは二人の】ローレン・パウエル・ジョブズからのEメール、2021年3月25日。

447【その仕事を通じて2021年に】Apple Inc., "Apple Return of Capital and Net Cash Position," Cupertino, CA, Apple Inc, 2021, https://s2.q4cdn.com/470004039/files/doc_financials/2021/q3/Q3'21-Return-of-Capital-Timeline.pdf

447【クックはサービス事業の規模を】"Fortune 500," *Fortune*, 2020, https://fortune.com/fortune500/2020/

448【株価収益率はそれまでの】"Apple Inc.," FactSet, https://www.factset.com

448【あまりの劇的な変化に】Tripp Mickle, "Apple Was Headed for a Slump. Then It Had One of the Biggest Rallies Ever," *Wall Street Journal*, January 26. 2020, https://www.wsj.com/articles/apple-was-headed-for-a-slump-then-it-had-one-of-the-biggest-rallies-ever-11580034601

448【App Storeの利益率を】Tim Higgins, "Apple's Tim Cook Faces Pointed Questions from Judge on App Store Competition," *Wall Street Journal*, May 21, 2021, https://www.wsj.com/articles/apples-tim-cook-expected-to-take-witness-stand-in-antitrust-fight-11621589408

449【裁判中に発見された内部文書から】Tim Higgins, "Apple Doesn't Make Videogames. But It's the Hottest Player in Gaming," *Wall Street Journal*, October 2, 2021, https://www.wsj.com/articles/apple-doesnt-make-videogames-but-its-the-hottest-player-in-gaming-11633147211

414 【ユタ州の片隅、風が削り出した】Becca Hensley, "Review: Amangiri," *Condé Nast Traveler*, https://www.cntraveler.com/hotels/united-states/canyon-point/amangiri-canyon-point

414 【自然はクックに着想と刺激を】Michael Roberts, "Tim Cook Pivots to Fitness," *Outside*, February 10, 2021, https://www.outsideonline.com/health/wellness/tim-cook-apple-fitness-wellness-future/ ／ "Tim Cook on Health and Fitness" (podcast), *Outside*, December 9, 2020, https://www.outsideonline.com/podcast/tim-cook-health-fitness-podcast/

415 【2018年末、アップルは最新の】Yoko Kubota, "The Phone that's Failing Apple: iPhone XR," *Wall Street Journal*, January 6, 2019, https://www.wsj.com/articles/the-phone-thats-failing-apple-iphone-xr-11546779603

416 【最大のスマートフォンメーカー】"Apple iPhone XR vs Huawei P20 comparison," Gadgets Now, https://www.gadgetsnow.com/compare-mobile-phones/Apple-iPhone-XR-vs-Huawei-P20

416 【かつて中国市場をリードした】Yoko Kubota, "Apple iPhone Loses Ground to China's Homegrown Rivals," *Wall Street Journal*, January 3, 2019, https://www.wsj.com/articles/apple-loses-ground-to-chinas-homegrown-rivals-11546524491

416 【XRが売れ残ったため】Debby Wu, "Apple iPhone Supplier Foxconn Planning Deep Cost Cuts," Bloomberg, November 21, 2018, https://www.bloomberg.com/news/articles/2018-11-21/apple-s-biggest-iphone-assembler-is-said-to-plan-deep-cost-cuts

417 【マーケティングチームは旧型】Mark Gurman, "Apple Resorts to Promo Deals, Trade-ins to Boost iPhone Sales," Bloomberg, December 4, 2018, https://www.bloomberg.com/news/articles/2018-12-04/apple-is-said-to-reassign-marketing-staff-to-boost-iphone-sales

417 【アップルは2018年の後半に】Macrotrendsによれば、アップルの時価総額は2018年9月4日に1兆1310億ドル、2018年12月24日に6950億ドル。

417 【10年近く続いた時価総額】Jay Greene, "How Microsoft Quietly Became the World's Most Valuable Company," *Wall Street Journal*, December 1, 2018, https://www.wsj.com/articles/how-microsoft-quietly-became-the-worlds-most-valuable-company-1543665600

418 【2019年1月2日の】「ティム・クックからアップルの投資家たちへの手紙」アップル、2019年1月2日。https://www.apple.com/newsroom/2019/01/letter-from-tim-cook-to-apple-investors/

418 【同日午後、クックは】"CNBC Exclusive: CNBC Transcript: Apple CEO Tim Cook Speaks with CNBC's Josh Lipton Today," CNBC, January 2, 2019, https://www.cnbc.com/2019/01/02/cnbc-exclusive-cnbc-transcript-apple-ceo-tim-cook-speaks-with-cnbcs-josh-lipton-today.html

419 【翌日、アップルの株価は】Sophie Caronello, "Apple's Market Cap Plunge Must Be Seen in Context," Bloomberg, January 4, 2019, https://www.bloomberg.com/news/articles/2019-01-04/apple-s-market-cap-plunge-must-be-seen-in-context

420 【5年間で1億7300万ドル稼いだ】Apple Inc. Definitive Proxy Statement, 2014, Schedule 14A, United States Securities and Exchange Commission, https://www.sec.gov/Archives/edgar/data/320193/000119312514008074/d648739ddef14a.htm ／ Apple Inc. Definitive Proxy Statement, 2017, Schedule 14A, United States Securities and Exchange Commission, https://www.sec.gov/Archives/edgar/data/320193/000119312517003753/d257185ddef14a.htm

423 【カクテルパーティが終わる前に】John Koblin, "Hollywood Had Questions. Apple Didn't Answer Them," *New York Times*, March 26, 2019, https://www.nytimes.com/2019/03/26/business/media/apple-tv-plus-hollywood.html

424 【群衆が1脚1万4000ドルの】Apple, "Apple Event, March 2019" (video), Apple Events, March 25, 2019, https://podcasts.apple.com/us/podcast/apple-special-event-march-2019/id275834665?i=1000433397233

425 【2週間前にはスポティファイが】Valentina Pop and Sam Schechner, "Spotify Accuses Apple of Stifling Competition in EU Complaint," *Wall Street Journal*, March 13, 2019, https://www.wsj.com/articles/spotify-files-eu-antitrust-complaint-over-apples-app-store-11552472861

430 【年末には2倍近くまで】Kevin Kelleher, "Apple's Stock Soared 89% in 2019, Highlighting the Company's Resilience," *Fortune*, December 31, 2019, https://fortune.com/2019/12/31/apple-stock-soared-in-2019/

in-new-china-tariffs-1522970476

390 【彼は人のひしめく狭い廊下を】 Aaron Steckelberg, "Inside Trump's West Wing," *Washington Post*, May 3, 2017, https://www.washingtonpost.com/graphics/politics/100-days-west-wing/

391 【中国政府が携帯電話の顧客データを】 Jack Nicas, Raymond Zhong, and Daisuke Wakabayashi, "Censorship, Surveillance and Profits: A Hard Bargain for Apple in China," *New York Times*, June 17, 2021, https://www.nytimes.com/2021/05/17/technology/apple-china-censorship-data.html

392 【のちにある記者から】 "Remarks by President Trump Before Marine One Departure," The White House, January 12, 2021, https://trumpwhitehouse.archives.gov/briefings-statements/remarks-president-trump-marine-one-departure-011221/

392 【そして2018年8月2日】 Noel Randewich, "Apple Breaches $1 Trillion Stock Market Valuation," Reuters, August 2, 2018, https://www.reuters.com/article/us-apple-stocks-trillion/apple-breaches-1-trillion-stock-market-valuation-idUSKBN1KN2BE

393 【数日後、トランプ政権が更新した】 Tripp Mickle and Jay Greene, "Apple Says China Tariffs Would Hit Watch, AirPods," *Wall Street Journal*, September 7, 2018, https://www.wsj.com/articles/apple-says-china-tariffs-would-hit-watch-airpods-1536353245 ／ Tripp Mickle, "How Tim Cook Won Donald Trump's Ear," *Wall Street Journal*, October 5, 2019, https://www.wsj.com/articles/how-tim-cook-won-donald-trumps-ear-11570248040

21 | 機能不全

394 【「人にはさまざまな生き方があり」】 Apple, "Apple Event, September 2017" (video) Apple Events, September 14, 2017, https://podcasts.apple.com/us/podcast/apple-special-event-september-2017/id275834665?i=1000430692674

395 【1997年、ジョブズは】 Isaacson, *Steve Jobs*.〔邦訳『スティーブ・ジョブズ』〕

396 【スペースグレーの円い天井の下】 Nick Compton, "In the Loop: Jony Ive on Apple's New HQ and the Disappearing iPhone," *Wallpaper*, December 2017, https://www.wallpaper.com/design/jony-ive-apple-park

396 【立ち止まって見上げたとき】 スティーブ・ウォズニアックへのインタビュー、2017年9月14日。

397 【アイブは例によってステージの】 Apple, "Apple Event, September 2017" (video), Apple Events, September 14, 2017, https://podcasts.apple.com/us/podcast/apple-special-event-september-2017/id275834665?i=1000430692674

399 【「ロミオとジュリエット」という暗号名を】 Yoko Kubota, "Apple iPhone X Production Woe Sparked by Juliet and Her Romeo," *Wall Street Journal*, September 27, 2017, https://www.wsj.com/articles/apple-iphone-x-production-woe-sparked-by-juliet-and-her-romeo-1506510189

400 【クックはウォール街アナリストとの】 "Apple Inc., Q4 2017 Earnings Call, Nov 02, 2017," S&P Capital IQ, November 2, 2017, https://www.capitaliq.com/CIQDotNet/Transcripts/Detail.aspx?keyDevId=540777466&companyId=24937

400 【ジョブズとクックの時代を通じて】 Apple Inc. Definitive Proxy Statement 2018, Cupertino, CA: Apple Inc., December 15, 2017, https://www.sec.gov/Archives/edgar/data/320193/000119312517380130/d400278ddef14a.htm

400 【写真家のアンドリュー・ザッカーマンが】 ザッカーマンのドキュメンタリー作品は中止になった。アップルは彼の作品を発表するかどうかについて明言していない。

401 【アップルは社員の電話記録や】 *Apple Inc v. Gerard Williams III, Williams Cross-Complaint Against Apple Inc.*, Superior Court of the State of California, County of Santa Clara, November 6, 2019.

403 【2017年末、彼はスミソニアン協会が】 "Jony Ive: The Future of Design," November 29, 2017, https://hirshhorn.si.edu/event/jony-ive-future-design/ ／ fusteによりSoundcloud.comに投稿されたポッドキャスト、"Jony Ive: The Future of Design," Hirshhorn Museum, November 29, 2017, https://soundcloud.com/user-175082292/jony-ive-the-future-of-design

405 【次の何週間か、アップル・パークの】 "Apple Park: Transcript of 911 Calls About Injuries from Walking into Glass," *San Francisco Chronicle*, March 2, 2018, https://www.sfchronicle.com/business/article/Apple-Park-Transcript-of-911-calls-about-12723602.php

410 【デザインチームが新キャンパスへ】 Vanessa Friedman, "Is the Fashion Wearables Love Affair Over?" *New York Times*, January 12, 2018, https://www.nytimes.com/2018/01/12/fashion/ces-wearables-fashion-technology.html

June 20, 2017, https://www.axios.com/2017/12/15/tim-cook-to-trump-put-more-heart-in-immigration-debate-1513303104

380【後日、大統領執務室で行われた】"Excerpts: Donald Trump's Interview with the Wall Street Journal," *Wall Street Journal*, July 25, 2017, https://www.wsj.com/articles/donald-trumps-interview-with-the-wall-street-journal-edited-transcript-1501023617?tesla=y / Tripp Mickle and Peter Nicholas, "Trump Says Apple CEO Has Promised to Build Three Manufacturing Plants in U.S.," *Wall Street Journal*, July 25, 2017, https://www.wsj.com/articles/trump-says-apple-ceo-has-promised-to-build-three-manufacturing-plants-in-u-s-1501012372

382【クックはトランプに電話をかけて】"Remarks by President Trump to the World Economic Forum," The White House, January 26, 2018, https://trumpwhitehouse.archives.gov/briefings-statements/remarks-president-trump-world-economic-forum/

382【2018年春の難題は】Bob Davis and Lingling Wei, *Superpower Showdown*.

383【株式市場は激震し、iPhoneの】アップル社株価は2018年3月20日、42.33ドル/2018年3月23日、39.84ドル。

383【習近平率いる中国が報復に出れば】Jack Nicas and Paul Mozur, "In China Trade War, Apple Worries It Will Be Collateral Damage," *New York Times*, June 18, 2018, https://www.nytimes.com/2018/06/18/technology/apple-tim-cook-china.html / Norihiko Shirouzu and Michael Martina, "Red Light: Ford Facing Hold-ups at China Ports amid Trade Friction," Reuters, May 9, 2018, https://www.reuters.com/article/us-usa-trade-china-ford/red-light-ford-facing-hold-ups-at-china-ports-amid-trade-friction-sources-idUKKBN1IA1O1 / Eun-Young Jeong, "South Korea's Companies Eager for End to Costly Spat with China," *Wall Street Journal*, November 1, 2017, https://www.wsj.com/articles/south-koreas-companies-eager-for-end-to-costly-spat-with-china-1509544012

384【「開放性を受け入れ】Yoko Kubota, "Apple's Cook to Trump: Embrace Open Trade," *Wall Street Journal*, March 24, 2018, https://www.wsj.com/articles/apples-cook-to-trump-embrace-open-trade-1521880744 / "Apple CEO Calls for Countries to Embrace Openness, Trade and Diversity at China Development Forum" CCTV, March 24, 2018 / "China to Continue Pushing Forward Opening Up and Reform: Li Keqiang," China Plus, March 27, 2018, http://chinaplus.cri.cn/news/china/9/20180327/108308.html

385【このサービスは開始から2年が】Caroline Cakebread, "With 60 Million Subscribers, Spotify Is Dominating Apple Music," Yahoo! Finance, August 1, 2017, https://finance.yahoo.com/news/60-million-subscribers-spotify-dominating-195250485.html

385【控えめな性格のCEOが】Tripp Mickle and Joe Flint, "No Sex Please, We're Apple: iPhone Giant Seeks TV Success on Its Own Terms," *Wall Street Journal*, September 22, 2018, https://www.wsj.com/articles/no-sex-please-were-apple-iphone-giant-seeks-tv-success-on-its-own-terms-1537588880 / Margaret Lyons, " 'Madam Secretary' Proved TV Didn't Have to Be Hip to Be Great," *New York Times*, December 8, 2019, https://www.nytimes.com/2019/12/08/arts/television/madam-secretary-finale.html

386【ドラマが初公開されたとき】Maureen Ryan, "TV Review: Apple's 'Planet of the Apps,'" *Variety*, June 6, 2017, https://variety.com/2017/tv /reviews/planet-of-the-apps-apple-gwyneth-paltrow-jessica-alba-1202456477/ / Jake Nevins, "Planet of the Apps Review—Celebrity Panel Can't Save Apple's Dull First TV Show," Guardian, June 8, 2017, https://www.theguardian.com/tv-and-radio/2017/jun/08/planet-of-the-apps-review-apple-first-tv-show

389【ソニーとの契約が切れた時点で】Tripp Mickle and Joe Flint, "Apple Poaches Sony TV Executives to Lead Push into Original Content," *Wall Street Journal*, June 16, 2017, https://www.wsj.com/articles/apple-poaches-sony-tv-executives-to-lead-push-into-original-content-1497616203

389【数カ月でこの二人はリース】Joe Flint, "Jennifer Aniston, Reese Witherspoon Drama Series Headed to Apple," *Wall Street Journal*, November 8, 2017, https://www.wsj.com/articles/jennifer-aniston-reese-witherspoon-drama-series-headed-to-apple-1510167626

390【トランプの就任から1年以上が】ラリー・クドローへのインタビュー。

390【訪問直前の何日かで】Hanna Sender, William Mauldin, and Josh Ulick, "Chart: All the Goods Targeted in the Trade Spat," *Wall Street Journal*, April 5, 2018, https://www.wsj.com/articles/a-look-at-which-goods-are-under-fire-in-trade-spat-1522939292 / Bob Davis, "Trump Weighs Tariffs on $100 Billion More of Chinese Goods," *Wall Street Journal*, April 5, 2018, https://www.wsj.com/articles/u-s-to-consider-another-100-billion-

Quarter-Results/
372【アプリ販売と定額料金の手数料収入のほか】Tripp Mickle, "Apple's Pressing Challenge: Build Its Services Business," *Wall Street Journal*, January 10, 2019, https://www.wsj.com/articles/apples-pressing-challenge-build-its-services-business-11547121605
372【およそ8割が純利益と】Tim Higgins and Brent Kendall, "Epic vs. Apple Trial Features Battle over How to Define Digital Markets," *Wall Street Journal*, May 2, 2021, https://www.wsj.com/articles/epic-vs-apple-trial-features-battle-over-how-to-define-digital-markets-11619964001
373【アナリストたちとの電話会議で】"Apple Inc., Q1 2017 Earnings Call, Jan 31, 2017," S&P Capital IQ, https://www.capitaliq.com/CIQDotNet/Transcripts/Detail.aspx?keyDevId=415202390&companyId=24937
373【その3分の1をApp Storeが】Mickle, "Apple's Pressing Challenge: Build Its Services Business."
374【この作業の結果、ジョブズの】Nick Wingfield, " 'The Mobile Industry's Never Seen Anything like This': An Interview with Steve Jobs at the App Store's Launch," *Wall Street Journal*, July 25, 2018, https://www.wsj.com/articles/the-mobile-industrys-never-seen-anything-like-this-an-interview-with-steve-jobs-at-the-app-stores-launch-1532527201
375【トランプ新大統領はホワイトハウス入り】Timothy B. Lee, "Trump Claims 1.5 Million People Came to His Inauguration. Here's What the Evidence Shows," Vox, January 23, 2017, https://www.vox.com/policy-and-politics/2017/1/21/14347298/trump-inauguration-crowd-size ／ Abby Phillip and Mike DeBonis, "Without Evidence, Trump Tells Lawmakers 3 Million to 5 Million Illegal Ballots Cost Him the Popular Vote," *Washington Post*, January 23, 2017, https://www.washingtonpost.com/news/post-politics/wp/2017/01/23/at-white-house-trump-tells-congressional-leaders-3-5-million-illegal-ballots-cost-him-the-popular-vote/ ／ Akane Otani and Shane Shifflett, "Think a Negative Tweet from Trump Crushes a Stock? Think Again," *Wall Street Journal*, February 23, 2017, https://www.wsj.com/graphics/trump-market-tweets/
375【スティーブ・ジョブズは政治嫌い】G. Pascal Zachary, "In the Politics of Innovation, Steve Jobs Shows Less Is More," IEEE Spectrum, December 15, 2010, https://spectrum.ieee.org/in-the-politics-of-innovation-steve-jobs-shows-less-is-more
376【2010年、ローレン・パウエルが】Isaacson, *Steve Jobs*.（邦訳『スティーブ・ジョブズ』）
377【状況を不安視したスタッフの】ティム・クックへのインタビュー。
377【「アップルはオープンだ」】Edward Moyer, "Apple's Cook Takes Aim at Trump's Immigration Ban," CNET, January 28, 2017, https://www.cnet.com/news/tim-cook-trump-immigration-apple-memo-executive-order/
377【ホワイトハウスに連絡を取って】ティム・クックへのインタビュー。
378【5月下旬、広報チームは】Lizzy Gurdus, "Exclusive: Apple Just Promised to Give U.S. Manufacturing a $1 Billion Boost" (video), CNBC, May 3, 2017, https://www.cnbc.com/2017/05/03/exclusive-apple-just-promised-to-give-us-manufacturing-a-1-billion-boost.html
378【工場労働者300万人と】Tripp Mickle and Yoko Kubota, "Tim Cook and Apple Bet Everything on China. Then Coronavirus Hit," *Wall Street Journal*, March 3, 2020, https://www.wsj.com/articles/tim-cook-and-apple-bet-everything-on-china-then-coronavirus-hit-11583172087 ／ Glenn Leibowitz, "Apple CEO Tim Cook: This Is the No. 1 Reason We Make iPhones in China (It's Not What You Think)," Inc., December 21, 2017, https://www.inc.com/glenn-leibowitz/apple-ceo-tim-cook-this-is-number-1-reason-we-make-iphones-in-china-its-not-what-you-think.html
379【怒濤の成長により、アップルの社員は】Apple Inc. Form 10-K For the fiscal year ended September 30, 2017, Cupertino, CA: Apple Inc, https://www.sec.gov/Archives/edgar/data/320193/000032019317000070/a10-k20179302017.htm ／ Apple Inc. Form 10-K For the fiscal year ended September 24, 2011, Cupertino, CA: Apple Inc, https://www.sec.gov/Archives/edgar/data/320193/000119312511282113/d220209d10k.htm ／ Apple Inc. Definitive Proxy Statement 2018, Cupertino, CA: Apple Inc., December 15, 2017, https://www.sec.gov/Archives/edgar/data/320193/000119312517380130/d400278ddef14a.htm
380【しかし、大統領にすり寄りすぎ】Jonathan Swan, "What Apple's Tim Cook Will Tell Trump," Axios, June 18, 2017, https://www.axios.com/what-apples-tim-cook-will-tell-trump-1513303073-74d6db9f-d6c2-46c7-8e24-a291325d88e9.html
380【「移民政策にもっと心を】David McCabe, "Tim Cook to Trump: Put 'More Heart' in Immigration Debate," Axios,

Street Journal, July 25, 2016, https://www.wsj.com/articles/apple-taps-bob-mansfield-to-oversee-car-project-1469458580 ／ Daisuke Wakabayashi and Brian X. Chen, "Apple Is Said to Be Rethinking Strategy on Self-Driving Cars," *New York Times*, September 9, 2016, https://www.nytimes.com/2016/09/10/technology/apple-is-said-to-be-rethinking-strategy-on-self-driving-cars.html

353 **【iTunesのサービス停止直後】** Paul Mozur and Jane Perlez, "Apple Services Shut Down in China in Startling About-Face," *New York Times*, April 21, 2016, https://www.nytimes.com/2016/04/22/technology/apple-no-longer-immune-to-chinas-scrutiny-of-us-tech-firms.html

354 **【「アップルには、他国ではなく】** Liberty University, "Donald Trump—Liberty University Convocation," YouTube, January 18, 2016, https://www.youtube.com/watch?v=xSAyOlQuVX4

355 **【直前1週間の世論調査は】** Josh Katz, "Who Will Be President?" *New York Times*, November 8, 2016, https://www.nytimes.com/interactive/2016/upshot/presidential-polls-forecast.html ／ Gregory Krieg, "The Day That Changed Everything: Election 2016, as It Happened," CNN, November 8, 2017, https://www.cnn.com/2017/11/08/politics/inside-election-day-2016-as-it-happened/index.html

19 50歳のジョニー

356 **【およそ580平方メートルの部屋は】** "About the Battery," The Battery, https://www.thebatterysf.com/about

358 **【タイム・ワーナー・ケーブルで加入者基盤の】** Shalini Ramachandran, "Apple Hires Former Time Warner Cable Executive Peter Stern," *Wall Street Journal*, September 14, 2016, https://www.wsj.com/articles/apple-hires-former-time-warner-cable-executive-peter-stern-1473887487

359 **【このようなコスト意識の強い判断に】** Fred Imbert, "GoPro Hires Designer Away from Apple; Shares Spike," CNBC, April 13, 2016, https://www.cnbc.com/2016/04/13/gopro-hires-apple-designer-daniel-coster-shares-jump.html ／ Kunkel, *AppleDesign*.〔邦訳『アップルデザイン』〕

360 **【アップル株が1ドルくらいの】** Mike Murphy, "Apple Shares Just Closed at Their Highest Price Ever," Quartz, February 13, 2017, https://qz.com/909729/how-much-are-apple-aapl-shares-worth-more-than-ever/

361 **【スコット・フォーストールの下で何年か】** Jay Peters, "One of the Apple Watch's Original Designers Tweeted a Behind-the-Scenes Look at Its Development," Verge, April 24, 2020, https://www.theverge.com/tldr/2020/4/24/21235090/apple-watch-designer-imran-chaudhri-development-tweetstorm

361 **【このような取り決めはティム・クック率いる】** アップルは総報酬の一部として従業員に株式を付与している。従業員は約4年間の権利確定期間を経た後に、この「制限付き株式ユニット」という付与の全体を変換できるようになる。アップルでは通常、秋と春に株式の権利が確定し、従業員の離職や退職が相次ぐ。場合によっては、新年早々に権利が確定し付与を受けた者もいる。

363 **【この企画に一役買った】** Charlotte Edwardes, "Meet the Glamorous New Tribes Shaking Up the Cotswolds," *Evening Standard*, July 20, 2017, https://www.standard.co.uk/lifestyle/esmagazine/new-wolds-order-how-glamorous-new-arrivals-are-shaking-things-up-in-the-cotswolds-a3590711.html ／ Suzanna Andrews, "Untangling Rebekah Brooks," *Vanity Fair*, January 9, 2012, https://www.vanityfair.com/news/business/2012/02/rebekah-brooks-201202

367 **【90年代の初め、自分とジ・エッジは】** Bono, The Edge, Adam Clayton, Larry Mullen, Jr., with Neil McCormick, *U2 by U2* (London: itbooks, 2006), 270–75.〔邦訳『U2 by U2』前むつみ監訳，久保田祐子訳、シンコーミュージックエンタテイメント、2006年刊〕

367 **【オルガンがブルース調のバックビートを】** Bono, Adam Clayton, The Edge, Larry Mullen, Jr., "One," *Achtung Baby*, 1992, https://genius.com/U2-one-lyrics

20 政権交代

370 **【雇用を回復し、経済的機会を】** " 'America First': Full Transcript and Video of Donald Trump's Inaugural Address," *Wall Street Journal*, January 20, 2017, https://www.wsj.com/articles/BL-WB-67322

371 **【2015年度上半期のiPhone売上高を】** アップル社プレスリリース "Apple Reports Fourth Quarter Results (Consolidated Financial Statements)," Apple, November 2, 2017, https://www.apple.com/newsroom/2017/11/apple-reports-fourth-quarter-results/ ／アップル社プレスリリース "Apple Reports Fourth Quarter Results," Apple, October 27, 2015, https://www.apple.com/newsroom/2015/10/27Apple-Reports-Record-Fourth-

Samsung's Galaxy Note 7: Source," Reuters, September 13, 2016, https://www.reuters.com/article/us-atl-samsung-battery/chinas-atl-to-become-main-battery-supplier-for-samsungs-galaxy-note-7-source-idUSKCN11J1EL ／ Sherisse Pham, "Samsung Blames Batteries for Galaxy Note 7 Fires," CNN, January 23, 2017, https://money.cnn.com/2017/01/22/technology/samsung-galaxy-note-7-fires-investigation-batteries/

343 **【歩道の上方には、アーチ型の窓の】** Tim Cook, Twitter, September 7, 2016, https://twitter.com/tim_cook/status/773530595284529152

343 **【CEOはステージに上がると】** Apple, "Apple Event, October 2016" (video) Apple Events, September 7, 2016, https://podcasts.apple.com/us/podcast/apple-special-event-october-2016/id275834665?i=1000430692673

343 **【最初の1年で推定1200万台が】** Daisuke Wakabayashi, "Apple's Watch Outpaced the iPhone in First Year," *Wall Street Journal*, April 24, 2016, https://www.wsj.com/articles/apple-watch-with-sizable-sales-cant-shake-its-critics-1461524901 ／アップル社プレスリリース "Apple Reports Fourth Quarter Results," Apple (with consolidated financial statements), October 25, 2016 https://www.apple.com/newsroom/2016/10/apple-reports-fourth-quarter-results/

345 **【追加されたカメラが新しいチップや】** アップル社プレスリリース "Portrait Mode Now Available on iPhone 7 Plus with iOS 10.1," Apple, October 24, 2016, https://www.apple.com/newsroom/2016/10/portrait-mode-now-available-on-iphone-7-plus-with-ios-101/

346 **【ジョブズは亡くなる1年前】** "Steve Jobs in 2010, at D8," Apple Podcasts, https://podcasts.apple.com/us/podcast/steve-jobs-in-2010-at-d8/id529997900?i=1000116189688

347 **【コメディサイト、カレッジヒューモアは】** CollegeHumor, "The New iPhone Is Just Worse," YouTube, September 8, 2016, https://www.youtube.com/watch?v=RgBDdDdSqNE

347 **【コメディアンのコナン・オブライエンも】** Team Coco, "Apple's New AirPods Ad | Conan on TBS," YouTube, September 14, 2016, https://www.youtube.com/watch?v=z_wlmaGRkNY

347 **【発売の数日後、クックは】** Paul Blake, "Exclusive: Apple CEO Tim Cook Dispels Fears That AirPods Will Fall out of Ears," ABC News, September 13, 2016, https://abcnews.go.com/Technology/exclusive-apple-ceo-tim-cook-dispels-fears-airpods/story?id=42054658

348 **【問題の原因を突き止めようとして】** この問題についての白書を書き、「デザインによるコラボレーション」という解決策を開発した元人事担当シニアパートナー、クリス・ディーヴァーへのインタビュー。

348 **【この損失を受けて人事部は】** 元人事担当シニアパートナー、クリス・ディーヴァーへのインタビュー／ Chris Deaver, "From Think Different to Different Together: The Best Work of My Life at Apple," LinkedIn, August 29, 2019, https://www.linkedin.com/pulse/think-different-together-best-work-my-life-apple-chris-deaver/

348 **【iPhone 7とAirPodsに対する】** Jonathan Cheng and John D. McKinnon, "The Fatal Mistake that Doomed Samsung's Galaxy Note," *Wall Street Journal*, October 23, 2016, https://www.wsj.com/articles/the-fatal-mistake-that-doomed-samsungs-galaxy-note-1477248978

349 **【クックはiPhone 7に対する】** Neil Mawston, "SA: Apple iPhone 7 Was World's Best-Selling Smartphone Model in Q1 2017," Strategy Analytics, May 10, 2017, https://www.strategyanalytics.com/strategy-analytics/news/strategy-analytics-press-releases/strategy-analytics-press-release/2017/05/10/strategy-analytics-apple-iphone-7-was-world%27s-best-selling-smartphone-model-in-q1-2017

349 **【ウォーレン・バフェットの投資会社】** Mark Böschen, "Berkshire Hathaway Manager Establishes Apple Investment," *Manager Magazin*, October 28, 2016 ／ Anupreeta Das, "Warren Buffett's Heirs Bet on Apple," *Wall Street Journal*, May 16, 2016, https://www.wsj.com/articles /buffetts-berkshire-takes-1-billion-position-in-apple-1463400389 ／ Hannah Roberts, "Warren Buffett's Berkshire Hathaway Has More than Doubled Its Stake in Apple," Business Insider, February 27, 2017, https://www.businessinsider.com/warren-buffetts-berkshire-hathaway-has-more-than-doubled-its-stake-in-apple-2017-2 ／ Becky Quick and Lauren Feiner, "Watch Apple CEO Tim Cook's Full Interview from the Berkshire Hathaway Shareholder Meeting," CNBC, May 6, 2019, https://www.cnbc.com/2019/05/06/apple-ceo-tim-cook-interview-from-berkshire-hathaway-meeting.html

351 **【日曜日、孫たちを連れて】** Emily Bary, "What Warren Buffett Learned About the iPhone at Dairy Queen," *Barron's*, February 27, 2017, https://www.barrons.com/articles/what-warren-buffett-learned-about-the-iphone-at-dairy-queen-1488216174

352 **【自動車への取り組み再開を】** Daisuke Wakabayashi, "Apple Taps Bob Mansfield to Oversee Car Project," *Wall*

Sources," Reuters, April 28, 2016, https://www.reuters.com/article/us-apple-encryption-idUSKCN0XQ032 ／ Ellen Nakashima and Reed Albergotti, "The FBI Wanted to Unlock the San Bernardino Shooter's iPhone. It Turned to a Little-Known Australian Firm," *Washington Post*, April 14, 2021, https://www.washingtonpost.com/technology/2021/04/14/azimuth-san-bernardino-apple-iphone-fbi/

327 **【自力でiPhoneに侵入できない】** "A Special Inquiry Regarding the Accuracy of FBI Statements Concerning Its Capabilities to Exploit an iPhone Seized During the San Bernardino Terror Attack Investigation," Office of the Inspector General, U.S. Department of Justice, March 2018, https://www.oversight.gov/sites/default/files/oig-reports/o1803.pdf

328 **【13年ぶりに四半期の】** アップル社プレスリリース "Apple Reports Second Quarter Results," Apple, April 26, 2016, https://www.apple.com/newsroom/2016/04/26Apple-Reports-Second-Quarter-Results/

328 **【この間、アップルの株価は】** Daisuke Wakabayashi, "Apple Sinks on iPhone Stumble," *Wall Street Journal*, April 26, 2016.

17 ハワイの日々

333 **【「アナとアンドリューから】** 取材中に入手したメトロポリタン美術館でのジョニー・アイブのスピーチ映像／ Dan Howarth, " 'Fewer Designers Seem to Be Interested in How Something Is Actually Made' says Jonathan Ive," Dezeen, May 3, 2016, https://www.dezeen.com/2016/05/03/fewer-designers-interested-in-how-something-is-made-jonathan-ive-apple-manus-x-machina/

334 **【その夜、アイブとクックは】** Jim Shi, "See How Tech and Fashion Mixed at the Met Gala," Bizbash, May 10, 2016, https://www.bizbash.com/catering-design/event-design-decor/media-gallery/13481625/see-how-tech-and-fashion-mixed-at-the-met-gala

334 **【アイブとクックの席は】** Patricia Garcia, "Watch the Weeknd and Nas Perform at the 2016 Met Gala," *Vogue*, May 3, 2016, https://www.vogue.com/article/the-weeknd-nas-met-gala-performance

338 **【「どうすりゃいいんだ」】** Tripp Mickle, "Jony Ive Is Leaving Apple, but His Departure Started Long Ago," *Wall Street Journal*, June 30, 2019,　https://www.wsj.com/articles/jony-ive-is-departing-apple-but-he-started-leaving-years-ago-11561943376?mod=article_relatedinline

338 **【アイブとニューソンはインダストリアルデザイナーとして】** Alice Morby, "Jony Ive and Marc Newson Create Room-Size Interpretation of a Christmas Tree," Dezeen, November 21, 2016, https://www.dezeen.com/2016/11/21/jony-ive-marc-newson-immersive-christmas-tree-claridges-hotel-london/ ／ Jessica Klingelfuss, "First Look at Sir Jony Ive and Marc Newson's Immersive Festive Installation for Claridge's," *Wallpaper*, November 19, 2016, https://www.wallpaper.com/design/first-look-jony-ive-marc-newson-festive-installation-claridges

18 煙

341 **【ショーの主役は、目を】** Jonathan Cheng, "Samsung Adds Iris Scanner to New Galaxy Note Smartphone," *Wall Street Journal*, August 2, 2016, https://www.wsj.com/articles/samsung-adds-iris-scanner-to-new-galaxy-note-smartphone-1470150004 ／ "Gartner Says Worldwide Sales of Smartphones Grew 7 Percent in the Fourth Quarter of 2016," Gartner, February 15, 2017, https://www.gartner.com/en/newsroom/press-releases/2017-02-15-gartner-says-worldwide-sales-of-smartphones-grew-7-percent-in-the-fourth-quarter-of-2016

341 **【彼女はイリノイ州マリオンを】** ジョニー・バーウィックへのインタビュー／ Olivia Solon, "Samsung Owners Furious as Company Resists Paying Up for Note 7 Fire Damage," *Guardian*, October 19, 2016, https://www.theguardian.com/technology/2016/oct/19/samsung-galaxy-note-7-fire-damage-owners-angry ／ "Samsung Exploding Phone Lawsuits May Be Derailed by Fine Print," CBS News, February 3, 2017, https://www.cbsnews.com/news/samsung-galaxy-note-7-fine-print-class-action-waiver-lawsuits/ ／ Joanna Stern,"Samsung Galaxy Note 7 Review: Best New Android Phone," *Wall Street Journal*, August 16, 2016, https://www.wsj.com/articles/samsung-galaxy-note-7-review-its-all-about-the-stylus-1471352401

341 **【発売何週間かでアメリカの】** "Samsung Recalls Galaxy Note7 Smartphones Due to Serious Fire and Burn Hazards," United States Consumer Product Safety Commission, September 15, 2016, https://www.cpsc.gov/Recalls/2016/Samsung-Recalls-Galaxy-Note7-Smartphones/

342 **【サムスンはスマートフォン用バッテリーの】** Sijia Jiang, "China's ATL to Become Main Battery Supplier for

Before the Select Committee on Intelligence of the United States Senate, February 9, 2016, https://www.govinfo.gov/content/pkg/CHRG-114shrg20544/pdf/CHRG-114shrg20544.pdf, 43–44 ／ C-SPAN, “Global Threats” (video), c-span.org, February 9, 2016, https://www.c-span.org/video/?404387-1/hearing-global-terrorism-threats

318【この発言に新聞記者やニュースキャスターが】Dustin Volz and Mark Hosenball, “FBI Director Says Investigators Unable to Unlock San Bernardino Killer's Phone Content,” Reuters, February 9, 2016, https://www.reuters.com/article/california-shooting-encryption/fbi-director-says-investigators-unable-to-unlock-san-bernardino-killers-phone-content-idUSL2N15O246

318【彼らは企業に刑事事件への協力を】Orin Kerr, “Opinion: Preliminary Thoughts on the Apple iPhone Order in the San Bernardino Case: Part 2, the All Writs Act,” *Washington Post*, February 19, 2016, https://www.washingtonpost.com/news/volokh-conspiracy/wp/2016/02/19/preliminary-thoughts-on-the-apple-iphone-order-in-the-san-bernardino-case-part-2-the-all-writs-act/ ／ Alison Frankel, “How a N.Y. Judge Inspired Apple's Encryption Fight: Frankel,” Reuters, February 17, 2016, https://www.reuters.com/article/apple-encryption-column/refile-how-a-n-y-judge-inspired-apples-encryption-fight-frankel-idUSL2N15W2HZ

318【2月16日、政府弁護士団は】*Attorneys for the Applicant United States of America. In the Matter of the Search of an Apple iPhone Seized During the Execution of a Search Warrant on a Black Lexus IS300, California License Plate 35KGD203*, ED No. 15-0451M, Government's Ex Parte Application, U.S. District Court, Central District of California, February 16, 2016, https://www.justice.gov/usao-cdca/page/file/1066141/download

320【クックは最近、iPhoneは】Issie Lapowsky, “Apple Takes a Swipe at Google in Open Letter on Privacy,” *Wired*, September 18, 2014, https://www.wired.com/2014/09/apple-privacy-policy/

321【フェデリギはFBIの要求を分析し】*Attorneys for Apple Inc. Apple Inc's Motion to Vacate Order Compelling Apple Inc. to Assist Agents in Search, and Opposition to Government's Motion to Compel Assistance*, ED No. CM 16-10 (SP), United States District Court, the Central District of California, Eastern Division, March 22, 2016, https://epic.org/amicus/crypto/apple/In-re-Apple-Motion-to-Vacate.pdf

322【大統領選のテーマにもなり】Scott Bixby, “Trump Calls for Apple Boycott amid FBI Feud—Then Sends Tweets from iPhone,” *Guardian*, February 19, 2016, https://www.theguardian.com/us-news/2016/feb/19/donald-trump-apple-boycott-fbi-san-bernardino

322【世論は二分され、国の半分は】Devlin Barrett, “Americans Divided over Apple's Phone Privacy Fight, WSJ/NBC Poll Shows,” *Wall Street Journal*, March 9, 2016, https://www.wsj.com/articles/americans-divided-over-apples-phone-privacy-fight-wsj-nbc-poll-shows-1457499601

322【書面掲載から1週間経った2月25日】ABC News, “Exclusive: Apple CEO Tim Cook Sits down with David Muir (Extended Interview),” YouTube, February 25, 2016, https://www.youtube.com/watch?v=tGqLTFv7v7c

325【司法省はアップルへの攻撃を】Eric Lichtblau and Matt Apuzzo, “Justice Department Calls Apple's Refusal to Unlock iPhone a ‘Marketing Strategy,’” *New York Times*, February 19, 2016, https://www.nytimes.com/2016/02/20/business/justice-department-calls-apples-refusal-to-unlock-iphone-a-marketing-strategy.html

325【政府や競合他社の目に】Matthew Panzarino, “Apple's Tim Cook Delivers Blistering Speech on Encryption, Privacy,” TechCrunch, June 2, 2015, https://techcrunch.com/2015/06/02/apples-tim-cook-delivers-blistering-speech-on-encryption-privacy/

325【しかし中国では、国際的ブランドの】Jack Nicas, Raymond Zhong, and Daisuke Wakabayashi, “Censorship, Surveillance and Profits: A Hard Bargain for Apple in China,” *New York Times*, May 17, 2021, https://www.nytimes.com/2021/05/17/technology/apple-china-censorship-data.html ／ Reed Albergotti, “Apple Puts CEO Tim Cook on the Stand to Fight the Maker of ‘Fortnite,’” *Washington Post*, May 21, 2021, https://www.washingtonpost.com/technology/2021/05/21/apple-tim-cook-epic-fortnite-trial/

326【「こういう話を聞くたび】*The Encryption Tightrope: Balancing Americans' Security and Privacy, Hearing Before the Committee on the Judiciary, House of Representatives*.

326【数年後、アップルがラスベガスの】Michael Simon, “Apple's iPhone Privacy Billboard Is a Clever CES Troll, but It's Also Inaccurate,” *Macworld*, January 6, 2019, https://www.macworld.com/article/232305/apple-privacy-billboard.html

327【政府はプロのハッカーに】Mark Hosenball, “FBI Paid Under $1 Million to Unlock San Bernardino iPhone:

—FULL CONVERSATION" (video), *Vanity Fair*, October 9, 2015, https://www.vanityfair.com/video/watch/the-new-establishment-summit-jony-ive-j-j-abrams-and-brian-grazer-on-inventing-worlds-in-a-changing-one-2015-10-09
306 【アイブは夕食の席で】Ian Parker, "The Shape of Things to Come: How an Industrial Designer Became Apple's Greatest Product," *The New Yorker*, February 16, 2015, https://www.newyorker.com/magazine/2015/02/23/shape-things-come
308 【機械仕立ては日用化された】アンドリュー・ボルトンへのインタビュー／Guy Trebay, "At the Met, Andrew Bolton Is the Storyteller in Chief," *New York Times*, April 29, 2015, https://www.nytimes.com/2015/04/30/fashion/mens-style/at-the-met-andrew-bolton-is-the-storyteller-in-chief.html
308 【フランドルの巨匠ヤン・ファン・エイクの】Christina Binkley, "Karl Lagerfeld Runway Show Features Pregnant Model in Neoprene Gown," *Wall Street Journal*, July 9, 2014, https://www.wsj.com/articles/BL-SEB-82150
309 【彼に電話をかけ、アップルは】アナ・ウィンターへのインタビュー。
309 【彼は300万ドル超と推定される】アナ・ウィンターへのインタビュー／Maghan McDowell, "Yahoo's $3 Million Met Ball Sponsorship Comes Under Fire," *Women's Wear Daily*, December 16, 2015, https://wwd.com/fashion-news/fashion-scoops/yahoos-3-million-met-ball-sponsorship-comes-under-fire-10299361/
309 【エルメスとの提携は】Christina Passariello, "Apple's First Foray into Luxury with Hermès Watch Breaks Tradition," *Wall Street Journal*, September 11, 2015, https://www.wsj.com/articles/apple-breaks-traditions-with-first-foray-into-luxury-1441944061／アンドリュー・ボルトンへのインタビュー。

16 セキュリティ

312 【2015年12月の】Rick Braziel, Frank Straub, George Watson, and Rod Hoops, *Bringing Calm to Chaos: A Critical Incident Review of the San Bernardino Public Safety Response to the December 2, 2015, Terrorist Shooting Incident at the Inland Regional Center*, Office of Community Oriented Policing Services, U.S. Department of Justice, 2016, https://www.justice.gov/usao-cdca/file/891996/download
315 【アップルがロックを解除するわけには】Apple, "Legal Process Guidelines: Government & Law Enforcement Within the United States" https://www.apple.com/legal/privacy/law-enforcement-guidelines-us.pdf
315 【FBIはiCloudのアカウントに】Lev Grossman, "Inside Apple CEO Tim Cook's Fight with the FBI," *Time*, March 17, 2016, https://time.com/4262480/tim-cook-apple-fbi-2/／*The Encryption Tightrope: Balancing Americans' Security and Privacy, Hearing Before the Committee on the Judiciary, House of Representatives*, March 1, 2016, https://docs.house.gov/meetings/JU/JU00/20160301/104573/HHRG-114-JU00-Transcript-20160301.pdf
315 【また、保健局のソフト管理システムは】Kim Zetter, "New Documents Solve a Few Mysteries in the Apple-FBI Saga," *Wired*, March 11, 2016, https://www.wired.com/2016/03/new-documents-solve-mysteries-apple-fbi-saga/
315 【事件からおよそ1カ月が経過した】John Shinal, "War on Terror Comes to Silicon Valley," *USA Today*, February 25, 2016, https://www.usatoday.com/story/tech/columnist/2016/02/25/war-terror-comes-silicon-valley/80918106/
315 【オバマ政権を代表する彼らが】Ellen Nakashima, "Obama's Top National Security Officials to Meet with Silicon Valley CEOs," *Washington Post*, January 7, 2016, https://www.washingtonpost.com/world/national-security/obamas-top-national-security-officials-to-meet-with-silicon-valley-ceos/2016/01/07/178d95ca-b586-11e5-a842-0feb51d1d124_story.html
315 【複数のハイテク企業が】Glenn Greenwald and Ewen MacAskill, "NSA Prism Program Taps In to User Data of Apple, Google and Others," *Guardian*, June 7, 2013, https://www.theguardian.com/world/2013/jun/06/us-tech-giants-nsa-data
316 【オバマ政権は暗号化にまつわる】Jenna McLaughlin, "Apple's Tim Cook Lashes Out at White House Officials for Being Wishy-Washy on Encryption," The Intercept, January 12, 2016, https://theintercept.com/2016/01/12/apples-tim-cook-lashes-out-at-white-house-officials-for-being-wishy-washy-on-encryption/
316 【コミーは政府の権利を拡大解釈し】Daisuke Wakabayashi and Devlin Barrett, "Apple, FBI Wage War of Words," *Wall Street Journal*, February 22, 2016, https://www.wsj.com/articles/apple-fbi-wage-war-of-words-1456188800
317 【「コミー長官、法にのっとった】*Current and Projected National Security Threats to the United States, Hearing*

apple-aiming-at-primesense-acquisition-but-deal-is-not-yet-done
294【価格のアップが高価な部品の】Linda Sui, "Apple iPhone Shipments by Model: Q2 2007 to Q2 2018," Strategy Analytics, February 11, 2019, https://www.strategyanalytics.com/access-services/devices/mobile-phones/handset-country-share/market-data/report-detail/apple-iphone-shipments-by-model-q2-2007-to-q4-2018
295【ウォール・ストリート・ジャーナルのテック評論家】Joanna Stern, "Apple Music Review: Behind a Messy Interface Is Music's Next Big Leap," *Wall Street Journal*, July 7, 2015, https://www.wsj.com/articles/apple-music-review-behind-a-messy-interface-is-musics-next-big-leap-1436300486 ／ Brian X. Chen, "Apple Music Is Strong on Design, Weak on Networking," *New York Times*, July 1, 2015, https://www.nytimes.com/2015/07/02/technology/personaltech/apple-music-is-strong-on-design-weak-on-social-networking.html ／ Micah Singleton, "Apple Music Review," Verge, July 8, 2015, https://www.theverge.com/2015/7/8/8911731/apple-music-review ／ Walt Mossberg, "Apple Music First Look: Rich, Robust—but Confusing," Vox, June 30, 2015, https://www.vox.com/2015/6/30/11563978/apple-music-first-look-rich-fluid-but-somewhat-confusing
295【この機能がアプリを競合より煩雑に】Susie Ochs, "Turning Off Connect Makes Apple Music Better," *Macworld*, July 1, 2015, https://www.macworld.com/article/225829/turning-off-connect-makes-apple-music-better.html
296【6カ月で1000万人の】Matthew Garrahan and Tim Bradshaw, "Apple's Music Streaming Subscribers Top 10M," *Financial Times*, January 10, 2016, https://www.ft.com/content/742955d2-b79b-11e5-bf7e-8a339b6f2164

15 金庫番たち

297【ジョブズ一家は2000年ごろから】Isaacson, *Steve Jobs*.〔邦訳『スティーブ・ジョブズ』〕
297【ジョブズは1年以上かけて】Isaacson, *Steve Jobs*, 366.〔邦訳『スティーブ・ジョブズ』〕
297【機内のインテリアデザインに】Brad Stone and Adam Satariano, "Tim Cook Interview: The iPhone 6, the Apple Watch, and Remaking a Company's Culture," Bloomberg, September 18, 2014, https://www.bloomberg.com/news/articles/2014-09-18/tim-cook-interview-the-iphone-6-the-apple-watch-and-being-nice
299【少年時代に父親とオースチン】Buster Hein, "These Are the Fabulous Rides of Sir Jony Ive," Cult of Mac, February 27, 2014, https://www.cultofmac.com/254380/jony-ives-cars/
300【アイブの展望は、ハードウェア責任者】Daisuke Wakabayashi, "Apple Scales Back Its Ambitions for a Self-Driving Car," *New York Times*, August 22, 2017, https://www.nytimes.com/2017/08/22/technology/apple-self-driving-car.html
300【白熱の議論が戦わされるあいだに】Jack Nicas, "Apple, Spurned by Others, Signs Deal with Volkswagen for Driverless Cars," *New York Times*, May 23, 2018, https://www.nytimes.com/2018/05/23/technology/apple-bmw-mercedes-volkswagen-driverless-cars.html
301【外で俳優がSiri役を】Aaron Tilley and Wayne Ma, "Before Departure, Apple's Jony Ive Faded from View," The Information, June 27, 2019, https://www.theinformation.com/articles/before-departure-apples-jony-ive-faded-from-view
302【座席のためにフォスター+パートナーズの】Foster + Partners, "The Steve Jobs Theater at Apple Park," fosterandpartners.com, September 15, 2017, https://www.fosterandpartners.com/news/archive/2017/09/the-steve-jobs-theater-at-apple-park/ ／ Gordon Sorlini, "Full Leather Trim," The Official Ferrari Magazine, March 29, 2021, https://www.ferrari.com/en-GM/magazine/articles/full-leather-trim-poltrona-frau-dashboards ／ Seung Lee, "Apple's New Steve Jobs Theater Is Expected to Be a Major Reveal of Its Own," *Mercury News*, September 11, 2017, https://www.mercurynews.com/2017/09/11/apples-new-steve-jobs-theater-is-expected-to-be-a-major-reveal-of-its-own/
304【長年アップル株を所有してきた】Dawn Chmielewski, "Rev. Jesse Jackson Lauds Apple's Diversity Efforts, but Says March Not Over," Vox, March 10, 2015, https://www.vox.com/2015/3/10/11560038/rev-jesse-jackson-lauds-apples-diversity-efforts-but-says-march-not
306【彼女が嫌っている伝記】Stephen Galloway, "A Widow's Threats, High-Powered Spats and the Sony Hack: The Strange Saga of 'Steve Jobs,'" *Hollywood Reporter*, October 7, 2015, https://www.hollywoodreporter.com/movies/movie-features/a-widows-threats-high-powered -829925/
306【ジョブズの命日から数日後】"Jony Ive, J. J. Abrams, and Brian Grazer on Inventing Worlds in a Changing One

mac-3606104/

283【コンシューマーアプリケーション担当】Evan Minsker, "Trent Reznor Talks Apple Music: What His Involvement Is, What Sets It Apart," Pitchfork, July 1, 2015, https://pitchfork.com/news/60190-trent-reznor-talks-apple-music-what-his-involvement-is-what-sets-it-apart/

284【アップルに買収される前の】Todd Wasserman, "Report: Beats Music Had Only 111,000 Subscribers in March," Mashable, May 13, 2014.

286【ところが、アップルは3カ月間】Josh Duboff, "Taylor Swift: Apple Crusader, #GirlSquad Captain, and the Most Influential 25-Year-Old in America," *Vanity Fair*, August 11, 2015, https://www.vanityfair.com/style/2015/08/taylor-swift-cover-mario-testino-apple-music

287【ティム・クックは観客の拍手や】Apple, "Apple—WWDC 2015," YouTube, June 15, 2015, https://www.youtube.com/watch?v=_p8AsQhaVKI

287【10年ほど前、スティーブ・ジョブズは】"Steve Jobs to Kick Off Apple's Worldwide Developers Conference 2003," Apple, May 8, 2003, https://www.apple.com/newsroom/2003/05/08Steve-Jobs-to-Kick-Off-Apples-Worldwide-Developers-Conference-2003/ ／ "Apple Launches the iTunes Music Store," Apple, April 28, 2003, https://www.apple.com/newsroom/2003/04/28Apple-Launches-the-iTunes-Music-Store/ ／ Apple Novinky, "Steve Jobs Introduces iTunes Music Store—Apple Special Event 2003," YouTube, April 3, 2018, https://www.youtube.com/watch?v=NF9o46zK5Jo

289【アップルが新しい音楽配信サービスを】Duboff, "Taylor Swift: Apple Crusader, #GirlSquad Captain, and the Most Influential 25-Year-Old in America" ／スコット・ボーチェッタへのインタビュー。

289【テイラーよりアップルへ】Peter Helman, "Read Taylor Swift's Open Letter to Apple Music," Stereogum, June 21, 2015, https://www.stereogum.com/1810310/read-taylor-swifts-open-letter-to-apple-music/news/

290【父の日の朝、南カリフォルニアの】"HBO's Richard Plepler and Jimmy Iovine on Dreaming and Streaming—FULL CONVERSATION," *Vanity Fair*, October 8, 2015, https://www.vanityfair.com/video/watch/hbo-richard-plepler-jimmy-iovine-dreaming-streaming

290【じつは、スウィフトが所属する】Duboff, "Taylor Swift: Apple Crusader, #GirlSquad Captain, and the Most Influential 25-Year-Old in America" ／ *Fortune Magazine*, "How Technology Is Changing the Music Industry" YouTube, July 17, 2015, https://www.youtube.com/watch?v=5ZdVA-_deYE

290【「どういうことだ?」】スコット・ボーチェッタへのインタビュー。

291【「面倒なことになる」】Jimi Famurewa, "Jimmy Iovine Interview: Producer Talks Apple Music, Zane Lowe, and Taylor Swift's Wrath," *Evening Standard*, August 6, 2015, https://www.standard.co.uk/tech/jimmy-iovine-interview-producer-talks-apple-music-zane-lowe-and-taylor-swift-s-wrath-10442663.html

291【「幸い、まだサービスは】*Fortune Magazine*, "How Technology Is Changing the Music Industry" ／スコット・ボーチェッタへのインタビュー。

291【「適切なレートは?」と】スコット・ボーチェッタへのインタビュー。

291【当時、スポティファイは】Tim Ingham, "Pandora: Our $0.001 per Stream Payout Is 'Very Fair' on Artists. And Besides, Now We Can Help Them Sell Tickets," MusicBusiness Worldwide, February 22, 2015, https://www.musicbusinessworldwide.com/pandora-our-0-001-per-stream-payout-is-very-fair/

292【「テイラー」キューは】スコット・ボーチェッタへのインタビュー。

292【ボーチェッタのBMLGとも契約】Anne Steele, "Apple Music Reveals How Much It Pays When You Stream a Song," *Wall Street Journal*, April 16, 2021, https://www.wsj.com/articles/apple-music-reveals-how-much-it-pays-when-you-stream-a-song-11618579800

292【「話がうますぎるとみんな言うが】スコット・ボーチェッタへのインタビュー。

293【リッキオのチームはあわてて】Taylor Soper, "Amazon Echo Sales Reach 5M in Two Years, Research Firm Says, as Google Competitor Enters Market," GeekWire, November 21, 2016, https://www.geekwire.com/2016/amazon-echo-sales-reach-5m-two-years-research-firm-says-google-competitor-enters-market/

294【彼らが開発したシステムは】Sean Hollister, "Microsoft Releases Xbox One Cheat Sheet: Here's What You Can Tell Kinect to Do," Verge, November 25, 2013, https://www.theverge.com/2013/11/25/5146066/microsoft-releases-xbox-one-cheat-sheet-heres-what-you-can-tell ／ Liz Gaines, "Apple Aiming at PrimeSense Acquisition, but Deal Is Not Yet Done," All Things D, November 17, 2013, https://allthingsd.com/20131117/

more," PhoneArena, April 17, 2015, https://www.phonearena.com/news/Rich-and-famous-in-Milan-get-free-Apple-Watch-Apple-Watch-Band-and-more_id68390

270 【アイブはイタリアの社交界】Nick Compton, "Road-Testing the Apple Watch at Salone del Mobile 2015," *Wallpaper*, April 13, 2015, https://www.wallpaper.com/watches-and-jewellery/the-big-reveal-road-testing-the-apple-watch-at-salone-del-mobile-2015

271 【ステージに設けられた席に】Micah Singleton, "Jony Ive: It's Not Our Intent to Compete with Luxury Goods," Verge, April 24, 2015, https://www.theverge.com/2015/4/24/8491265/jony-ive-interview-apple-watch-luxury-goods ／ Scarlett Kilcooley-O'Halloran, "Apple Explains Its Grand Plan to Suzy Menkes," *Vogue*, April 22, 2015, http://web.archive.org/web/20150425201744/https://www.vogue.co.uk/news/2015/04/22/the-new-luxury-landscape

272 【彼がiPadを追い求めたのは】Imran Chaudhri, "So the Real Story Is That Steve's Brief," Twitter, December 16, 2019, https://twitter.com/imranchaudhri/status/1206785636855758855?lang=en

273 【アメリカではウエスト・ハリウッドにある】Associated Press, "Shoppers Get to Know Apple Watch on First Day of Sales," CTV News, April 10, 2015, https://www.ctvnews.ca/sci-tech/shoppers-get-to-know-apple-watch-on-first-day-of-sales-1.2320387

273 【ところが、店の前にできた行列は】Tim Higgins, Jing Cao, and Amy Thomson, "Apple Watch Debut Marks a New Retail Strategy for Apple," Bloomberg, April 24, 2015, https://www.bloomberg.com/news/articles/2015-04-24/apple-watch-debut-marks-a-new-retail-strategy-for-apple

273 【「どれも高級腕時計とは感じられず】Sam Byford, Amar Toor, and Tom Warren, "We Went Shopping for an Apple Watch in Tokyo, Paris, and London," Verge, April 10, 2015, https://www.theverge.com/2015/4/10/8380993/apple-watch-tokyo-paris-london-shopping

273 【これはアイブのデザインが受けた】Nilay Patel, "Apple Watch Review," Verge, April 8, 2015, https://www.theverge.com/a/apple-watch-review ／ Nicole Phelps, "Apple Watch: A Nine-Day Road Test," *Vogue*, April 8, 2015, https://www.vogue.com/article/apple-watch-test-drive

274 【「Apple Watchレビュー】Joshua Topolsky, "Apple Watch Review: You'll Want One, but You Don't Need One," Bloomberg, April 8, 2015, https://www.bloomberg.com/news/features/2015-04-08/apple-watch-review-you-ll-want-one-but-you-don-t-need-one

275 【UBSのミルノビッチは】Jay Yarow, "There's 'Lackluster Interest' in Apple Watch, Says UBS," Business Insider, May 1, 2015, https://www.businessinsider.com/ubs-on-the-apple-watch-2015-5 ／ slgoldberg, "Long Sync Times, Delayed Notifications, and Other Issues—Explained!" Apple, May 12, 2015, https://discussions.apple.com/thread/7039051

275 【セールスチームは〈ベスト・バイ〉のような】パトリック・プルニエへのインタビュー。

276 【体調を崩し、肺炎を起こした】Parker, "The Shape of Things to Come."

278 【観測筋によれば】"Fortune 500," *Fortune*, 2015, https://fortune.com/fortune500/2015/search/

279 【この変化に先立ち】Stephen Fry, "When Stephen Fry Met Jony Ive: The Self-Confessed Tech Geek Talks to Apple's Newly Promoted Chief Design Officer," *Telegraph*, May 26, 2015, https://www.telegraph.co.uk/technology/apple/11628710/When-Stephen-Fry-met-Jony-Ive-the-self-confessed-fanboi-meets-Apples-newly-promoted-chief-design-officer.html

14 フューズ──融合

281 【iPhone事業が2014年末に】Apple Inc., Form 10-K for the fiscal year ended September 26, 2015, (filed October 28, 2011), p. 30, SEC, https://www.sec.gov/Archives/edgar/data/320193/000119312515356351/d17062d10k.htm

281 【アップルが自動車に取り組んでいるという】Daisuke Wakabayashi and Mike Ramsey, "Apple Gears Up to Challenge Tesla in Electric Cars," *Wall Street Journal*, February 13, 2015, https://www.wsj.com/articles/apples-titan-car-project-to-challenge-tesla-1423868072 ／ Tim Bradshaw and Andy Sharman, "Apple Hiring Automotive Experts to Work in Secret Research Lab," *Financial Times*, February 13, 2015, https://www.ft.com/content/84906352-b3a5-11e4-9449-00144feab7de

282 【この伝統は、あるエンジニアが】Nik Rawlinson, "History of Apple: The Story of Steve Jobs and the Company He Founded," *Macworld*, April 25, 2017, https://www.macworld.co.uk/feature/history-of-apple-steve-jobs-

montgomery/2014/10/apple_ceo_tim_cook_criticizes.html ／ WKRG, "Apple's Tim Cook Honored, Slams Alabama Education System," YouTube, November 12, 2014, https://www.youtube.com/watch?v=P6xZSCyPWmA

256 【「私たちはみな、アフリカ系】 Ismail Hossain, "Apple CEO Tim Cook Speaks at Alabama Academy of Honor Induction," YouTube, January 3, 2015, https://www.youtube.com/watch?v=frpvn_0bxQs

257 【著名な保守系報道機関に至っては】 Ryan Boggus, "Sims Unloads on Apple CEO for 'Swooping In' to 'Lecture Alabama on How We Should Live,'" Yellowhammer News, October 28, 2014, https://yellowhammernews.com/sims-unloads-apple-ceo-swooping-lecture-alabama-live/

258 【「このことは周囲の小さな輪に】 "Exclusive: Amanpour Speaks with Apple CEO Tim Cook" (video), CNN, October 25, 2018, https://www.cnn.com/videos/business/2018/10/25/tim-cook-amanpour-full.cnn

258 【「ティム・クックは語る」という見出しで】 Cook, "Tim Cook Speaks Up."

259 【クックのエッセイがほかの公人たちの】 Marc Hurel, "Tim Cook of Apple: Being Gay in Corporate America (letter)," *New York Times*, October 31, 2014, https://www.nytimes.com/2014/11/01/opinion/tim-cook-of-apple-being-gay-in-corporate-america.html ／ James B. Stewart, "The Coming Out of Apple's Tim Cook: 'This Will Resonate,'" *New York Times*, October 30, 2014.

13 流行遅れ

262 【この会議から間もなく】 N586GVの飛行記録／ Ian Parker, "The Shape of Things to Come," *The New Yorker*, February 16, 2015, https://www.newyorker.com/magazine/2015/02/23/shape-things-come

262 【アイブは2015年になると】 Parker, "The Shape of Things to Come" ／ Jake Holmes, "2014 Bentley Mulsanne Adds Pillows, Privacy Curtains and Wi-Fi," Motortrend, January 23, 2013, https://www.motortrend.com/news/2014-bentley-mulsanne-adds-pillows-privacy-curtains-and-wi-fi-199127/

263 【「彼らは毎年のように】 "Cramer: Own Apple, Don't Trade It" (video), *Mad Money with Jim Cramer*, CNBC, January 28, 2015, https://www.cnbc.com/video/2021/12/09/jim-cramer-says-own-apple-dont-trade-it.html

263 【彼はクックのことを】 "Cook Calls Cramer: Happy 10th Anniversary!" (video), *Mad Money with Jim Cramer*, CNBC, March 12, 2015, https://www.cnbc.com/video/2015/03/12/cook-calls-cramer-happy-10th-anniversary.html

264 【ニューヨーク・タイムズのファッションエディター】 Vanessa Friedman, "This Emperor Needs New Clothes," *New York Times*, October 15, 2014, https://www.nytimes.com/2014/10/16/fashion/for-tim-cook-of-apple-the-fashion-of-no-fashion.html

265 【これとは対照的に、アイブは】 Parker, "The Shape of Things to Come."

265 【「さて、こうした店舗に】 "Apple Event, March 2015" (video), Apple Events, March 9, 2015, https://podcasts.apple.com/us/podcast/apple-special-event-march-2015/id275834665?i=1000430692662

266 【アルミニウム製のApple Watch Sportは】 Press Release, "Apple Watch Available in Nine Countries on April 24," Apple, March 9, 2015, https://www.apple.com/newsroom/2015/03/09Apple-Watch-Available-in-Nine-Countries-on-April-24/

266 【前回の新製品iPadは】 Apple Inc., Form 10-K for the fiscal year ended September 24, 2011, (filed October 26, 2011), p. 30, SEC,　https://www.sec.gov/Archives/edgar/data/320193/000119312511282113/d220209d10k.htm

266 【CNBCテレビではキャスターらが】 Jay Yarow, "There's 'Lackluster Interest' in Apple Watch, Says UBS," Business Insider, May 1, 2015, https://www.businessinsider.com/ubs-on-the-apple-watch-2015-5 ／ "Can Apple Watch Move the Needle?" (video), CNBC, March 10, 2015, https://www.cnbc.com/video/2015/03/10/can-apple-watch-move-the-needle.html

267 【時給2ドルほどの工員たちの】 Karen Turner, "As Apple's Profits Decline, iPhone Factory Workers Suffer, a New Report Claims," *Washington Post*, September 1, 2016, https://www.washingtonpost.com/news/the-switch/wp/2016/09/01/as-apples-profits-decline-iphone-factory-workers-suffer-a-new-report-claims/

267 【組み立て工程の最後のほうで】 Daisuke Wakabayashi and Lorraine Luk, "Apple Watch: Faulty Taptic Engine Slows Rollout," *Wall Street Journal*, April 29, 2015, https://www.wsj.com/articles/apple-watch-faulty-taptic-engine-slows-roll-out-1430339460

269 【インフィニット・ループではこの新しい】 時計メーカー、タグ・ホイヤーからドヌーヴのチームへ移籍したパトリック・プルノーへのインタビュー。

270 【彼は白いシャツの第1ボタンを】 Alan F. "Rich and famous in Milan get free Apple Watch, Apple Watch Band and

Apple Watch," AudreyWorldNews, November 11, 2014, http://www.audreyworldnews.com/2014/11/apple-azzedine-alaia-party.html ／ Vanessa Friedman, "The Star of the Show Is Strapped on a Wrist," *New York Times*, October 1, 2014, https://www.nytimes.com/2014/10/02/fashion/apple-watch-azzedine-alaia-paris-fashion-week.html

12 プライド

250 **【カリフォルニアで毎朝4時に】** "Apple Inc., Q4 2014 Earnings Call, Oct 20, 2014," S&P Capital IQ, October 20, 2014, https://www.capitaliq.com/CIQDotNet/Transcripts/Detail.aspx?keyDevId=273702454&companyId=24937

250 **【年末年始でiPhoneは】** Apple Inc., Form 10-Q for the fiscal quarter ended December 27, 2014, United States Securities and Exchange Commission, https://www.sec.gov/Archives/edgar/data/320193/000119312515023697/d835533d10q.htm

250 **【1分当たり500台売れた】** Walt Mossberg, "The Watcher of the Apple Watch: Jeff Williams at Code 2015 (video)," Vox, June 18, 2015, https://www.vox.com/2015/6/18/11563672/the-watcher-of-the-apple-watch-jeff-williams-at-code-2015-video

251 **【「新iPhoneの需要は圧倒的です」】** "Apple Inc., Q4 2014 Earnings Call, Oct 20, 2014," S&P Capital IQ, October 20, 2014, https://www.capitaliq.com/CIQDotNet/Transcripts/Detail.aspx?keyDevId=273702454&companyId=24937

251 **【2014年の秋、クックは】** Ryan Phillips, "Tim Cook, Nick Saban Among Newest Members of Alabama Academy of Honor," *Birmingham Business Journal*, October 27, 2014, https://www.bizjournals.com/birmingham/morning_call/2014/10/tim-cook-nick-saban-among-newest-members-of.html

251 **【クックは2013年の】** Tim Cook, "Workplace Equality Is Good for Business," *Wall Street Journal*, November 3, 2013, https://www.wsj.com/articles/SB10001424052702304527504579172302377638002

252 **【2年前、CNNのニュースキャスター】** Jena McGregor, "Anderson Cooper was Tim Cook's Guide for Coming Out as Gay," *Washington Post*, August 15, 2016, https://www.washingtonpost.com/news/on-leadership/wp/2016/08/15/why-tim-cook-talked-with-anderson-cooper-before-publicly-coming-out-as-gay/

252 **【なぜもっと早く告白しなかったのか】** The Howard Stern Showに出演したアンダーソン・クーパー、2020年5月12日。https://www.howardstern.com/show/2020/05/12/robin-quivers-struggles-turning-down-houseguests-amidst-global-pandemic/

253 **【クックは打ち合わせのため】** Bloomberg Surveillance, "Apple CEO Tim Cook: I'm Proud to Be Gay" (video), Bloomberg, October 30, 2014, https://www.bloomberg.com/news/videos/2014-10-30/apple-ceo-tim-cook-im-proud-to-be-gay

253 **【職業人生では基本的なプライバシーを】** Tim Cook, "Tim Cook Speaks Up," Bloomberg, October 30, 2014, https://www.bloomberg.com/news/articles/2014-10-30/tim-cook-speaks-up

254 **【2000年代、アメリカでは】** "LGBT Rights," Gallup, https://news.gallup.com/poll/1651/gay-lesbian-rights.aspx

254 **【これはシリコンバレーの人たちが】** "The History of the Castro," KQED, 2009, https://www.kqed.org/w/hood/castro/castroHistory.html

254 **【1990年に採用方針を】** "Apple Gives Benefits to Domestic Partners," *San Francisco Chronicle*, July 25, 1992.

254 **【2008年のフォーチュン誌に】** Adam Lashinsky, "Tim Cook: The Genius Behind Steve," *Fortune*, November 23, 2008, https://fortune.com/2008/11/24 /apple-the-genius-behind-steve/ ／ Owen Thomas, "Is Apple COO Tim Cook Gay?" Gawker, November 10, 2008, https://www.gawker.com/5082473/is-apple-coo-tim-cook-gay

255 **【2011年、クックはゲイ雑誌アウトで】** Nicholas Jackson, "To Be the Most Powerful Gay Man in Tech, Cook Needs to Come Out," *The Atlantic*, August 25, 2011, https://www.theatlantic.com/technology/archive/2011/08/to-be-the-most-powerful-gay-man-in-tech-cook-needs-to-come-out/244083/

255 **【CEO就任後にゴーカーが】** Ryan Tate, "Tim Cook: Apple's New CEO and the Most Powerful Gay Man in America," Gawker, August 24, 2011, https://www.gawker.com/5834158/tim-cook-apples-new-ceo-and-the-most-powerful-gay-man-in-america ／ベン・リンとその友人たちへのインタビューによると、リンとクックが付き合ったことはない。

256 **【台の上にiPadを置き】** Erin Edgemon, "Apple CEO Tim Cook Criticizes Alabama for Not Offering Equality to LGBT Community," AL.com, October 27, 2014, updated January 13, 2020, https://www.al.com/news/

Street Journal, July 9, 2017, https://www.wsj.com/articles/apples-itunes-falls-short-in-battle-for-video-viewers-1499601601
233 【ドレーには、1991年に】Tom Connick, "Dr. Dre Discusses History of Abuse Towards Women: 'I Was Out of My Fucking Mind,'" NME, July 11, 2017, https://www.nme.com/news/music/dr-dre-discusses-abuse-women-fucking-mind-2108142 / Joe Coscarelli, "Dr. Dre Apologizes to the 'Women I've Hurt,'" *New York Times*, August 21, 2015, https://www.nytimes.com/2015/08/22/arts/music/dr-dre-apologizes-to-the-women-ive-hurt.html
234 【「『グッドフェローズ』でジミーが】*Wall Street Journal*, "Behind the Deal—The Weekend That Nearly Blew the $3 Billion Apple Beats Deal," YouTube, July 13, 2017, https://www.youtube.com/watch?v=A0md3ok60g8

11 華麗なるデビュー

237 【完璧を求める過程で犠牲に】fusteによりSoundcloud.comに投稿されたポッドキャスト、"Jony Ive: The Future of Design," Hirshhorn Museum, November 29, 2017, https://soundcloud.com/user-175082292/jony-ive-the-future-of-design / Ian Parker, "The Shape of Things to Come: How an Industrial Designer Became Apple's Greatest Product," *The New Yorker*, February 16, 2015, https://www.newyorker.com/magazine/2015/02/23/shape-things-come
237 【高くそびえる2階建てテントは】Justin Sullivan, "Apple Unveils iPhone 6," Getty Images, September 9, 2014, https://www.gettyimages.com/detail/news-photo/the-new-iphone-6-is-displayed-during-an-apple-special-event-news-photo/455054182 / Karl Mondon, "Final Preparations Are Made Monday Morning, September 8, 2014, for Tomorrow's Big Apple Media Event," Getty Images, September 8, 2014, https://www.gettyimages.in/detail/news-photo/final-preparations-are-made-monday-morning-sept-8-for-news-photo/1172329286 / Karl Mondon, "Different Models of the New Apple Watch Are on Display," Getty Images, September 9, 2014, https://www.gettyimages.com/detail/news-photo/different-models-of-the-new-apple-watch-are-on-display-for-news-photo/1172329258
238 【この日、5000キロほど離れた】Don Emmert/AFP, "People Wait in Line on Chairs September 9, 2014 Outside the Apple Store on 5th Avenue," Getty Images, September 9, 2014, https://www.gettyimages.com/detail/news-photo/people-wait-in-line-on-chairs-september -9-2014-outside-the-news-photo/455039230
238 【ロックバンド、コールドプレイの】Parker, "The Shape of Things to Come," *The New Yorker*.
239 【「すべて好調です」】"Apple Event, September 2014" (video), Apple Events, September 9, 2014, https://podcasts.apple.com/us/podcast/apple-special-event-september-2014/id275834665?i=1000430692664
244 【「イノベーションの健在が示されました」】Apple Watch: Will It Revolutionize the Personal Device?" *Nightline*, ABC, September 9, 2014, https://abcnews.go.com/Nightline/video/apple-watch-revolutionize-personal-device-25396956
245 【「この最高にスマートな腕時計を】Suzy Menkes, "A First Look at the Apple Watch," *Vogue*, September 9, 2014, https://www.vogue.co.uk/article/suzy-menkes-apple-iwatch-review
246 【騒動を鎮めたい】Chris Welch, "Apple Releases One-Click Tool to Delete the U2 Album You Didn't Want," Verge, September 15, 2014, https://www.theverge.com/2014/9/15/6153165/apple-u2-songs-of-innocence-removal-tool / Robert Booth, "U2's Bono Issues Apology for Automatic Apple iTunes Album Download," *Guardian*, October 15, 2014, https://www.theguardian.com/music/2014/oct/15/u2-bono-issues-apology-for-apple-itunes-album-download
247 【ある日の早朝、アイブと】Colette Paris, "Apple Watch at Colette Paris," Facebook, October 1, 2014, https://www.facebook.com/www.colette.fr/photos/a.10152694538705266/10152694539145266
248 【そのそばでニューソンが】Miles Socha, "Apple Unveils Watch at Colette," *Women's Wear Daily*, September 30, 2014, https://wwd.com/fashion-news/fashion-scoops/apple-unveils-watch-at-colette-7959364/
249 【ラガーフェルドはアライアを】Emilia Petrarca, "Karl Lagerfeld Talks Death and His Enemies in a Wild New Interview," *New York*, April 13, 2018, https://www.thecut.com/2018/04/karl-lagerfeld-numero-interview-azzedine-alaia-virgil-abloh.html / Ella Alexander, "Full of Faults," *Vogue*, June 23, 2011, https://www.vogue.co.uk/article/alaia-criticises-karl-lagerfeld-and-anna-wintour
249 【この日のアイブは、白ワインを】"Apple Azzedine Alaia Party with Lenny Kravitz, Marc Newson, Jonathan Ive for

219 【弟夫婦の息子アンドルーとは特に】 Zheng Jun, "Interview with Cook: Hope That the Mainland Will Become the First Batch of New Apple Products to Be Launched," Sina Technology (translated), January 10, 2013 ／ John Underwood, "Living the Good Life," Gulf Coast Media, July 13, 2018, https://www.gulfcoastnewstoday.com/stories/living-the-good-life,64626

219 【2013年のクリスマス商戦で】 Apple Inc., Form 10-Q for the fiscal quarter ended December 27, 2013, Securities and Exchange Commission, https://www.sec.gov/Archives/edgar/data/320193/000119312515259935/d927922d10q.htm

220 【クックはこの理論を】 "Apple Inc. Presents at Goldman Sachs Technology & Internet Conference 2013," S&P Capital IQ, February 12, 2013, https://www.capitaliq.com/CIQDotNet/Transcripts/Detail.aspx?keyDevId=227981668&companyId=24937

221 【「奚さん、これからはiPhoneを】 "CNBC Exclusive: CNBC Transcript: Apple CEO Tim Cook and China Mobile Chairman Xi Guohua Speak with CNBC's Eunice Yoon Today," CNBC, January 15, 2014, https://www.cnbc.com/2014/01/15/cnbc-exclusive-cnbc-transcript-apple-ceo-tim-cook-and-china-mobile-chairman-xi-guohua-speak-with-cnbcs-eunice-yoon-today.html

222 【インタビューが終わると】 "CEO Tim Cook Visits Beijing," Getty Images, January 17, 2014, https://www.gettyimages.com/detail/news-photo/tim-cook-chief-executive-officer-of-apple-inc-visits-a-news-photo/463193469 ／ Dhara Ranasinghe, "Apple Takes a Fresh Bite into China's Market," CNBC, January 17, 2014, https://www.cnbc.com/2014/01/16/apple-takes-a-fresh-bite-into-chinas-market.html ／ Mark Gurman, "Apple CEO Cook Hands Out Autographed iPhones at China Mobile Launch, Says 'Great Things' Coming," 9to5Mac, January 16, 2014, https://9to5mac.com/2014/01/16/tim-cook-hands-out-autographed-iphones-at-china-mobile-launch-says-great-things-in-product-pipeline/

225 【彼は「アップルみたいだろ」と】 Marco della Cava, "For Iovine and Reznor, Beats Music Is 'Personal,'" *USA Today*, January 11, 2014, https://www.usatoday.com/story/life/music/2014/01/11/beats-music-interview-jimmy-iovine-trent-reznor/4401019/

227 【この莫大な費用にクックは】 Tripp Mickle, "Jobs, Cook, Ive—Blevins? The Rise of Apple's Cost Cutter," *Wall Street Journal*, January 23, 2020, https://www.wsj.com/articles/jobs-cook-iveblevins-the-rise-of-apples-cost-cutter-11579803981

228 【落札したドイツのゼーレは】 Sydney Franklin, "How the World's Largest Curved Windows Were Forged for Apple HQ," Architizer, https://architizer.com/blog/inspiration/stories/architectural-details-apple-park-windows/

228 【ロサンゼルス・カウンティ美術館など】 "Steel-and-Glass Design with Curved Glass for LACMA," Seele, https://seele.com/references/los-angeles-county-museum-of-arts-usa

229 【「もっと小さくできないか?」と】 このイベントとプロジェクトに詳しい人々によれば、フォスター＋パートナーズの建築家は、鋼鉄の帯を1～0.5インチ以下に減らす努力をした。

230 【このころはテスラがスタッフを】 Mike Ramsey, "Tesla Motors Nearly Doubled Staff in 2014," *Wall Street Journal*, February 27, 2015, https://www.wsj.com/articles/tesla-motors-nearly-doubled-staff-in-2014-1425072207 ／ Daisuke Wakabayashi and Mike Ramsey, "Apple Gears Up to Challenge Tesla in Electric Cars," *Wall Street Journal*, February 13, 2015, https://www.wsj.com/articles/apples-titan-car-project-to-challenge-tesla-1423868072

230 【最大の選択肢は2兆ドルの】 "2015 Global Health Care Outlook: Common Goals, Competing Priorities," Deloitte, https://www2.deloitte.com/content/dam/Deloitte/global/Documents/Life-Sciences-Health-Care/gx-lshc-2015-health-care-outlook-global.pdf ／ "The World's Automotive Industry," International Organisation of Motor Vehicles Manufacturers, November 29, 2006, https://www.oica.net/wp-content/uploads/2007/06/oica-depliant-final.pdf

230 【彼らは自分たちの考えが】 Tom Relihan, "Steve Jobs Talks Consultants, Hiring, and Leaving Apple in Unearthed 1992 Talk," MIT Sloan School of Management, May 10, 2018, https://mitsloan.mit.edu/ideas-made-to-matter/steve-jobs-talks-consultants-hiring-and-leaving-apple-unearthed-1992-talk

230 【ある晩、クックは仕事のあと】 The Charlie Rose Showに出演したティム・クック、2014年9月12日。https://charlierose.com/videos/18663

230 【ひとつ参入があるたび】 Ben Fritz and Tripp Mickle, "Apple's iTunes Falls Short in Battle for Video Viewers," *Wall*

199【最終的に、1803年創業の】Apple Watchのマーケティングサイト、2015年4月30日、Wayback Machineによるインターネットアーカイブ。https://web.archive.org/web/20150430052623/http://www.apple.com/watch/apple-watch/

199【ミラネーゼループと名づけた】TheApptionary, "Full March 9, 2015, Apple Keynote Apple Watch, Macbook 2015," YouTube, March 9, 2015, https://www.youtube.com/watch?v=U2wJsHWSafc ／ Benjamin Clymer, "Apple, Influence, and Ive," *Hodinkee Magazine*, vol. 2, https://www.hodinkee.com/magazine/jony-ive-apple

199【シリコンバンドの色の選択にも】Ariel Adams, "10 Interesting Facts about Marc Newson's Watch Design Work at Ikepod," A Blog to Watch, September 9, 2014, https://www.ablogtowatch.com/10-interesting-facts-marc-newson-watch-design-work-ikepod/

200【素材の選択の幅を広げるため】Jim Dallke, "Inside the Small Evanston Company Whose Tech Was Acquired by Apple and Used by SpaceX," CHICAGOINNO, February 15, 2017, https://www.bizjournals.com/chicago/inno/stories/inno-insights/2017/02/15/inside-the-small-evanston-company-whose-tech-was.html ／ "Charlie Kuehmann, VP at SpaceX and Tesla Motors, Is Visiting Georgia Tech!" Georgia Institute of Technology, https://materials.gatech.edu/event/charlie-kuehmann-vp-spacex-and-tesla-motors-visiting-georgia-tech

200【この仕事はコンピュータで頑丈な】Kim Peterson, "Did Apple Invent a New Gold for Its Luxury Watch?" Moneywatch, CBS News, March 10, 2015, https://www.cbsnews.com/news/did-apple-invent-a-new-gold-for-its-luxury-watch/ ／ "Crystalline Gold Alloys with Improved Hardness," 特許番号 WO 2015038636A1, 2015年3月19日。https://patentimages.storage.googleapis.com/59/52/60/086e50f497e052/WO2015038636A1.pdf ／ Apple Videos, "Apple Watch Edition—Gold," YouTube, August 13, 2015, https://www.youtube.com/watch?v=S-aEW0vWdT4

201【「何をしないか決めることは】Isaacson, *Steve Jobs.*〔邦訳『スティーブ・ジョブズ』〕

201【ウォッチでアイブはその限界に】Anick Jesdanun, "Apple Watch options: 54 combinations of case, band, size," Associated Press, April 9, 2015, https://apnews.com/0cf0112b699a407e9fcc8286946949ff

203【2004年、アイブはジョブズと】Christina Passariello, "How Jony Ive Masterminded Apple's New Headquarters," *Wall Street Journal Magazine*, July 26, 2017, https://www.wsj.com/articles/how-jony-ive-masterminded-apples-new-headquarters-1501063201

205【試作品の開発が続くなか】David Pierce, "iPhone Killer: The Secret History of the Apple Watch," *Wired*, May 1, 2015, https://www.wired.com/2015/04/the-apple-watch/

206【ウィリアムズも同様の受け止め方を】Apple Inc. Definitive Proxy Statement, Schedule 14A, United States Securities and Exchange Commission, January 7, 2013, https://www.sec.gov/Archives/edgar/data/320193/000119312513005529/d450591ddef14a.htm

208【彼らはその知識を基に】"Monitor Your Heart Rate with Apple Watch," Apple, https://support.apple.com/en-us/HT204666

210【サムスンの勢力は増大し】Jon Russell, "IDC: Smartphone Shipments Hit 1B for the First Time in 2013, Samsung 'Clear Leader' with 31% Share," TNW, January 27, 2014, https://thenextweb.com/news/idc-smartphone-shipments-passed-1b-first-time-2013-samsung-remains-clear-leader

213【二人はアップルストアでの展示方法に】Mark Gurman, "Apple Store Revamp for Apple Watch Revealed: 'Magical' Display Tables, Demo Loops, Sales Process," 9to5Mac, March 29, 2015, https://9to5mac.com/2015/03/29/apple-store-revamp-for-apple-watch-revealed-magical-tables-demo-loops-sales-process/

216【ウィンターは心を奪われた】アナ・ウィンターへのインタビュー。

10 商談

218【ブランド志向の消費者は】Ian Johnson, "China's Great Uprooting: Moving 250 Million into Cities," *New York Times*, June 15, 2013, https://www.nytimes.com/2013/06/16/world/asia/chinas-great-uprooting-moving-250-million-into-cities.html ／ Rui Zhu, "Understanding Chinese Consumers," *Harvard Business Review*, November 14, 2013, https://hbr.org/2013/11/understanding-chinese-consumers

218【08年に最初期の配給契約を】WikiLeaks, "Cablegate: Apple Iphone Facing Licensing Issues in China," Scoop Independent News, June 12, 2009, https://www.scoop.co.nz/stories/WL0906/S00516/cablegate-apple-iphone-facing-licensing-issues-in-china.htm?from-mobile=bottom-link-01

174【メディア・アーツ・ラボが1997年に】Apple v. Samsung, U.S. District Court, Northern District of California, C-12-00630, vol. 3, 498–756, April 4, 2014.

175【アップルの回答でひとつ空欄に】Elise J. Bean, *Financial Exposure: Carl Levin's Senate Investigations into Finance and Tax Abuse* (New York: Palgrave Macmillan, 2018), e-book ／エリス・ビーンへのインタビュー。

176【アイルランド政府との有利な協定により】同上／エリス・ビーンへのインタビュー。

177【この税率は不合理だから】Offshore Profit Shifting and the U.S Tax Code—Part 2 (Apple Inc.), Hearing Before the Permanent Subcommittee on Investigations of the Committee on Homeland Security and Government Affairs, United States Senate, May 21, 2013, https://www.govinfo.gov/content/pkg/CHRG-113shrg81657/pdf/CHRG-113shrg81657.pdf

181【彼が着席すると、「(アップルの)】同上、9。

183【音楽が高まり、画面に】Apple, "WWDC13 Keynote" (video), Apple Events, June 10, 2013, https://podcasts.apple.com/us/podcast/apple-wwdc-2013-keynote-address/id275834665?i=1000160871947 ／ Intentionの日本語訳は以下より：tano9999 "Apple - Designed by Apple 日本語字幕" YouTube, June 23, 2013, https://www.youtube.com/watch?v=Jr6NEWIwLpI

186【「気に入っていただいて、本当にうれしい」】同上。

188【ニューヨーク・タイムズのデイビッド・ポーグは】David Pogue, "Yes, There's a New iPhone. But That's Not the Big News," *New York Times*, September 17, 2013, https://pogue.blogs.nytimes.com/2013/09/17/yes-theres-a-new-iphone-but-thats-not-the-big-news/ ／ Darrell Etherington, "Apple iOS 7 Review: A Major Makeover That Delivers, but Takes Some Getting Used To," TechCrunch, September 18, 2013, https://techcrunch.com/2013/09/17/ios-7-review-apple/

188【「Designed by Apple in California」と銘打った】TouchGameplay, "Official Designed by Apple in California Trailer," YouTube, June 10, 2013, https://www.youtube.com/watch?v=0xD569Io7kE
／日本語訳は以下より：117cmVol3 "いいなCM アップル Apple「Designed by Apple in California」" YouTube, June 25, 2013, https://www.youtube.com/watch?v=sKYYkktv6as

189【ニュースメディア、スレートの批評家は】Seth Stevenson, "Designed by Doofuses in California," Slate, August 26, 2013, https://slate.com/business/2013/08/designed-by-apple-in-california-ad-campaign-why-its-so-terrible.html

189【元祖企業乗っ取り屋のアイカーンは】Cara Lombardo, "Carl Icahn Is Nearing Another Landmark Deal. This Time It's with His Son," *Wall Street Journal*, October 19, 2019, https://www.wsj.com/articles/carl-icahn-is-nearing-another-landmark-deal-this-time-its-with-his-son-11571457602 ／カール・アイカーンへのインタビュー。

192【バーバリーの売り上げを3倍にした】Jeff Chu, "Can Apple's Angela Ahrendts Spark a Retail Revolution?" *Fast Company*, January 6, 2014, https://www.fastcompany.com/3023591/angela-ahrendts-a-new-season-at-apple

192【「エンジニアなら何千人もいる」】Nicole Nguyen, "Meet the Woman Who Wants to Change the Way You Buy Your iPhone," BuzzFeed News, October 25, 2017, https://www.buzzfeednews.com/article/nicolenguyen/meet-the-woman-who-wants-to-change-the-way-you-buy-your

192【カリスマ性があり、外向的で】「リテール従業員4万人」については以下参照。Apple Inc.; Form 10-K, United States Securities and Exchange Commission, September 28, 2013, https://www.sec.gov/Archives/edgar/data/320193/000119312513416534/d590790d10k.htm

9 クラウン

195【アイブとニューソンは自分が何をしたいのか】Paul Goldberger, "Designing Men," *Vanity Fair*, October 10, 2013, https://www.vanityfair.com/news/business/2013/11/jony-ive-marc-newson-design-auction#~o

195【テクノロジー製品で社会を変えたデザイナーと】同上。

196【ライカの伝統である黒い外装を取り払い】The Charlie Rose Showに出演したジョニー・アイブとマーク・ニューソン、2013年11月21日。https://charlierose.com/videos/17469

197【アイブが満足するまで、カメラのデザインには】Goldberger, "Designing Men."

198【デザイナーたちは週ごとに会議を】"Apple Unveils Apple Watch—Apple's Most Personal Device Ever," Apple, September 9, 2014, https://www.apple.com/newsroom/2014/09/09Apple-Unveils-Apple-Watch-Apples-Most-Personal-Device-Ever/

Watches," *Outside*, July 17, 2019, https://www.outsideonline.com/outdoor-gear/tools/defense-quartz-watches/

161 **【心拍数は看護師が脈を取る】** Mark Sullivan, "What I Learned Working with Jony Ive's Team on the Apple Watch," *Fast Company*, August 15, 2016, https://www.fastcompany.com/3062576/what-i-learned-working-with-jony-ives-team-on-the-apple-watch

161 **【カンタス航空の内装から】** Catherine Keenan, "Rocket Man: Marc Newson," *Sydney Morning Herald*, July 30, 2009.

162 **【ニューソンは走り書きで】** The Charlie Rose Showに出演したジョニー・アイブとマーク・ニューソン、2013年11月21日。https://charlierose.com/videos/17469

162 **【スケッチには竜頭も含まれていた】** "Crown (Watchmaking)," Foundation High Horology, https://www.hautehorlogerie.org/en/watches-and-culture/encyclopaedia/glossary-of-watchmaking/

162 **【ひとつの啓示でアイブは勢いを得た】** Maria Konnikova, "Where Do Eureka Moments Come From?" *The New Yorker*, May 27, 2014, https://www.newyorker.com/science/maria-konnikova/where-do-eureka-moments-come-from

8 イノベーションを起こせない

164 **【時価総額世界一の会社を率いるように】** この逸話はクックが話した直接の情報源に基づく。アップルはこの逸話は不正確と反論している。クックは再三の問い合わせに応じなかった。

165 **【クックはパロアルトに新たに】** "Apple Fans Crowd New Downtown Palo Alto Store," Palo Alto Online, October 27, 2012, https://www.paloaltoonline.com/news/2012/10/27/apple-fans-crowd-new-palo-alto-store

165 **【新しいiPhoneを発売した最初の】** "iPhone 5 First Weekend Sales Top Five Million," Apple, September 24, 2012, https://www.apple.com/newsroom/2012/09/24iPhone-5-First-Weekend-Sales-Top-Five-Million/ ／ "iPhone 4S First Weekend Sales Top Four Million," Apple, October 17, 2011, https://www.apple.com/newsroom/2011/10/17iPhone-4S-First-Weekend-Sales-Top-Four-Million/ ／ "iPhone 4 Sales Top 1.7 Million," Apple, June 28, 2010, https://www.apple.com/newsroom/2010/06/28iPhone-4-Sales-Top-1-7-Million/

165 **【新モデルはiPhoneの5年の歴史で】** Matt Burns, "Apple's Stock Price Crashes to Six Month Low and There's No Bottom in Sight," TechCrunch, November 15, 2012, https://techcrunch.com/2012/11/15/apples-stock-price-is-crashing-and-the-bottom-is-not-in-sight/ Macrotrendsによれば、2012年9月18日に6563.4億ドルだった時価総額は2012年11月15日に4935.1億ドルに減少。

166 **【iPhoneと競合他社のスマートフォンの】** Jon Russell, "IDC: Samsung Shipped Record 63.7m Smartphones in Q4 '12," TNW, January 25, 2013, https://thenextweb.com/news/idc-samsung-shipped-record-63-7m-smartphones-in-q4-12

166 **【ペンドルトンと同僚たちは】** トッド・ペンドルトンへのインタビュー／ Michal Lev-Ram, "Samsung's Road to Global Dominatation," *Fortune*, January 22, 2013, https://fortune.com/2013/01/22/samsungs-road-to-global-domination/ ／ Brian X. Chen, "Samsung Saw Death of Apple's Jobs as a Time to Attack," *New York Times*, April 16, 2014, https://bits.blogs.nytimes.com/2014/04/16/samsung-saw-death-of-steve-jobs-as-a-time-to-attack/

166 **【そのすべてをサムスンは盗み取った】** Ina Fried, "Apple Designer: We've Been Ripped Off," All Things Digital, July 31, 2012, https://allthingsd.com/20120731/apple-designer-weve-been-ripped-off/

169 **【その広告がウィリアムズの目を引き】** Scott Peters, "Rock Center: Apple CEO Tim Cook Interview," YouTube, January 20, 2013, https://www.youtube.com/watch?v=zz1GCpqd-0A

171 **【他者のアイデアをたいてい却下する】** Peter Burrows and Adam Satariano, "Can Phil Schiller Keep Apple Cool?" Bloomberg, June 7, 2012, https://www.bloomberg.com/news/articles/2012-06-07/can-phil-schiller-keep-apple-cool

171 **【その後に行われた「ジーニアス」という】** Sean Hollister, "Apple's New Mac Ads Are Embarrassing," Verge, July 28, 2012.

171 **【2013年1月の下旬】** Ian Sherr and Evan Ramstad, "Has Apple Lost Its Cool to Samsung?" *Wall Street Journal*, January 28, 2013, https://www.wsj.com/articles/SB10001424127887323854904578264090074879024

172 **【シラーはこの記事をメールで】** Jay Yarow, "Phil Schiller Exploded on Apple's Ad Agency in an Email," Business Insider, April 7, 2014, https://www.yahoo.com/news/phil-schiller-exploded-apples-ad-163842747.html

https://podcasts.apple.com/us/podcast/apple-wwdc-2012-keynote-address/id275834665?i=1000117538651

144【発売から数時間で顧客から】Juliette Garside, "Apple Maps Service Loses Train Stations, Shrinks Tower and Creates New Airport," *Guardian*, September 20, 2012, https://www.theguardian.com/technology/2012/sep/20/apple-maps-ios6-station-tower

144【ダブリンでは存在しない飛行場を】Kilian Doyle, "Apple Gives Dublin a New 'Airfield,'" *Irish Times*, September 20, 2012, https://www.irishtimes.com/news/apple-gives-dublin-a-new-airfield-1.737796

144【ニューヨークのブルックリン橋が地震で】Nilay Patel, "Wrong Turn: Apple's Buggy iOS 6 Maps Lead to Widespread Complaints," Verge, September 20, 2012, https://www.theverge.com/2012/9/20/3363914/wrong-turn-apple-ios-6-maps-phone-5-buggy-complaints

145【クックは広報チームと協力し】Jordan Crook, "Tim Cook Apologizes for Apple Maps, Points to Competitive Alternatives," TechCrunch, September 28, 2012, https://techcrunch.com/2012/09/28/tim-cook-apologizes-for-apple-maps-points-to-competitive-alternatives/

146【クックの目に、フォーストールの失敗は】The Charlie Rose Showに出演したティム・クック、2014年9月12日。

7 可能性

149【壁の30センチ四方のガラス越しに】Ian Parker, "The Shape of Things to Come: How an Industrial Designer Became Apple's Greatest Product," *The New Yorker*, February 16, 2015, https://www.newyorker.com/magazine/2015/02/23/shape-things-come

149【スケッチブックの黄色い背表紙が】"Inside Apple," *60 Minutes*, CBS, December 20, 2015.

149【サイン入りのプリントは150枚しか】Banksy, *Monkey Queen*, MyArtBroker, https://www.myartbroker.com/artist/banksy/monkey-queen-signed-print/ ／ Banksy-Value.com, https://bit.ly/39gTqzk

150【プリントの横には、デザインへの】Good Fucking Design Advice, "Classic Advice. Print," gfda.co, https://gfda.co/classic/

150【ジョブズはアップルに復帰した1997年】Joel M. Podolny and Morten T. Hansen, "How Apple Is Organized for Innovation," *Harvard Business Review*, November–December 2020, https://hbr.org/2020/11/how-apple-is-organized-for-innovation ／ Tony Fadell, "For the record, I fully believe . . . ," Twitter, October 23, 2020, https://twitter.com/tfadell/status/1319556633312268288

151【スティーブ・ジョブズは「スキューモーフィズム」と】Klaus Göttling, "Skeumorphism Is Dead, Long Live Skeumorphism," Interaction Design Foundation, https://www.interaction-design.org/literature/article/skeuomorphism-is-dead-long-live-skeuomorphism

153【オペレーション、ソフトウェア、ハードウェア】〈セントレジス〉のロビーの説明は筆者の依頼によりホテルからEメールで提供されたもの。

156【このプロジェクトに熟練のアーティストの】Erica Blust, "Apple Creative Director Alan Dye '97 to Speak Oct. 20," Syracuse University, October 18,2010, https://news.syr.edu/blog /2010/10/18/alan-dye/ ／ "Alan Dye," *Design Matters with Debbie Millman* (podcast), June 1, 2007, https://www.designmattersmedia.com/podcast/2007/Alan-Dye ／ "Bad Boys of Design III," *Design Matters with Debbie Millman* (podcast), May 5, 2006, https://www.designmattersmedia.com/podcast/2006/Bad-Boys-of-Design-III ／ debbie millman, "Adobe & AIGA SF Presents Design Matters Live w Alan Dye," YouTube, January 29, 2008, https://www.youtube.com/watch?v=gBre88MsZZo

156【iOS 7の角はベジェ曲線の原理で】"An Introduction to BEZIER Curves" アップルのインダストリアルデザインチームによるフォスター+パートナーズへのプレゼンテーション、2014年頃。

156【新たな任務に就いてから数カ月】会議に出席していた元アップルのエンジニア、ボブ・バロウへのインタビュー。

159【イギリスが帝国を築くために巨大な】英国グリニッジ王立天文台の元計時担当学芸員であり作家のデイヴィッド・ルーニーへのインタビュー／David Belcher, "Wrist Watches: From Battlefield to Fashion Accessory," *New York Times*, October 23, 2013, https://www.nytimes.com/2013/10/23/fashion/wrist-watches-from-battlefield-to-fashion-accessory.html ／ Benjamin Clymer, "Apple, Influence, and Ive," *Hodinkee Magazine*, vol. 2, https://www.hodinkee.com/magazine/jony-ive-apple ／ Esti Chazanow, "9 Types of Uncommon Mechanical Watch Complications," LIV Swiss Watches, September 9, 2021, https://p51.livwatches.com/blogs/everything-about-watches/9-types-of-uncommon-mechanical-watch-complications ／ Jason Heaton, "In Defense of Quartz

google-ceo-did-evil-things-apple-is-going-down/
131【アイデアは思いがけないときに】Cambridge Union, "Sir Jony Ive | 2018 Hawking Fellow | Cambridge Union," YouTube, November 28, 2018, https://www.youtube.com/watch?v=KywJimWe_Ok
131【「そこには、想像できるかぎりもっとも】Isaacson, *Steve Jobs*.〔邦訳『スティーブ・ジョブズ』〕
132【アップルの制御が利かない長い工程が】プロジェクトの関係者によれば、アップル幹部のエディ・キューはウォルト・ディズニー・カンパニーやCBSなどテレビ局のオーナーたちとライセンス契約の交渉ができず、テレビの取り組みが軌道に乗らなかった。Shalini Ramachandran and Daisuke Wakabayashi, "Apple's Hard-Charging Tactics Hurt TV Expansion," *Wall Street Journal*, July 28, 2016, https://www.wsj.com/articles/apples-hard-charging-tactics-hurt-tv-expansion-1469721330
132【学校では数学が得意で】Adam Satariano, Peter Burrows, and Brad Stone, "Scott Forstall, the Sorcerer's Apprentice at Apple," Bloomberg, October 13, 2011 ／ Computer History Museum, "CHM Live | Original iPhone Software Team Leader Scott Forstall (Part Two)," YouTube, June 28, 2017, https://www.youtube.com/watch?v=IiuVggWNqSA ／ Code.org, "Code Break 9.0: Events with Macklemore & Scott Forstall," YouTube, May 20, 2020, https://youtu.be/-bcO-X9thds
133【二人ともスタンフォード大学に入り】Computer History Museum, "CHM Live | Original iPhone Software Team Leader Scott Forstall (Part Two)."
133【このコンピュータの売れ行きが】Carlton, *Apple*.〔邦訳『アップル』〕
133【採用過程は入社というより】プロセス設計を担当したウィリアム・パークハーストら、元NeXTエンジニアへのインタビュー。
134【フォーストールの面接が始まって10分】Computer History Museum, "CHM Live | Original iPhone Software Team Leader Scott Forstall (Part Two)."
134【フォーストールはNeXTのアプリ用ソフトウェアツールに】同上。
134【その前夜、フォーストールは何時間も】NeXTの同僚ダン・グリロへのインタビュー。
134【2004年、フォーストールはウイルス性の】Computer History Museum, "CHM Live |Original iPhone Software Team Leader Scott Forstall (Part Two)."
135【アップルのカフェテリアで定期的に】同上。
136【ジョブズはiPhoneの開発にあたり】Satariano, Burrows, and Stone, "Scott Forstall, the Sorcerer's Apprentice at Apple."
137【フォーストールとファデルはそれぞれの】トニー・ファデルは2008年に同社を去った。
137【フォーストールはサービスチームの責任者】元iOSエンジニアリング担当バイスプレジデント、アンリ・ラミローへのインタビュー。
137【「スコットはiPhoneの支配欲が】アンリ・ラミローへのインタビュー。
137【アイブはiPhoneをより薄く】Peter Burrows and Connie Guglielmo, "Apple Worker Said to Tell Jobs IPhone Might Cut Calls," Bloomberg, July 15, 2010, https://www.bloomberg.com/news/articles/2010-07-15/apple-engineer-said-to-have-told-jobs-last-year-about-iphone-antenna-flaw
137【ジョブズは問題に対処するため】Geoffrey A. Fowler, Ian Sherr, and Niraj Sheth, "A Defiant Steve Jobs Confronts 'Antennagate,'" *Wall Street Journal*, July 16, 2010, https://www.wsj.com/articles/SB10001424052748704913304575371131458273498
138【彼のデザインチームはスマートフォンの】"An Introduction to BEZIER Curves" アップルのインダストリアルデザインチームからフォスター＋パートナーズへのプレゼンテーション、2014年頃。
140【このアドバンテージはスマートフォンの王座から】Matt Hamblen, "Android Smartphone Sales Leap to Second Place in 2010, Gartner Says," Computerworld, February 9, 2011, https://www.computerworld.com/article/2512940/android-smartphone-sales-leap-to-second-place-in-2010--gartner-says.html
140【地球規模のダイナミックな】Hansen Hsu and Marc Weber, "Oral History of Kenneth Kocienda and Richard Williamson," Computer History Museum, October 12, 2017, https://archive.computerhistory.org/resources/access/text/2018/07/102740223-05-01-acc.pdf
141【ウィリアムソンがフォーストールとシラーに】同上。
142【2012年4月】Kane, *Haunted Empire*.〔邦訳『沈みゆく帝国』〕
143【残りの世界81カ国は】Hsu and Weber, "Oral History of Kenneth Kocienda and Richard Williamson."
143【6月、サンフランシスコのモスコーニ・センターで】Apple, "WWDC12 Keynote" (video), Apple Events, June 11, 2012,

114【1974年、母親から借りた】Jason Dean, "The Forbidden City of Terry Gou," *Wall Street Journal*, August 11, 2007, https://www.wsj.com/articles/SB118677584137994489

115【アップルの要請を受けて鴻海は】アップル幹部へのインタビュー。

116【40万ドルを超える年収に加えて】Apple Form Def 14A, March 6, 2000.

116【iMacの販売台数を10万台と】ジョー・オサリバンへのインタビュー。

117【「こいつはひどい」あるときクックが】Lashinsky, "Tim Cook: The Genius Behind Steve."

118【ときどきジョブズはクックを自宅での】元アップル幹部たちへのインタビュー／ Schlender and Tetzeli, *Becoming Steve Jobs*.〔邦訳『スティーブ・ジョブズ 無謀な男が真のリーダーになるまで』〕

118【「彼は家族の大切さが身に染みていて】Schlender and Tetzeli, *Becoming Steve Jobs*.〔邦訳『スティーブ・ジョブズ 無謀な男が真のリーダーになるまで』〕

120【05年秋、ジョブズは日本へ向かう】Isaacson, *Steve Jobs*.〔邦訳『スティーブ・ジョブズ』〕

121【ジョブズは色彩豊かな軽量アルミカバーを】アップル社幹部たちへのインタビューによれば、このサプライチェーン作戦の構想は、クックに可能なかぎり多くのメモリの購入を求めたジョブズの功績とされる。Lashinsky, "Tim Cook: The Genius Behind Steve"も参照／ "Apple Announces Long-Term Supply Agreements for Flash Memory," Apple, November 21, 2005, https://www.apple.com/newsroom/2005/11/21Apple-Announces-Long-Term-Supply-Agreements-for-Flash-Memory/ ／ Kahney, *Jony Ive*.〔邦訳『ジョナサン・アイブ』〕

121【高級車や時計メーカーで使われていた】Kahney, *Jony Ive*.〔邦訳『ジョナサン・アイブ』〕

122【クックの右腕ジェフ・ウィリアムズは】Corning Incorporated, "Apple & Corning Press Conference: Remarks from Apple COO Jeff Williams," YouTube, May 17, 2017, https://www.youtube.com/watch?v=AZgULosw6cY

122【CEOのウェンデル・ウィークスは】Isaacson, *Steve Jobs*.〔邦訳『スティーブ・ジョブズ』〕

123【クックはウォール街アナリストとの】"Apple Inc., Q1 2009 Earnings Call," S&P Capital IQ, January 21, 2009, https://www.capitaliq.com/CIQDotNet/Transcripts/Detail.aspx?keyDevId=6156218&companyId=24937

123【「クック・ドクトリン」と名づけられた】Adam Lashinsky, "The Cook Doctrine at Apple," *Fortune*, January 22, 2009, https://fortune.com/2009/01/22/the-cook-doctrine-at-apple/

124【2011年8月11日】Schlender and Tetzeli, *Becoming Steve Jobs*, 403–6.〔邦訳『スティーブ・ジョブズ 無謀な男が真のリーダーになるまで』〕

124【ジョブズは次のように言った。ウォルト】z400racer37, "Apple CEO Tim Cook at D10 Full 100 Minute Video," YouTube, July 6, 2012, https://www.youtube.com/watch?v=eUAPHgiEniQ

124【外部にはこの人選に驚いた】Isaacson, *Steve Jobs*.〔邦訳『スティーブ・ジョブズ』〕

125【「ずっと頭のいい子で」】Donna Riley-Lein, "Apple No. 2 Has Local Roots," *Independent*, December 25, 2008.

125【クックが独身なのを知っていたライリー】ダナ・ライリー＝レインへのインタビュー。

126【クックは自信に満ち、ユーモアも】z400racer37, "Apple CEO Tim Cook at D10 Full 100 Minute Video," YouTube, July 6, 2012, https://www.youtube.com/watch?v=eUAPHgiEniQ

127【だがこれは、地元の炊き出し所で】Kane, *Haunted Empire*.〔邦訳『沈みゆく帝国』〕

127【この変更はたちまちスタッフの間に】Jessica E. Vascellaro, "Apple in His Own Image," *Wall Street Journal*, November 2, 2011, https://www.wsj.com/articles/SB10001424052970204394804577012161036609728

127【もちろん、誰もが心強く思った】Tripp Mickle, "How Tim Cook Made Apple His Own," *Wall Street Journal*, August 7, 2020, https://www.wsj.com/articles/tim-cook-apple-steve-jobs-trump-china-iphone-ipad-apps-smartphone-11596833902

128【「自分のすべきことは、彼のまねを】*Homecoming*, "With Tim Cook," SEC Network, September 5, 2017.

128【デザイナーたちは唖然として】デザインチームのメンバーはインタビューで、「私たちはみな彼を見て、『この人はわかっていない』と思いました。「これは違うぞと思ったのは、あのときでした」と答えている。

6 はかないアイデア

130【それから振り返り、デザイナーたちと】アップルデザインチームのメンバーには、何人か、この瞬間にウォッチへの取り組みが正式になったことを覚えている人がいる。また、メールのやり取りでこのアイデアが最初に巡り、その後デザイナーのジュリアン・ヘーニッヒが初期モデルを作ったと回想する人たちもいる。

130【オラクル創業者でジョブズの親友の】Charlie Rose, "Oracle CEO Larry Ellison: Google CEO Did Evil Things, Apple Is Going Down" (video), CBS News, August 13, 2013, https://www.cbsnews.com/news/oracle-ceo-larry-ellison-

ある人を怒らせる。黒は重すぎる。白は新鮮で明るい」

96 **【2001年10月にアップルが】** Ron Adner, “From Walkman to iPod: What Music Teaches Us About Innovation,” *The Atlantic*, March 5, 2012.

97 **【大勝利を収めたにもかかわらず】** Kahney, *Jony Ive*.〔邦訳『ジョナサン・アイブ』〕

97 **【「彼に指示したり干渉したり】** Isaacson, *Steve Jobs*, 342.〔邦訳『スティーブ・ジョブズ』〕

98 **【デザイナーたちによれば、半透明の】** デザインチームのメンバーへのインタビュー。マイヤーホッファーの退社はジョブズの復帰前から計画されており、残るよう説得に努めたメンバーもいた。

98 **【あるときサツガーは、候補者との】** ダグ・サツガーへのインタビュー。

99 **【「英国紳士であることは道具になり得る」】** ティム・パーシーへのインタビュー。

101 **【彼らは趣味に執着した】** Justin Housman, “Designer Rides: From Lamborghinis to Surfboards, Julian Hoenig Knows a Thing or Two About Design,” Surfer, November 13, 2013, https://www.surfer.com/features/julian-hoenig/

101 **【新しいアイデアを探求する】** Brian Merchant, *The One Device*.〔邦訳『THE ONE DEVICE ザ・ワン・デバイス iPhoneという奇跡の“生態系”はいかに誕生したか』ブライアン・マーチャント著、倉田幸信訳、ダイヤモンド社、2019年刊〕

102 **【「デジタルカメラの背面を】** Schlender and Tetzeli, *Becoming Steve Jobs*, 310.〔邦訳『スティーブ・ジョブズ 無謀な男が真のリーダーになるまで』〕

103 **【1カ月後、ジョブズは】** Jonathan Turetta, “Steve Jobs iPhone 2007 Presentation (HD),” YouTube, May 13, 2013, https://www.youtube.com/watch?v=vN4U5FqrOdQ

104 **【この何年か、二人は成功を測る尺度について】** Schlender and Tetzeli, *Becoming Steve Jobs*, 310.〔邦訳『スティーブ・ジョブズ 無謀な男が真のリーダーになるまで』〕

104 **【実家近くのサマセットに】** Simon Trump, “Designer of the iPod Tunes into Nature,” *Telegraph*, May 24, 2008, https://www.telegraph.co.uk/news/uknews/2023212/Designer-of-the-iPod-tunes-into-nature.html

104 **【長年の友人クライブ・グリニヤーに】** クライブ・グリニヤーへのインタビュー／ Parker, “The Shape of Things to Come.”

104 **【2009年5月】** Isaacson, *Steve Jobs*〔邦訳『スティーブ・ジョブズ』〕／アイブの代理人たちはその重要なエピソードについてアイザックソンと話したことはないと言った。アイザックソンはジョブズの返答も、このやり取りの中で誰がアイブの引用を提供したのかもつまびらかにしていない。

106 **【アイブはまず、角を丸めた】** Isaacson, *Steve Jobs*.〔邦訳『スティーブ・ジョブズ』〕

107 **【アイブは妻と双子の息子を連れて】** “Apple Design Chief Jonathan Ive Is Knighted,” BBC, May 23, 2012, https://www.bbc.com/news/uk-18171093 ／ Yukari Kane, *Haunted Empire*.〔邦訳『沈みゆく帝国』〕

108 **【後刻、アイブは燕尾服を脱いで】** イベント主催者のトレイシー・ブリーズへのインタビュー、および当人からの写真提供。

108 **【アイブこそが自分の生み出した】** マイク・アイブの友人でありミドルセックス・ポリテクニックの同僚だったリチャード・タフネルへのインタビュー。「ジョニーは彼の最高の作品だった。彼はとても誇りに思っていました。彼は頬をつねって、本当に自分の息子なのだろうかと考えていた」

5 強固な決意

109 **【テキサスから居を移した1998年】** 不動産記録によればクックは50平方メートルのアパートメントに住んでいた。

110 **【アップルに来て間もないころ】** 元アップルのバイスプレジデントでコンシューマープロダクト＆アジア地区オペレーション担当のジョー・オサリバンと、CFOフレッド・アンダーソンへのインタビュー。

110 **【「大人の男たちが泣いていました」】** ジョー・オサリバンへのインタビュー。

111 **【クックは在庫を「根本的に悪」と】** Adam Lashinsky, “Tim Cook: The Genius Behind Steve,” *Fortune*, November 23, 2008, https://fortune.com/2008/11/24/apple-the-genius-behind-steve/ ／ Adam Lashinsky, *Inside Apple*.〔邦訳『インサイド・アップル』アダム・ラシンスキー著、依田卓巳訳、早川書房、2012年刊〕

111 **【ジョブズが復帰してからアップルの】** ジョー・オサリバンへのインタビュー／ Kane, *Haunted Empire*.〔邦訳『沈みゆく帝国』〕

112 **【オペレーションチームは例の目標を】** ジョー・オサリバンらチームのメンバーへのインタビュー。

113 **【クックは彼の考えを却下した】** ジョー・オサリバンへのインタビュー。

113 **【ランス・アームストロングの「負けるのは】** Kane, *Haunted Empire*.〔邦訳『沈みゆく帝国』〕

114 **【1年目に在庫回転期間を】** Isaacson, *Steve Jobs*.〔邦訳『スティーブ・ジョブズ』〕

114 **【コンパック時代、彼は鴻海】** ジョー・オサリバンらハードウェアオペレーションチームのメンバーへのインタビュー。

82 **【金融アナリストが倒産を予想しはじめ】** Carlton, *Apple.*〔邦訳『アップル』〕

82 **【否定的な見出しにアイブは】** O'Kelly, "I've Arrived."

82 **【辞めてイギリスに帰ることも】** クライブ・グリニヤーへのインタビュー／ O'Kelly, "I've Arrived."

82 **【1997年7月のある日】** Kahney, *Jony Ive.*〔邦訳『ジョナサン・アイブ』〕

83 **【ジョブズの復帰は社員を】** Isaacson, *Steve Jobs*〔邦訳『スティーブ・ジョブズ』〕／ Brent Schlender and Rick Tetzeli, *Becoming Steve Jobs.*〔邦訳『スティーブ・ジョブズ 無謀な男が真のリーダーになるまで（上・下）』ブレント・シュレンダー、リック・テッツェリ著、井口耕二訳、日本経済新聞出版、2016年刊〕

83 **【「この会社はどうしてしまったんだ?」】** Isaacson, *Steve Jobs.*〔邦訳『スティーブ・ジョブズ』〕

83 **【ジョブズは世界的に有名なデザイナーを】** ダグ・サツガーへのインタビュー。

84 **【IBMのThinkPadを開発した】** Alyn Griffiths, " 'Steve Jobs once wanted to hire me'—Richard Sapper," Dezeen, June 19, 2013, https://www.dezeen.com/2013/06/19/steve-jobs-once-wanted-to-hire-me-richard-sapper/

84 **【「あの男は残しておいたほうがいい」と】** ハルトムット・エスリンガーへのインタビュー。

84 **【ジョブズがスタジオを訪問する前】** Ian Parker, "The Shape of Things to Come: How an Industrial Designer Became Apple's Greatest Product," *The New Yorker*, February 16, 2015, https://www.newyorker.com/magazine/2015/02/23/shape-things-come

84 **【チームは部屋を整頓して】** ダグ・サツガーへのインタビュー。

84 **【「よっぽど立ち回りが下手だったんだな」】** Parker, "The Shape of Things to Come."

85 **【「波長が合ったんです」】** Isaacson, *Steve Jobs.*〔邦訳『スティーブ・ジョブズ』〕

85 **【「楽しいコンピュータを作れ」という】** Karnjana Karnjanatawe, "Design Guru Says Job Is to Create Products People Love," *Bangkok Post*, January 27, 1999.

85 **【会議で話し合うあいだに】** ダグ・サツガーへのインタビュー／ Kahney, *Jony Ive.*〔邦訳『ジョナサン・アイブ』〕

85 **【そのアイデアをアイブは気に入った】** Karnjanatawe, "Design Guru Says Job Is to Create Products People Love."

86 **【「机の上にいま届いたばかり】** Isaacson, *Steve Jobs.*〔邦訳『スティーブ・ジョブズ』〕

86 **【オレンジ色、紫色、そしてサーフィンをする】** Kahney, *Jony Ive.*〔邦訳『ジョナサン・アイブ』〕

86 **【デザインチームが開発したプラスチック製】** 当時、LGに勤務していたピーター・フィリップスへのインタビュー。

86 **【1台当たり60ドル、標準的な】** Isaacson, *Steve Jobs.*〔邦訳『スティーブ・ジョブズ』〕

87 **【1998年5月初旬】** Kahney, *Jony Ive.*〔邦訳『ジョナサン・アイブ』〕

87 **【「なんだこれは!」彼は怒鳴った】** Isaacson, *Steve Jobs*〔邦訳『スティーブ・ジョブズ』〕／ウェイン・グッドリッチへのインタビュー。

87 **【「スティーブ、あなたの頭にあるのは】** ウェイン・グッドリッチへのインタビュー。このとき同席していた別の人は、アイブがジョブズと影響し合っていたことは覚えていないが、アイブがジョブズを落ち着かせる効果があったことは認めている。

88 **【iMacは世界中で15秒に1台】** Karnjanatawe, "Design Guru Says Job Is to Create Products People Love."

88 **【発売当日、彼の自宅近くの】** David Redhead, "Apple of Our Ive," *Design Week*, Autumn 1998, 36-43.

88 **【iMacの成功はほとんどが】** アイブの上司だったジョン・ルビンスタインはiMacの開発を主導し、機械を動かす部品やファームウェアの重要な選択を行った。

88 **【アイブは母国イギリスで】** John Ezard, "iMac Designer Who 'Touched Millions' Wins £25,000 Award," *Guardian*, June 3, 2003.

89 **【それから3週間、サツガーは】** Kahney, *Jony Ive*〔邦訳『ジョナサン・アイブ』〕／ダグ・サツガーへのインタビュー。

89 **【並の会社なら決定に何カ月も】** Isaacson, *Steve Jobs.*〔邦訳『スティーブ・ジョブズ』〕

90 **【2001年の前半、ジョブズは】** Steven Levy, "An Oral History of Apple's Infinite Loop," *Wired*, September, 16, 2018, https://www.wired.com/story/apple-infinite-loop-oral-history/

91 **【「製品のほとんどは、ジョニーと自分で】** Isaacson, *Steve Jobs.*〔邦訳『スティーブ・ジョブズ』〕

95 **【バング&オルフセンの電話から】** Austin Carr, "Apple's Inspiration for the iPod? Bang & Olufsen, Not Braun," *Fast Company*, November 6, 2013, https://www.fastcompany.com/3016910/apples-inspiration-for-the-ipod-bang-olufsen-not-dieter-rams

95 **【彼らはその材料をアイブに渡し】** Isaacson, *Steve Jobs*〔邦訳『スティーブ・ジョブズ』〕／トニー・ファデルがアイザックソンに語ったところでは、アイブは「skin」、つまり外装を作るように言われたのだ。

95 **【アイブにデザインの構想が浮かんだのは】** Isaacson, *Steve Jobs.*〔邦訳『スティーブ・ジョブズ』〕

96 **【スタジオが白を好んだのは】** ダグ・サツガーへのインタビュー。「色は難しい。それは人々を疎外する。ある人を喜ばせ、

73 【経営幹部は製造部門でなく】元IBM幹部でティム・クックの同僚だったラリー・ディートンへのインタビュー。

73 【取締役会の直属で、自分の】Intelligent Electronics Inc., Form DEF 14A Proxy Statement, July 23, 1996, https://bit.ly/2XD4Hri

73 【1年目で5つの倉庫を閉鎖して】Kevin Merrill, "IE Beefs Up Memphis, Inacom Makes Addition on West Coast," *Computer Reseller News*, September 6, 1995.

74 【1996年、クックとコフィーは】トーマス・コフィーへのインタビュー。

74 【取締役会は事業の売却を】Raju Narisetti, "Intelligent Electronics Sale," *Wall Street Journal*, July 21, 1997 ／ Raju Narisetti, "Xerox Agrees to Buy XLConnect and Parent Intelligent Electronics," *Wall Street Journal*, March 6, 1998, https://www.wsj.com/articles/SB889104642954787000

74 【最終的に数百万ドルの上乗せに成功し】Ingram Micro Will Buy Division," *Wall Street Journal*, May 1, 1997 ／トーマス・コフィーへのインタビュー。

74 【販売プロセスの展開中】元コンパック・コンピュータ社製造・品質担当上級副社長グレッグ・ペッチへのインタビュー。

75 【1998年の初め、ペッチに】グレッグ・ペッチへのインタビュー。

76 【クックはしばらく黙って考えた】The Charlie Rose Showに出演したティム・クック、2014年9月12日／ The David Rubenstein Showに出演したアップルのティム・クック、2018年6月13日。

76 【総額100万ドル以上。この時点で】クックを発掘したエグゼクティブ・リクルーター、リック・ディバインへのインタビュー。

77 【「アップルにそんなことはできない!」】スティーブ・ジョブズのためにクックをスカウトしたエグゼクティブ・リクルーター、リック・ディバインへのインタビュー。

4 必要な男

78 【朝には、州間高速280号線を】ロバート・ブルーナーとクライブ・グリニヤーへのインタビュー。

78 【サンフランシスコはまだテクノロジー産業に】"San Francisco in the 1990s [Decades Series]," Bay Area Television Archive, https://diva.sfsu.edu/collections/sfbatv/bundles/227905

78 【ミッション地区には民芸品と】"Look Back: Pioneers of '90s Mission Arts Scene," San Francisco Museum of Modern Art, https://www.sfmoma.org/read/mission-school-1990s/ ／ Stephanie Buck, "During the First San Francisco Dot-Com Boom, Techies and Ravers Got Together to Save the World," Quartz, August 7, 2017, https://qz.com/1045840/during-the-first-san-francisco-dot-com-boom-techies-and-ravers-got-together-to-save-the-world/

79 【ツンツンにとがらせていた髪を】Emma O'Kelly, "I've Arrived," *Design Week*, December 6, 1996, https://www.designweek.co.uk/issues/5-december -1996/ive-arrived/

79 【アップルのデザインチームは】ロバート・ブルーナーへのインタビュー。

79 【「ユーザーに理解できるメタファーが】Paul Kunkel, *AppleDesign*, 253.〔邦訳『アップルデザイン―アップルインダストリアルデザイングループの軌跡』ポール・クンケル著、大谷和利訳、アクシスパブリッシング、1998年刊〕

80 【92年、アップルの利益は急増したが】G. Pascal Zachary and Ken Yamada, "Apple Picks Spindler for Rough Days Ahead," *Wall Street Journal*, June 21, 1993.

80 【スピンドラーは減少する売り上げを】ロバート・ブルーナー、ティム・パーシーへのインタビュー。

80 【選り抜きのデザインチームが灰色の箱を】Emma O'Kelly, "I've Arrived," *Design Week*, December 6, 1996, https://www.designweek.co.uk/issues/5-december -1996/ive-arrived/ ／ John Markoff, "At Home with: Jonathan Ive: Making Computers Cute Enough to Wear," *New York Times*, February 5, 1998, https://www.nytimes.com/1998/02/05/garden/at-home-with-jonathan-ive-making-computers-cute-enough-to-wear.html

81 【「これこそがジョニーだ】元アップルデザインスタジオマネジャー（1991～1996年）ティム・パーシーへのインタビュー。

81 【その結果生まれたコンピュータは】TheLegacyOfApple, "Jony Ive Introduces the 20th Anniversary iMac," YouTube, May 21, 2013, https://www.youtube.com/watch?v=et6-hK-LA4A

81 【リーは後任候補を国内に限らず】ロバート・ブルーナーへのインタビュー。

82 【需要を読み誤り、発火を起こした】Jim Carlton, "Fading Shine: What's Eating Apple? Computer Maker Hits Some Serious Snags—Talk Rises About Booting Spindler as Share Falls and Laptops Catch Fire—The Search for a Power Mac," *Wall Street Journal*, September 21, 1995.

82 【挙げ句、CEOは解任され】Jim Carlton, "Apple Ousts Spindler as Its Chief, Puts National Semi CEO at Helm, *Wall Street Journal*, February 2, 1996, https://www.wsj.com/articles/SB868487469994949500

66 **【ファンネル・フィーバーというビール飲み競争】**オーバーン大学の1982年年鑑、https://content.lib.auburn.edu/digital/collection/gloms1980/id/17321/

66 **【「当時はとにかくパーティ】** *Homecoming*, "With Tim Cook," SEC Network, September, 5, 2017.

66 **【クックは学生自治会の映画委員会に】**同上。

67 **【この学部は現実的な選択で】**フェイ・ファリスへのインタビュー／オーバーン大学紀要1978-1982年に授業料は200ドルから240ドルだったと書かれている／ Leslie Cardé, "Tim Cook," Inside New Orleans, Summer 2019, 48–49, https://issuu.com/in_magazine/docs/1907inoweb/49 ／ Ray Garner, "Steve Jobs' World Man," *Business Alabama*, November 1999, 59–60.

67 **【同級生たちの話によると】**パメラ・パーマー（オーバーン大学、産業工学科、1981年卒業）、マイク・ピープルズ（オーバーン大学、1981年経営工学部卒業）、ポール・スタム（オーバーン大学、1982年経営工学部卒業）へのインタビュー。

68 **【巻き毛の静かな男】**ポール・スタム（オーバーン大学、経営工学科卒、1982年卒）へのインタビュー。

68 **【複雑な素材を切り分けて】**ロバート・ブルフィン教授は、「彼はあらゆる雑念を断ち切り、問題の本質を素早く突き止めることができた」と語っている。Yukari Kane, *Haunted Empire: Apple After Steve Jobs* , 98.〔邦訳『沈みゆく帝国 スティーブ・ジョブズ亡きあと、アップルは偉大な企業でいられるのか』ケイン岩谷ゆかり著、井口耕二訳、日経BP、2014年刊〕

68 **【1982年、クックは全米の】**優等生協会で働くオーバーン大学のサード・ハマーシャ教授へのインタビュー。

68 **【オーバーン大学の2010年卒業式で】**Kit Eaton, "Tim Cook, Apple CEO, Auburn University Commencement Speech 2010," Fast Company, August 26, 2011, https://www.fastcompany.com/1776338/tim-cook-apple-ceo-auburn-university-commencement-speech-2010

69 **【その結果生まれたPCは大変な人気で】**Andrew Pollack, "Big I.B.M. Has Done It Again," *New York Times*, March 27, 1983, https://www.nytimes.com/1983/03/27/business/big-ibm-has-done-it-again.html

69 **【経営幹部は糊のきいた白い】**Michael W. Miller, "IBM Formally Picks Gerstner to Be Chairman and CEO—RJR Executive Doesn't Have a Turnaround Plan Yet for U.S. Computer Giant," *Wall Street Journal*, March 29, 1993 ／元IBM世界PC製造担当副社長リチャード・L・ドハティへのインタビュー。

70 **【コンピュータとプリンターの製造を】**The David Rubenstein Show, に出演したティム・クック、2018年6月13日／ anunrelatedusername"IBM Manufacturing Systems—Keyboard Assembly," YouTube, July 6, 2007, https://www.youtube.com/watch?v=mEN6Rry4ekk ／ Gene Bylinsky, "The Digital Factory," *Fortune*, November 14, 1994, https://archive.fortune.com/magazines/fortune/fortune_archive/1994/11/14/79947/index.htm ／リチャード・L・ドハティへのインタビュー。

70 **【クックは資材管理で名を上げた】**リチャード・L・ドハティへのインタビュー／ John Marcom, Jr., "Slimming Down: IBM Is Automating, Simplifying Products to Beat Asian Rivals," *Wall Street Journal*, April 14, 1986.

70 **【クリスマスから新年にかけて】**リチャード・L・ドハティとIBM工場長ジーン・アデッソへのインタビュー。

71 **【マーケティングではジョブズの有名な】**Bill Boulding, "What Tim Cook Told Me When I Became Dean of Duke University's Fuqua School of Business," Linkedin, December 10, 2015, https://www.linkedin.com/pulse/what-tim-cook-told-me-when-i-became-dean-duke-fuqua-school-boulding

71 **【クックが思いがけない困難に直面したのは】**Andrew Gumbel, "Tim Cook: Out, Proud, Apple's New Leader Steps into the Limelight," *Guardian*, November 1, 2014, https://www.theguardian.com/theobserver/2014/nov/02/tim-cook-apple-gay-coming-out

72 **【そのころ、彼は自問していた】**Violla Young, "Tim Cook (CEO of Apple) Interview in Oxford."

72 **【4年後の1992年】**元IBMゼネラルマネジャー、デイブ・バウチャーへのインタビュー。

72 **【フィラデルフィアを拠点とする】**インテリジェント・エレクトロニクスの元財務部長トーマス・コフィー、同元社長グレゴリー・プラットへのインタビュー。

72 **【コンピュータ卸売業のマージンは】**トーマス・コフィーへのインタビュー／ Raju Nasiretti, "Extra Bites: Intelligent Electronics Made Much of Its Profit at Suppliers' Expense," *Wall Street Journal*, December 6, 1994 ／ staff reporter, "Intelligent Electronics Agrees to Settle Class-Action Suits," *Wall Street Journal*, February 21, 1997, https://www.wsj.com/articles/SB856485760719766500 ／ Leslie J. Nicholson, "Intelligent Electronics Pays $10 Million to Shareholders in Lawsuit," Philadelphia Inquirer, December 2, 1997 ／ Intelligent Electronics Inc. Form 10-Q, Exton, Pennsylvania: Intelligent Electronics, September 16, 1997, https://www.sec.gov/Archives/edgar/data/814430/0000814430-97-000027.txt

Repairing, September 1976," Bulletin no. 1968, Bureau of Labor Statistics, U.S. Department of Labor, 1977, https://fraser.stlouisfed.org/files/docs/publications/bls/bls_1968_1977.pdf

59 **【クックは両親から、勤勉であることの】** *Homecoming*, "With Tim Cook," SEC Network, September 5, 2017.

59 **【地元の薬局〈リー・ドラッグストア〉では】**〈リー・ドラッグストア〉の薬剤師、ジミー・ステイプルトンへのインタビュー。

60 **【教師たちは彼をゴールデンレトリバーに】** クックの教師フェイ・ファリスへのインタビュー。

60 **【「どんな子か、よくわからない】** クックの教師エディ・ペイジとケン・ブレットへのインタビュー。

60 **【クックがオーバーン大とアラバマ大の】** *Homecoming*, "With Tim Cook," SEC Network, September 5, 2017 ／ Kirk McNair, "Remembering Alabama's 1971 Win over Auburn," 247sports.com, November 24, 2017, https://247sports.com/college/alabama/Board/116/Contents/As-this-year-1971-Alabama-Auburn-game-had-major-ramifications-110969031/ ／ Creg Stephenson, "Check Out Vintage Photos from 1972 'Punt Bama Punt' Iron Bowl," AL.com, November 24, 2015, updated January 13, 2019, https://www.al.com/sports/2015/11/check_out_vintage_photos_from.html

61 **【1年も経たないうちにクックは】** Finch, "Tim Cook—Apple CEO and Robertsdale's Favorite Son—Still Finds Time to Return to His Baldwin County Roots."

61 **【暗に「サンダウン・タウン」と】** ロバーツデール高校の同級生ウェイン・エリスらへのインタビュー。

61 **【1969年にはこういう地域の】** ウェイン・エリス、フェイ・ファリスらへのインタビュー。

61 **【6年生か7年生のとき】** Todd C. Frankel, "The Roots of Tim Cook's Activism Lie in Rural Alabama," *Washington Post*, March 7, 2016, https://www.washingtonpost.com/news/the-switch/wp/2016/03/07/in-rural-alabama-the-activist-roots-of-apples-tim-cook/ ／ Matt Richtel and Brian X. Chen, "Tim Cook, Making Apple His Own," *New York Times*, June 15, 2014, https://www.nytimes.com/2014/06/15/technology/tim-cook-making-apple-his-own.html

62 **【アップルのCEOに就いたあと】** Auburn University, "Tim Cook Receiving the IQLA Lifetime Achievement Award," YouTube, December 14, 2013, https://www.youtube.com/watch?v=dNEafGCf-kw

62 **【このスピーチ後、アップルの】** ニューヨーク・タイムズの記事"Tim Cook, Making Apple His Own"の中でマット・リヒテル記者とブライアン・X・チェン記者は、アップルが「十字架を焼いた話の詳細を確認した」と書き、同時にクックが取材を拒否したことを指摘した。

62 **【かつての同級生や隣人たちは】** Robertsdale, Past and Present, "Discussion: 'Apple's CEO Tim Cook: An Alabama Day That Forever Changed His Life,' AL.com," Facebook, June 15, 2014, https://www.facebook.com/groups/263546476993149/permalink/863822150298909/

62 **【以来、昔なじみの二人は】** リサ・ストラカ・クーパーへのインタビュー。アップルの広報担当者はコメントを控えた。

63 **【1年生でトロンボーンを始め】** マイク・ヴィヴァーとエディ・ペイジへのインタビュー。

63 **【学校ではほとんどの時間をバンド仲間と】** アラバマ州ロバーツデール高校の同窓生のラスティ・オルドリッジ、ジョニー・リトル、クレム・ベドウェル、リサ・ストラカ・クーパーへのインタビュー。

63 **【「ティムは不思議な子だった】** 同窓生ジョニー・リトルへのインタビュー。

63 **【クックはいちばん親しかった友人に】** リサ・ストラカ・クーパーへのインタビュー。

63 **【営業責任者になり、どこへ】** 学校年鑑の担当教師バーバラ・デイビスへのインタビュー。

64 **【それでもオーバーン大学を目指すクックは】** Trice Brown, "Apple CEO Tim Cook Was Robertsdale High School's Salutatorian in 1978, but Whatever Happened to the Valedictorian?" Lagniappe, July 1, 2020, https://lagniappemobile.com/apple-ceo-tim-cook-was-robertsdale-high-schools-salutatorian-in-1978-but-whatever-happened-to-the-valedictorian/

64 **【倒錯と見なす人もいれば】** "Letter About Elimination of Gays Disgusting," *Auburn Plainsman*, March 4, 1982, https://content.lib.auburn.edu/digital/collection/plainsman/id/2559/

64 **【ロバーツデールという小さな農業共同体では】** フェイ・ファリス、バーバラ・デイビス、マイク・ヴィヴァー、ジョニー・リトルへのインタビュー。

65 **【その雰囲気がクックに孤立感を】** The Late Show with Stephen Colbertでのティム・クック、2015年9月15日／マイク・ヴィヴァー、リサ・ストラカ・クーパー、ラスティ・オルドリッジへのインタビュー。

65 **【ある日、その教師が生徒たちと】** フェイ・ファリスへのインタビュー。

65 **【クックが高校を卒業したとき】** マイク・ヴィヴァーへのインタビュー。

66 **【クックはロバーツデールの卒業生８人と】** 共に入居したラスティ・オルドリッジへのインタビュー。

Ive," *Times Magazine*, December 3, 2005.
48 **【500ポンドの旅行資金を獲得した】** ニューカッスル・ポリテクニックの卒業生で、フィッシャー&ペイケルテクノロジーズのコンセプト&イノベーション担当長クレイグ・マウンジーへのインタビュー。
48 **【旅行資金を手にしたアイブは】** アイブの友人デビッド・トンゲとルナー・デザインの共同設立者ロバート・ブルーナーへのインタビュー/ Molly Wood, "We Love Stories About Silicon Valley Success, but What Is Its History?" Podchaser, July 10, 2019, https://www.podchaser.com/podcasts/marketplace-tech-50980/episodes/we-love-stories-about-silicon -41846275 / Andrews, "Jonathan Ive and the RSA's Student Design Awards."
49 **【アイブはロンドンのロバーツ・ウィーバーに】** ロバーツ・ウィーバーのマネジングディレクター、フィリップ・グレイと創業者バリー・ウィーバーへのインタビュー/タンジェリンのピーター・フィリップス、クライブ・グリニヤー、マーティン・ダービシャー、ジム・ドートンへのインタビュー/ Kahney, *Jony Ive*〔邦訳『ジョナサン・アイブ』〕/ Parker, "The Shape of Things to Come" / Waugh, "How Did a British Polytechnic Graduate Become the Design Genius Behind $200 Billion Apple?" / Peter Burrows, "Who Is Jonathan Ive?" *Bloomberg Businessweek*, September 24, 2006, https://www.bloomberg.com/news/articles/2006-09-24/who-is-jonathan-ive / "Jonathan Ive," The Design Museum, October 3, 2014, https://designmuseum.org/designers/jonathan-ive / "The First Phone Jony Ive Ever Designed" (video), *Vanity Fair*, Oct. 28, 2014, https://www.youtube.com/watch?v=oF21m-6yV0U
52 **【後押しを必要としていたアイブに】** アップルのデザイン責任者ロバート・ブルーナーへのインタビュー/タンジェリンのクライブ・グリニヤー、ピーター・フィリップス、マーティン・ダービシャーへのインタビュー/スティーブ・ベイリーへのインタビュー/ Burrows, "Who Is Jonathan Ive?" / Parker, "The Shape of Things to Come."

3 業務執行人(オペレーター)

56 **【ドアを押し開け、中に入って】** Steven Levy, "An Oral History of Apple's Infinite Loop," *Wired*, September 16, 2018, https://www.wired.com/story/apple-infinite-loop-oral-history/
56 **【ティム・クックは父親とは】** Violla Young, "Tim Cook (CEO of Apple) Interview in Oxford," YouTube, July 18, 2018, https://www.youtube.com/watch?v=QPQ8qQP4zdk:「私は仕事に行く父が自分の仕事を愛していないのを見ていた。彼は家族のために働いていたのです……でも彼は自分のすることを決して愛していなかった。だから、私は好きな仕事に就きたいと思ったのです」
56 **【ティモシー・ドナルド・クックは1960年】** Michael Finch II, "Tim Cook—Apple CEO and Robertsdale's Favorite Son—Still Finds Time to Return to His Baldwin County Roots," AL.com, February 24, 2014, updated January 14, 2019, https://www.al.com/live/2014/02/tim_cook_--_apple_ceo_and_robe.html
57 **【ドージャーはフライパンの】** Joe R. Sport, *An Early History of Crenshaw County, Alabama*.
57 **【家族は100年以上前に】** ケイニー・ドージャー・クック(1902-1985)、ダニエル・ドージャー・クック(1867-1938)、アレキサンダー・ハミルトン・クック(1818-1872)、ウィリアム・クック(1780-1820)についてのAncestry.comの調査。
57 **【父親は農産物の販売と】** 1930年および1940年の米国連邦国勢調査の記録、Ancestry.comより。
57 **【彼はのちに、うちの次男は】** デビー・ウィリアムズによるティム・クックへのインタビュー、WKRG TV、2009年1月16日。
57 **【アップルの経営トップになったクックから】** ドナルド・クックの友人であるロバーツデール在住の未亡人、リンダ・ブッカーへのインタビュー。
57 **【クックの父は重労働で培われた】** John Underwood, "Living the Good Life," Gulf Coast Media, July 13, 2018.
58 **【下位中産階級に属するクック家は】** "Robert Quinley Services Held" / "Bay Minette Wreck Takes Three Lives," Ancestry.com.
58 **【同郡ロバーツデールの町を】** Finch, "Tim Cook—Apple CEO and Robertsdale's Favorite Son—Still Finds Time to Return to His Baldwin County Roots."
58 **【2300人の住民の大半は】** Jack House, "Vanity Fair to Expand Its Robertsdale Plant," *Baldwin Times*, October 31, 1963.
58 **【子どもたちは近所を自由に歩き回り】** バーバラ・デイビス、フェイ・ファリス、ラスティ・オルドリッジなど地元住民へのインタビューおよび、1977年と1978年の*Baldwin Times*の記事など。
58 **【ドナルドとジェラルディンは学校の保護者会には】** ロバーツデール高校の教師フェイ・ファリス、バーバラ・デイビス、エディ・ペイジへのインタビュー。
59 **【教会にもときどき顔を出したが】** ティム・クックの同級生で元教会員のクレム・ベッドウェルへのインタビュー。
59 **【ドナルドは2等ヘルパーとして】** Underwood, "Living the Good Life" / "Industry Wage Survey: Shipbuilding and

キッズの伝説』ジョン・ネイスン著、山崎淳訳、文藝春秋、2000年刊)

26 【ジョブズはアップルに、ディズニーと】アップル社スタッフへのインタビューに基づく談話/ Brian X. Chen, "Simplifying the Bull: How Picasso Helps to Teach Apple's Style," *New York Times*, August 10, 2014, https://www.nytimes.com/2014/08/11/technology/-inside-apples-internal-training-program-.html

28 【2週間後、本社内の】Wylsacom, "A Celebration of Steve's Life (Apple, Cupertino, 10/19/2011) HD," YouTube, https://www.youtube.com/watch?v=ApnZTL-AspQ

2 芸術家(アーティスト)

32 【スタッフはそこを「至聖所」】Walter Isaacson, *Steve Jobs*〔邦訳『スティーブ・ジョブズ』〕:空間の説明や、アップル社のスタッフへのインタビューなど。

33 【ジョニー・アイブは父親のように】ジョン・チャップマン、リチャード・タフネル、ティム・ロングリーなど、マイク・アイブの友人や仕事仲間に行った家族についてのインタビュー。

35 【その後の何年かでラジオや】John Arlidge, "Jonathan Ive Designs Tomorrow," *Time*, March 17, 2014, https://time.com/jonathan-ive-apple-interview/ / Rick Tetzeli, "Why Jony Ive Is Apple's Design Genius," *Smithsonian Magazine*, December 2017, https://www.smithsonianmag.com/innovation/jony-ive-apple-design-genius-180967232/ /マイク・アイブのかつての同僚や友人であるラルフ・タベラー、リチャード・タフネル、ジョン・ケイブ、ネッタ・カートライトへのインタビュー/ジョニー・アイブのクラスメートであるロブ・チャットフィールド、スティーブン・パーマー、ダン・スリーへのインタビュー/ Leander Kahney, *Jony Ive*〔邦訳『ジョナサン・アイブ』リーアンダー・ケイニー著、関美和訳、日経BP、2015年刊〕/ Rob Waugh, "How Did a British Polytechnic Graduate Become the Design Genius Behind $200 Billion Apple?" *Daily Mail*, March 20, 2011, https://www.dailymail.co.uk/home/moslive/article-1367481/Apples-Jonathan-Ive-How-did-British-polytechnic-graduate-design-genius.html

38 【アイブが十代のころのアートフォルダー】ウォルトンのデザイン教師デイブ・ホワイティングへのインタビュー/ Kahney, *Jony Ive*〔邦訳『ジョナサン・アイブ』〕/ NAAIDTの視学官マイク・アイブのプレゼンテーション http://archive.naaidt.org.uk/spd/record.html?Id=29&Adv=1&All=3 /アイブの元同僚であるラルフ・タベラーへのインタビュー。

40 【アイブが高校卒業間近の】ロバーツ・ウィーバー社マネジングディレクター、フィル・グレイへのインタビュー/ニューカッスル・ポリテクニックについて、1988年卒業のクレイグ・マウンジー、クラスメートのスティーブ・ベイリー、ショーン・ブレア、デイビッド・タンジー、ジム・ドートン、教授ジョン・エリオット、ボブ・ヤング、教師マーク・ベイリーへのインタビュー。

42 【ニューカッスルは従来の】ニューカッスル・ポリテクニックについて、ノーサンブリア大学イノベーションデザイン部長マーク・ベイリー、アイブの同級生スティーブ・ベイリー、ショーン・ブレア、教授ジョン・エリオット、ボブ・ヤングへのインタビュー/スクワイヤーズ棟の見学会/ "Memphis Group: Awful or Awesome?" The Design Museum, https://designmuseum.org/discover-design/all-stories/memphis-group-awful-or-awesome / Dieter Rams, *Less But Better* / "Tough on the sheets (布上で強靭)" のキャッチフレーズはショーン・ブレアの回想による/ Nick Carson, "If It Looks Over-Designed, It's Under-Designed," https://www.channel4.com/ten4, https://ncarson.files.wordpress.com/2007/01/ten4-jonathanive.pdf に転載。

43 【1987年、アイブはロバーツ・ウィーバー】Luke Dormehl, *The Apple Revolution* /ロバーツ・ウィーバーについて、クライブ・グリニヤー、ピーター・フィリップス、ジム・ドートン、フィリップ・グレイ、バリー・ウィーバーへのインタビュー/補聴器について、クラスメートのジム・ドートン、ジョン・エリオット教授へのインタビュー/マッキントッシュについて、アン・アーヴィングへのインタビュー/ "Jonathan Ive," The Design Museum, October 3, 2014, https://designmuseum.org/designers/jonathan-ive / Ian Parker, "The Shape of Things to Come: How an Industrial Designer Became Apple's Greatest Product," *The New Yorker*, February 16, 2015, https://www.newyorker.com/magazine/2015/02/23/shape-things-come

46 【ニューカッスルの学生が卒業するには】ジョン・エリオット教授、ボブ・ヤング教授、同窓生のジム・ドートン、ショーン・ブレア、クレイグ・マウンジー、デビッド・トンゲへのインタビュー/ Melanie Andrews, "Jonathan Ive and the RSA's Student Design Awards," RSA, May 25, 2012, https://www.thersa.org/blog/2012/05/jonathan-ive-amp-the-rsas-student-design-awards / "Apple's Jonathan Ive in Conversation with Vanity Fair's Graydon Carter" (video), *Vanity Fair*, October 16, 2014, https://www.vanityfair.com/video/watch/the-new-establishment-summit-apples-jonathan-ive-in-conversation-with-vf-graydon-carter / "The First Phone Jony Ive Ever Designed" (video), *Vanity Fair*, October 28, 2014, https://www.youtube.com/watch?v=oF21m-6yV0U /クライブ・グリニヤーへのインタビュー/ Kahney, *Jony Ive*〔邦訳『ジョナサン・アイブ』〕/ Sheryl Garratt, "Interview: Jonathan

原注

＊各項目の頭の数字は本文ページ数を、【 】は対応箇所を表す

プロローグ

11 【模倣はオリジナルへの】Kia Makarechi, "Apple's Jonathan Ive in Conversation with Vanity Fair's Graydon Carter," *Vanity Fair*, October 16, 2014, https://www.vanityfair.com/news/daily-news/2014/10/jony-ive-graydon-carter-new-establishment-summit

12 【58歳のクックの体は】アップル元オペレーション担当重役ジョー・オサリバンへのインタビュー。

1 ワン・モア・シング

14 【カリフォルニア州パルアルトに立つ】ABC 7 Morning News, October 4, 2011 ／ Lisa Brennan-Jobs, *Small Fry* ／ジョブズがオフィスに来なくなったあと、自宅を訪問した複数のアップル社幹部へのインタビュー。

17 【この日発売されるスマートフォン】元アップル社員へのインタビュー／ Jim Carlton, *Apple*〔邦訳『アップル―世界を変えた天才たちの20年〈上・下〉』ジム・カールトン著、山崎理仁訳、早川書房、1998年刊〕／ Yukari Iwatani Kane and Geoffrey A. Fowler, "Steven Paul Jobs, 1955–2011: Apple Co-founder Transformed Technology, Media, Retailing," *Wall Street Journal*, October 6, 2011 https://www.wsj.com/articles/SB10001424052702304447804576410753210811910 ／ macessentials "The Lost 1984 Video: Young Steve Jobs Introduces the Macintosh," YouTube, January 23, 2009, https://www.youtube.com/watch?v=2B-XwPjn9YY ／ Andrew Pollack, "Now, Sculley Goes It Alone at Apple," *New York Times*, September 22, 1985.

19 【ジョブズはこの日のイベントに】noddyrulezzz, "Apple iPhone 4S—Full Keynote—Apple Special Event on 4th October 2011," YouTube, October 6, 2011, https://www.youtube.com/watch?v=NqoI1AH_zeo ／ Geoffrey A. Fowler and John Letzing, "New iPhone Bows but Fails to Wow," *Wall Street Journal*, October 5, 2011, https://www.wsj.com/articles/SB10001424052970204524604576610991978907616

19 【スタッフがホール前列の】Apple, "Apple Event, October 2011" (video), Apple Events, October 4, 2011, https://podcasts.apple.com/us/podcast/apple-special-event-october-2011/id275834665?i=1000099827893

22 【翌日、2011年10月5日】Nick Wingfield, "A Tough Balancing Act Remains Ahead for Apple," *New York Times*, October 5, 2011, https://www.nytimes.com/2011/10/06/technology/for-apple-a-big-loss-requires-a-balancing-act.html

22 【アイブは25キロほど離れた】Jony Ive, "Jony Ive on What He Misses Most About Steve Jobs," *Wall Street Journal*, October 4, 2021, https://www.wsj.com/articles/jony-ive-steve-jobs-memories-10th-anniversary-11633354769?mod=hp_featst_pos3

23 【ジョブズはこの先に待ち受ける】Walter Isaacson, *Steve Jobs*〔邦訳『スティーブ・ジョブズⅠ・Ⅱ』ウォルター・アイザックソン著、井口耕二訳、講談社、2011年刊〕／ James B. Stewart, *Disney War* (New York: Simon & Schuster, 2005) ／ Michael G. Rukstad, David J. Collis, and Tyrell Levine, "The Walt Disney Company: The Entertainment King," Harvard Business School, January 5, 2009, https://www.hbs.edu/faculty/Pages/item.aspx?num=27931 ／ Brady MacDonald, " 'The Imagineering Story': After Walt Disney's Death, Imagineering Wonders 'What Would Walt Do?'" *Orange County Register*, November 4, 2019, https://www.ocregister.com/2019/11/04/the-imagineering-story-after-walt-disneys-death-imagineering-wonders-what-would-walt-do/ ／ Christopher Bonanos, *Instant: The Story of Polaroid* (New York: Princeton Architectural Press, 2012)〔邦訳『ポラロイド伝説 無謀なほどの独創性で世界を魅了する』クリストファー・ボナノス著、千葉敏生訳、実務教育出版、2013年刊〕／ Christopher Bonanos, "Shaken like a Polaroid Picture," Slate, September 17, 2013, https://slate.com/technology/2013/09/apple-and-polaroid-a-tale-of-two-declines.html ／ポラロイド社元広告担当副社長カール・ジョンソンへのインタビュー／ Chunka Mui, "What Steve Jobs Learned from Edwin Land of Polaroid," *Forbes*, October 26, 2011, https://www.forbes.com/sites/chunkamui/2011/10/26/what-steve-jobs-learned-from-edwin-land-of-polaroid/ ／ John Nathan, "Sony CEO's Management Style Wasn't Made in Japan," *Wall Street Journal*, October 7, 1999, https://www.wsj.com/articles/SB939252647570595508 ／ John Nathan, *Sony: The Private Life*〔邦訳『ソニー ドリーム・

[著者]

トリップ・ミックル Tripp Mickle

ニューヨーク・タイムズのアップル担当テクノロジー記者。前職のウォール・ストリート・ジャーナルではアップル、グーグルほかシリコンバレーのテック系大企業を数多く担当。経済ニュースチャンネルCNBC、米国公共ラジオ局NPRへの出演でも知られるほか、スポーツライターとして活躍した経歴も持つ。妻と愛犬のジャーマン・ショートヘアード・ポインターとともにサンフランシスコに在住。

[訳者]

棚橋志行

東京外国語大学英米語学科卒。出版社勤務を経て翻訳家に。パッサン『豪腕 使い捨てされる15億ドルの商品』(ハーパーコリンズ・ジャパン)、グレイシー他『ヒクソン・グレイシー自伝』(亜紀書房)、オバマ『合衆国再生——大いなる希望を抱いて』(ダイヤモンド社)、バートン『バーンスタインの生涯』(青土社)他、訳書多数。

AFTER STEVE　アフター・スティーブ
3兆《ちょう》ドル企業《きぎょう》を支《ささ》えた不揃《ふぞろ》いの林檎《りんご》たち

2022年 10月21日発行　第1刷

著　者　トリップ・ミックル
訳　者　棚橋志行
発行人　鈴木幸辰
発行所　株式会社ハーパーコリンズ・ジャパン
東京都千代田区大手町1-5-1
電　話　03-6269-2883（営業）
0570-008091（読者サービス係）
ブックデザイン　三森健太（JUNGLE）
印刷・製本　中央精版印刷株式会社

定価はカバーに表示してあります。
造本には十分注意しておりますが、乱丁（ページ順序の間違い）・落丁（本文の一部抜け落ち）がありました場合は、お取り替えいたします。ご面倒ですが、購入された書店名を明記の上、小社読者サービス係宛ご送付ください。送料小社負担にてお取り替えいたします。ただし、古書店で購入されたものはお取り替えできません。
Printed in Japan
ISBN978-4-596-75413-4